辽宁省"十二五"普通高等教育本科省级规划教材
首届辽宁省教材建设奖优秀教材

概率论与数理统计

主　编　罗敏娜　吴志丹　杨淑辉

副主编　王　娜　郭　莹　卢立才

　　　　　刘　智　耿　莹

本书资源使用说明

北京大学出版社
PEKING UNIVERSITY PRESS

内 容 提 要

在教育部启动实施"六卓越一拔尖"计划 2.0,借此提升中国高等教育质量的大背景下,编者依据普通高等学校非数学专业"概率论与数理统计"课程的教学需求,从 2008 年编写的第一部《概率论与数理统计》(科学出版社)开始,依据课程需求和学生特点,逐年进行修订完善,最终编写了本书.本书将课程思政与教学内容融合,借鉴国内外优秀教材的特点,并结合沈阳师范大学基础数学教学团队二十多年来的教学经验编写.全书共计 9 章,主要内容包括:随机事件与概率、随机变量及其分布、多维随机变量及其分布、数字特征、大数定律与中心极限定理、数理统计的基本概念、参数估计、假设检验、概率统计方法的应用.几乎每节配有节要点、微课视频、同步习题;大部分章配有章要点、知识结构图、课程思政微课视频、复习题.复习题包括基础题、拓展题、考研真题三部分,难度逐级递增.全书有完备的配套教学资源(教学大纲、教学课件、教学方案、习题详解),可以满足不同层次教师和学生的需求.

本书可供高等学校理工类、经济类、管理类等专业的学生使用,也可作为学生自学或报考硕士研究生的参考用书.

图书在版编目(CIP)数据

概率论与数理统计/罗敏娜,吴志丹,杨淑辉主编.—北京:北京大学出版社,2024.1
ISBN 978-7-301-34835-2

Ⅰ.①概… Ⅱ.①罗… ②吴… ③杨… Ⅲ.①概率论—高等学校—教材 ②数理统计—高等学校—教材 Ⅳ.①O21

中国国家版本馆 CIP 数据核字(2024)第 020730 号

书　　　名	概率论与数理统计
	GAILÜLUN YU SHULI TONGJI
著作责任者	罗敏娜　吴志丹　杨淑辉　主编
责 任 编 辑	尹照原
标 准 书 号	ISBN 978-7-301-34835-2
出 版 发 行	北京大学出版社
地　　　址	北京市海淀区成府路 205 号　100871
网　　　址	http://www.pup.cn
新 浪 微 博	@北京大学出版社
电 子 邮 箱	zpup@pup.cn
电　　　话	邮购部 010-62752015　发行部 010-62750672　编辑部 010-62752021
印 刷 者	湖南汇龙印务有限公司
经 销 者	新华书店
	787 毫米×1092 毫米　16 开本　17.5 印张　445 千字
	2024 年 1 月第 1 版　2024 年 1 月第 1 次印刷
定　　　价	59.50 元

前　言

2019年,教育部启动实施"六卓越一拔尖"计划2.0,推进新工科、新医科、新农科、新文科建设,全面实施一流专业建设"双万计划"、一流课程建设"双万计划".该计划2.0为高等教育改革带来了新的生机,提出了更高标准的要求.将课程思政与教学深度结合,信息技术与教学有效融合,这是每个教育工作者必须深度思考和研究的问题.编者依据普通高等学校非数学专业"概率论与数理统计"课程的教学需求,从2008年编写的第一部《概率论与数理统计》(科学出版社)开始,逐年进行修订完善,将课程思政、微课视频与教学内容深度融合,最终编写了本书.

本书具有以下特点.

1. 贯彻落实课程思政. 每章都配备一个课程思政微课视频,主要针对本章的内容介绍相关的中外著名数学家,挖掘"概率论与数理统计"课程所蕴含的思政教育元素和所承载的育人功能,追溯数学内容、思想和方法的演变,以及历史上数学科学的发展对人类文明所带来的影响,从而激发学生的学习兴趣,培养学生立志钻研数学的远大理想,提高学生学习的积极性和主动性.

2. 书中植入微课视频. 每节对重要知识点题型及难度较大的题目录制微课视频,章末有课程思政微课视频,将微课视频植入书中,读者可通过扫描二维码随时随地观看内容,实现了教学与信息化的深度融合.

3. 课后习题全面化. 每节设有同步习题,章末设有复习题,复习题设置基础题、拓展题、考研真题三个模块,适合不同需求的学生.

4. 教材结构全面化. 每节均配有节要点、微课视频、同步习题;每章均配有章要点、知识结构图、课程思政微课视频、复习题.

5. 教学资源立体化. 全书有完备的配套教学资源,包括教学大纲、教学课件、教学方案、习题详解、附录等,可供不同需求层次的师生使用.

本书由沈阳师范大学概率论与数理统计编委会成员共同完成,在编写过程中,编者参考了国内其他优秀教材,听取了各院校同行的建议,同时也借鉴了二十多年来的教学成果.全书最后由罗敏娜教授、吴志丹副教授、杨淑辉副教授共同审核完成.北京大学出版社的领导和编辑对本书的出版给予了大力支持和帮助,邓之豪、蔡晓龙、龚维安、邹杰提供了版式和装帧设计方案,在此深表谢意!

尽管我们在编写过程中,力图体现上述特点,但由于编者水平有限,书中难免有不足之处,恳请各位读者不吝赐教.

编　者

2023年7月

目　　录

绪　　论

概率论与数理统计是高等教育中一门重要的公共基础课,所讨论和研究的问题与我们的现实生活有着密切的联系,在近代物理、自动控制、地震预报、气象预报、工厂产品质量控制、农业试验和公用事业等方面都有广泛的应用.课程的主要内容包括:随机事件与概率、一维和多维随机变量及其分布、随机变量的数字特征、大数定律与中心极限定理、参数估计、假设检验等内容.

概率论研究的主要对象是随机现象,而统计学恰恰充满了无处不在的随机现象.数理统计是一门以概率论作为基础、应用极其广泛的基础性学科,它伴随着概率论的产生而发展起来.

1. 概率论的发展历程

概率论学科的发展经历了萌芽时期、古典概率时期、分析概率时期、公理化概率时期和现代多元化发展时期五个阶段.

概率论起源于赌博问题.意大利数学家卡尔达诺最早在其著作《游戏机遇的学说》中对"赌金分配"问题进行了讨论.该问题也吸引了荷兰数学家惠更斯,时值惠更斯游学巴黎,对这一问题进行了更为深入的思考,并于1657年发表了自己的著作《论赌博中的计算》,该著作被认为是最早的概率论著作.

在卡尔达诺、帕斯卡、费马、惠更斯等数学家留给世人的资料中,出现了一些概率论概念与定理,如数学期望,概率的加法定理、乘法定理,这些概念与定理的出现标志着概率论的诞生.

概率论诞生后进入了古典概率时期.在这一时期,伯努利对概率论的发展做出了重要贡献.他的著作《猜度术》被认为是其一生中最重要的著作."伯努利大数定律"就在这本书中被首次提出,是对"大数定律"的最初讨论.伯努利对大数定律的陈述与现代的标准概率论著作十分一致.大数定律描述随机事件在大量重复试验中呈现的必然规律,在多个统计量与单一概率值之间建立了演绎关系,推动概率论走向了更广阔的应用空间.伯努利的工作对概率论学科的建立起到了奠基的作用,使其成为一门独立的数学分支.在伯努利之后,法国的数学家们将概率论又向前推进了一步.棣莫弗得出了概率论的一些重要结果,并提出了概率论学科的一系列新概念,如概率乘法法则、正态分布和正态分布率的概念.蒲丰提出了著名的"蒲丰问题",引进了几何概率.泊松则推广了大数定律,提出了著名的"泊松分布".

随着微积分在概率论中的应用,概率论发展到了分析概率时期.拉普拉斯建立了严密、系统和科学的概率论.他在《概率分析理论》中对古典概率的优秀成果进行了总结,该书的最大成就在于将数学分析作为工具处理概率问题,使得概率论这门学科从零散的组合技巧向分析方法进行了巨大过渡,是现代概率论萌生和发展的前奏,推动概率论学科迈向全新的发展阶段.拉普拉斯的著作也存在不足,对概率定义的讨论还不够深入.19世纪概率论研究的中心发生了迁移,俄罗斯逐步成为了世界概率论的研究中心.圣彼得堡数学学派在概率论研究的第一时期吸收了古典概率的精华,在拉普拉斯《概率分析理论》的框架内进一步发展了概率论.该学派的杰出人物切比雪夫集中研究了极限理论,他的思想奠定了圣彼得堡数学学派的研究基础,以其名字命名的有"切比雪夫不等式"和"切比雪夫大数定律". 马尔可夫是切比雪夫的学生,他延续了老师的研究工作,推广了大数定律和中心极限定理的应用范围. 概率论学科在 19 世纪成长迅速,但是仍不能称之为严格的演绎科学.

19 世纪数学公理化思潮流行,在其影响下,概率论步入了公理化概率时期. 数学家庞加莱、博雷尔、伯恩斯坦和米泽斯都对概率论的公理化做了初步尝试. 1900 年,德国数学家希尔伯特明确提出建立概率论公理化体系问题. 但是在测度论与实变函数理论未被引入之前,这些公理化理论不够完善. 圣彼得堡数学学派在概率论研究的第二时期为概率论走向公理化历程起到了决定性作用. 1926 年,柯尔莫哥洛夫推导了依概率收敛的弱大数定律成立的充要条件,将测度论引入概率论,对博雷尔提出的强大数定律问题给出了最一般的结果,从而实现了弱大数定律到强大数定律的推广. 大数定律的完善成为概率论公理化的前奏. 1933 年,柯尔莫哥洛夫出版经典著作《概率论基础》. 柯尔莫哥洛夫在著作中建立了六条公理和一系列的基本概念,推动概率论走向了公理化的道路,该体系得到了学界的普遍认可. 自此概率论成为一门严密的数学分支,并通过集合论与实变函数、泛函分析和偏微分方程等数学分支建立了密切联系.

2. 数理统计的发展历程

数理统计通过建立数学模型、收集整理数据,进行统计推断、预测和决策. 数理统计方法在工农业生产、自然科学、技术科学和社会经济领域中都有广泛的应用.

简单的统计思想古来有之,古希腊的哲学家就已注意到各种统计问题. 现代意义的数理统计主要起源于研究总体、变差和简化数据,于 19 世纪萌芽并发展,20 世纪趋于成熟.

英国政治算术学派代表格朗特发表的著作《关于死亡率公报的自然和政治观察》,可以看作统计学的开端. 书中通过大量观察试验的方法,发现了一系列的人口统计规律,如在非瘟疫时期,一个大城市每年的死亡人数有统计规律,一般疾病和事故的死亡率较稳定,而传染病的死亡率波动较大,新生儿的男女比例为 1:1 等. 配第是一位与格朗特同时代的经济学家,发表了著作《政治算术》,书中利用大量的数据对英国、法国、荷兰三国的经济实力进行了比较. 配第运用数字、重量、尺度等进行数量对比分析的方法,奠定了统计经济学的基础. 他认为应该建立中央统计部为统计人口的有关状况来收集一些数据,其中应包括出生、死亡、婚姻、收入、教育和商业等方面的统计数据.

在格朗特的研究基础上,科学家对人口统计学进行了更深入的研究,大大推动了这一研究进展. 哈雷改进了格朗特的生命表并且给出了死亡率的概念. 对概率论的发展做出重要贡献的伯努利和拉普拉斯同样对统计学有一定研究. 伯努利的弱大数定律证明了大样本均值的合理性. 拉普拉斯首先把数学分析系统地运用于概率论,由此引起了建立在概率论基础上的统计学发生了质的飞跃.

19 世纪初期,高斯在计算行星轨道时,采用"最小二乘法"对观测数据进行误差分析,并在对"测地问题"的研究过程中进一步完善了最小二乘法和对统计规律的研究. 高斯曾开设过"最小二乘法及其在科学中的应用"课程,戴德金(近代抽象数学的先驱)就曾选修过高斯的最小二乘法课程. 高斯的工作使得统计学从对观测数据的单纯描述向重视推断进行过渡.

对现代数理统计学的建立做出重要贡献的还有英国统计学家皮尔逊,他提出了"总体"的概念,以总体作为统计学的研究对象,是"大样本统计"的先驱. 皮尔逊还提出了参数估计的一种方法——矩估计,发展了德国大地测量学家赫尔默特提出的 χ^2 分布.皮尔逊的学生戈塞提出样本应从总体中随机地抽取的观点,由此统计学的研究对象从总体现象转变为随机现象.

英国数学家费希尔的工作使得数理统计学作为一门独立学科分离出来,他提出了许多重要的统计方法,发展了正态总体下各种统计量的抽样分布,建立了系统的相关分析与回归分析.费希尔与叶茨共同创立了试验设计这一统计分支,他同时也是假设检验的先驱.

1946 年,瑞典数学家克拉默用测度论系统总结了数理统计的发展,标志着现代数理统计学趋于成熟.之后,数学家沃尔德提出了序贯分析和统计决策理论,引起了数理统计思想的革新.

时至今日,大数据时代的来临,对统计学的发展而言是机遇.统计学依赖于样本统计,样本数量不足会导致样本估计误差增大,大数据时代下,收集整理庞大的数据信息的成本大大降低,数据信息发展表现出总体即是样本的态势,弥补了样本统计的不足.

大数据时代的来临,对统计学的发展而言也是挑战.现阶段传统统计学相关方法难以适用于大数据分析,急待开发大数据动态分析、数据流算法等.

大数据为传统统计学带来了严峻的考验,也为传统统计学的有效发展创造了良好的契机.

现代社会,计算机的高速发展对概率统计学科起到了巨大的推动作用,大大拓展了概率统计的应用领域,使得这一学科与复杂网络、临床医学、认知理论、遗传学、生物学、经济学、计算机科学、地球科学、神经学、信息论、控制论和核反应堆安全等学科深度交叉融合,形成了一些新的学科分支和学科增长点.

3. 概率论与数理统计在中国的发展

1880 年,供职于江南制造局的英国传教士傅兰雅与中国数学家华蘅芳合作翻译了伽罗威的《概率论》,中文译著名为《决疑数学》,这是传入中国的第一部概率论与数理统计著作.但是由于当时的社会背景和译文采用汉字代替西方数学的符号和数字,读起来令人费劲,因此影响并不大.1903 年,日本知名学者横山雅男的《统计讲义录》中文版出版且流传极广.

中国概率统计领域内享有国际声誉的数学家有许宝騄、王梓坤等.许宝騄是 20 世纪最富创造性的统计学家之一,拉开了中国概率论与数理统计学科研究的帷幕.他在概率论领域的主要工作是对极限定理进行了较为深入的研究.1938 年到 1945 年期间,许宝騄对多元统计分析中的精确分布和极限分布进行了深入研究,导出了正态分布样本协方差矩阵特征根的联合分布和极限分布,而这些结果是多元分析的基石.以上这些工作确立了他在数理统计领域的国际地位.晚年他致力于组合设计的构造,也取得了重要成果.

王梓坤,中国科学院院士,1929 年 4 月出生,江西省吉安县人.1955 年,王梓坤赴莫斯科大学数学力学系攻读概率论,他的导师是近代概率论的奠基人柯尔莫哥洛夫和杜布罗辛.20 世纪 60 年代,王梓坤主要研究马尔可夫链的构造,在"生灭过程的构造与泛函分布问题"这一领域有开创性的贡献.20 世纪 90 年代,王梓坤出版了论著《布朗运动与位势》,着重研究马尔可夫过程与位势论的关系;还出版了《概率与统计预报及其在地震与气象中的应用》,书中论述了地震的统计预报问题.20 世纪 80 年代,王梓坤研究多指标马尔可夫过程,并在国际上最先引进多指标奥恩斯坦-乌伦贝克过程的定义,并研究了它的性质;20 世纪 90 年代初,除继续上述工作外,王梓坤还从事超过程的研究,这是当时国际上最活跃的课题之一.

彭实戈,中国科学院院士,在随机最优控制系统的最大值原理、倒向随机微分方程理论和非线性数学期望理论的研究方面取得了国际领先水平的原创性研究成果.他的研究结果对概率论、统计学、风险分析、随机分析的发展有重要的推动作用.2010年,彭实戈在国际数学家大会上做了主题为"倒向随机微分方程和非线性数学期望及其应用"的大会报告.他是该大会第一位做一小时邀请报告的中国数学家,这标志着我国的概率统计研究正逐步走向世界前沿.北京师范大学陈木法教授在数理统计学的研究领域也取得了出色成果.

前人的工作奠定了概率论与数理统计这门学科的理论基础,大数据时代为概率论与数理统计学科提供了更广阔的舞台.

第1章

随机事件与概率

一、本章要点

本章将介绍概率论中的基本概念和专业术语：随机事件的相关概念及事件间的关系与运算；概率的定义与性质；三种常见的概率模型——古典概型、几何概型与伯努利概型；五个公式——加法公式、条件概率公式、乘法公式、全概率公式及贝叶斯公式；事件之间的独立性.

二、本章知识结构图

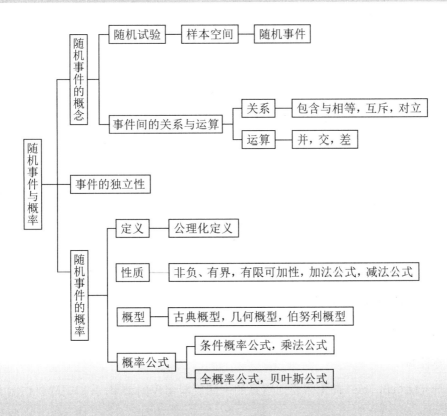

1.1 随机事件与样本空间

本节要点：本节介绍概率论中的基本概念，如随机现象与随机试验、样本空间与随机事件。

1.1.1 随机现象与随机试验

试验是一个广义的概念，它可指对某个过程的记录、对一个问题的调查、各种科学实验等。

1. 随机现象

什么是随机现象？我们可以用下面两个简单的试验来阐明。

试验 1：一个袋中装有 3 个外形完全相同的白球，从中任取一球。

试验 2：一个袋中装有 3 个外形完全相同但颜色不同的球，从中任取一球。

对于试验 1，根据其条件，能断定取出的必是白球。像这样在试验之前能断定结果的现象称为**确定性现象**。确定性现象在日常生活中非常常见。例如，同种电荷互相排斥；在标准大气压下，水加热到 100 ℃ 会沸腾；边长为 a, b 的矩形，其面积必为 ab。诸如此类都是确定性现象。

对于试验 2，根据其条件，在球没有取出之前，不能断定取出的是哪种颜色的球。像这样在试验之前不能断定确切结果的现象称为**随机现象**。随机现象广泛地存在于客观世界之中。例如，抛一枚硬币，落地后可能出现正面，也可能出现反面；新生婴儿可能是男孩，也可能是女孩；将来某日某种股票的价格可能上涨，可能下跌，也可能不变。诸如此类都是随机现象。

2. 随机试验

试验常用大写字母 $E, E_1, E_2, \cdots$ 表示。下面看几个试验的例子。

E_1：在某一批产品中任选一件，检验其是否合格。

E_2：先后抛两次硬币，观察正面与反面出现的情况。

E_3：记录一部热线电话在两分钟内接到电话的次数。

E_4：按户调查农村居民年购买食品、家电分别支出的费用。

以上试验具有 3 个共同的特点：

（1）试验可以在相同条件下重复进行；

（2）每次试验的可能结果不唯一，但能事先明确试验的所有可能结果；

（3）试验前不能确定哪一个结果会发生。

满足上述 3 个特点的试验称为**随机试验**。以后我们所说的试验均指随机试验。

1.1.2 样本空间与随机事件

对于随机试验，我们更感兴趣的是可能出现的结果。

1. 样本空间

为了研究随机试验 E，首先需要知道 E 的一切可能出现的结果。我们把随机试验 E 的所有可能结果组成的集合称为 E 的**样本空间**，记作 Ω. 样本空间中每一个可能的结果称为**样本点**，记作 ω.

例 1.1.1　写出下列随机试验对应的样本空间 $\Omega_1,\Omega_2,\Omega_3,\Omega_4$.

E_1：在某一批产品中任选一件，检验其是否合格；

E_2：先后抛两次硬币，观察正面与反面出现的情况；

E_3：记录一部热线电话在两分钟内接到电话的次数；

E_4：按户调查农村居民年购买食品、家电分别支出的费用.

解　$\Omega_1=\{合格,不合格\}$；

$\Omega_2=\{(正,正),(正,反),(反,正),(反,反)\}$；

$\Omega_3=\{0,1,2,\cdots\}$；

$\Omega_4=\{(x,y)\mid x\geqslant 0,y\geqslant 0\}$，其中 x 表示年购买食品支出的费用，y 表示年购买家电支出费用.

在例 1.1.1 中，Ω_1 和 Ω_2 的样本点的个数为有限个，称为**有限样本空间**；Ω_3 和 Ω_4 的样本点的个数为无限个，称为**无限样本空间**. 又因为 Ω_3 中的样本点可以按一定顺序排列，所以称为**可列样本空间**.

2. 随机事件

进行随机试验时，人们常关心某一结果是否发生. 例如，要调查农村每户居民年购买食品、家电的支出是否分别大于 5 000 元和 3 000 元，记

$$A=\{(x,y)\mid x>5\,000,y>3\,000\},$$

显然 A 是 Ω_4 的子集. 一般地，样本空间 Ω 的任意子集称为**随机事件**，简称**事件**. 事件一般用大写字母 $A,B,C,\cdots$ 表示.

随机事件发生是常用的一个术语，规定：

随机事件 A 发生 $\Leftrightarrow$ 进行随机试验时 A 中的一个样本点出现.

由一个样本点组成的单点集称为**基本事件**. 样本空间 Ω 有两个特殊的子集：一个是空集 $\varnothing$，它不包含任何样本点，因此在每次试验中都不会发生，称为**不可能事件**；另一个是 Ω 本身，由于它包含了试验所有可能的结果，因此在每次试验中总是会发生，称为**必然事件**.

例 1.1.2　连续抛 3 枚硬币，观察正面与反面出现的情况. 写出样本空间 Ω 及事件 $A=$ \{第 1 枚出现正面，第 3 枚出现反面\}，$B=$\{第 2 枚出现反面\}，$C=$\{至少一枚出现正面\} 中的样本点.

解　$\Omega=\{(正,正,正),(正,正,反),(正,反,正),(正,反,反),(反,正,正),(反,正,反),$
　　　$(反,反,正),(反,反,反)\}$，

$A=\{(正,正,反),(正,反,反)\}$，

$B=\{(正,反,正),(正,反,反),(反,反,正),(反,反,反)\}$，

$C=\{(正,正,正),(正,正,反),(正,反,正),(正,反,反),$
　　　$(反,正,正),(反,正,反),(反,反,正)\}$.

例 1.1.2

注　(1) 对一个随机试验而言，当试验的目的不同时，样本空间往往是不同的. 例如，把篮球运动员投篮一次作为随机试验时，若以考察投篮是否命中为目的，试验的样本空间为 $\Omega=$ \{中,不中\}；若以考察投篮的得分情况为目的，则试验的样本空间为 $\Omega=\{0,1,2,3\}$. 所以，我们

应从试验的目的来确定样本空间.

（2）必然事件和不可能事件本来没有随机性可言,但为了研究问题的需要,常把它们看成随机事件的极端情况.

同步习题 1.1

1. 判断下列现象是否为随机现象:

   （1）种瓜得瓜,种豆得豆;

   （2）购买的彩票中奖了;

   （3）抛一枚硬币,落地时反面向上;

   （4）带异种电荷的小球相互吸引.

2. 判断下列试验是否为随机试验:

   （1）在一定条件下进行射击,观察是否击中靶上红心;

   （2）在恒力作用下一质点做匀速直线运动;

   （3）在 4 个同样的球（标号 1,2,3,4）中,任取一个,观察所取球的标号.

3. 5 件产品中有 1 件次品（记为 a）、4 件正品（分别记为 b_1,b_2,b_3,b_4）. 从中一次取出 2 件,观察次品与正品出现的情况,并写出样本空间.

4. 在公路上随机抽查 10 辆汽车,考察其中的公车辆数. 写出样本空间,并将下列事件用列举法表示为集合的形式:

$$A = \{有\ 2\ 辆或\ 3\ 辆公车\}; \quad B = \{有\ 1\ 至\ 3\ 辆公车\};$$
$$C = \{有不超过\ 3\ 辆公车\}; \quad D = \{至少有\ 3\ 辆公车\}.$$

5. 写出下列随机试验的样本空间:

   （1）将一枚硬币连抛 4 次,观察正面出现的次数;

   （2）记录某大型超市一天内进入的顾客人数;

   （3）袋中有分别标号为 1,2,3 的三个球,

   ① 随机取两次,一次取一个球,取后不放回,观察取到球的标号,

   ② 随机取两次,一次取一个球,取后放回,观察取到球的标号,

   ③ 一次随机取两个,观察取到球的标号.

6. 写出下列随机试验的样本空间:

   （1）记录一个小班（30 人）一次概率考试的平均分数（以百分制记分）;

   （2）生产某产品直到有 10 件正品为止,记录生产产品的总件数.

7. 写出下列随机试验中的随机事件:

   （1）由 1,2,3 三个数字组成三位数,$A = \{没有重复数字的三位数\}$;

   （2）有 10 个零件,其中 2 个次品,随机地从中取 5 个,$A = \{正品个数多于次品个数\}$,$B = \{正品个数不多于次品个数\}$.

1.2 事件间的关系与运算

本节要点:本节首先介绍事件之间的包含与相等、互斥、对立等关系,然后给出事件之间的并、交、差等运算及其运算性质.

事件是一个集合,事件间的关系与运算就是集合间的关系与运算,只是在概率论中,我们从事件的角度给出了新的理解.

1.2.1　事件间的关系与运算

1. 事件的包含与相等

若事件 A 发生必然导致事件 B 发生,即 A 的每一个样本点都是 B 的样本点,则称事件 A **包含于**事件 B,或称事件 B **包含**事件 A,记作 $A \subset B$ 或 $B \supset A$,其维恩图如图 1.1 所示.

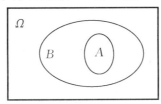

图 1.1

若 $A \subset B$ 且 $B \subset A$,即 A 与 B 含有相同的样本点,则称事件 A 与事件 B **相等**,记作 $A = B$.

2. 互斥事件(互不相容事件)

若事件 A 与事件 B 不能同时发生,即 A 与 B 没有公共的样本点,则称事件 A 与事件 B 是**互斥事件**或**互不相容事件**,其维恩图如图 1.2 所示.

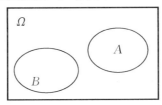

图 1.2

互斥事件包含下列 3 种情形:(1) A 发生,B 不发生;(2) B 发生,A 不发生;(3) A 与 B 都不发生.

若事件 $A_1, A_2, \cdots, A_n$ 中的任意两个事件都互斥,则称这些事件**两两互斥**.同一样本空间中的基本事件是两两互斥的.

3. 对立事件

"事件 A 不发生"这一事件称为事件 A 的**对立事件**,记作 $\overline{A}$.事件 A 的对立事件 $\overline{A}$ 就是 A 的补集,其维恩图如图 1.3 所示.

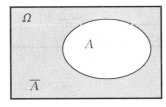

图 1.3

一个事件与它的对立事件中有且只有一个发生.对立事件一定是互斥事件,互斥事件不一定是对立事件.

4. 事件的并(或和)

"事件 A 与事件 B 至少有一个发生"的事件称为事件 A 与事件 B 的**并(或和) 事件**,记作 $A \bigcup B$(或 $A + B$).事件 $A \bigcup B$ 发生即要么事件 A 发生,要么事件 B 发生,要么事件 A 与 B 都发生,其维恩图如图 1.4 所示.

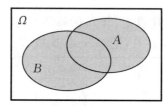

图 1.4

事件的并可以推广到多个事件的情形. n 个事件 $A_1, A_2, \cdots, A_n$ 的并事件记作 $\bigcup\limits_{i=1}^{n} A_i$,它表示事件 $A_1, A_2, \cdots, A_n$ 中至少有一个发生.

5. 事件的交(或积)

"事件 A 与事件 B 同时发生"的事件称为事件 A 与事件 B 的**交(或积) 事件**,记作 $A \bigcap B$(或 AB).事件 $A \bigcap B$ 发生即事件 A 与 B 同时发生,其维恩图如图 1.5 所示.

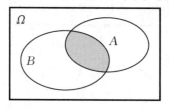

图 1.5

类似于 n 个事件的并事件,n 个事件 $A_1, A_2, \cdots, A_n$ 的交事件记作 $\bigcap\limits_{i=1}^{n} A_i$,它表示事件 A_1, $A_2, \cdots, A_n$ 同时发生.

6. 事件的差

"事件 A 发生而事件 B 不发生"的事件称为事件 A 与事件 B 的**差事件**,记作 $A - B$,其维恩图如图 1.6 所示.

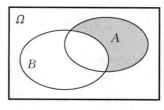

图 1.6

1.2.2 事件的运算性质

类似于集合的运算,事件的运算满足如下性质:

(1) **交换律** $A \cup B = B \cup A, AB = BA$.

(2) **结合律** $(A \cup B) \cup C = A \cup (B \cup C), (AB)C = A(BC)$.

(3) **分配律** $A(B \cup C) = (AB) \cup (AC), A \cup (BC) = (A \cup B)(A \cup C)$.

(4) **对偶律(德摩根律)** $\overline{A \cup B} = \overline{A}\,\overline{B}, \overline{AB} = \overline{A} \cup \overline{B}$.

分配律和对偶律可以推广到有限个或可列无穷个事件的情形.

另外,可以验证下列各式的正确性:
$$A \cup \varnothing = A, \quad A\varnothing = \varnothing, \quad A \cup \Omega = \Omega, \quad A\Omega = A, \quad A \cup \overline{A} = \Omega, \quad A\overline{A} = \varnothing,$$
$$A - B = A - AB = A\overline{B}, \quad A \cup B = B \cup A\overline{B} = A \cup B\overline{A}.$$

例 1.2.1 从一堆产品(正品、次品数都多于 2 件)中任取 2 件,判断下列情形中事件 A 与事件 B 是否互斥,是否对立:

(1) $A = \{$恰有 1 件次品$\}, B = \{$恰有 2 件次品$\}$;

(2) $A = \{$至少有 1 件次品$\}, B = \{$至少有 1 件正品$\}$.

解 (1) 因为 $A = \{$(次,正),(正,次)$\}, B = \{$(次,次)$\}, A \cap B = \varnothing$,所以事件 A 与事件 B 互斥. 又因为 $\Omega = \{$(次,次),(次,正),(正,次),(正,正)$\}, A \cup B \neq \Omega$,所以事件 A 与事件 B 不对立.

(2) 因为 $A = \{$(次,次),(次,正),(正,次)$\}, B = \{$(正,次),(次,正),(正,正)$\}, A \cap B = \{$(正,次),(次,正)$\}$,所以事件 A 与事件 B 不对立也不互斥.

例 1.2.2 甲、乙、丙 3 位射手向同一目标各射击一次. 设 A, B, C 分别表示甲、乙、丙命中目标,试用 A, B, C 表示下列事件:

(1) 甲与乙命中,丙未命中;

(2) 甲、乙、丙都命中;

(3) 甲、乙、丙都未命中;

(4) 甲、乙、丙未都命中;

(5) 甲、乙、丙至少有 2 位命中;

(6) 目标被命中.

例 1.2.2

解 (1) 是事件 $A, B, \overline{C}$ 的交事件,表示为 $AB\overline{C}$.

(2) 是事件 A, B, C 的交事件,表示为 ABC.

(3) 是事件 $\overline{A}, \overline{B}, \overline{C}$ 的交事件,表示为 $\overline{A}\,\overline{B}\,\overline{C}$.

(4) 是(2)的对立事件,表示为 $\overline{ABC}$.

(5) 事件 A, B, C 仅有两个发生或三个都发生,表示为
$$ABC \cup AB\overline{C} \cup A\overline{B}C \cup \overline{A}BC \quad \text{或} \quad AB \cup BC \cup AC.$$

(6) 事件 A, B, C 至少发生一个,表示为 $A \cup B \cup C$.

同步习题 1.2

1. 判断下列等式的正确性:

(1) $A \cup B = A\overline{B} \cup B$;

(2) $A = A\overline{B} \cup AB$;

(3) $\overline{AB} = A \cup B$;

(4) $(AB)(A\overline{B}) = \varnothing$;

(5) 若 $A \subset B$,则 $A = AB$;

(6) 若 $A \subset B$,则 $A \cup B = A$;

(7) 若 $A \subset B$,则 $\overline{B} \subset \overline{A}$;　　　　　　　　(8) 若 $AB = \varnothing$,则 $\overline{A}\,\overline{B} = \varnothing$.

2. 设 A,B,C 是同一试验中的 3 个事件,试用 A,B,C 表示下列事件:

(1) A 发生,B,C 不发生;

(2) A,B,C 恰有 1 个发生;

(3) A,B,C 至少有 1 个发生;

(4) A,B,C 至少有 2 个发生;

(5) A,B,C 至多有 2 个发生.

3. 判断下列情形中事件 A 与事件 B 之间的关系:

(1) $A = \{2$ 次投篮全投中$\}$,$B = \{2$ 次投篮恰有一次未投中$\}$;

(2) $A = \{2$ 次投篮全投中$\}$,$B = \{2$ 次投篮至少一次未投中$\}$;

(3) $A = \{2$ 次投篮全投中$\}$,$B = \{2$ 次投篮最多一次未投中$\}$.

4. 设样本空间 $\Omega = \{x \mid 0 \leqslant x \leqslant 2\}$,$A = \left\{x \mid \dfrac{1}{2} \leqslant x \leqslant 1\right\}$,$B = \left\{x \mid \dfrac{1}{4} \leqslant x \leqslant \dfrac{3}{2}\right\}$. 具体写出下列事件 $A \bigcup B, AB, B - A, \overline{AB}, \overline{A} \bigcup B$.

1.3　随机事件的概率

本节要点:概率是描述事件发生可能性大小的数量指标,它的定义是逐步形成和完善起来的. 本节首先介绍概率的公理化定义,然后按照概率论的发展进程介绍三种计算概率的方法:古典方法、统计方法和几何方法. 这三种方法的区别在于样本空间满足的条件不同,也可以看成三种不同背景下概率的定义.

1.3.1　概率的公理化定义

随机事件的发生是具有偶然性的,但随机事件发生的可能性还是有大小之别的. 我们希望知道事件发生的可能性的大小. 例如,在三峡建大坝,就要知道三峡地区长江年最高水位超历史纪录这一事件发生的可能性有多大,以便合理地设计坝高;又如,商业保险机构为获得较大利润,就必须研究个别意外事件发生的可能性的大小,以便计算保险费和赔偿费的多少.

对一个随机事件来说,它发生的可能性的大小是客观存在且是可以度量的,就如一根绳子有长度、一块土地有面积且都是可以度量的一样. 我们将随机事件发生的可能性大小的度量称为该事件的**概率**,也就是说随机事件 A 发生的可能性的大小就是事件 A 的概率,记作 $P(A)$. 例如,抛一枚硬币,用 A 表示"正面朝上",B 表示"反面朝上",人们会说 A 与 B 发生的可能性一样大,即有 $P(A) = P(B)$. 足球裁判就是用抛硬币的方法让双方队长选择场地以示机会均等.

不可能事件没有发生的可能性,所以不可能事件的概率是 0;必然事件一定会发生,或者说它发生的可能性是百分之百,所以必然事件的概率是 1. 任何事件发生的可能性不会小于 0,也不会大于 1. 我们可以用 $0 \sim 1$ 之间,且包含 0 和 1 的数值来表示事件的概率;概率越接近于 0,事件越不可能发生;概率越接近于 1,事件发生的可能性就越大.

前面给出的只是概率的描述性定义,它还缺乏严格的理论基础. 实际上,随机试验的类型多种多样,概率的定义可以针对不同的类型进行设计. 历史上曾经有过概率的统计定义、古典定义、几何定义等. 那么适合于所有随机试验的严格的概率定义该如何给出呢? 先后有很多人研究过这个问题,但一直没有给出公认的结果. 19 世纪末,数学的各个分支广泛流行着一股公理化潮流,这个潮流主张把最基本的假设公理化,其他结论则由公理经过演绎导出. 在这种背景下,1933 年,苏联数学家柯尔莫哥洛夫在总结前人大量研究成果的基础上给出了概率的公理化定义. 此定义一经给出立即得到广泛的认可,从此使概率论成为严谨的数学分支. 由于严格地叙述此定义需测度论等数学内容,这超出了本书的范围,因此在此只做简单描述.

定义 1.3.1　在一个随机试验中,用来表示任意随机事件 A 发生的可能性大小的实数称为事件 A 的**概率**,记作 $P(A)$,其中 $P(A)$ 需满足下面 3 个条件:

(1) 非负性:对于任意事件 A,都有 $P(A) \geqslant 0$;

(2) 规范性:必然事件的概率 $P(\Omega) = 1$;

(3) 可加性:对于任意可列无穷个两两互斥的事件 $A_1, A_2, \cdots, A_n, \cdots$,有

$$P\left(\bigcup_{i=1}^{\infty} A_i\right) = \sum_{i=1}^{\infty} P(A_i).$$

定义 1.3.1 告诉我们:不论是什么随机试验,只有满足该定义中的 3 个条件的实数才能称为概率. 这个定义既概括了所有其他概率定义的共性,又避免了各自的局限性. 此定义的出现是概率论发展史上的一个里程碑.

1.3.2　概率的性质

由概率的公理化定义可以推导出概率的一些重要性质.

(1) **不可能事件的概率**:$P(\varnothing) = 0$.

(2) **有限可加性**:若事件 $A_1, A_2, \cdots, A_n$ 两两互斥,则

$$P\left(\bigcup_{i=1}^{n} A_i\right) = \sum_{i=1}^{n} P(A_i).$$

(3) **减法公式**:对于任意两个事件 A 与 B,有

$$P(A - B) = P(A) - P(AB).$$

特别地,若事件 $B \subset A$,则

$$P(A - B) = P(A) - P(B) \quad 且 \quad P(B) \leqslant P(A).$$

(4) **加法公式**:对于任意两个事件 A 与 B,有

$$P(A \bigcup B) = P(A) + P(B) - P(AB).$$

推广到三个事件,有

$$P(A \bigcup B \bigcup C) = P(A) + P(B) + P(C) - P(AB) - P(BC) - P(AC) + P(ABC).$$

(5) **对立事件的概率**:对于任意事件 A,有 $P(\overline{A}) = 1 - P(A)$.

下面仅对性质(3) 和(5) 给出证明,其余请读者自己完成.

证　性质(3). 因为 $A = (A - B) \bigcup AB$,又 $(A - B)$ 与 AB 互斥,所以由概率的有限可加性,得

$$P(A) = P(A - B) + P(AB),$$

即

$$P(A - B) = P(A) - P(AB).$$

当 $B \subset A$ 时,有 $AB = B$,所以

$$P(A-B)=P(A)-P(B).$$

又根据概率的非负性知 $P(A-B) \geqslant 0$,所以

$$P(B) \leqslant P(A).$$

性质(5). 由 $A \bigcup \overline{A}=\Omega, A\overline{A}=\varnothing$ 及概率的规范性和有限可加性,得

$$P(A)+P(\overline{A})=P(\Omega)=1,$$

即 $P(\overline{A})=1-P(A).$

例 1.3.1 设事件 A 与 B 互斥,且 $P(A)=p, P(B)=q$,求 $P(AB), P(A \bigcup B)$, $P(\overline{A}\overline{B}), P(\overline{A} \bigcup B), P(A-B).$

解 $P(AB)=P(\varnothing)=0,$

$P(A \bigcup B)=P(A)+P(B)-P(AB)=p+q,$

$P(\overline{A}\overline{B})=P(\overline{A \bigcup B})=1-P(A \bigcup B)=1-p-q,$

$P(\overline{A} \bigcup B)=P(\overline{A})=1-P(A)=1-p,$

$P(A-B)=P(A)-P(AB)=p.$

1.3.3 概率的三种计算方法

概率的公理化定义只是给出了衡量一个数是否可以作为某个事件概率的标准,并没有给出具体确定概率的方法. 而历史上概率的古典定义、统计定义和几何定义都有各自确定概率的方法,有了概率的公理化定义之后,我们可以把它们作为计算概率的三种方法. 下面分别介绍这三种方法,其他的概率计算方法会在以后介绍.

1. 古典方法

古典方法比较直观且不需要做试验,但只能在一类特定的随机试验中使用,所适用的条件及方法如下:

(1) 随机试验中只有有限个可能的结果;

(2) 每个结果出现的可能性相同,也简称为"等可能";

(3) 如果样本空间中共有 n 个结果,被考察的事件 A 中包含了 m 个结果,则事件 A 的概率

$$P(A)=\frac{m}{n}.$$

此方法的依据是:由等可能的含义,每个结果出现的概率为 $\frac{1}{n}$,事件 A 包含 m 个结果,其概率为 $\frac{1}{n}$ 的 m 倍.

此方法是概率论发展初期的主要方法,故所得概率也称为**古典概率**.

古典概率虽然简单明了,但在实际计算的过程中,由于研究对象的复杂性却需要相当的技巧. 下面的加法原理、乘法原理及排列数、组合数计算公式是不可缺少的.

(1) **加法原理**. 设完成某件事情有 n 类不同的方法,第 $i(i=1,2,\cdots,n)$ 类方法中又有 m_i 种不同的方法,则完成这件事情共有 $m_1+m_2+\cdots+m_n$ 种不同的方法.

(2) **乘法原理**. 设完成某件事情有 n 个步骤,第 $i(i=1,2,\cdots,n)$ 步有 m_i 种不同的方法,则完成这件事情共有 $m_1 \times m_2 \times \cdots \times m_n$ 种不同的方法.

（3）**排列数计算公式**.

① **不可重复的排列**：从 n 个不同的元素中任取 $m(1 \leqslant m \leqslant n)$ 个元素（不可重复）按照一定顺序排成一列，排列总数为

$$A_n^m = n(n-1)(n-2)\cdots(n-m+1) = \frac{n!}{(n-m)!}.$$

特别地，当 $m = n$ 时，有

$$A_n^n = n(n-1)(n-2) \cdot \cdots \cdot 2 \cdot 1 = n!.$$

规定 $0! = 1$.

② **可重复的排列**：从 n 个不同的元素中任取 $m(1 \leqslant m \leqslant n)$ 个元素（可重复）按照一定顺序排成一列，排列总数为 n^m.

（4）**组合数计算公式**. 从 n 个不同的元素中任取 $m(1 \leqslant m \leqslant n)$ 个元素构成一组，组合总数为

$$C_n^m = \frac{A_n^m}{A_m^m} = \frac{n!}{m!(n-m)!}.$$

规定 $C_n^0 = 1$.

对于组合数，有恒等式

$$C_n^m = C_n^{n-m}, \quad C_n^0 + C_n^1 + \cdots + C_n^n = 2^n.$$

计算古典概率一般按下列步骤进行：

（1）正确判断试验是否符合古典概率的条件（有限、等可能）；

（2）计算样本空间 Ω 中样本点的个数 n 及事件 A 包含的样本点个数 m；

（3）用公式 $P(A) = \dfrac{m}{n}$ 计算古典概率.

抽球、分球入盒及随机取数试验，是人们从大量的随机现象中筛选出来的概率模型. 一方面，它们具有直观性和典型性，便于揭示事物的规律；另一方面，它们的处理方法既灵活又带有普遍性. 因此，研究这三种模型有着十分重要的意义. 下面是这三种模型的具体实例.

例 1.3.2（**抽球问题**） 盒中有 10 个球，其中有 4 个红球和 6 个白球. 从中任意抽取 3 个球，试就下列两种不同的抽取方法，分别求出恰好抽取到 3 个白球的概率：

（1）每次从盒中抽取 1 个球，取后放回，再抽取下 1 个球（称为**放回抽样**）；

（2）每次从盒中抽取 1 个球，取后不放回，再抽取下 1 个球（称为**不放回抽样**）.

解 此试验满足有限、等可能的条件，故可按公式计算古典概率. 设事件 $A = \{$抽取到 3 个白球$\}$.

（1）（**放回抽样**） 由于每次抽取的球都放回盒中，因此每次都是从 10 个球中抽取，从而样本空间 Ω 中的样本点个数 $n = 10^3 = 1\,000$.

对于事件 A，由于 3 次抽取的都是白球，且每次都是从 6 个白球中抽取，因此事件 A 包含的样本点个数 $m = 6^3 = 216$. 故

$$P(A) = \frac{216}{1\,000} = 0.216.$$

（2）（**不放回抽样**） 第一次从 10 个球中抽取 1 个球，由于取后不放回，第二次、第三次分别是从剩下的 9 个、8 个球中抽取 1 个球，因此样本空间 Ω 中的样本点的个数 $n = A_{10}^3 = 10 \times 9 \times 8$. 类似可知事件 A 包含的样本点个数 $m = A_6^3 = 6 \times 5 \times 4$，故

$$P(A) = \frac{6 \times 5 \times 4}{10 \times 9 \times 8} = \frac{1}{6} \approx 0.167.$$

不放回抽样也可以这样理解:不放回地抽取 3 次,每次任取 1 个球,相当于从 10 个球中一次取出 3 个球,其概率计算与组合数有关,即

$$P(A) = \frac{C_6^3}{C_{10}^3} = \frac{1}{6} \approx 0.167.$$

注 抽球问题是一种典型的概率模型,很多问题都可以归结为此种概率模型. 例如:

(1) 某班有 15 名新生,其中有 3 名优秀新生,从 15 名新生中任意选出 3 名. 设 $A = \{3$ 名新生都不是优秀新生$\}$,则

$$P(A) = \frac{C_{12}^3}{C_{15}^3} = \frac{44}{91}.$$

(2) 一批产品共 N 件,其中有 $M(M \leqslant N)$ 件次品,从中任意选出 $n(1 \leqslant n \leqslant N)$ 件. 设 $B = \{$选出的 n 件产品中恰有 k 件次品$\}$($1 \leqslant k \leqslant \min\{n, M\}$),则

$$P(B) = \frac{C_M^k C_{N-M}^{n-k}}{C_N^n}.$$

例 1.3.3(分球入盒问题) 将 n 个不同的球随机地放入 N 个盒子中($n \leqslant N$),设盒子的容量不限,求下列事件的概率:

(1) 每个盒子中至多有 1 个球;

(2) 某个指定的盒子中恰有 $m(1 \leqslant m \leqslant n)$ 个球;

(3) 某些指定的 n 个盒子中各有 1 个球;

(4) 至少有 2 个球在同一个盒子中.

解 因为每个球都可以放入 N 个盒子中的任何一个,有 N 种不同的放法,所以 n 个球放入 N 个盒子中共有 N^n 种不同的放法,即样本空间 Ω 中的样本点个数为 N^n.

设 4 个问题中对应的事件分别为 A_1, A_2, A_3, A_4.

(1) 第一个球可以放入 N 个盒子之一,有 N 种放法;第二个球只能放入余下的 $N-1$ 个盒子之一,有 $N-1$ 种放法 …… 第 n 个球只能放入余下的 $N-n+1$ 个盒子之一,有 $N-n+1$ 种放法. 所以共有 $N(N-1)\cdots(N-n+1)$ 种不同的放法,故

$$P(A_1) = \frac{N(N-1)\cdots(N-n+1)}{N^n} = \frac{A_N^n}{N^n}.$$

(2) 先从 n 个球中任选 m 个放到指定的盒子中,共有 C_n^m 种选法. 再将剩下的 $n-m$ 个球任意放入剩下的 $N-1$ 个盒子中,共有 $(N-1)^{n-m}$ 种放法,故

$$P(A_2) = \frac{C_n^m (N-1)^{n-m}}{N^n}.$$

(3) A_3 包含的样本点个数为 $A_n^n = n!$,故

$$P(A_3) = \frac{n!}{N^n}.$$

(4) A_4 为 A_1 的对立事件,故

$$P(A_4) = 1 - P(A_1) = 1 - \frac{A_N^n}{N^n}.$$

注 分球入盒问题是一种理想化的概率模型,它可用以描述许多直观背景不相同的随机试验.例如:

(1) n 个人的生日情形,相当于 n 个球放入 $N=365$ 个盒子中(设一年 365 天);

(2) n 个人被分配到 N 个房间中去住,则人相当于球,房间相当于盒子.

例 1.3.4 一个 5 人学习小组考虑生日问题,求下列事件的概率:

(1) 5 个人的生日都在星期日;

(2) 5 个人的生日都不在星期日;

(3) 5 个人的生日不都在星期日.

例 1.3.4

解 每个人的生日都在星期一至星期日的某一天,共有 7 种可能,故样本空间 Ω 中的样本点个数为 7^5.

(1) 设 $A_1=\{5$ 个人的生日都在星期日$\}$,每个人的生日都只有一种可能,故

$$P(A_1)=\frac{1}{7^5}.$$

(2) 设 $A_2=\{5$ 个人的生日都不在星期日$\}$,每个人的生日都有 6 种可能,故

$$P(A_2)=\frac{6^5}{7^5}.$$

(3) 设 $A_3=\{5$ 个人的生日不都在星期日$\}$,A_3 是 A_1 的对立事件,故

$$P(A_3)=1-P(A_1)=1-\frac{1}{7^5}.$$

例 1.3.5(随机取数问题) 在 1 到 9 的整数中可重复地随机取 6 个数组成一个 6 位数,求下列事件的概率:

(1) 6 个数完全不同;

(2) 6 个数中不含奇数;

(3) 6 个数中 5 恰好出现 4 次.

解 设事件 $A=\{6$ 个数完全不同$\}$,$B=\{6$ 个数中不含奇数$\}$,$C=\{6$ 个数中 5 恰好出现 4 次$\}$.从 9 个数中可重复地取 6 个数进行排列,共有 9^6 种排列方法,故样本空间 Ω 中的样本点个数是 9^6.

(1) 6 个数完全不同的取法有 A_9^6 种,故

$$P(A)=\frac{A_9^6}{9^6}\approx0.113\,8.$$

(2) 因为 6 个数中不含奇数,所以 6 个数只能在 2,4,6,8 这四个数中取,每次有 4 种不同的取法,共有 4^6 种取法.故

$$P(B)=\frac{4^6}{9^6}\approx0.007\,7.$$

(3) 6 个数中 5 恰好出现 4 次,可以是 6 次中的任意 4 次,出现的方式有 C_6^4 种,剩下的两个数可在 1,2,3,4,6,7,8,9 中任取,共有 8^2 种取法,故

$$P(C)=\frac{C_6^4\cdot8^2}{9^6}\approx0.001\,8.$$

注 随机取数问题也是一种理想化概率模型,很多随机试验均属于此种概率模型.例如:

(1) 将分别标号为 $1,2,3,4,5$ 的五本书随机地排放在书架上,设 $A = \{1$ 号书正好排在中间$\}$,$B = \{1$ 号书与 2 号书相邻$\}$,$C = \{1$ 号书不排在两端$\}$,则

$$P(A) = \frac{A_4^4}{A_5^5} = \frac{1}{5}, \quad P(B) = \frac{A_4^4 A_2^2}{A_5^5} = \frac{2}{5}, \quad P(C) = \frac{A_3^1 A_4^4}{A_5^5} = \frac{3}{5}.$$

(2) 某接待站在某一周曾接待过 12 次来访,已知这 12 次接待都是在星期二和星期四进行的,问:是否可以推断接待时间是有规定的? 假设接待时间没有规定,可知来访者在 12 次来访中都在星期二和星期四被接待的概率为 $\frac{2^{12}}{7^{12}} \approx 0.000\,000\,3$. 这几乎是不可能的,即接待时间应该是有规定的.

2. 统计方法

如果在 n 次重复试验中,事件 A 发生了 n_A 次,称 $\frac{n_A}{n}$ 为事件 A 在 n 次试验中发生的**频率**. 频率随试验次数的变化而变化,具有随机波动性,当试验次数 n 逐渐增大时,频率波动的幅度会越来越小,并逐渐向某个常数 p 靠近,且逐渐稳定在这个常数 p 上. 这一点可以从历史上著名的抛硬币试验的结果中看到,如表 1.1 所示,随着抛硬币次数的增加,频率逐渐稳定在 0.5. 我们称 p 为频率的稳定值,它就是事件 A 的概率(频率的稳定性在理论上已经被证明,有关内容见第 5 章 5.1.3 小节. 历史上曾用频率的稳定值来定义概率,并称之为**概率的统计定义**).

表 1.1

试验者	抛硬币次数	正面朝上次数	频率
德摩根	2 048	1 061	0.518 1
蒲丰	4 040	2 048	0.506 9
皮尔逊	12 000	6 019	0.501 6
皮尔逊	24 000	12 012	0.500 5

需要指出的是,由于无法将一个试验无限次地重复下去,且有些试验不能大量进行,因此要获得频率的稳定值是件很难的事情. 但当试验的次数较大时,频率就很接近概率,因此常把大量试验中得到的频率作为概率的近似值. 我们把用频率去获得概率近似值的方法称为概率的**统计方法**.

3. 几何方法

用古典方法计算概率,必须满足有限、等可能的条件,但在很多试验中,并不完全具备这样的条件.

例 1.3.6 (1) 有一条长度为 L 的线段 MN,其上有一条长度为 $l(l \leqslant L)$ 的线段 CD,向线段 MN 上随意投点,求点落在线段 CD 上的概率.

(2) 在一个表面积为 $50\,000\ \mathrm{km}^2$ 的海域里有表面积达 $40\ \mathrm{km}^2$ 的大陆架贮藏着石油,假如在这片海域里随意选定一点钻探,求钻探到石油的概率.

(3) 在 $1\ \mathrm{L}$ 高产小麦种子中混入了一粒带麦锈病的种子,从中随机取出 $10\ \mathrm{mL}$,求含有麦锈病种子的概率.

例 1.3.6 中的几个问题由于选点的随机性,可以认为点落在区域上各点是等可能的,但由

于样本点的个数无限,无法用古典方法计算.这类问题可以用几何方法计算,几何方法应用的条件及方法如下.

① 样本空间 Ω 是一个几何区域,这个区域的大小可以度量(如长度、面积、体积等);

② 向区域 Ω 内任意投掷一个点,点落在区域内任一个点处都是等可能的,或者说点落在 Ω 中的区域 A 内的可能性与 A 的度量成正比,与 A 的位置和形状无关;

③ 用 A 表示"掷点落在区域 A 内"的事件,那么事件 A 的概率可用下列公式计算:

$$P(A) = \frac{A \text{ 的度量}}{\Omega \text{ 的度量}}.$$

若样本空间 Ω 是一维的,度量指线段的长度;若样本空间 Ω 是二维的,度量指平面区域的面积;若样本空间 Ω 是三维的,度量指空间几何体的体积.下面以平面区域为例来说明此方法的依据.

假设向平面区域 D 内投点,D 的面积为 S_D,D 的子区域 A 的面积为 S_A.由于点落入区域 A 内的可能性与 A 的度量(面积)成正比,因此可设 $P(A) = kS_A$.根据必然事件的概率为1,有 $P(D) = kS_D = 1$,得 $k = \dfrac{1}{S_D}$,故 $P(A) = \dfrac{S_A}{S_D}$.

下面来求解例 1.3.6 中的问题.

解 (1) 设 $A = \{$点落在线段 CD 上$\}$.由于几何度量为线段的长度,因此所求概率应等于线段 CD 的长度与线段 MN 的长度之比,即

$$P(A) = \frac{l}{L}.$$

(2) 设 $B = \{$取的点落在贮油海域$\}$.由于几何度量为平面区域的面积,因此所求概率应等于贮油海域的面积与整个海域的面积之比,即

$$P(B) = \frac{40}{50\,000} = 0.000\,8.$$

(3) 设 $C = \{$取出的 10 mL 种子中含有这粒带麦锈病的种子$\}$,类似可知

$$P(C) = \frac{10}{1\,000} = 0.01.$$

例 1.3.7 甲、乙两人约定 8:00 到 10:00 之间在预定地点会面,先到的人至多等候另一人 30 min 后离去.假设两人在约定的 2 h 内的任意时刻到达,求甲、乙两人能会面的概率.

解 记 8:00 为计算时刻的 0 h,x, y 分别表示甲、乙两人到达的时刻,单位为 min,建立坐标系如图 1.7 所示.若以 (x, y) 表示平面上的点的坐标,则样本空间

$$\Omega = \{(x, y) \mid 0 \leqslant x \leqslant 120, 0 \leqslant y \leqslant 120\}.$$

设事件 $A = \{$甲、乙两人能会面$\}$,则

$$A = \{(x, y) \mid (x, y) \in \Omega, |x - y| \leqslant 30\}.$$

故所求概率为

$$P(A) = \frac{S_A}{S_\Omega} = \frac{120^2 - 90^2}{120^2} = \frac{7}{16}.$$

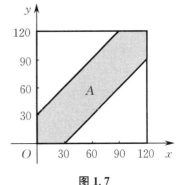

图 1.7

同步习题 1.3

1. 设 A, B 为两个事件,且 $P(A) = 0.7$, $P(A-B) = 0.3$,求 $P(\overline{AB})$.

2. 设 A, B 为两个事件,且 $P(A) = p$, $P(B) = q$, $P(A \cup B) = r$,求 $P(A\overline{B})$.

3. 设 A, B, C 为三个事件,且 $P(A) = P(B) = \dfrac{1}{4}$, $P(C) = \dfrac{1}{3}$, $P(AB) = P(BC) = 0$, $P(AC) = \dfrac{1}{12}$,
   求 A, B, C 至少有一个发生的概率.

4. 书架上有一部五卷册的文集,求各册自左至右或自右至左排成自然顺序的概率.

5. 某班有 30 名同学,其中有 8 名女同学. 现随机地选出 10 名同学,求:
   (1) 正好有 2 名女同学的概率;
   (2) 最多有 2 名女同学的概率;
   (3) 至少有 2 名女同学的概率.

6. 设有 5 张价格为 10 元的、3 张价格为 30 元的和 2 张价格为 50 元的戏票,从中任意抽取 3 张,求:
   (1) 至少有 2 张价格相同的概率;
   (2) 3 张票价总共 70 元的概率.

7. 从 0 ~ 9 十个数中,随机有放回地取 4 次,每次取一个数,求能组成没有重复数字的四位数的概率.

8. 设有 $k(1 \leqslant k \leqslant 365)$ 个人,并设每个人的生日在一年 365 天中的任意一天的可能性是均等的. 问:此 k 个人生日都不相同的概率是多少?

9. 把 n 个人随机地分配到 m 个房间中$(1 \leqslant n < m)$,且房间足够大,求下列事件的概率:
   (1) 指定的 n 个房间中各有一个人;
   (2) 有 n 个房间中各有一个人;
   (3) 指定的一个房间中恰有 $k(k < n)$ 个人.

10. 在区间 $[0,1]$ 上任取两个数,求这两个数之和小于 0.2 的概率.

11. 设在 15 个同一型号的元件中有 5 个次品,从这些元件中不放回地连续取 3 次,每次取 1 个元件,求:
    (1) 3 次都取得次品的概率;
    (2) 3 次中至少有一次取得次品的概率.

12. 某地区的一项调查表明:该地区有 30% 的儿童视力有缺陷,7% 的儿童听力有缺陷,3% 的儿童视力与听力都有缺陷. 现在该地区随意找一名儿童,分别求他视力没缺陷但听力有缺陷及视力有缺陷但听力没缺陷的概率.

1.4 条件概率与乘法公式

本节要点:本节介绍条件概率的概念和计算方法,并学习一个重要的公式 —— 乘法公式.

1.4.1 条件概率

前面介绍的几种概率计算方法中,除了样本空间外没有其他的附加条件. 如果我们在计算概率时附加了一个条件,例如,求在事件 A 发生的条件下事件 B 发生的概率(记作 $P(B \mid A)$),这时样本空间一般会发生变化,相应的概率也会发生变化,这种概率如何计算呢?

引例　从1到10这10个数中任取一个,若已知取到的数为偶数,求此数大于3的概率.

解　样本空间 $\Omega=\{1,2,3,4,5,6,7,8,9,10\}$.设 $A=\{$取到的数为偶数$\}=\{2,4,6,8,10\}$,
$B=\{$取到的数大于3$\}=\{4,5,6,7,8,9,10\}$,则 $AB=\{4,6,8,10\}$,且

$$P(A)=\frac{1}{2},\quad P(AB)=\frac{2}{5}.$$

下面计算 $P(B\mid A)$.由于有了"A 发生"这一条件,样本点"1,3,5,7,9"是不会出现了,样本空间由原来的 Ω 缩减为新的样本空间 $\Omega_A=A$,新样本空间中 $B=\{4,6,8,10\}$,故有

$$P(B\mid A)=\frac{4}{5}.$$

由引例可以看出,概率 $P(B\mid A)=\dfrac{4}{5}$ 的分母是事件 A 的样本点个数,分子是事件 AB 的样本点个数.若分子、分母同时除以原样本空间 Ω 的样本点个数,则有如下关系:

$$P(B\mid A)=\frac{4}{5}=\frac{\dfrac{2}{5}}{\dfrac{1}{2}}=\frac{P(AB)}{P(A)}. \tag{1.4.1}$$

式(1.4.1)表明,概率 $P(B\mid A)$ 可以用两个概率之商表示.该式具有普遍性,由此给出条件概率的一般定义.

定义 1.4.1　设 A,B 是两个事件,且 $P(A)>0$,称

$$P(B\mid A)=\frac{P(AB)}{P(A)}$$

为在事件 A 发生的条件下事件 B 发生的**条件概率**.

同样,当 $P(B)>0$ 时,在事件 B 发生的条件下事件 A 发生的条件概率为

$$P(A\mid B)=\frac{P(AB)}{P(B)}.$$

容易验证,条件概率满足概率的所有性质,例如:

(1) 对于任意事件 B,有 $P(B\mid A)\geqslant 0$;

(2) $P(\Omega\mid A)=1$;

(3) 对于任意可列无穷个两两互斥的事件 $B_1,B_2,\cdots,B_n,\cdots$,有

$$P(\bigcup_{i=1}^{\infty}B_i\mid A)=\sum_{i=1}^{\infty}P(B_i\mid A);$$

(4) $P(\overline{B}\mid A)=1-P(B\mid A)$;

(5) $P(B\cup C\mid A)=P(B\mid A)+P(C\mid A)-P(BC\mid A)$.

条件概率通常有以下两种计算方法:

(1) 在原样本空间中用定义 $P(B\mid A)=\dfrac{P(AB)}{P(A)}$ 计算;

(2) 在缩小后的样本空间中直接计算.

例 1.4.1　某产品共有10件,其中3件为次品,其余为正品.从中任意抽取两次,每次抽取一件,抽出后不再放回.已知第一次抽取的是次品,求第二次抽取的仍是次品的概率.

解　设事件 $A=\{$第一次抽取的是次品$\}$,$B=\{$第二次抽取的是次品$\}$.

方法一 在原样本空间中计算. 因

$$P(A) = \frac{3}{10}, \quad P(AB) = \frac{3}{10} \times \frac{2}{9} = \frac{1}{15},$$

故

$$P(B \mid A) = \frac{P(AB)}{P(A)} = \frac{\frac{1}{15}}{\frac{3}{10}} = \frac{2}{9}.$$

方法二 在缩小后的样本空间中计算. 因第一次抽出了次品,产品剩 9 件,其中有 2 件次品,故

$$P(B \mid A) = \frac{2}{9}.$$

例 1.4.2 某部门职工年龄在 30 岁以上所占比重为 80%,年龄在 40 岁以上所占比重为 40%. 现有一职工,已知其年龄在 30 岁以上,求他的年龄在 40 岁以上的概率.

解 设事件 $A = \{$职工年龄在 30 岁以上$\}$,$B = \{$职工年龄在 40 岁以上$\}$. 显然 $B \subset A$,因此 $AB = B$. 由

$$P(A) = 0.8, \quad P(B) = 0.4, \quad P(AB) = P(B) = 0.4,$$

可得

$$P(B \mid A) = \frac{P(AB)}{P(A)} = \frac{0.4}{0.8} = 0.5.$$

1.4.2 乘法公式

由条件概率的定义可以推出下面的乘法公式.
若 $P(A) > 0$,则有

$$P(AB) = P(A)P(B \mid A);$$

若 $P(B) > 0$,则有

$$P(AB) = P(B)P(A \mid B).$$

乘法公式可以推广到 n 个事件的情形:若 $P(A_1 A_2 \cdots A_{n-1}) > 0$,则有

$$P(A_1 A_2 \cdots A_n) = P(A_1)P(A_2 \mid A_1)P(A_3 \mid A_1 A_2) \cdots P(A_n \mid A_1 A_2 \cdots A_{n-1}).$$

利用乘法公式,可以计算交事件的概率.

例 1.4.3 设 A, B, C 是三个事件,且 A, C 互斥,$P(AB) = \frac{1}{2}$,$P(C) = \frac{1}{3}$,求 $P(AB \mid \bar{C})$.

解 由已知,$AC = \varnothing$,从而 $A\bar{C} = A - C = A$,故 $AB\bar{C} = BA\bar{C} = BA = AB$.
由条件概率的定义,得

$$P(AB \mid \bar{C}) = \frac{P(AB\bar{C})}{P(\bar{C})} = \frac{P(AB)}{1 - P(C)} = \frac{\frac{1}{2}}{1 - \frac{1}{3}} = \frac{3}{4}.$$

例 1.4.3

例 1.4.4 有一张演唱会的票,5 个人都想要,他们用依次抓阄的办法分配这张票,求第三个人得到票的概率.

解　设 $A_i = \{$第 i 个人得到票$\}$（$i = 1, 2, 3, 4, 5$）. 显然第一个人得到票的概率

$$P(A_1) = \frac{1}{5}.$$

第二个人得到票的前提是第一个人未得到票，故 $A_2 = \overline{A_1} A_2$，得

$$P(A_2) = P(\overline{A_1} A_2) = P(\overline{A_1}) P(A_2 \mid \overline{A_1}) = \frac{4}{5} \times \frac{1}{4} = \frac{1}{5}.$$

同理可得

$$P(A_3) = P(\overline{A_1}\,\overline{A_2} A_3) = P(\overline{A_1}) P(\overline{A_2} \mid \overline{A_1}) P(A_3 \mid \overline{A_1}\,\overline{A_2}) = \frac{4}{5} \times \frac{3}{4} \times \frac{1}{3} = \frac{1}{5}.$$

类似地可以求出第四、五个人得到票的概率均为 $\frac{1}{5}$.

　　由例 1.4.4 可知，这 5 个人得到票的概率是一样的. 这一结果表明：生活中的抽签活动是公平的，抽到理想的或不理想的签的概率并不受抽签先后的影响. 这就是"抽签公平原理".

同步习题 1.4

1. 已知 $P(A) = 0.5, P(B) = 0.6, P(B \mid A) = 0.4$，求 $P(A \bigcup B)$.
2. 市场上供应的某种商品中，甲厂产品占 80%，乙厂产品占 20%，甲厂产品的次品率为 3%，乙厂产品的次品率为 2%. 若用事件 A, B 分别表示该种商品出自甲、乙两厂，C 表示商品为次品，求 $P(C \mid A)$，$P(C \mid B), P(\overline{C} \mid A), P(\overline{C} \mid B)$.
3. 甲、乙两市位于长江下游，根据近一百多年的记录知，一年中雨天的比例，甲市为 20%，乙市为 18%，两市同时下雨的天数占全年天数的 12%. 求乙市下雨时甲市也下雨的概率.
4. 某种动物活到 10 岁的概率为 0.8，活到 15 岁的概率为 0.4，问：现年 10 岁的这种动物能活到 15 岁的概率是多少？
5. 设某地区位于甲、乙两河流下游某汇合点附近，当任一河流泛滥时，该地区即会被淹没. 已知在雨季时期内，甲河流泛滥的概率为 0.2，乙河流泛滥的概率为 0.18，又当甲河流泛滥时，引起乙河流泛滥的概率为 0.25，求在此时期内该地区被淹没的概率.

1.5　全概率公式与贝叶斯公式

本节要点：全概率公式与贝叶斯公式主要用来计算比较复杂的事件的概率，它们实际上是加法公式与乘法公式的综合运用和推广. 全概率公式与贝叶斯公式是相反的两个过程.

1.5.1　全概率公式

例 1.5.1　某商店有 100 台相同型号的冰箱待售，其中 60 台是甲厂生产的，25 台是乙厂生产的，15 台是丙厂生产的. 已知这三个工厂生产的冰箱有较大的质量问题，它们的不合格率依次是 0.1，0.4，0.2. 一位顾客从该商店随机地买了一台冰箱，试求顾客买到不合格冰箱的概率.

解 设事件 $A_1 = \{$冰箱产自甲厂$\}$，$A_2 = \{$冰箱产自乙厂$\}$，$A_3 = \{$冰箱产自丙厂$\}$，$B = \{$买到不合格冰箱$\}$. 依题意，有

$$P(A_1) = \frac{60}{100}, \quad P(A_2) = \frac{25}{100}, \quad P(A_3) = \frac{15}{100},$$

$$P(B \mid A_1) = 0.1, \quad P(B \mid A_2) = 0.4, \quad P(B \mid A_3) = 0.2.$$

因为三个工厂都有不合格冰箱，所以"买到不合格冰箱"的事件是"买到甲厂不合格冰箱""买到乙厂不合格冰箱""买到丙厂不合格冰箱"三个事件的并事件，即 $B = A_1 B + A_2 B + A_3 B$，这里 $A_1 B, A_2 B$ 和 $A_3 B$ 两两互斥(见图 1.8). 故

$$P(B) = P(A_1 B + A_2 B + A_3 B) = P(A_1 B) + P(A_2 B) + P(A_3 B)$$

$$= P(A_1) P(B \mid A_1) + P(A_2) P(B \mid A_2) + P(A_3) P(B \mid A_3)$$

$$= \frac{60}{100} \times 0.1 + \frac{25}{100} \times 0.4 + \frac{15}{100} \times 0.2 = 0.19.$$

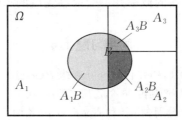

图 1.8

例 1.5.1 的解题思路是：将样本空间 Ω 划分为三个两两互斥的事件 A_1, A_2, A_3，同时 A_1, A_2, A_3 又将事件 B 划分为三个两两互斥的事件 $A_1 B, A_2 B, A_3 B$，利用关系式 $B = A_1 B + A_2 B + A_3 B$，即可求出 $P(B)$.

按照这个思路，我们归纳出如下重要公式.

定理 1.5.1（全概率公式） 设 $A_1, A_2, \cdots, A_n$ 为样本空间 Ω 的一个事件组，且满足：

(1) $A_1, A_2, \cdots, A_n$ 两两互斥，

(2) $\bigcup\limits_{i=1}^{n} A_i = \Omega$，

则对于 Ω 中的任意事件 B，都有

$$P(B) = \sum_{i=1}^{n} P(A_i) P(B \mid A_i). \tag{1.5.1}$$

定理 1.5.1 的证明请读者自己完成. 满足定理 1.5.1 中两个条件的事件组 $A_1, A_2, \cdots, A_n$ 称为**完备事件组**.

1.5.2 贝叶斯公式

若例 1.5.1 中的顾客开箱测试后发现冰箱不合格，试问：这台冰箱是甲厂生产的概率是多少？ 这是一个条件概率，根据条件概率的计算公式可得

$$P(A_1 \mid B) = \frac{P(A_1 B)}{P(B)} = \frac{0.06}{0.19} \approx 0.316.$$

这个问题和前面的问题不同，它是已知结果发生，求引起这种结果的一个原因的概率有多

大,我们称这个概率为贝叶斯概率.利用条件概率的定义、乘法公式及全概率公式,可得到下面计算贝叶斯概率的公式.

定理 1.5.2（贝叶斯公式）　设 $A_1, A_2, \cdots, A_n$ 为样本空间 Ω 的一个完备事件组, B 为 Ω 中的事件,且 $P(B) > 0, P(A_i) > 0 (i = 1, 2, \cdots, n)$,则有

$$P(A_i \mid B) = \frac{P(A_iB)}{P(B)} = \frac{P(A_i)P(B \mid A_i)}{\sum\limits_{j=1}^{n} P(A_j)P(B \mid A_j)}. \tag{1.5.2}$$

例 1.5.2　某保险公司把被保险人分为三类:"谨慎型""一般型""冒失型".统计资料表明,上述三类人在一年内发生事故的概率依次为 $0.05, 0.15, 0.3$.如果"谨慎型"被保险人占 20%,"一般型"被保险人占 50%,"冒失型"被保险人占 30%.

（1）求某被保险人在一年内发生事故的概率.

（2）已知某被保险人在一年内发生了事故,求该被保险人是"谨慎型"的概率.

解　设事件 $A_1 = \{$被保险人是"谨慎型"$\}$, $A_2 = \{$被保险人是"一般型"$\}$, $A_3 = \{$被保险人是"冒失型"$\}$, $B = \{$被保险人在一年内发生了事故$\}$.

（1）由全概率公式得

$P(B) = P(A_1)P(B \mid A_1) + P(A_2)P(B \mid A_2) + P(A_3)P(B \mid A_3)$

　　　$= 0.2 \times 0.05 + 0.5 \times 0.15 + 0.3 \times 0.3 = 0.175.$

例 1.5.2

（2）由贝叶斯公式得

$$P(A_1 \mid B) = \frac{P(A_1B)}{P(B)} = \frac{P(A_1)P(B \mid A_1)}{P(B)} = \frac{0.2 \times 0.05}{0.175} \approx 0.0571.$$

同步习题 1.5

1. 某工厂有甲、乙、丙三个车间生产同一种产品,其产量分别占全厂产量的 $45\%, 35\%, 20\%$.如果各车间的次品率分别为 $4\%, 2\%, 5\%$,现从待出厂的产品中任意抽取一件进行检验.

（1）求所抽取的产品是次品的概率.

（2）已知抽取的是次品,求该次品是甲车间生产的概率.

2. 已知某地区 5% 的男人和 0.25% 的女人是色盲(假设男人和女人各占总人数的一半),现随机地挑选一人.

（1）求此人恰是色盲的概率.

（2）已知此人是色盲,求此人恰是男人的概率.

3. 某人远行赴约,乘火车、轮船、飞机的概率分别为 $\frac{1}{2}, \frac{1}{3}, \frac{1}{6}$,且乘火车、轮船、飞机赴约迟到的概率分别为 $\frac{1}{10}, \frac{1}{4}, \frac{1}{14}$.

（1）求他赴约迟到的概率.

（2）已知他赴约迟到,求他乘飞机前去的概率.

4. 某校测试一道有 4 个备选答案的单选题,参加答题的学生中有 90% 知道该题的正确答案,如果学生不知道该题的正确答案就做随机选择.假设学生甲正确答题,求学生甲是随机选择的概率.

1.6 事件的独立性与伯努利概型

本节要点：事件的独立性是概率论中一个重要的概念，本节介绍相互独立和两两独立的概念，并给出伯努利概型.

1.6.1 事件的独立性

1. 两个事件的独立性

两个事件之间的独立性是指一个事件的发生对另一个事件的发生没有影响. 例如，盒中装有同种规格的 3 个白球和 2 个黑球，现从盒中有放回地随机抽取两次，每次抽取 1 个球，我们考察这个抽球试验中的如下两个事件：

$$A = \{第一次抽取的是白球\}, \quad B = \{第二次抽取的是白球\}.$$

经验事实告诉我们，第一次抽取的是白球不会影响到第二次抽取白球. 这时就可以说事件 A 与 B 相互独立. 从概率的角度看，两个事件之间的独立性与两个事件同时发生的概率有着密切的关系，如上面的抽球试验中，有

$$P(A) = \frac{3}{5}, \quad P(B) = \frac{3}{5}, \quad P(AB) = \frac{3 \times 3}{5 \times 5} = \frac{9}{25} = P(A)P(B).$$

这个结果并非偶然，它是两个独立事件的共同特征，即若两个事件独立，则它们同时发生的概率等于每个事件单独发生的概率的乘积. 由此给出两个事件独立的一般定义.

定义 1.6.1 若事件 A 与 B 满足 $P(AB) = P(A)P(B)$，则称事件 A 与 B **相互独立**.

例 1.6.1 考察某个家庭中孩子的性别构成，假设生男生女是等可能的. 若该家庭中有三个孩子，设事件 $A = \{三个孩子中既有男孩又有女孩\}$，$B = \{三个孩子中最多有一个女孩\}$，判断 A 与 B 是否相互独立.

解 样本空间 $\Omega = \{男男男，男男女，男女男，男女女，女男男，女男女，女女男，女女女\}$，故

$$P(A) = \frac{6}{8} = \frac{3}{4}, \quad P(B) = \frac{4}{8} = \frac{1}{2}, \quad P(AB) = \frac{3}{8}.$$

因为 $P(AB) = P(A)P(B)$，所以 A 与 B 相互独立.

例 1.6.2 若事件 A 与 B 相互独立，求证 A 与 $\overline{B}$ 也相互独立.

证 因为事件 A 与 B 相互独立，即 $P(AB) = P(A)P(B)$，所以有

$$P(A\overline{B}) = P(A - AB) = P(A) - P(AB) = P(A) - P(A)P(B) = P(A)P(\overline{B}),$$

从而事件 A 与 $\overline{B}$ 相互独立.

2. 多个事件的独立性

独立性的概念可推广到多个事件的情况. 下面介绍三个事件的独立性.

定义 1.6.2 若事件 A, B, C 满足

$$P(AB)=P(A)P(B), \quad P(BC)=P(B)P(C), \quad P(AC)=P(A)P(C),$$

则称事件 A,B,C **两两独立**.

定义 1.6.3　若事件 A,B,C 满足

$$P(AB)=P(A)P(B), \quad P(BC)=P(B)P(C),$$
$$P(AC)=P(A)P(C), \quad P(ABC)=P(A)P(B)P(C),$$

则称事件 A,B,C **相互独立**.

易见,若事件 A,B,C 相互独立,则一定两两独立,但事件 A,B,C 两两独立,不一定相互独立.

例 1.6.3　设有 4 张卡片,分别标有 1,2,3,4,现从中任取一张.设事件 $A=\{$取到卡片的标号为 1 或 2$\}$,$B=\{$取到卡片的标号为 1 或 3$\}$,$C=\{$取到卡片的标号为 1 或 4$\}$,验证事件 A,B,C 是否两两独立,是否相互独立.

解　由于

$$P(A)=\frac{1}{2}, \quad P(B)=\frac{1}{2}, \quad P(C)=\frac{1}{2},$$
$$P(AB)=\frac{1}{4}=P(A)P(B), \quad P(AC)=\frac{1}{4}=P(A)P(C),$$
$$P(BC)=\frac{1}{4}=P(B)P(C), \quad P(ABC)=\frac{1}{4}\neq P(A)P(B)P(C)=\frac{1}{8},$$

因此事件 A,B,C 两两独立但不相互独立.

三个事件的相互独立性需四个等式来判定,三个以上事件的相互独立性需要更多的式子来判定.下面把事件的独立性推广到 n 个事件的情形.

定义 1.6.4　设 $A_1,A_2,\cdots,A_n$ 是 n 个事件.若对于任意正整数 $k(1<k\leqslant n)$ 和任意正整数 $1\leqslant i_1<i_2<\cdots<i_k\leqslant n$,都有

$$P(A_{i_1}A_{i_2}\cdots A_{i_k})=P(A_{i_1})P(A_{i_2})\cdots P(A_{i_k})$$

成立,则称事件 $A_1,A_2,\cdots,A_n$ **相互独立**.

由定义 1.6.4 知,判定事件 $A_1,A_2,\cdots,A_n$ 相互独立,需要 $C_n^2+C_n^3+\cdots+C_n^n=2^n-n-1$ 个等式.

注　(1) 若事件组 $A_1,A_2,\cdots,A_n(n\geqslant 2)$ 相互独立,则将其中的任意多个事件换成它们各自的对立事件后组成的新事件组也相互独立.

(2) 由事件 $A_1,A_2,\cdots,A_n(n\geqslant 2)$ 相互独立知

$$P(A_1A_2\cdots A_n)=P(A_1)P(A_2)\cdots P(A_n),$$

上式也称为独立事件的概率乘法公式,利用它可以简化交事件的概率计算.

(3) 对于 n 个事件 $A_1,A_2,\cdots,A_n$,若用定义去验证它们的相互独立性是十分困难的,通常是根据经验事实来判定.一般地,如果 n 个事件中任何一个事件发生的概率都不受其他一个或几个事件发生与否的影响,从直观上就确认这 n 个事件是相互独立的.

例 1.6.4　某工厂有三台机器,设在任一时刻这三台机器正常工作的概率分别为 0.9,

$0.9,0.8$,求：

(1) 三台机器都正常工作的概率；

(2) 三台机器中至少有一台正常工作的概率.

解 显然,三台机器是否正常工作是相互独立的. 设事件 $A_i = \{$第 i 台机器正常工作$\}(i = 1,2,3)$. 依题意,有 $P(A_1) = 0.9$, $P(A_2) = 0.9$, $P(A_3) = 0.8$.

(1) $P(A_1 A_2 A_3) = P(A_1)P(A_2)P(A_3) = 0.9 \times 0.9 \times 0.8 = 0.648$.

(2) $P(A_1 \bigcup A_2 \bigcup A_3) = 1 - P(\overline{A_1 \bigcup A_2 \bigcup A_3}) = 1 - P(\overline{A_1}\,\overline{A_2}\,\overline{A_3})$

$$= 1 - P(\overline{A_1})P(\overline{A_2})P(\overline{A_3}) = 1 - 0.1 \times 0.1 \times 0.2$$

$$= 0.998.$$

例 1.6.5 已知 $P(B) = 0.3, P(\overline{A} \bigcup B) = 0.7$,且 A 与 B 相互独立,求 $P(A)$.

解 方法一 因为 A 与 B 相互独立,所以 $\overline{A}$ 与 B 相互独立,从而有 $P(\overline{A}B) = P(\overline{A})P(B)$. 又 $P(B) = 0.3$,故有

$$P(\overline{A} \bigcup B) = P(\overline{A}) + P(B) - P(\overline{A}B)$$

$$= [1 - P(A)] + 0.3 - 0.3[1 - P(A)] = 0.7,$$

解得 $P(A) = \dfrac{3}{7}$.

方法二 由加法公式有

$$P(\overline{A} \bigcup B) = P(\overline{A}) + P(B) - P(\overline{A}B)$$

$$= 1 - P(A) + P(B) - [P(B) - P(AB)]$$

$$= 1 - P(A) + P(AB) = 0.7.$$

又 A 与 B 相互独立,得

$$1 - P(A) + P(A)P(B) = 0.7.$$

将 $P(B) = 0.3$ 代入上式,得

例 1.6.5

$$P(A) = \frac{3}{7}.$$

1.6.2 伯努利试验

进行 n 次重复试验,如果任何一次试验中各结果发生的概率不受其他各次试验结果的影响,则称此试验为 n **次独立试验**. 若随机试验满足：

(1) 进行 n 次独立试验,

(2) 每次试验只有两个可能结果 A 与 $\overline{A}$,

其中 $P(A) = p$, $P(\overline{A}) = 1 - p = q(0 < p < 1)$,则称该试验为 n **重伯努利试验**.

下面讨论 n 重伯努利试验中事件 A 恰好发生 k 次的概率的计算方法.

假设 n 重伯努利试验中前 k 次 A 发生,后 $n - k$ 次 $\overline{A}$ 发生. 设事件 $A_i = \{$第 i 次试验 A 发生$\}$, $(i = 1,2,\cdots,n)$,则有

$$P(A_1 A_2 \cdots A_k \overline{A_{k+1}} \cdots \overline{A_n}) = P(A_1)P(A_2)\cdots P(A_k)P(\overline{A_{k+1}})\cdots P(\overline{A_n}) = p^k q^{n-k}.$$

n 重伯努利试验中 A 发生 k 次,还可以是其他任意 k 次试验中 A 发生,$n-k$ 次试验中 $\bar{A}$ 发生,共有 C_n^k 种可能,所以若将事件 A 发生 k 次的概率记作 $B(k;n,p)$,则有

$$B(k;n,p) = C_n^k p^k q^{n-k}. \tag{1.6.1}$$

例 1.6.6 一工厂生产某种产品,次品率为 0.1. 现从该工厂生产的产品中随机抽取 10 件,求恰有两件产品是次品的概率.

解 每抽取一件产品,只有"正品"和"次品"两个结果发生,且前后抽取产品互不影响,故该试验是 10 重伯努利试验. 由式(1.6.1)可知,恰有两件产品是次品的概率为

$$B(2;10,0.1) = C_{10}^2 \times 0.1^2 \times 0.9^8 \approx 0.1937.$$

伯努利试验是概率论中最重要的概型之一,它对后来概率论的发展有着不可估量的影响.

同步习题 1.6

1. 从一副不含大小王的扑克牌中任取一张,记事件 $A=\{$抽到 K$\}$,$B=\{$抽到的牌是黑色的$\}$,判断 A 与 B 是否相互独立.

2. 袋中装有同种规格的 4 个球,其中红球、蓝球、黄球各一个,另一个是涂有红、蓝、黄三种颜色的球. 设事件 $A=\{$任取一球其上涂有红色$\}$,$B=\{$任取一球其上涂有蓝色$\}$,$C=\{$任取一球其上涂有黄色$\}$. 判断 A,B,C 是否两两独立,是否相互独立.

3. 设事件 A 与 B 相互独立,且 $P(A)=\alpha$,$P(B)=\beta$. 求下列概率:
   (1) $P(A \cup B)$;
   (2) $P(A \cup \bar{B})$;
   (3) $P(\bar{A} \cup \bar{B})$.

4. 有甲、乙两批种子,发芽率分别为 0.8 和 0.7,在两批种子中各随机取一粒,求:
   (1) 两粒都发芽的概率;
   (2) 至少有一粒发芽的概率;
   (3) 恰有一粒发芽的概率.

5. 设某种灯泡的耐用时数在 1 000 h 以上的概率为 0.2,三个这样的灯泡在使用了 1 000 h 之后,求:
   (1) 恰有一个灯泡损坏的概率;
   (2) 至多有一个灯泡损坏的概率.

课 程 思 政

图 1.9

许宝騄(见图1.9),字闲若,数学家,中央研究院第一届院士、中国科学院学部委员,北京大学数学系教授.

第一部分 基础题

一、单项选择题

1. 若等式(   )成立,则事件 A 与 B 相互独立.

   A. $P(A+B)=P(A)+P(B)$ B. $P(A-B)=P(A)-P(B)$

   C. $P(A)=1-P(B)$ D. $P(AB)=P(A)P(B)$

2. 设 A,B 为对立事件,则下列结论中不正确的是(   ).

   A. $P(AB)=0$ B. $P(\overline{A}\,\overline{B})=0$

   C. $P(A \cup B)=1$ D. $P(\overline{A \cup B})=1$

3. 已知 A,B 为两个事件,且 $P(A) \neq P(B)>0$, $B \subset A$,则下列式子中成立的有(   )个.

   (1) $P(A \mid B)=1$;   (2) $P(B \mid A)=0$;   (3) $P(\overline{B} \mid \overline{A})=1$;   (4) $P(A \mid \overline{B})=0$.

   A. 1   B. 2   C. 3   D. 4

4. 设 $P(A)=a$, $P(B)=b$, $P(A \cup B)=c$,则 $P(B-A)=$(   ).

   A. $a(1-b)$ B. $a-b$ C. $c-a$ D. $a(1-c)$

5. 一射手对同一目标独立地进行4次射击,若他至少命中一次的概率为 $\dfrac{80}{81}$,则该射手每次射击的命中率为(   ).

   A. $\dfrac{2}{3}$ B. $\dfrac{1}{3}$ C. $\dfrac{1}{2}$ D. $\dfrac{1}{6}$

6. 对于任意两个事件 A 与 B,(   ).

   A. 若 $AB \neq \varnothing$,则 A 与 B 一定相互独立

   B. 若 $AB \neq \varnothing$,则 A 与 B 有可能相互独立

   C. 若 $AB = \varnothing$,则 A 与 B 一定相互独立

   D. 若 $AB = \varnothing$,则 A 与 B 一定不相互独立

7. 对于任意两个事件 A 与 B,与 $A \cup B=B$ 不等价的是(   ).

   A. $A \subset B$ B. $\overline{B} \subset \overline{A}$ C. $A\overline{B}=\varnothing$ D. $\overline{A}B=\varnothing$

8. 某人向同一目标独立重复射击,每次射击命中目标的概率为 $p(0<p<1)$,则此人第4次射击恰好第2次命中目标的概率为(   ).

   A. $3p(1-p)^2$ B. $6p(1-p)^2$ C. $3p^2(1-p)^2$ D. $6p^2(1-p)^2$

9. 设事件 A 与 B 相互独立,且 $P(B)=0.5$, $P(A-B)=0.3$,则 $P(B-A)=$(   ).

   A. 0.1   B. 0.2   C. 0.3   D. 0.4

10. 设 $P(B)>0$, $P(A \mid B)=1$,则必有(   ).

    A. $P(A \cup B)=P(B)$ B. $P(A \cup B)>P(A)$

    C. $P(A \cup B)=P(A)$ D. $P(A \cup B)>P(B)$

二、填空题

1. 已知事件 A 与 B 相互独立,且 $P(A)=0.6$,$P(\bar{B})=0.3$,则 $P(AB)=$ _____.

2. 设 $P(A)=0.6$,$P(AB)=0.3$,则 $P(\bar{B}|A)=$ _____.

3. 箱中有 3 个白球,3 个黑球,现随机地一次从中抽取 3 个球,则恰有 2 个白球和 1 个黑球的概率为 _____.

4. 甲、乙两人进行射击游戏,甲每次射中的概率为 0.9,乙每次射中的概率为 0.8,则在一次射击中目标被射中的概率为 _____.

5. 设有 5 人将等可能地被分配到 5 个房间中的任意一间居住,其中每个房间各住一人的概率为 _____.

三、计算题

1. 设 $P(A)=0.5$,$P(A\bar{B})=0.3$,求 $P(B|A)$.

2. 设事件 A 与 B 相互独立,且两个事件中仅 A 发生的概率和仅 B 发生的概率都是 $\dfrac{1}{4}$,求 $P(A)$ 和 $P(B)$.

3. 两封信随机地向标号分别为 1,2,3,4 的 4 个邮筒中投寄,求:
   (1) 第 3 个邮筒恰好投入 1 封信的概率;
   (2) 有 2 个邮筒各有 1 封信的概率.

4. 在区间 $(0,1)$ 内随机地取两个数,求两个数之差的绝对值小于 $\dfrac{1}{2}$ 的概率.

5. 为了安全,某银行装有两种警报系统(Ⅰ)和(Ⅱ),每种系统单独使用时的有效概率分别为 0.92 和 0.93,在系统(Ⅰ)失灵的情况下,系统(Ⅱ)仍然有效的概率为 0.85.求两种警报系统在使用时其中至少一种有效的概率.

第二部分 拓展题

1. 有 4 个零件,设事件 $A_i=\{$第 i 个零件是正品$\}$($i=1,2,3,4$).试用 A_i 表示下列事件:
   (1) 4 个零件都是正品;
   (2) 至少有一个零件是正品;
   (3) 恰有一个零件是正品;
   (4) 至少有一个零件不是正品.

2. 一箱中有 12 件同类产品,其中有 10 件正品,2 件次品,求:
   (1) 先后有放回地依次取出 2 件产品,2 件产品都是正品的概率,以及刚好一件正品和一件次品的概率;
   (2) 先后无放回地依次取出 2 件产品,2 件产品都是正品的概率,以及刚好一件正品和一件次品的概率.

3. 设一仓库中有 50 件同种规格的产品,由甲厂生产的有 20 件,其中次品为 4 件,由乙厂生产的有 30 件,其中次品为 8 件.现从仓库中随机抽取一件产品进行检测,若已知抽取的是甲厂生产的产品,则在此条件下抽到次品的概率是多少?

4. 甲、乙、丙三人独立地破译一种密码,他们能破译出的概率分别为 $\frac{1}{5}$, $\frac{1}{4}$, $\frac{1}{3}$,求这种密码能被破译的概率.

5. 三个射手向一敌机射击,射中的概率分别为 0.4, 0.6, 0.7. 如果一人射中,敌机被击落的概率为 0.2;如果两人射中,敌机被击落的概率为 0.6;如果三人射中,敌机必被击落. 已知敌机被击落,求敌机是三人射中的概率.

6. 设工厂 A 和工厂 B 生产的产品的次品率分别为 1% 和 2%,现从由 A 和 B 生产的分别占 60% 和 40% 的一批产品中随机抽取一件,发现是次品,求该次品是由工厂 A 生产的概率.

第三部分　考研真题

1. (2019 年,数学一) 设 A, B 为两个事件,则 $P(A) = P(B)$ 的充要条件是(　　).

A. $P(A \cup B) = P(A) + P(B)$ 　　　 B. $P(AB) = P(A)P(B)$

C. $P(A\overline{B}) = P(B\overline{A})$ 　　　 D. $P(AB) = P(\overline{A}\overline{B})$

2. (2020 年,数学一) 设 A, B, C 为三个事件,且 $P(A) = P(B) = P(C) = \frac{1}{4}$, $P(AB) = 0$, $P(AC) = P(BC) = \frac{1}{12}$,则 A, B, C 中恰有一个事件发生的概率为(　　).

A. $\frac{3}{4}$ 　　　 B. $\frac{2}{3}$ 　　　 C. $\frac{1}{2}$ 　　　 D. $\frac{5}{12}$

3. (2021 年,数学一) 设 A, B 为两个事件,且 $0 < P(B) < 1$,则下列命题中为假命题的是(　　).

A. 若 $P(A \mid B) = P(A)$,则 $P(A \mid \overline{B}) = P(A)$

B. 若 $P(A \mid B) > P(A)$,则 $P(\overline{A} \mid \overline{B}) > P(\overline{A})$

C. 若 $P(A \mid B) > P(A \mid \overline{B})$,则 $P(A \mid B) > P(A)$

D. 若 $P(A \mid A \cup B) > P(\overline{A} \mid A \cup B)$,则 $P(A) > P(B)$

4. (2022 年,数学一) 设 A, B, C 为三个事件,且 A 与 B 互斥,A 与 C 互斥,B 与 C 相互独立,$P(A) = P(B) = P(C) = \frac{1}{3}$,则 $P(B \cup C \mid A \cup B \cup C) = \underline{\qquad}$.

第2章

随机变量及其分布

一、本章要点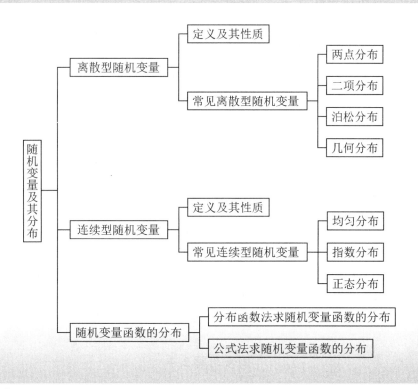

　　本章讨论随机变量及其分布，定义离散型和连续型两种随机变量，介绍常见的随机变量及其应用，讲解随机变量函数概率分布的求解方法.

二、本章知识结构图

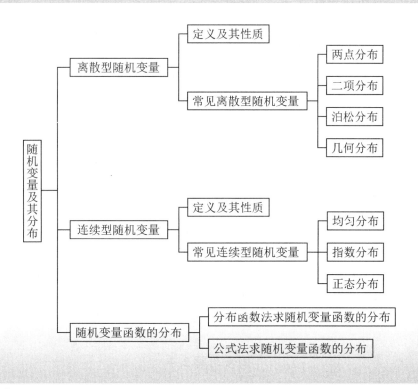

2.1 随机变量

本节要点：将样本点与实数联系起来，引入随机变量的概念.

为了方便地研究随机试验的各种结果及各种结果发生的概率，我们常把随机试验的结果数量化，即把样本空间中的样本点 ω 与实数联系起来，建立起某种对应关系，为此引入随机变量的概念.如果把试验结果用实数 X 来表示，这样就把样本点 ω 与实数 X 联系起来，从而建立起样本空间 Ω 与实数子集之间的对应关系 $X = X(\omega)$.

例 2.1.1 考察抛硬币的试验.抛一枚质地均匀的硬币有两种可能结果：以 ω_0 表示正面朝上，ω_1 表示反面朝上，则样本空间 $\Omega = \{\omega_0, \omega_1\}$.如何将可能的结果 ω_0 和 ω_1 数量化呢？引入变量 X，令

$$X = X(\omega) = \begin{cases} 0, & \omega = \omega_0, \\ 1, & \omega = \omega_1, \end{cases}$$

从而建立起样本空间 $\Omega = \{\omega_0, \omega_1\}$ 与实数子集 $\{0, 1\}$ 之间的一种对应关系.

由于试验结果具有随机性，因此通过对应关系 $X = X(\omega)$ 所确定的变量 X 的取值通常也是随机的，故称之为**随机变量**.下面给出随机变量的定义.

定义 2.1.1 设随机试验 E 的样本空间为 Ω.若对于任意的 $\omega \in \Omega$，都有唯一的实数 $X(\omega)$ 与之对应，则称 $X(\omega)$ 为**随机变量**，简记为 X.

常用大写字母 X, Y, Z 等（或希腊字母 ξ, η 等）表示随机变量.

例 2.1.1 中的随机变量 X 只取有限个值.事实上，随机变量还可以取可列无穷个值或连续值.

例 2.1.2 某射手每次射击击中目标的概率都是 $p(0 < p < 1)$，现在他连续向一目标射击，直到第一次击中目标为止，则射击次数 X 是一个随机变量，X 可以取到任意正整数.

例 2.1.3 在测试灯泡寿命的试验中，用 X 表示灯泡的寿命（单位：h），则 X 是一个取连续值的随机变量.

引入随机变量之后，随机事件就可以用随机变量来表示.对于随机变量 X，$\{X = a\}$，$\{X \leqslant b\}$，$\{a < X \leqslant b\}(a, b \in \mathbf{R})$，$\cdots$ 都表示随机事件，即用随机变量的各种取值和取值范围来表示随机事件.例如，例 2.1.1 中的事件"正面朝上"可以用 $\{X = 0\}$ 来表示；例 2.1.2 中的事件"射击次数不多于 5 次"可以用 $\{X \leqslant 5\}$ 来表示；例 2.1.3 中的事件"灯泡寿命小于 5 000 h"可以用 $\{X < 5\,000\}$ 来表示.这样，我们就可以把对随机事件的研究转化为对随机变量的研究.

同步习题 2.1

1.某个篮球运动员独立投篮 2 次，他投中的次数为一随机变量，记为 X，则 X 的可能取值有哪些？

2.考察测试灯泡寿命的试验.用 X 表示灯泡的寿命（单位：h），则如何用 X 表示灯泡的寿命超过 1 000 h？

2. 2   离散型随机变量及其分布

本节要点:本节介绍离散型随机变量及其分布的概念,以及四种常见离散型随机变量及其分布的特点.

2. 2. 1   离散型随机变量及其分布律

定义 2.2.1   如果随机变量的所有可能取值为有限个或可列无穷个,那么称这种随机变量为**离散型随机变量**.

上一节例 2.1.1 和例 2.1.2 中的随机变量均为离散型随机变量.

定义 2.2.2   设离散型随机变量 X 的所有可能取值为 $x_k(k=1,2,\cdots)$.若 X 取各个可能值的概率为

$$P\{X=x_k\}=p_k \quad (k=1,2,\cdots),$$

则称上式为离散型随机变量 X 的**分布律**(或**概率分布**).

离散型随机变量的分布律可用列表的形式给出(见表 2.1),称其为**概率分布表**.特别地,当随机变量只能取有限个值时,常使用概率分布表.

表 2.1

X	x_1	x_2	$\cdots$	x_k	$\cdots$
P	p_1	p_2	$\cdots$	p_k	$\cdots$

由概率的定义知,离散型随机变量 X 的分布律具有以下两个性质.

(1) **非负性**:$p_k \geqslant 0(k=1,2,\cdots)$;

(2) **规范性**:$\sum\limits_{k=1}^{\infty} p_k = 1.$

例 2.2.1   设随机变量 X 的分布律为 $P\{X=k\}=\dfrac{a}{N}(k=1,2,\cdots,N)$,试确定常数 a 的值.

解   由离散型随机变量分布律的规范性,可知

$$\sum_{k=1}^{N}P\{X=k\}=\sum_{k=1}^{N}\frac{a}{N}=N\cdot\frac{a}{N}=1,$$

故 $a=1.$

例 2.2.2   从 5 件产品(其中有 2 件次品,3 件正品)中任取 2 件,用 X 表示其中的次品数,求:

(1) X 的分布律;

(2) X 大于 0 的概率.

解   (1) 显然,X 只能取 0,1,2,它们的概率分别为

例 2.2.2

$$P\{X=0\}=\frac{C_3^2}{C_5^2}=\frac{3}{10},$$

$$P\{X=1\}=\frac{C_3^1 C_2^1}{C_5^2}=\frac{6}{10},$$

$$P\{X=2\}=\frac{C_2^2}{C_5^2}=\frac{1}{10}.$$

所以,X 的概率分布表如表 2.2 所示.

表 2.2

X	0	1	2
P	$\dfrac{3}{10}$	$\dfrac{6}{10}$	$\dfrac{1}{10}$

(2) $P\{X>0\}=P\{X=1\}+P\{X=2\}=\dfrac{6}{10}+\dfrac{1}{10}=\dfrac{7}{10}.$

下面我们介绍几种在实际应用中经常见到的离散型随机变量.

2.2.2 常见的离散型随机变量及其分布律

1. 两点分布

定义 2.2.3 若随机变量 X 的可能取值只有 0 和 1,且它的分布律为

$$P\{X=1\}=p, \quad P\{X=0\}=1-p \quad (0<p<1), \tag{2.2.1}$$

则称 X 服从参数为 p 的**两点分布**(或 **0-1 分布**).

两点分布的概率分布表如表 2.3 所示.

表 2.3

X	1	0
P	p	$1-p$

对于只有两个可能结果的试验,均可用两点分布来描述,如产品是否合格、天气是否下雨、系统是否正常、种子能否发芽、新生儿性别等等,只不过对不同的问题,参数 p 的取值可能不同.

例 2.2.3 现有 1 000 件产品,其中 900 件是正品,100 件是次品.从中随机地抽取一件,假设抽到每一件的机会都相同,则抽得正品的概率为 0.9,而抽得次品的概率为 0.1.定义随机变量 X 如下:

$$X=\begin{cases} 1, & \text{抽得正品}, \\ 0, & \text{抽得次品}, \end{cases}$$

则

$$P\{X=1\}=0.9, \quad P\{X=0\}=0.1.$$

故 X 服从参数为 0.9 的两点分布.

2. 二项分布

定义 2.2.4 若随机变量 X 的分布律为

$$P\{X=k\}=C_n^k p^k q^{n-k} \quad (k=0,1,2,\cdots,n), \tag{2.2.2}$$

其中 $0<p<1,q=1-p$，则称 X 服从参数为 n,p 的**二项分布**，记作 $X \sim B(n,p)$.

注 （1）$C_n^k p^k q^{n-k}$ 恰好是二项式 $(p+q)^n$ 的展开式中的第 $k+1$ 项，这就是二项分布名称的由来. 由此也可得

$$\sum_{k=0}^{n} P\{X=k\}=\sum_{k=0}^{n} C_n^k p^k q^{n-k}=(p+q)^n=1.$$

（2）伯努利概型中事件 A 发生的次数 X 服从二项分布，二项分布产生的背景是 n 重伯努利试验.

（3）当 $n=1$ 时，二项分布就是两点分布，所以两点分布可记为 $B(1,p)$.

例 2.2.4 某特效药的临床有效率为 75%，今有 10 人服用，问：至少有 8 人治愈的概率是多少？

解 设 X 为 10 人中被治愈的人数，根据题意知 $X \sim B(10,0.75)$，则所求概率为

$$P\{X \geqslant 8\}=P\{X=8\}+P\{X=9\}+P\{X=10\}$$
$$=C_{10}^8 \times 0.75^8 \times 0.25^2 + C_{10}^9 \times 0.75^9 \times 0.25 + C_{10}^{10} \times 0.75^{10}$$
$$\approx 0.2816+0.1877+0.0563=0.5256.$$

例 2.2.4 中随机变量 X 的分布律如图 2.1(a) 所示. 同时为了更形象地研究二项分布的特点，我们还给出了 $B(6,0.5)$ 的分布律，如图 2.1(b) 所示.

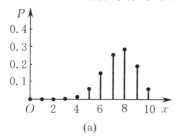 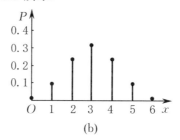

(a)　　　　　　　　　　(b)

图 2.1

从图 2.1 中可以看出，对于二项分布，X 取 k 值的概率随着 k 的增大先是逐渐增大，直至达到最大值，然后逐渐下降. 使 X 取值达到最大概率的点，称为二项分布的**最可能取值**. 可以证明，当 $(n+1)p=m$ 是正整数时，m 和 $m-1$ 均为最可能取值；当 $(n+1)p$ 不是正整数时，则满足 $(n+1)p-1<m \leqslant (n+1)p$ 的整数即为最可能取值.

例 2.2.5 某人进行射击，每次射击的命中率是 0.02，若他独立射击 150 次，试求击中的次数不小于 2 的概率及最可能命中次数.

解 将每次射击看成一次独立试验，150 次射击即 150 重伯努利试验.

设击中的次数为 X，则 $X \sim B(150,0.02)$，于是所求概率为

$$P\{X \geqslant 2\}=1-(P\{X=0\}+P\{X=1\})$$
$$=1-(0.98^{150}+150 \times 0.02 \times 0.98^{149}) \approx 0.804.$$

因为 $(n+1)p=(150+1) \times 0.02=3.02$ 不是正整数，所以最可能命中次数为 3.

利用二项分布计算有关事件的概率时，若 n 较大，计算是相当麻烦的. 下面我们将应用泊松定理得到一个近似结果，简化了 n 较大时二项分布概率的计算.

3. 泊松分布

定义 2.2.5　　若随机变量 X 的分布律为

$$P\{X=k\}=\frac{\lambda^k}{k!}\mathrm{e}^{-\lambda}\quad(k=0,1,2,\cdots),\tag{2.2.3}$$

其中 $\lambda>0$ 是常数,则称 X 服从参数为 λ 的**泊松分布**,记作 $X\sim P(\lambda)$.

显然,$P\{X=k\}\geqslant 0(k=0,1,2,\cdots)$,且有

$$\sum_{k=0}^{\infty}P\{X=k\}=\sum_{k=0}^{\infty}\frac{\lambda^k\mathrm{e}^{-\lambda}}{k!}=\mathrm{e}^{-\lambda}\sum_{k=0}^{\infty}\frac{\lambda^k}{k!}=\mathrm{e}^{-\lambda}\cdot\mathrm{e}^{\lambda}=1.$$

服从泊松分布的随机变量在实际应用中是很多的. 例如,电话交换台接到的呼叫次数,公共汽车站到达的乘客数,一本书一页中的印刷错误数以及放射性分裂落到某区域的质点数,等等,都服从泊松分布. 一般地,泊松分布可以作为描述大量重复试验中稀有事件出现的频数的概率分布情况的数学模型.

例 2.2.6　　由某商店过去的销售记录知道,某种商品每月的销售件数可以用参数 $\lambda=5$ 的泊松分布来描述. 为了以 95% 以上的把握保证不脱销,问:该商店在月底至少应该进这种商品多少件?

解　设该商店每月销售这种商品 X 件,月底进货 a 件,则为了以 95% 以上的把握保证不脱销,应有

$$P\{X\leqslant a\}\geqslant 0.95.$$

由于 $X\sim P(5)$,因此上式即为

$$\sum_{k=0}^{a}\frac{5^k\mathrm{e}^{-5}}{k!}\geqslant 0.95.$$

查附表 1 可知

$$\sum_{k=0}^{8}\frac{5^k\mathrm{e}^{-5}}{k!}=0.931\,9<0.95,$$

$$\sum_{k=0}^{9}\frac{5^k\mathrm{e}^{-5}}{k!}=0.968\,2>0.95,$$

故该商店只要在月底进这种商品 9 件(假定本月没有存货),就可以 95% 以上的把握保证这种商品在下个月不会脱销.

泊松分布还有一个非常实用的特性,即可以用泊松分布作为二项分布的一种近似. 在二项分布 $B(n,p)$ 中,当 n 较大时,概率的计算量很大,而在 p 较小时,使用泊松定理可以减少二项分布中的计算量.

定理 2.2.1（泊松定理）　　在 n 重伯努利试验中,记事件 A 在一次试验中发生的概率为 p_n（与试验次数 n 有关）. 如果当 $n\to\infty$ 时,有 $np_n\to\lambda(\lambda>0$ 为常数),则

$$\lim_{n\to\infty}\mathrm{C}_n^k p_n^k(1-p_n)^{n-k}=\frac{\lambda^k}{k!}\mathrm{e}^{-\lambda}\quad(k=0,1,2,\cdots).\tag{2.2.4}$$

由于泊松定理是在 $np_n\to\lambda(n\to\infty)$ 条件下获得的,因此在计算二项分布 $B(n,p)$ 时,当 n 很大,p 很小,而乘积 $\lambda=np$ 大小适中(通常 $0<np<5$)时,可以用泊松定理做近似,即

$$\mathrm{C}_n^k p^k(1-p)^{n-k}\approx\frac{\lambda^k}{k!}\mathrm{e}^{-\lambda}\quad(\lambda=np).$$

例 2.2.7 一本 500 页的书,共有 500 个错字,每个错字等可能地出现在每一页上,试求在给定的一页上至少有 3 个错字的概率.

解 因为 500 个错字随机分布在 500 页书上,所以每个错字出现在每一页的概率都是 $\frac{1}{500}$. 设 X 表示在给定的一页上出现错字的个数,则 $X \sim B\left(500, \frac{1}{500}\right)$. 因为 $n=500$ 很大,$p=\frac{1}{500}$ 很小,$np = 500 \times \frac{1}{500} = 1$ 适中,所以根据泊松定理,可以用参数为 $\lambda = np = 1$ 的泊松分布近似计算,得

$$P\{X \geqslant 3\} = 1 - P\{X < 3\} = 1 - P\{X=0\} - P\{X=1\} - P\{X=2\}$$
$$\approx 1 - \sum_{k=0}^{2} \frac{1}{k!} \mathrm{e}^{-1} \xrightarrow{\text{查附表1}} 1 - 0.919\,7 = 0.080\,3.$$

4. 几何分布

考虑 n 重伯努利试验,设每次试验成功(即 A 发生)的概率为 p,试验失败(即 $\overline{A}$ 发生)的概率为 $q = 1 - p (0 < p < 1)$,则获得首次成功所需试验次数 X 是一个随机变量,所有可能取值为 $1, 2, \cdots$. 事件 $\{X=k\}$ 即前 $k-1$ 次试验失败,第 k 次试验成功,由试验的独立性知

$$P\{X=k\} = q^{k-1} p \quad (k=1, 2, \cdots).$$

定义 2.2.6 若离散型随机变量 X 的分布律为

$$P\{X=k\} = q^{k-1} p \quad (k=1, 2, \cdots), \tag{2.2.5}$$

其中 $0 < p < 1, p + q = 1$,则称 X 服从参数为 p 的**几何分布**,记作 $X \sim G(p)$.

例 2.2.8 一段防洪大堤按照抗百年一遇洪水的标准设计,求建成后的第 5 年,首次出现百年一遇洪水的概率.

解 任何一年中发生百年一遇洪水的概率为 $p = \frac{1}{100} = 0.01$. 设从大堤建成到首次遭遇百年一遇洪水需经过 X 年,则 X 服从参数为 0.01 的几何分布,从而

$$P\{X=5\} = (1-p)^4 p = 0.99^4 \times 0.01 \approx 0.009\,6.$$

同步习题 2.2

1. 下列表 2.4、表 2.5 和表 2.6 是否是某个随机变量的概率分布表?

(1)
表 2.4

X	0	1	2
P	0.2	0.3	0.5

(2)
表 2.5

X	1	2	3
P	0.1	0.3	0.4

(3)

表 2.6

X	1	2	3	$\cdots$	k	$\cdots$
P	$\dfrac{1}{2}$	$\left(\dfrac{1}{2}\right)^2$	$\left(\dfrac{1}{2}\right)^3$	$\cdots$	$\left(\dfrac{1}{2}\right)^k$	$\cdots$

2. 一袋中有 5 个乒乓球,编号分别为 1,2,3,4,5,从中随机抽取 3 个,以 X 表示取出的 3 个球中最大的编号,求 X 的分布律.

3. 某人对某一个目标进行射击,直至击中为止.如果他每次射击的命中率为 p,求射击次数的分布律.

4. 设离散型随机变量 X 的分布律为

$$P\{X=k\}=C\left(\frac{2}{3}\right)^k \quad (k=1,2,\cdots),$$

求 C 的值.

5. 一幢大楼装有 5 台不同类型的供水设备,调查表明在任一时刻每个设备被使用的概率为 0.1,问:在同一时刻,

   (1) 恰有 2 台设备被使用的概率是多少?

   (2) 至少有 3 台设备被使用的概率是多少?

   (3) 至多有 3 台设备被使用的概率是多少?

   (4) 至少有 1 台设备被使用的概率是多少?

6. 设某城市在一周内发生交通事故的次数服从参数为 0.3 的泊松分布,试求:

   (1) 在一周内恰好发生 2 次交通事故的概率;

   (2) 在一周内至少发生 1 次交通事故的概率.

7. 已知某床单厂生产的每条床单上含有瑕点的个数 X 服从参数为 1.5 的泊松分布.质量检查部门规定:床单上无瑕点或只有一个瑕点的为一等品,有 2 个到 4 个瑕点的为二等品,有 5 个或 5 个以上瑕点的为次品,试求该床单厂生产的床单分别为一等品、二等品和次品的概率.

2.3   **随机变量的分布函数**

本节要点:本节介绍分布函数的概念,以及离散型随机变量的分布函数.

前面讨论的离散型随机变量的分布律全面描述了随机变量的统计规律,而有些随机变量的取值不能一个一个地列举出来,因此无法写出其分布律.因此,我们转而研究随机变量取值落在一个区间内的概率 $P\{x_1 < X \leqslant x_2\}$.又因为

$$P\{x_1 < X \leqslant x_2\}=P\{X \leqslant x_2\}-P\{X \leqslant x_1\},$$

所以只需知道事件 $\{X \leqslant x\}$ 的概率就可以了.为此,引入随机变量的分布函数的概念.

定义 2.3.1   设 X 是一个随机变量,x 为任意实数,称函数

$$F(x)=P\{X \leqslant x\} \quad (-\infty < x < +\infty) \tag{2.3.1}$$

为 X 的**分布函数**.

显然,在定义 2.3.1 中,当 x 固定为 x_0 时,$F(x_0)$ 为事件 $\{X \leqslant x_0\}$ 的概率.当 x 变化时,概率 $F(x) = P\{X \leqslant x\}$ 便是关于 x 的函数.分布函数 $F(x)$ 的定义域为整个实数域,其函数值为随机事件 $\{X \leqslant x\}$ 的概率.对于任意实数 $x_1, x_2 (x_1 < x_2)$,有

$$P\{x_1 < X \leqslant x_2\} = P\{X \leqslant x_2\} - P\{X \leqslant x_1\} = F(x_2) - F(x_1). \qquad (2.3.2)$$

因此,若已知随机变量 X 的分布函数,我们就知道 X 落在任一区间 $(x_1, x_2]$ 上的概率,在这个意义上说,分布函数完整地描述了随机变量的统计规律.

分布函数 $F(x)$ 具有以下基本性质.

(1) **有界性**: $0 \leqslant F(x) \leqslant 1$,且

$$F(-\infty) = \lim_{x \to -\infty} F(x) = 0, \quad F(+\infty) = \lim_{x \to +\infty} F(x) = 1.$$

(2) **单调性**: $F(x)$ 是 x 的单调不减函数.

事实上,由式 (2.3.2) 知,对于任意实数 $x_1, x_2 (x_1 < x_2)$,有

$$F(x_2) - F(x_1) = P\{x_1 < X \leqslant x_2\} \geqslant 0.$$

(3) **右连续性**: $F(x+0) = F(x)$,即 $F(x)$ 是右连续的.

例 2.3.1　设离散型随机变量 X 的概率分布表如表 2.7 所示.求 X 的分布函数 $F(x)$,并求 $P\left\{X \leqslant \dfrac{1}{2}\right\}, P\left\{-\dfrac{3}{2} < X \leqslant 0\right\}, P\{0 \leqslant X \leqslant 1\}$.

表 2.7

X	-1	0	1
P	$\dfrac{1}{3}$	$\dfrac{1}{2}$	$\dfrac{1}{6}$

例 2.3.1

解　因为分布函数 $F(x)$ 的函数值是事件 $\{X \leqslant x\}$ 的概率,其定义域为整个实数域,即 $x \in \mathbf{R}$,所以要讨论 x 的所有可能取值情况.

当 $x < -1$ 时,

$$F(x) = P\{X \leqslant x\} = 0;$$

当 $-1 \leqslant x < 0$ 时,

$$F(x) = P\{X \leqslant x\} = P\{X = -1\} = \frac{1}{3};$$

当 $0 \leqslant x < 1$ 时,

$$F(x) = P\{X \leqslant x\} = P\{X = -1\} + P\{X = 0\} = \frac{1}{3} + \frac{1}{2} = \frac{5}{6};$$

当 $x \geqslant 1$ 时,

$$F(x) = P\{X \leqslant x\} = P\{X = -1\} + P\{X = 0\} + P\{X = 1\} = \frac{1}{3} + \frac{1}{2} + \frac{1}{6} = 1.$$

整理得

$$F(x) = \begin{cases} 0, & x < -1, \\ \dfrac{1}{3}, & -1 \leqslant x < 0, \\ \dfrac{5}{6}, & 0 \leqslant x < 1, \\ 1, & x \geqslant 1. \end{cases}$$

$F(x)$ 的函数图形如图 2.2 所示,它是一条阶梯形的曲线,在点 $x=-1,0,1$ 处有跳跃,跳跃值分别为 $\dfrac{1}{3}, \dfrac{1}{2}, \dfrac{1}{6}$,正是 X 在点 $X=-1,0,1$ 处的概率.又由 $F(x)$ 的表达式,得

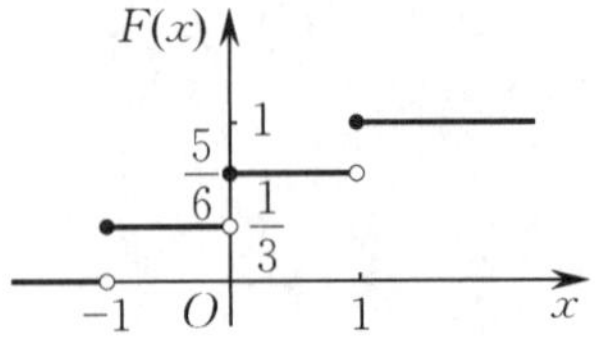

$$P\left\{X \leqslant \frac{1}{2}\right\} = F\left(\frac{1}{2}\right) = \frac{5}{6},$$

$$P\left\{-\frac{3}{2} < X \leqslant 0\right\} = F(0) - F\left(-\frac{3}{2}\right) = \frac{5}{6} - 0 = \frac{5}{6},$$

$$P\{0 \leqslant X \leqslant 1\} = F(1) - F(0) + P\{X=0\} = 1 - \frac{5}{6} + \frac{1}{2} = \frac{2}{3}.$$

图 2.2

一般地,若 X 为离散型随机变量,其分布律为 $P\{X=x_k\}=p_k(k=1,2,\cdots)$,则 X 的分布函数为

$$F(x) = P\{X \leqslant x\} = \sum_{x_k \leqslant x} P\{X=x_k\} = \sum_{x_k \leqslant x} p_k, \tag{2.3.3}$$

其中 $\sum\limits_{x_k \leqslant x} p_k$ 是对所有满足 $x_k \leqslant x$ 的 p_k 求和.分布函数 $F(x)$ 在点 $x=x_k(k=1,2,\cdots)$ 处有跳跃,其跳跃值为 $p_k=P\{X=x_k\}$.

例 2.3.2 设随机变量 X 服从 $(0-1)$ 分布,求 X 的分布函数.

解 X 的分布律为

$$P\{X=1\}=p, \quad P\{X=0\}=1-p.$$

当 $x < 0$ 时,

$$F(x) = P\{X \leqslant x\} = 0;$$

当 $0 \leqslant x < 1$ 时,

$$F(x) = P\{X \leqslant x\} = P\{X=0\} = 1-p;$$

当 $x \geqslant 1$ 时,

$$F(x) = P\{X \leqslant x\} = P\{X=0\} + P\{X=1\} = 1.$$

故 X 的分布函数为

$$F(x) = \begin{cases} 0, & x < 0, \\ 1-p, & 0 \leqslant x < 1, \\ 1, & x \geqslant 1. \end{cases}$$

$F(x)$ 的函数图形如图 2.3 所示.

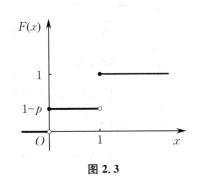

图 2.3

同步习题 2.3

1. 设随机变量 X 的分布函数为

$$F(x) = \begin{cases} A(1-e^{-x}), & x \geqslant 0, \\ 0, & x < 0, \end{cases}$$

求常数 A 的值及 $P\{1 < X \leqslant 3\}$.

2. 一个口袋中有 6 个球,球上分别标有 $-3, -3, 1, 1, 1, 2$ 这样的数字. 从中任取一球,设各个球被取到的可能性相同,求取得的球上标明的数字 X 的分布律与分布函数.

3. 设离散型随机变量 X 的分布函数为

$$F(x) = \begin{cases} 0, & x < -1, \\ 0.4, & -1 \leqslant x < 1, \\ 0.8, & 1 \leqslant x < 3, \\ 1, & x \geqslant 3, \end{cases}$$

求 X 的分布律.

2.4 连续型随机变量及其分布

本节要点:本节介绍连续型随机变量的概念,以及三种常见连续型随机变量的概率分布.

2.4.1 连续型随机变量的定义

先看一个例题.

例 2.4.1 设有一个质点等可能地落入区间 $[0,3]$ 上任意一点,且一定落入这个区间. 令 X 表示这个质点到原点的距离,求 X 的分布函数 $F(x)$.

解 显然,X 为一随机变量,且可能取值充满了区间 $[0,3]$. 根据分布函数的定义:

当 $x < 0$ 时,事件 $\{X \leqslant x\}$ 为不可能事件,所以

$$F(x) = P\{X \leqslant x\} = 0;$$

当 $0 \leqslant x < 3$ 时,

$$F(x) = P\{X \leqslant x\} = \frac{x}{3};$$

当 $x \geqslant 3$ 时,事件 $\{X \leqslant x\}$ 为必然事件,所以

$$F(x) = P\{X \leqslant x\} = 1.$$

于是

$$F(x) = \begin{cases} 0, & x < 0, \\ \dfrac{x}{3}, & 0 \leqslant x < 3, \\ 1, & x \geqslant 3. \end{cases}$$

$F(x)$ 的函数图形为一条连续曲线,如图 2.4 所示.

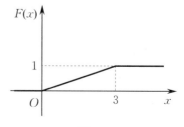

图 2.4

值得注意的是,若令

$$f(x) = \begin{cases} \dfrac{1}{3}, & 0 \leqslant x < 3, \\ 0, & 其他, \end{cases}$$

则 X 的分布函数 $F(x)$ 可以表示成如下形式:对于任意的 x,有

$$F(x) = \int_{-\infty}^{x} f(t)\mathrm{d}t.$$

故 X 的分布函数 $F(x)$ 恰是某个非负可积函数 $f(t)$ 在区间 $(-\infty, x]$ 上的积分. 这一结果对连续型随机变量具有普遍性.

下面给出连续型随机变量的定义.

定义 2.4.1　设随机变量 X 的分布函数为 $F(x)$. 如果存在一个非负可积函数 $f(x)$,使得对于任意实数 x,有

$$F(x) = \int_{-\infty}^{x} f(t)\mathrm{d}t, \tag{2.4.1}$$

则称 X 为**连续型随机变量**,其中 $f(x)$ 称为 X 的**概率密度函数**,简称**概率密度**.

注　由定义 2.4.1 可知,连续型随机变量的分布函数是连续函数.

概率密度 $f(x)$ 具有下列性质.

(1) **非负性**:$f(x) \geqslant 0$,即概率密度的曲线在 x 轴的上方.

(2) **规范性**:$\displaystyle\int_{-\infty}^{+\infty} f(x)\mathrm{d}x = 1$,即概率密度与 x 轴所围成的平面图形面积是 1,如图 2.5 所示.

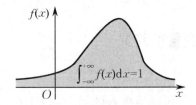

图 2.5

这两条基本性质可用来验证函数 $f(x)$ 是否为某一连续型随机变量的概率密度.

(3) 对于任意实数 a, b,且 $a \leqslant b$,有 $P\{a < X \leqslant b\} = \displaystyle\int_{a}^{b} f(x)\mathrm{d}x$,如图 2.6 所示.

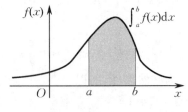

图 2.6

(4) 若函数 $f(x)$ 在点 x 处连续,则有 $F'(x) = f(x)$.

(5) 对于任意实数 a,有 $P\{X = a\} = 0$,即连续型随机变量取任一实数值的概率为 0.

注　由性质(3)和(5),有

$$P\{a < X < b\} = P\{a \leqslant X < b\} = P\{a < X \leqslant b\} = P\{a \leqslant X \leqslant b\} = \int_{a}^{b} f(x)\mathrm{d}x.$$

上式说明,当计算连续型随机变量在某一区间上取值的概率时,是否考虑区间端点对计算概率没有影响.

此外,性质(5)也说明了不可能事件与概率为 0 的事件不等价. 也就是说,当一个事件的概率为 0 时,它不一定是不可能事件;同样,当一个事件的概率为 1 时,它不一定是必然事件.

例 2.4.2 设连续型随机变量 X 的概率密度为

$$f(x) = \begin{cases} kx+1, & 0 \leqslant x \leqslant 2, \\ 0, & \text{其他}, \end{cases}$$

试求:(1) 待定常数 k 的值;(2) 分布函数 $F(x)$;(3) $P\{0.5 < X < 2\}$.

例 2.4.2

解 (1) 由概率密度的规范性,有

$$1 = \int_{-\infty}^{+\infty} f(x)\mathrm{d}x = \int_0^2 (kx+1)\mathrm{d}x = 2k+2,$$

解得 $k = -\dfrac{1}{2}$. 于是,X 的概率密度为

$$f(x) = \begin{cases} -\dfrac{1}{2}x+1, & 0 \leqslant x \leqslant 2, \\ 0, & \text{其他}. \end{cases}$$

(2) 当 $x < 0$ 时,

$$F(x) = \int_{-\infty}^{x} f(t)\mathrm{d}t = \int_{-\infty}^{x} 0\mathrm{d}t = 0;$$

当 $0 \leqslant x < 2$ 时,

$$F(x) = \int_{-\infty}^{x} f(t)\mathrm{d}t = \int_0^x \left(-\frac{1}{2}t+1\right)\mathrm{d}t = x - \frac{x^2}{4};$$

当 $x \geqslant 2$ 时,

$$F(x) = \int_{-\infty}^{x} f(t)\mathrm{d}t = \int_0^2 \left(-\frac{1}{2}t+1\right)\mathrm{d}t = 1.$$

所以分布函数为

$$F(x) = \begin{cases} 0, & x < 0, \\ x - \dfrac{x^2}{4}, & 0 \leqslant x < 2, \\ 1, & x \geqslant 2. \end{cases}$$

(3) $P\{0.5 < X < 2\} = F(2) - F(0.5) = 1 - \dfrac{7}{16} = \dfrac{9}{16}$.

2.4.2 几个常见的连续型随机变量及其分布

1. 均匀分布

令随机变量 X(单位:min) 表示从芝加哥飞往纽约的某航班的飞行时间,假定飞行时间可以是 $120 \sim 140$ min 之间的任意值. 由于随机变量 X 可以在该区间中任意取值,因此 X 不是离散型随机变量,而是一个连续型随机变量. 实际飞行数据表明,飞行时间属于 $120 \sim 140$ min 内某个 1 min 长度的子区间内的概率与属于其他 1 min 长度的子区间内的概率是相同的. 随机变

量 X 在每个 1 min 长度的区间的可能性相等,从而得出 X 在任意子区间的概率与该子区间的长度成正比,与该子区间的具体位置无关.我们称这样的随机变量服从均匀分布.

📊 **定义 2.4.2** 若连续型随机变量 X 的概率密度为

$$f(x) = \begin{cases} \dfrac{1}{b-a}, & a \leqslant x \leqslant b, \\ 0, & \text{其他,} \end{cases} \tag{2.4.2}$$

则称 X 在区间 $[a,b]$ 上服从**均匀分布**,记作 $X \sim U(a,b)$.

易知 $f(x) \geqslant 0$,且 $\int_{-\infty}^{+\infty} f(x) \mathrm{d}x = 1$.

运用逐段积分的方法可求得它的分布函数为

$$F(x) = \begin{cases} 0, & x < a, \\ \dfrac{x-a}{b-a}, & a \leqslant x < b, \\ 1, & x \geqslant b. \end{cases} \tag{2.4.3}$$

均匀分布的概率密度 $f(x)$ 和分布函数 $F(x)$ 的函数图形分别如图 2.7 和图 2.8 所示.

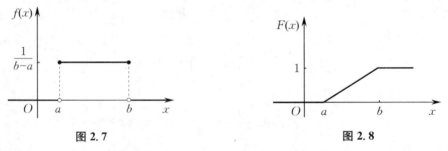

图 2.7   图 2.8

如果随机变量 X 服从区间 $[a,b]$ 上的均匀分布,那么对于任意满足 $a \leqslant c \leqslant d \leqslant b$ 的 c,d,应有

$$P\{c \leqslant X \leqslant d\} = \int_c^d f(x) \mathrm{d}x = \frac{d-c}{b-a},$$

如图 2.9 所示.上式说明 X 在 $[a,b]$ 中任意子区间取值的概率与该子区间的长度成正比,而与该子区间的具体位置无关.这正是均匀分布的概率意义.

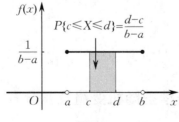

图 2.9

上面提到的航班的例子中,随机变量 X 的概率密度为

$$f(x) = \begin{cases} \dfrac{1}{20}, & 120 \leqslant x \leqslant 140, \\ 0, & \text{其他.} \end{cases}$$

例 2.4.3 在职业高尔夫球巡回赛中,有 100 名高尔夫球运动员参加比赛,他们的击球

距离都在 $260 \sim 284$ m 之间. 令随机变量 X(单位:m) 表示这些运动员的击球距离,且假设 X 在区间 $[260,284]$ 上服从均匀分布.

(1) 求随机变量 X 的概率密度.

(2) 一名运动员的击球距离小于 272 m 的概率是多少?

(3) 一名运动员的击球距离在 $265 \sim 275$ m 之间的概率是多少?

(4) 在这 100 名运动员中,大约有多少人的击球距离至少为 269 m?

解 (1) 概率密度为

$$f(x)=\begin{cases}\dfrac{1}{24}, & 260 \leqslant x \leqslant 284, \\ 0, & 其他.\end{cases}$$

(2) 一名运动员的击球距离小于 272 m 的概率为

$$P\{X<272\}=P\{260 \leqslant X<272\}=\frac{272-260}{284-260}=\frac{12}{24}=\frac{1}{2}.$$

(3) 一名运动员的击球距离在 $265 \sim 275$ m 之间的概率为

$$P\{265 \leqslant X \leqslant 275\}=\frac{275-265}{284-260}=\frac{10}{24}=\frac{5}{12}.$$

(4) 一名运动员的击球距离至少为 269 m 的概率为

$$P\{X \geqslant 269\}=P\{269 \leqslant X \leqslant 284\}=\frac{284-269}{284-260}=\frac{15}{24}=\frac{5}{8}.$$

因为 $100 \times \dfrac{5}{8}=62.5$,所以大约有 63 人的击球距离至少为 269 m.

2. 指数分布

定义 2.4.3 若连续型随机变量 X 的概率密度为

$$f(x)=\begin{cases}\lambda \mathrm{e}^{-\lambda x}, & x \geqslant 0, \\ 0, & x<0,\end{cases} \tag{2.4.4}$$

其中 $\lambda>0$ 为常数,则称 X 服从参数为 λ 的**指数分布**,记作 $X \sim E(\lambda)$.

易知 $f(x) \geqslant 0$,且 $\displaystyle\int_{-\infty}^{+\infty} f(x)\mathrm{d}x=1$.

指数分布的概率密度 $f(x)$ 的函数图形如图 2.10 所示.

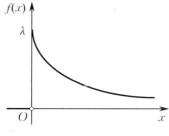

图 2.10

易求得它的分布函数为

$$F(x)=\begin{cases}1-\mathrm{e}^{-\lambda x}, & x \geqslant 0, \\ 0, & x<0.\end{cases} \tag{2.4.5}$$

指数分布有个很重要的性质——**无记忆性**.例如,设 X 表示某一元件的寿命(单位:h),在该元件已经使用了 s h 的条件下,还能使用 t h 的概率与 s 无关,即对于任意 $s,t>0$,有

$$P\{X>s+t \mid X>s\}=P\{X>t\}.$$

这就是说,元件对它已经使用了 s h"没有记忆".因此,指数分布有时也被称为寿命分布,如电子元件的寿命、电话通话的时间、随机服务系统的服务时间等,都可近似看作服从指数分布.

例 2.4.4 为了让大学生更方便地办理银行业务,很多银行在大学校园内都设有自动提款机(ATM),学生只需使用一张银行卡就能完成很多服务项目.假设每一名学生使用 ATM 的时间(单位:min)服从参数 $\lambda=0.3$ 的指数分布,问:一名学生使用 ATM 的时间在 2 min 以上的概率是多少?

解 令随机变量 X 表示一名学生使用 ATM 的时间(单位:min),由题意可知 $X\sim E(0.3)$,其概率密度为

$$f(x)=\begin{cases}0.3\mathrm{e}^{-0.3x}, & x\geqslant 0,\\ 0, & x<0.\end{cases}$$

所以

$$P\{X\geqslant 2\}=\int_{2}^{+\infty}0.3\mathrm{e}^{-0.3x}\,\mathrm{d}x=\mathrm{e}^{-0.6}\approx 0.548\,8.$$

3. 正态分布

定义 2.4.4 若连续型随机变量 X 的概率密度为

$$f(x)=\frac{1}{\sqrt{2\pi}\,\sigma}\mathrm{e}^{-\frac{(x-\mu)^2}{2\sigma^2}} \quad (-\infty<x<+\infty), \tag{2.4.6}$$

其中 $\mu,\sigma(\sigma>0)$ 为常数,则称 X 服从参数为 μ,σ^2 的**正态分布**,记作 $X\sim N(\mu,\sigma^2)$.

如图 2.11 所示为正态分布的概率密度 $f(x)$ 在不同情况下的函数图形.

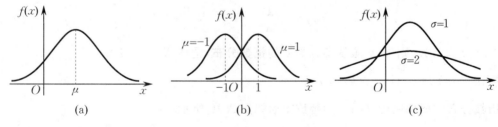

图 2.11

由以上图形可得,正态分布的概率密度 $f(x)$ 具有以下特点:

(1) $f(x)$ 的函数图形是一条钟形曲线,中间高、两边低,左右关于直线 $x=\mu$ 对称,$f(x)$ 在点 $x=\mu$ 处取得最大值.

(2) 如果固定 σ,改变 μ 的值,那么曲线沿 x 轴平移而不改变形状.也就是说,曲线的位置由参数 μ 决定,因此称 μ 为**位置参数**.

(3) 如果固定 μ,改变 σ 的值,那么 σ 越小,曲线呈高而陡;σ 越大,曲线呈矮而缓.也就是说,曲线的尺度由参数 σ 决定,因此称 σ 为**尺度参数**.

正态分布的分布函数为

$$F(x) = \frac{1}{\sqrt{2\pi}\,\sigma} \int_{-\infty}^{x} e^{-\frac{(t-\mu)^2}{2\sigma^2}} \mathrm{d}t \quad (-\infty < x < +\infty). \tag{2.4.7}$$

正态分布是概率论中极为重要的分布,它在日常生活中也很常见,如测量误差、人群的身高、射击时弹着点与靶心的距离等都可认为是服从或近似服从正态分布的随机变量.

特别地,当 $\mu = 0, \sigma = 1$ 时,称 X 服从**标准正态分布**,记作 $X \sim N(0,1)$,其概率密度和分布函数分别用 $\varphi(x)$ 和 $\Phi(x)$ 表示,即

$$\varphi(x) = \frac{1}{\sqrt{2\pi}} e^{-\frac{x^2}{2}} \quad (-\infty < x < +\infty), \tag{2.4.8}$$

$$\Phi(x) = \frac{1}{\sqrt{2\pi}} \int_{-\infty}^{x} e^{-\frac{t^2}{2}} \mathrm{d}t \quad (-\infty < x < +\infty). \tag{2.4.9}$$

如图 2.12 所示给出了标准正态分布的概率密度和分布函数图.

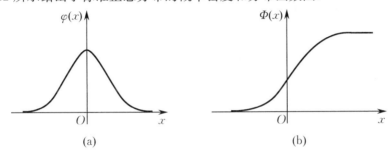

图 2.12

由于标准正态分布的分布函数不含任何未知参数,因此其值 $\Phi(x) = P\{X \leqslant x\}$ 可以算出. 书后附表 2 给出了 $x \geqslant 0$ 时 $\Phi(x)$ 的值以供查阅. 显然,$\varphi(x)$ 的图形关于 y 轴对称,有 $\varphi(-x) = \varphi(x)$,且易得 $\Phi(-x) = 1 - \Phi(x)$,从而对于 $x < 0$ 的值,可利用公式 $\Phi(-x) = 1 - \Phi(x)$ 进行转换,进而得到 $\Phi(x)$ 的值. 下面是几个常用的公式:

(1) $P\{|X| \leqslant c\} = 2\Phi(c) - 1$;

(2) $P\{X > x\} = 1 - \Phi(x)$;

(3) $P\{a \leqslant X \leqslant b\} = \Phi(b) - \Phi(a)$;

(4) $\Phi(0) = \dfrac{1}{2}$.

例 2.4.5 设随机变量 $X \sim N(0,1)$,求 $P\{|X| < 1\}, P\{-2 < X < 2\}, P\{|X| > 3\}$.

解 查附表 2 知

$$P\{|X| < 1\} = 2\Phi(1) - 1 = 2 \times 0.841\,3 - 1 = 0.682\,6,$$

$$P\{-2 < X < 2\} = 2\Phi(2) - 1 = 2 \times 0.977\,2 - 1 = 0.954\,4,$$

$$P\{|X| > 3\} = 1 - P\{|X| \leqslant 3\} - 2 - 2\Phi(3) - 2 - 2 \times 0.998\,7 - 0.002\,6.$$

对一般正态分布概率的计算,下面的定理给出了解决办法.

定理 2.4.1 若随机变量 $X \sim N(\mu, \sigma^2)$,则 $Z = \dfrac{X - \mu}{\sigma} \sim N(0,1)$.

由定理 2.4.1,若 $X \sim N(\mu, \sigma^2)$,则

$$P\{X \leqslant k\} = \Phi\left(\frac{k - \mu}{\sigma}\right), \quad P\{a \leqslant X \leqslant b\} = \Phi\left(\frac{b - \mu}{\sigma}\right) - \Phi\left(\frac{a - \mu}{\sigma}\right).$$

特别地,有

$$P\{\,|\,X-\mu\,|<\sigma\}=2\Phi(1)-1=0.682\,6,$$
$$P\{\,|\,X-\mu\,|<2\sigma\}=2\Phi(2)-1=0.954\,4,$$
$$P\{\,|\,X-\mu\,|<3\sigma\}=2\Phi(3)-1=0.997\,4.$$

由此可见,尽管正态随机变量 X 的取值范围是 $(-\infty,+\infty)$,但它的值落在区间 $(\mu-3\sigma,\mu+3\sigma)$ 内的概率高达 $0.997\,4$,落在该区间外的概率只有 $0.002\,6$. 也就是说,X 几乎不可能在区间 $(\mu-3\sigma,\mu+3\sigma)$ 之外取值.这个性质被人们称为正态分布的"3σ 原则".

例 2.4.6 设随机变量 $X\sim N(1,2^2)$,求 $P\{0\leqslant X<1.6\}$.

解 $P\{0\leqslant X<1.6\}=P\left\{\dfrac{0-1}{2}\leqslant\dfrac{X-1}{2}<\dfrac{1.6-1}{2}\right\}=\Phi(0.3)-\Phi(-0.5)$

$$=\Phi(0.3)+\Phi(0.5)-1=0.617\,9+0.691\,5-1=0.309\,4.$$

例 2.4.7 由历史记录表明,某地区年降雨量(单位:mm)$X\sim N(600,150^2)$.

(1) 求明年年降雨量在 $400\sim700$ mm 之间的概率.

(2) 求明年年降雨量至少为 300 mm 的概率.

(3) 明年年降雨量小于何值时概率为 0.1?

解 (1) $P\{400\leqslant X\leqslant700\}=\Phi\left(\dfrac{700-600}{150}\right)-\Phi\left(\dfrac{400-600}{150}\right)\approx\Phi(0.67)-\Phi(-1.33)$

$$=\Phi(0.67)+\Phi(1.33)-1$$
$$=0.748\,6+0.908\,2-1$$
$$=0.656\,8.$$

(2) $P\{X\geqslant300\}=1-P\{X<300\}=1-\Phi\left(\dfrac{300-600}{150}\right)$

$$=1-\Phi(-2)=1-[1-\Phi(2)]$$
$$=\Phi(2)=0.977\,2.$$

(3) 设所求值为 a mm,则有

$$P\{X<a\}=0.1,$$

即

$$P\{X<a\}=\Phi\left(\dfrac{a-600}{150}\right)=0.1,\quad\Phi\left(\dfrac{600-a}{150}\right)=1-0.1=0.9.$$

查附表 2 得 $\dfrac{600-a}{150}\approx1.28$,从而 $a\approx408$.

例 2.4.8 假设某年级学生"概率统计"课的期末考试成绩(百分制)$X\sim N(\mu,\sigma^2)$,且已知考试成绩 75 分以下者占 34%,而 90 分以上者占 14%,试求参数 μ,σ 的值.

解 由条件知

$$0.34=P\{X<75\}=P\left\{\dfrac{X-\mu}{\sigma}<\dfrac{75-\mu}{\sigma}\right\}=\Phi\left(\dfrac{75-\mu}{\sigma}\right)=1-\Phi\left(\dfrac{\mu-75}{\sigma}\right),$$

$$0.14=P\{X>90\}=P\left\{\dfrac{X-\mu}{\sigma}>\dfrac{90-\mu}{\sigma}\right\}=1-\Phi\left(\dfrac{90-\mu}{\sigma}\right),$$

即 $\Phi\left(\dfrac{\mu-75}{\sigma}\right)=0.66,\Phi\left(\dfrac{90-\mu}{\sigma}\right)=0.86.$ 查附表 2 得

$$\frac{\mu - 75}{\sigma} \approx 0.41, \qquad \frac{90 - \mu}{\sigma} \approx 1.08,$$

从而 $\mu \approx 79.13, \sigma \approx 10.07$.

同步习题 2.4

1. 设连续型随机变量 X 的概率密度为

$$f(x) = \begin{cases} Ax, & 0 \leqslant x \leqslant 1, \\ 0, & \text{其他,} \end{cases}$$

求：(1) 常数 A 的值；(2) $P\{0 < X < 0.5\}$；(3) $P\{0.25 < X \leqslant 2\}$.

2. 设随机变量 X 的概率密度为

$$f(x) = \begin{cases} K\mathrm{e}^{-3x}, & x > 0, \\ 0, & x \leqslant 0, \end{cases}$$

求：(1) 常数 K 的值；(2) $P\{X > 0.1\}$；(3) 分布函数 $F(x)$.

3. 设随机变量 X 的分布函数为

$$F(x) = \begin{cases} 0, & x < 1, \\ \ln x, & 1 \leqslant x < \mathrm{e}, \\ 1, & x \geqslant \mathrm{e}, \end{cases}$$

求：(1) $P\{X < 2\}$，$P\{0 < X \leqslant 3\}$，$P\left\{2 < X < \dfrac{5}{2}\right\}$；(2) 概率密度 $f(x)$.

4. 设随机变量 K 在区间 $[1,6]$ 上服从均匀分布，求方程 $x^2 + Kx + 1 = 0$ 有实根的概率.

5. 某类日光灯管的使用寿命 X（单位：h）服从参数为 $\lambda = 2\,000^{-1}$ 的指数分布. 任取一只这种灯管，求它能正常使用 $1\,000\ \mathrm{h}$ 以上的概率.

6. 设随机变量 $X \sim N(3, 2^2)$.

(1) 求 $P\{2 < X \leqslant 5\}$，$P\{-4 < X \leqslant 10\}$，$P\{|X| > 2\}$，$P\{X > 3\}$.

(2) 试确定常数 c 的值，使得 $P\{X > c\} = P\{X \leqslant c\}$.

(3) 设 d 满足 $P\{X \geqslant d\} \geqslant 0.9$，问：$d$ 最大为多少？

7. 公共汽车车门的高度是按一般男子与车门顶部碰头的概率在 0.01 以下来设计的，设男子身高 X（单位：cm）服从正态分布 $N(170, 6^2)$，试确定车门的高度.

2.5　随机变量函数的分布

本节要点：本节介绍离散型和连续型随机变量函数的分布，并用分布函数法或公式法求随机变量函数的分布函数或概率密度.

在很多场合需要讨论随机变量函数的分布. 设 X 为随机变量，$g(X)$ 是关于 X 的函数，则 $Y = g(X)$ 也是随机变量. 并且若想研究随机变量 Y 的分布，只要知道随机变量 X 的分布即可. 例如，要研究一圆盘的面积，通常可以用卡尺测出圆盘的直径 X，由于存在测量上的误差，X 为随机变量，而圆盘的面积为 $Y = \dfrac{\pi X^2}{4}$，它是随机变量 X 的函数，也是随机变量. 若已知随机变

量 X 的分布,则可求得随机变量 Y 的分布.那么,如何由已知随机变量 X 的分布去求随机变量函数 Y 的分布呢?

2.5.1 离散型随机变量函数的分布

设 X 是离散型随机变量,其概率分布表如表 2.8 所示.

表 2.8

X	x_1	x_2	$\cdots$	x_k	$\cdots$
P	p_1	p_2	$\cdots$	p_k	$\cdots$

$Y = g(X)$ 也是一个离散型随机变量,当 X 取值 x_k 时,Y 的取值为 $y_k = g(x_k)$,此时 Y 的概率分布表如表 2.9 所示.

表 2.9

Y	y_1	y_2	$\cdots$	y_k	$\cdots$
P	p_1	p_2	$\cdots$	p_k	$\cdots$

当 $y_1, y_2, \cdots, y_k, \cdots$ 中某些值相等时,则把这些相等的值分别合并,并把对应的概率相加即可.

例 2.5.1 设离散型随机变量 X 的概率分布表如表 2.10 所示,求:(1) $Y = 2X - 1$ 的分布律;(2) $Z = X^2$ 的分布律.

表 2.10

X	-1	0	1	2
P	0.1	0.2	0.3	0.4

解 (1) 因为 Y 的所有可能取值为 $-3, -1, 1, 3$,并且有

$$P\{Y = -3\} = P\{X = -1\} = 0.1, \quad P\{Y = -1\} = P\{X = 0\} = 0.2,$$
$$P\{Y = 1\} = P\{X = 1\} = 0.3, \quad P\{Y = 3\} = P\{X = 2\} = 0.4,$$

所以得到 Y 的概率分布表如表 2.11 所示.

表 2.11

Y	-3	-1	1	3
P	0.1	0.2	0.3	0.4

(2) 同理可得,$Z = X^2$ 的概率分布表如表 2.12 所示.

表 2.12

Z	$(-1)^2$	0^2	1^2	2^2
P	0.1	0.2	0.3	0.4

再把相等的值合并,得 Z 的概率分布表如表 2.13 所示.

表 2. 13

Z	0	1	4
P	0. 2	0. 4	0. 4

2. 5. 2　连续型随机变量函数的分布

设 X 是连续型随机变量,其概率密度为 $f_X(x)$,如何求 X 的函数 $Y=g(X)$ 的分布呢? 先看下面两个例子.

例 2. 5. 2　设连续型随机变量 X 的概率密度为 $f_X(x)$,$Y=3X+2$,求 Y 的概率密度 $f_Y(y)$.

解　分别记 X,Y 的分布函数为 $F_X(x)$,$F_Y(y)$,则

$$F_Y(y)=P\{Y\leqslant y\}=P\{3X+2\leqslant y\}=P\left\{X\leqslant\frac{y-2}{3}\right\}=F_X\left(\frac{y-2}{3}\right).$$

上式两边关于 y 求导,得 Y 的概率密度为

$$f_Y(y)=F_Y'(y)=f_X\left(\frac{y-2}{3}\right)\cdot\left(\frac{y-2}{3}\right)'=\frac{1}{3}f_X\left(\frac{y-2}{3}\right).$$

例 2. 5. 3　设随机变量 $X\sim N(0,1)$,求 $Y=X^2$ 的概率密度.

解　先求 Y 的分布函数 $F_Y(y)$. 注意到 $Y=X^2$ 总是取非负值,因此

当 $y<0$ 时,

$$F_Y(y)=P\{Y\leqslant y\}=0;$$

当 $y\geqslant0$ 时,

$$F_Y(y)=P\{Y\leqslant y\}=P\{X^2\leqslant y\}=P\{-\sqrt{y}\leqslant X\leqslant\sqrt{y}\}$$

$$=\int_{-\sqrt{y}}^{\sqrt{y}}f_X(x)\mathrm{d}x=\frac{1}{\sqrt{2\pi}}\int_{-\sqrt{y}}^{\sqrt{y}}\mathrm{e}^{-\frac{x^2}{2}}\mathrm{d}x.$$

再用求导的方法求出 Y 的概率密度为

$$f_Y(y)=\begin{cases}\dfrac{1}{\sqrt{2\pi}}y^{-\frac{1}{2}}\mathrm{e}^{-\frac{y}{2}},&y>0,\\0,&y\leqslant0.\end{cases}$$

以上两个例子中解法的共同特点是:先建立起 X 与 Y 的分布函数之间的关系,求 Y 的分布函数,然后用求导的方法得到 Y 的概率密度. 此种方法称为分布函数法.

定理 2. 5. 1　设随机变量 X 具有概率密度 $f_X(x)(-\infty<x<+\infty)$,函数 $y=g(x)$ 处处可导且 $g'(x)>0$(或 $g'(x)<0$),则 $Y=g(X)$ 是连续型随机变量,其概率密度为

$$f_Y(y)=\begin{cases}f_X[h(y)]\,|\,h'(y)\,|,&c<y<d,\\0,&\text{其他},\end{cases}\tag{2.5.1}$$

其中 (c,d) 是函数 $y=g(x)$ 的值域,$x=h(y)$ 是 $y=g(x)$ 的反函数.

证　仅证 $g'(x)>0$ 的情形.

由于 $g'(x)>0$,因此 $y=g(x)$ 在 $(-\infty,+\infty)$ 上严格单调递增,则它的反函数 $x=h(y)$ 在 (c,d) 上严格单调递增且可导.

由于 $Y=g(X)$ 的值域为 (c,d),因此

当 $y \leqslant c$ 时, $F_Y(y) = P\{Y \leqslant y\} = 0$;

当 $y \geqslant d$ 时, $F_Y(y) = P\{Y \leqslant y\} = 1$;

当 $c < y < d$ 时, $F_Y(y) = P\{Y \leqslant y\} = P\{g(X) \leqslant y\} = P\{X \leqslant h(y)\} = \int_{-\infty}^{h(y)} f_X(x)\mathrm{d}x$.

对上面所得分布函数关于 y 求导, 得 Y 的概率密度为

$$f_Y(y) = \begin{cases} f_X[h(y)] \, |h'(y)|, & c < y < d, \\ 0, & \text{其他.} \end{cases}$$

注 若 $f_X(x)$ 在有限区间 $[a,b]$ 之外为 0, 则只需假设在 $[a,b]$ 上恒有 $g'(x) > 0$ (或恒有 $g'(x) < 0$), 式 (2.5.1) 仍然成立, 此时

$$c = \min\{g(a), g(b)\}, \quad d = \max\{g(a), g(b)\}.$$

利用式 (2.5.1) 求概率密度的方法称为公式法.

例 2.5.4 设连续型随机变量 X 在区间 $[1,2]$ 上服从均匀分布, 求 $Y = \mathrm{e}^{2X}$ 的概率密度.

解 利用公式法求解. 由题设知, X 的概率密度为

例 2.5.4

$$f(x) = \begin{cases} 1, & 1 \leqslant x \leqslant 2, \\ 0, & \text{其他.} \end{cases}$$

$f(x)$ 只在区间 $[1,2]$ 上不为 0, 且在此区间上, 函数 $y = g(x) = \mathrm{e}^{2x}$ 的导数 $g'(x) = 2\mathrm{e}^{2x} > 0$, 值域为 $[\mathrm{e}^2, \mathrm{e}^4]$. 又 $y = g(x)$ 的反函数为 $x = h(y) = \dfrac{\ln y}{2}$, 且 $x' = h'(y) = \dfrac{1}{2y}$. 将 $x = h(y)$ 及其导数代入式 (2.5.1), 得 Y 的概率密度为

$$f_Y(y) = \begin{cases} \dfrac{1}{2y}, & \mathrm{e}^2 < y < \mathrm{e}^4, \\ 0, & \text{其他.} \end{cases}$$

例 2.5.5 设随机变量 X 服从参数为 2 的指数分布, 证明: 随机变量 $Y = 1 - \mathrm{e}^{-2X}$ 服从均匀分布 $U(0,1)$.

证 由题设知, X 的概率密度为

$$f(x) = \begin{cases} 2\mathrm{e}^{-2x}, & x \geqslant 0, \\ 0, & x < 0. \end{cases}$$

$f(x)$ 只在区间 $[0, +\infty)$ 上不为 0, 且在此区间上, 函数 $y = g(x) = 1 - \mathrm{e}^{-2x}$ 的导数 $g'(x) = 2\mathrm{e}^{-2x} > 0$, 值域为 $[0,1]$. 又 $y = g(x)$ 的反函数为 $x = h(y) = -\dfrac{\ln(1-y)}{2}$, 且 $x' = h'(y) = \dfrac{1}{2(1-y)}$. 将 $x = h(y)$ 及其导数代入式 (2.5.1), 得 Y 的概率密度为

$$f_Y(y) = \begin{cases} 2\mathrm{e}^{-2\left[-\frac{\ln(1-y)}{2}\right]} \left| \dfrac{1}{2(1-y)} \right|, & 0 < y < 1, \\ 0, & \text{其他} \end{cases}$$

$$= \begin{cases} 1, & 0 < y < 1, \\ 0, & \text{其他,} \end{cases}$$

从而随机变量 $Y = 1 - \mathrm{e}^{-2X}$ 服从均匀分布 $U(0,1)$.

例 2.5.6 设随机变量 X 服从标准正态分布 $N(0,1)$, 求 $Y = \sigma X + \mu$ (μ, σ 为常数, $\sigma > 0$)

的概率密度.

解　由题设知, Y 的值域为 $(-\infty, +\infty)$, 函数 $y = g(x) = \sigma x + \mu$ 的导数 $g'(x) = \sigma > 0$, 其反函数 $x = h(y) = \dfrac{y - \mu}{\sigma}$ 有连续导数 $h'(y) = \dfrac{1}{\sigma}$. 故由式(2.5.1)得

$$f_Y(y) = \frac{1}{|\sigma|} \varphi\left(\frac{y - \mu}{\sigma}\right) = \frac{1}{\sqrt{2\pi}\,\sigma} e^{-\frac{(y-\mu)^2}{2\sigma^2}} \quad (-\infty < y < +\infty),$$

即 $Y \sim N(\mu, \sigma^2)$.

例 2.5.6 也说明了服从标准正态分布的随机变量经过线性变换后仍是服从正态分布的随机变量, 这也是服从正态分布的随机变量的一个重要性质.

定理 2.5.2　若随机变量 $X \sim N(\mu, \sigma^2)$, 则当 $a \neq 0$ 时, $Y = aX + b$ 服从正态分布 $N(a\mu + b, a^2\sigma^2)$.

特别地, 若取 $a = \dfrac{1}{\sigma}, b = -\dfrac{\mu}{\sigma}$, 即 $Y = \dfrac{1}{\sigma}X - \dfrac{\mu}{\sigma} = \dfrac{X - \mu}{\sigma}$, 可知 $Y \sim N(0,1)$, 此即定理 2.4.1.

例 2.5.7　(1) 设随机变量 $X \sim N(10, 2^2)$, 试求 $Y = 3X + 5$ 的分布.

(2) 设随机变量 $X \sim N(0, 2^2)$, 试求 $Y = -X$ 的分布.

解　(1) 根据定理 2.5.2, 可得 $Y \sim N(3 \times 10 + 5, 3^2 \times 2^2)$, 即 $Y \sim N(35, 6^2)$.

(2) 同理可得 $Y \sim N(0, (-1)^2 \times 2^2)$, 即 $Y \sim N(0, 2^2)$.

在例 2.5.7 的第(2)问中, 我们发现 X 与 $-X$ 有相同的分布, 但这两个随机变量是不相等的. 因此, 我们要明确, 分布相同和随机变量相等是两个完全不同的概念.

同步习题 2.5

1. 设离散型随机变量 X 的概率分布表如表 2.14 所示. 求: (1) $Y = 3X + 1$ 的分布律; (2) $Z = 2X^2$ 的分布律.

表 2.14

X	-2	-1	0	1	2
P	0.1	0.2	0.3	0.3	0.1

2. 设随机变量 X 服从区间 $[0,2]$ 上的均匀分布, 求 $Y = X^3$ 的概率密度.

3. 设随机变量 $X \sim N(0,1)$, 求 $Y = 2X^2 + 1$ 的概率密度.

课 程 思 政

泊松(见图2.13), 法国数学家、几何学家和物理学家.

图 2.13

第一部分　基础题

一、单项选择题

1. 下列选项中可能是某个随机变量的分布律的是（　　　）.

　A. $P\{X=x\}=\dfrac{x}{6}$　$(x=1,2,3)$　　　　B. $P\{X=x\}=\dfrac{x}{4}$　$(x=1,2,3)$

　C. $P\{X=x\}=\dfrac{x}{3}$　$(x=-1,1,3)$　　　D. $P\{X=x\}=\dfrac{x^2}{8}$　$(x=-1,1,3)$

2. 设随机变量 $X\sim N(\mu,\sigma^2)$，其概率密度的最大值为（　　　）.

　A. 0　　　　　　B. 1　　　　　　C. $\dfrac{1}{\sqrt{2\pi}}$　　　　　D. $(2\pi\sigma^2)^{-\frac{1}{2}}$

3. 设连续型随机变量 X 的分布函数为 $F(x)$，概率密度为 $f(x)$，则 $P\{X=x\}=$（　　　）.

　A. $F(x)$　　　B. $f(x)$　　　C. 0　　　　　　D. 以上都不对

4. 若函数 $y=f(x)$ 是一随机变量 X 的概率密度，则（　　　）一定成立.

　A. $y=f(x)$ 的定义域为 $[0,1]$　　　　B. $y=f(x)$ 非负

　C. $y=f(x)$ 的值域为 $[0,1]$　　　　　D. $y=f(x)$ 在 $(-\infty,+\infty)$ 上连续

5. 设随机变量 $X\sim N(\mu,\sigma^2)$，则随着 σ 的增大，$P\{|X-\mu|<\sigma\}$ 应（　　　）.

　A. 增大　　　　B. 减小　　　　C. 保持不变　　　D. 增减不定

二、填空题

1. 随机变量 X 的分布函数 $F(x)$ 是事件 _____ 的概率.

2. 已知离散型随机变量 X 的概率分布表如表 2.15 所示，则 $P\{X<3\}=$ _____，$P\{X\geqslant 2\}=$
_____.

表 2.15

X	1	2	3
P	0.2	0.3	0.5

3. 设随机变量 X 服从区间 $[0,10]$ 上的均匀分布，则 $P\{2\leqslant X\leqslant 5\}=$ _____.

4. 已知连续型随机变量 $X\sim E(\lambda)$. 若 $P\{X<1\}=0.05$，则 $\lambda=$ _____.

5. 已知连续型随机变量 X 的分布函数为 $F(x)=\begin{cases}0, & x<0,\\ \dfrac{1}{27}x^3, & 0\leqslant x<3,\\ 1, & x\geqslant 3,\end{cases}$ 则 $P\{X<2\}=$

_____，$P\{-1<X<1\}=$ _____.

6. 设随机变量 $X\sim N(2,(2\sqrt{2})^2)$，则 $Y=-5X+1$ 服从分布 _____.

三、计算题

1. 设随机变量 X 的概率密度为

$$f(x) = \begin{cases} kx^b, & 0 < x < 1, \\ 0, & \text{其他} \end{cases} \quad (b > 0, k > 0),$$

且 $P\left\{X > \dfrac{1}{2}\right\} = 0.75$，求 k, b 的值.

2. 某手表厂生产的手表月误差(单位:s) $X \sim N(5, 20^2)$，月误差在 $-5 \sim 10\, \text{s}$ 的为一级品. 现从生产线上任取一手表，求它为一级品的概率.

3. 设随机变量 $X \sim E(2)$，求 $Y = \mathrm{e}^X$ 的概率密度.

4. 已知随机变量 X 的概率密度为

$$f(x) = A\mathrm{e}^{-|x|} \quad (-\infty < x < +\infty),$$

求:(1) 常数 A 的值;(2) 分布函数 $F(x)$;(3) $P\{-1 < X < 1\}$.

第二部分 拓展题

1. 设随机变量 $X \sim N(10, 0.02^2)$，则 X 落在区间 $(9.95, 10.05)$ 内的概率为 _____.

2. 设随机变量 X 服从正态分布 $N(\mu, \sigma^2)$，二次方程 $y^2 + 4y + X = 0$ 无实根的概率为 $\dfrac{1}{2}$，则 $\mu =$ _____.

3. 设顾客在某银行的窗口等待服务的时间 X(单位:min) 服从参数为 0.2 的指数分布. 某顾客在窗口等待服务时，若超过 10 min，他就离开. 该顾客一个月要到银行 5 次，以 Y 表示一个月内他未等到服务而离开窗口的次数，写出 Y 的分布律，并求 $P\{Y \geqslant 1\}$.

第三部分 考研真题

1. (2016 年，数学一) 设随机变量 $X \sim N(\mu, \sigma^2)$，记 $p = P\{X \leqslant \mu + \sigma^2\}$，则(   ).

A. p 随着 μ 的增大而增大   B. p 随着 σ 的增大而增大

C. p 随着 μ 的增大而减小   D. p 随着 σ 的增大而减小

2. (2018 年，数学一、三) 设随机变量 X 的概率密度为 $f(x)$，$f(1+x) = f(1-x)$，$\displaystyle\int_0^2 f(x)\mathrm{d}x = 0.6$，则 $P\{X < 0\} = ($).

A. 0.2   B. 0.3   C. 0.4   D. 0.6

3. (2015 年，数学三) 设随机变量 X 的概率密度为

$$f(x) = \begin{cases} 2^{-x}\ln 2, & x > 0, \\ 0, & x \leqslant 0, \end{cases}$$

对 X 进行独立重复的观测，直到第 2 个大于 3 的观测值出现时停止，记 Y 为观测次数，求 Y 的概率分布.

4. (2021年,数学一、三)在区间$[0,2]$上随机取一点,将该区间分成两段,较短一段的长度记为X,求X的概率密度.

5. (2023年,数学三)设随机变量X的概率密度为

$$f(x) = \frac{\mathrm{e}^x}{(1+\mathrm{e}^x)^2} \quad (-\infty < x < +\infty),$$

令$Y = \mathrm{e}^X$,求:

(1) X的分布函数;

(2) Y的概率密度.

第**3**章

多维随机变量及其分布

一、本章要点

本章主要介绍二维随机变量的联合分布、边缘分布、条件分布、独立性及二维随机变量函数的分布.

二、本章知识结构图

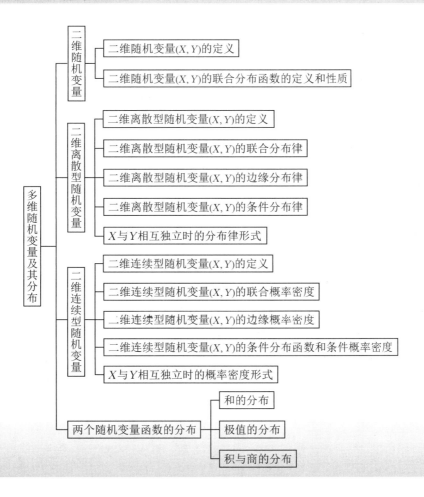

3.1 二维随机变量及其分布函数

本节要点：本节引入二维随机变量，要理解联合分布函数和边缘分布函数的定义及性质，会根据联合分布函数求边缘分布函数.

随机变量的引入使我们拥有了描述随机现象的有力工具. 客观世界中有许多随机现象的结果只用一个随机变量来描述是不够的，而要涉及多个随机变量. 例如，炮弹弹着点的位置需要由两个随机变量（横坐标 X 和纵坐标 Y）共同确定；运行的人造卫星在空间中的位置，则需要三个随机变量（横坐标 X、纵坐标 Y 和竖坐标 Z）共同确定；经济学中探讨家庭支出时，需要考虑家庭在衣、食、住、行方面的支出，则需要四个随机变量来描述；在医学研究中，医生关心的是患者的各项生命指标，则应引入更多的随机变量. 应该指出，同一随机试验中涉及的随机变量并非孤立地存在着，其间可能存在着统计相依关系，因而要把它们作为一个整体来看待和研究，于是引出了多维随机变量的概念.

一般地，对某一随机试验涉及的 n 个随机变量 $X_1, X_2, \cdots, X_n$，记为 $(X_1, X_2, \cdots, X_n)$，称为 **n 维随机变量**（或 **n 维随机向量**），其中第 i 个随机变量 X_i 称为第 i 个分量. 例如，炮弹弹着点的位置 (X,Y) 是二维随机变量，人造卫星在空间中的位置 (X,Y,Z) 是三维随机变量. 由于从二维随机变量到 n 维随机变量的推广并无实质性的改变，因此下面我们重点讨论二维随机变量.

3.1.1 二维随机变量

定义 3.1.1 设随机试验 E 的样本空间为 Ω，X 和 Y 是定义在 Ω 上的随机变量，则称 (X,Y) 为二维随机变量（或二维随机向量）.

二维随机变量 (X,Y) 中的两个分量 X 和 Y 之间往往是有联系的，因此有必要把 (X,Y) 作为一个整体加以研究. 和一维随机变量的情况类似，我们也借助分布函数来研究二维随机变量，为此引入 (X,Y) 的联合分布函数的概念.

3.1.2 联合分布函数

定义 3.1.2 设 (X,Y) 是二维随机变量，对于任意实数 x,y，称二元函数
$$F(x,y) = P\{X \leqslant x, Y \leqslant y\} \tag{3.1.1}$$
为二维随机变量 (X,Y) 的**联合分布函数**，简称**分布函数**.

注 联合分布函数可从以下两个方面来理解：

(1) 联合分布函数 $F(x,y)$ 表示事件 $\{X \leqslant x\}$ 与事件 $\{Y \leqslant y\}$ 同时发生的概率；

(2) 如果将二维随机变量 (X,Y) 视为平面上的随机点，则联合分布函数 $F(x,y)$ 描述的就是随机点 (X,Y) 落入点 (x,y) 左下方无限矩形区域内的概率，如图 3.1 中阴影部分所示.

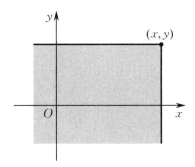

图 3.1

由概率的定义及以上解释可知,随机点 (X,Y) 落入矩形区域 $\{(x,y) \mid x_1 < x \leqslant x_2,$ $y_1 < y \leqslant y_2\}$ 内的概率为

$$P\{x_1 < X \leqslant x_2, y_1 < Y \leqslant y_2\}$$
$$= F(x_2,y_2) - F(x_2,y_1) - F(x_1,y_2) + F(x_1,y_1), \qquad (3.1.2)$$

其几何示意如图 3.2 所示.

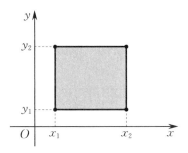

图 3.2

联合分布函数 $F(x,y)$ 具有以下基本性质.

(1) **有界性**: $0 \leqslant F(x,y) \leqslant 1$,且有

$$F(-\infty,y) = \lim_{x \to -\infty} F(x,y) = 0,$$
$$F(x,-\infty) = \lim_{y \to -\infty} F(x,y) = 0,$$
$$F(-\infty,-\infty) = \lim_{(x,y) \to (-\infty,-\infty)} F(x,y) = 0,$$
$$F(+\infty,+\infty) = \lim_{(x,y) \to (+\infty,+\infty)} F(x,y) = 1.$$

(2) **单调性**: $F(x,y)$ 关于变量 x 或 y 均是单调不减函数,即对于任意固定的 y,当 $x_1 > x_2$ 时,有 $F(x_1,y) \geqslant F(x_2,y)$;对于任意固定的 x,当 $y_1 > y_2$ 时,有 $F(x,y_1) \geqslant F(x,y_2)$.

(3) **右连续性**: $F(x,y)$ 关于 x 或 y 均是右连续的,即

$$F(x+0,y) = F(x,y) \quad \text{及} \quad F(x,y+0) = F(x,y).$$

(4) 对于任意的 $(x_1,y_1),(x_2,y_2)(x_1 < x_2, y_1 < y_2)$,有

$$F(x_2,y_2) - F(x_2,y_1) - F(x_1,y_2) + F(x_1,y_1) \geqslant 0.$$

注 (1) 若一个二元函数具备性质(1)~(4),则它可以作为某个二维随机变量的联合分布函数,故上述性质可用来验证某个二元函数是否为某个二维随机变量的联合分布函数.

(2) 利用性质(1)可以确定 $F(x,y)$ 中的未知参数.

例 3.1.1 设二维随机变量 (X,Y) 的联合分布函数为

$$F(x,y)=A(B+\arctan x)(C+\arctan y),$$

求:(1) 常数 A,B,C 的值;(2) $P\{X\leqslant\sqrt{3},Y\leqslant 1\}$;(3) $P\{0<X\leqslant\sqrt{3},0<Y\leqslant 1\}$.

解 (1) 由分布函数的性质得

例 3.1.1

$$F(+\infty,+\infty)=A\left(B+\frac{\pi}{2}\right)\left(C+\frac{\pi}{2}\right)=1,$$

$$F(-\infty,y)=A\left(B-\frac{\pi}{2}\right)(C+\arctan y)=0,$$

$$F(x,-\infty)=A(B+\arctan x)\left(C-\frac{\pi}{2}\right)=0,$$

解得 $A=\dfrac{1}{\pi^2},B=C=\dfrac{\pi}{2}$. 故

$$F(x,y)=\frac{1}{\pi^2}\left(\frac{\pi}{2}+\arctan x\right)\left(\frac{\pi}{2}+\arctan y\right).$$

(2) $P\{X\leqslant\sqrt{3},Y\leqslant 1\}=F(\sqrt{3},1)=\dfrac{1}{\pi^2}\left(\dfrac{\pi}{2}+\arctan\sqrt{3}\right)\left(\dfrac{\pi}{2}+\arctan 1\right)=\dfrac{5}{8}.$

(3) $P\{0<X\leqslant\sqrt{3},0<Y\leqslant 1\}=F(\sqrt{3},1)-F(\sqrt{3},0)-F(0,1)+F(0,0)=\dfrac{1}{12}.$

3.1.3 边缘分布函数

二维随机变量 (X,Y) 作为一个整体,具有联合分布函数 $F(x,y)$,其两个分量 X 和 Y 也是随机变量,也应有各自的分布函数. X 和 Y 各自的分布函数称为二维随机变量 (X,Y) 关于 X 和关于 Y 的边缘分布函数,分别记作 $F_X(x)$ 和 $F_Y(y)$.

定义 3.1.3 设二维随机变量 (X,Y) 的联合分布函数为 $F(x,y)$,分别称

$$F_X(x)=P\{X\leqslant x\}=P\{X\leqslant x,Y<+\infty\}=F(x,+\infty) \tag{3.1.3}$$

和

$$F_Y(y)=P\{Y\leqslant y\}=P\{X<+\infty,Y\leqslant y\}=F(+\infty,y) \tag{3.1.4}$$

为二维随机变量 (X,Y) 关于 X 和关于 Y 的**边缘分布函数**.

易见,边缘分布函数可以由联合分布函数确定,即

$$F_X(x)=F(x,+\infty)=\lim_{y\to+\infty}F(x,y),$$

$$F_Y(y)=F(+\infty,y)=\lim_{x\to+\infty}F(x,y).$$

注 X 和 Y 的边缘分布函数,本质上是一维随机变量 X 和 Y 的分布函数,称其为边缘分布函数是相对于它们的联合分布函数而言的.

例 3.1.2 求例 3.1.1 中的二维随机变量 (X,Y) 的两个边缘分布函数.

解 由边缘分布函数的定义有

$$F_X(x)=F(x,+\infty)=\frac{1}{2}+\frac{1}{\pi}\arctan x,$$

$$F_Y(y)=F(+\infty,y)=\frac{1}{2}+\frac{1}{\pi}\arctan y.$$

注 由联合分布函数可以确定边缘分布函数,而由边缘分布函数一般不能确定联合分布函数.

同步习题 3.1

1. 设函数 $F(x,y) = \begin{cases} 1, & x+y \geqslant -1, \\ 0, & x+y < -1, \end{cases}$ 试判定该函数能否作为某个二维随机变量的联合分布函数.

2. 设二维随机变量 (X,Y) 的联合分布函数为

$$F(x,y) = \begin{cases} 1 - 2^{-x} - 2^{-y} + 2^{-x-y}, & x \geqslant 0, y \geqslant 0, \\ 0, & \text{其他}, \end{cases}$$

求:(1) $P\{1 < X \leqslant 2, 3 < Y \leqslant 5\}$;(2) (X,Y) 的两个边缘分布函数.

3.2 二维离散型随机变量

> **本节要点**:理解二维离散型随机变量的联合分布律和边缘分布律的定义和性质,会根据二维离散型随机变量的联合分布律求二维离散型随机变量的边缘分布律.

与一维随机变量类似,二维随机变量也有离散型和连续型之分. 在本节和下一节中我们将分别介绍这两类二维随机变量.

3.2.1 二维离散型随机变量的联合分布律

若二维随机变量 (X,Y) 的所有可能取值为有穷对或可列无穷多对实数,则称 (X,Y) 为**二维离散型随机变量**. 二维离散型随机变量取值的概率规律由联合分布律来刻画,下面给出其定义.

定义 3.2.1　设二维随机变量 (X,Y) 的所有可能取值为 $(x_i, y_j)(i,j=1,2,\cdots)$,且对应的概率为

$$P\{X=x_i, Y=y_j\} = p_{ij} \quad (i,j=1,2,\cdots), \tag{3.2.1}$$

则称式(3.2.1)为二维离散型随机变量 (X,Y) 的**联合分布律**(或**联合概率分布**、**联合分布列**),简称**分布律**(或**概率分布**、**分布列**).

二维离散型随机变量 (X,Y) 的联合分布律也可以用表格形式表示(见表 3.1).

表 3.1

X	Y				
	y_1	y_2	$\cdots$	y_j	$\cdots$
x_1	p_{11}	p_{12}	$\cdots$	p_{1j}	$\cdots$
x_2	p_{21}	p_{22}	$\cdots$	p_{2i}	$\cdots$
$\vdots$	$\vdots$	$\vdots$		$\vdots$	
x_i	p_{i1}	p_{i2}	$\cdots$	p_{ij}	$\cdots$
$\vdots$	$\vdots$	$\vdots$		$\vdots$	

显然,p_{ij} 满足如下基本性质.

(1) **非负性**:$p_{ij} \geqslant 0 \quad (i,j=1,2,\cdots)$;

（2）规范性：$\sum\limits_{i=1}^{\infty}\sum\limits_{j=1}^{\infty}p_{ij}=1.$

注 利用性质（2）可求联合分布律中的未知参数.

一般地，如果二维随机变量(X,Y)的联合分布律为

$$P\{X=x_i,Y=y_j\}=p_{ij} \quad (i,j=1,2,\cdots),$$

则(X,Y)的联合分布函数为

$$F(x,y)=P\{X\leqslant x,Y\leqslant y\}=\sum_{x_i\leqslant x}\sum_{y_j\leqslant y}p_{ij}, \qquad (3.2.2)$$

上式是对所有满足$x_i\leqslant x,y_j\leqslant y$的$i,j$来求和的.

例 3.2.1 设袋中有7个黑球和3个白球，共摸球两次，每次1个球，取后不放回. 令

$$X=\begin{cases}0, & \text{第一次摸到黑球,} \\ 1, & \text{第一次摸到白球,}\end{cases} \qquad Y=\begin{cases}0, & \text{第二次摸到黑球,} \\ 1, & \text{第二次摸到白球.}\end{cases}$$

求：（1）二维随机变量(X,Y)的联合分布律；（2）$F\left(\dfrac{3}{2},\dfrac{1}{2}\right)$；（3）$(X,Y)$的联合分布函数.

解 （1）首先，确定(X,Y)的所有可能取值是$(0,0),(0,1),(1,0),(1,1)$. 然后，计算概率$P\{X=0,Y=0\}$，即第一次摸到黑球、第二次也摸到黑球的概率，这是古典概型，因此

$$P\{X=0,Y=0\}=\frac{7\times6}{10\times9}=\frac{7}{15}.$$

同理可得

$$P\{X=0,Y=1\}=\frac{7}{30},$$

$$P\{X=1,Y=0\}=\frac{7}{30},$$

$$P\{X=1,Y=1\}=\frac{1}{15}.$$

例 3.2.1

于是，(X,Y)的联合分布律如表 3.2 所示.

表 3.2

X	Y	
	0	1
0	$\dfrac{7}{15}$	$\dfrac{7}{30}$
1	$\dfrac{7}{30}$	$\dfrac{1}{15}$

（2）$F\left(\dfrac{3}{2},\dfrac{1}{2}\right)=P\left\{X\leqslant\dfrac{3}{2},Y\leqslant\dfrac{1}{2}\right\}=P\{X=0,Y=0\}+P\{X=1,Y=0\}$

$$=\frac{7}{15}+\frac{7}{30}=\frac{7}{10}.$$

（3）(X,Y)的四对取值将坐标平面划分成五部分，如图 3.3 所示.

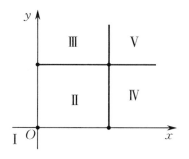

图 3.3

结合图 3.3 可得 (X,Y) 的联合分布函数为

$$F(x,y)=P\{X\leqslant x,Y\leqslant y\}=\begin{cases}0, & x<0 \text{ 或 } y<0, \\ \dfrac{7}{15}, & 0\leqslant x<1,0\leqslant y<1, \\ \dfrac{7}{10}, & 0\leqslant x<1,y\geqslant 1, \\ \dfrac{7}{10}, & x\geqslant 1,0\leqslant y<1, \\ 1, & x\geqslant 1,y\geqslant 1.\end{cases}$$

3.2.2　二维离散型随机变量的边缘分布律

二维离散型随机变量 (X,Y) 作为一个整体,具有联合分布律,其两个分量 X 和 Y 也是离散型随机变量,也应有各自的分布律. X 和 Y 各自的分布律称为二维随机变量 (X,Y) 关于 X 和关于 Y 的边缘分布律.

设二维离散型随机变量 (X,Y) 的联合分布律为

$$P\{X=x_i,Y=y_j\}=p_{ij} \quad (i,j=1,2,\cdots),$$

于是

$$P\{X=x_i\}=P\{X=x_i,Y<+\infty\}=\sum_{j=1}^{\infty}P\{X=x_i,Y=y_j\}=\sum_{j=1}^{\infty}p_{ij} \quad (i=1,2,\cdots),$$

$$P\{Y=y_j\}=P\{X<+\infty,Y=y_j\}=\sum_{i=1}^{\infty}P\{X=x_i,Y=y_j\}=\sum_{i=1}^{\infty}p_{ij} \quad (j=1,2,\cdots).$$

记

$$P\{X=x_i\}=\sum_{j=1}^{\infty}p_{ij}=p_{i\cdot} \quad (i=1,2,\cdots),\tag{3.2.3}$$

$$P\{Y=y_j\}=\sum_{i=1}^{\infty}p_{ij}=p_{\cdot j} \quad (j=1,2,\cdots),\tag{3.2.4}$$

则可得下面的定义.

定义 3.2.2　分别称 $p_{i\cdot}(i=1,2,\cdots)$ 和 $p_{\cdot j}(j=1,2,\cdots)$ 为二维离散型随机变量 (X,Y) 关于 X 和关于 Y 的**边缘分布律**(或**边缘分布列、边缘概率分布**).

二维离散型随机变量 (X,Y) 的联合分布律与边缘分布律也可以用表格形式表示(见表 3.3).

表 3. 3

X	Y					$p_{i.}$
	y_1	y_2	$\cdots$	y_j	$\cdots$	
x_1	p_{11}	p_{12}	$\cdots$	p_{1j}	$\cdots$	$p_{1.}$
x_2	p_{21}	p_{22}	$\cdots$	p_{2j}	$\cdots$	$p_{2.}$
$\vdots$	$\vdots$	$\vdots$		$\vdots$		$\vdots$
x_i	p_{i1}	p_{i2}	$\cdots$	p_{ij}	$\cdots$	$p_{i.}$
$\vdots$	$\vdots$	$\vdots$		$\vdots$		$\vdots$
$p_{.j}$	$p_{.1}$	$p_{.2}$	$\cdots$	$p_{.j}$	$\cdots$	1

注 （1）可以看到边缘分布律写在联合分布律表格的边缘,这便是其名称的由来.

（2）关于 X 的边缘分布律本质上就是 X 自身的分布律(Y 同样也是),加上"边缘"二字只是为了强调它是从联合分布律中得到的.

（3）将联合分布律表中的概率值分别按行或按列相加便可得边缘分布律.

例 3.2.2 设二维随机变量 (X,Y) 的联合分布律如表 3.4 所示,求其边缘分布律.

表 3. 4

X	Y		
	1	2	3
0	0.03	0.25	0.33
1	0.12	0.07	0.2

解 由式(3.2.3)得二维随机变量 (X,Y) 关于 X 的边缘分布律为
$$P\{X=0\}=p_{1.}=p_{11}+p_{12}+p_{13}=0.03+0.25+0.33=0.61,$$
$$P\{X=1\}=p_{2.}=p_{21}+p_{22}+p_{23}=0.12+0.07+0.2=0.39.$$
由式(3.2.4)得二维随机变量 (X,Y) 关于 Y 的边缘分布律为
$$P\{Y=1\}=p_{.1}=p_{11}+p_{21}=0.03+0.12=0.15,$$
$$P\{Y=2\}=p_{.2}=p_{12}+p_{22}=0.25+0.07=0.32,$$
$$P\{Y=3\}=p_{.3}=p_{13}+p_{23}=0.33+0.2=0.53.$$

同步习题 3. 2

1.设二维离散型随机变量 (X,Y) 的联合分布律如表 3.5 所示,求：(1) 常数 a 的值；(2) $F\left(\dfrac{3}{2},\dfrac{1}{2}\right)$；

(3) $P\{1\leqslant X\leqslant 2,Y<0\}$.

表 3. 5

X	Y	
	-1	0
1	$\dfrac{1}{4}$	$\dfrac{1}{4}$
2	$\dfrac{1}{6}$	a

2. 设二维随机变量 (X,Y) 的联合分布律如表 3.6 所示,求其边缘分布律.

表 3.6

X	Y	
	0	1
0	$\dfrac{16}{81}$	$\dfrac{20}{81}$
1	$\dfrac{20}{81}$	$\dfrac{25}{81}$

3. 已知随机变量 X,Y 的分布律分别如表 3.7 和表 3.8 所示,且 $P\{XY=0\}=1$,求:(1) (X,Y) 的联合分布律;(2) $P\{X=Y\}$.

表 3.7

X	-1	0	1
P	$\dfrac{1}{4}$	$\dfrac{1}{2}$	$\dfrac{1}{4}$

表 3.8

Y	0	1
P	$\dfrac{1}{2}$	$\dfrac{1}{2}$

3.3　二维连续型随机变量

本节要点:理解二维连续型随机变量的联合概率密度的定义及性质,会根据二维连续型随机变量的联合概率密度求二维连续型随机变量的边缘概率密度.

3.3.1　二维连续型随机变量的联合分布

二维连续型随机变量取值的概率规律由联合概率密度来刻画,下面给出其定义.

定义 3.3.1　设二维随机变量 (X,Y) 的联合分布函数为 $F(x,y)$.如果存在一个非负可积的二元函数 $f(x,y)$,使得对于任意实数 x,y,有

$$F(x,y)=\int_{-\infty}^{x}\int_{-\infty}^{y}f(u,v)\mathrm{d}u\,\mathrm{d}v, \tag{3.3.1}$$

则称 (X,Y) 为**二维连续型随机变量**,并称 $f(x,y)$ 为二维连续型随机变量 (X,Y) 的**联合概率密度**(简称**概率密度**或**密度**).

与一维连续型随机变量类似,二维连续型随机变量的联合概率密度具有以下基本性质.

(1) **非负性**:$f(x,y)\geqslant 0$　$(-\infty<x,y<+\infty)$.

(2) **规范性**:$\displaystyle\int_{-\infty}^{+\infty}\int_{-\infty}^{+\infty}f(x,y)\mathrm{d}x\,\mathrm{d}y=1$. \tag{3.3.2}

(3) 设 D 为 xOy 平面上的任意区域,则点 (X,Y) 落入区域 D 内的概率为

$$P\{(X,Y)\in D\}=\iint\limits_{D}f(x,y)\mathrm{d}x\,\mathrm{d}y. \tag{3.3.3}$$

(4) 若函数 $f(x,y)$ 在点 (x,y) 处连续,则有 $\dfrac{\partial^2 F(x,y)}{\partial x\partial y}=f(x,y)$. \tag{3.3.4}

注 (1)若一个二元函数满足性质(1)和(2),则它可以作为某个二维连续型随机变量的联合概率密度,故可利用这些性质验证某个二元函数是否为某个二维连续型随机变量的联合概率密度.

(2)非负性表明曲面 $z=f(x,y)$ 位于 xOy 平面上方;规范性表明介于曲面 $z=f(x,y)$ 和 xOy 平面之间的空间区域的体积为1;性质(3)表明二维连续型随机变量 (X,Y) 在平面区域 D 内取值的概率是以区域 D 为底、以 $z=f(x,y)$ 为顶的曲顶柱体的体积,如图3.4所示.

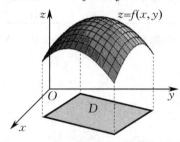

图 3.4

(3)二维连续型随机变量 (X,Y) 在某个区域内取值的概率要用二重积分来计算.

例 3.3.1 设二维连续型随机变量 (X,Y) 的联合概率密度为

$$f(x,y)=\begin{cases}Cxy, & 0\leqslant x\leqslant 1,0\leqslant y\leqslant 1,\\ 0, & \text{其他,}\end{cases}$$

例 3.3.1

求:(1)常数 C 的值;(2) $P\{X+Y<1\}$,$P\{Y\leqslant 2X\}$,$P\{Y<\sqrt{X}\}$;(3) (X,Y) 的联合分布函数.

解 (1)由二维连续型随机变量的联合概率密度的规范性有

$$1=\int_{-\infty}^{+\infty}\int_{-\infty}^{+\infty}f(x,y)\mathrm{d}x\,\mathrm{d}y=\int_0^1\mathrm{d}x\int_0^1 Cxy\,\mathrm{d}y=\frac{C}{4},$$

故 $C=4$.

(2)求 $P\{X+Y<1\}$,即求二重积分 $\iint\limits_{D_1}f(x,y)\mathrm{d}x\,\mathrm{d}y$,其中积分区域 D_1 如图3.5中阴影部分所示,从而

$$P\{X+Y<1\}=\int_0^1\mathrm{d}x\int_0^{1-x}4xy\,\mathrm{d}y=\frac{1}{6}.$$

求 $P\{Y\leqslant 2X\}$,即求二重积分 $\iint\limits_{D_2}f(x,y)\mathrm{d}x\,\mathrm{d}y$,其中积分区域 D_2 如图3.6中阴影部分所示,从而

$$P\{Y\leqslant 2X\}=\int_0^1\mathrm{d}y\int_{\frac{y}{2}}^1 4xy\,\mathrm{d}x=\frac{7}{8}.$$

求 $P\{Y<\sqrt{X}\}$,即求二重积分 $\iint\limits_{D_3}f(x,y)\mathrm{d}x\,\mathrm{d}y$,其中积分区域 D_3 如图3.7中阴影部分所示,从而

$$P\{Y<\sqrt{X}\}=\int_0^1\mathrm{d}x\int_0^{\sqrt{x}}4xy\,\mathrm{d}y=\frac{2}{3}.$$

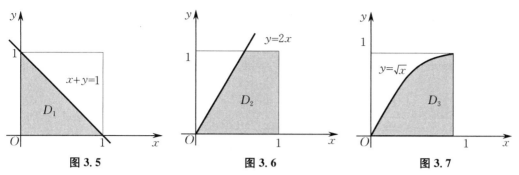

图 3.5　　　　　　　　　　图 3.6　　　　　　　　　　图 3.7

（3）将 xOy 平面划分成 5 个不同区域（见图 3.8），则二维连续型随机变量 (X,Y) 的联合分布函数应按 5 种情形分类求出.

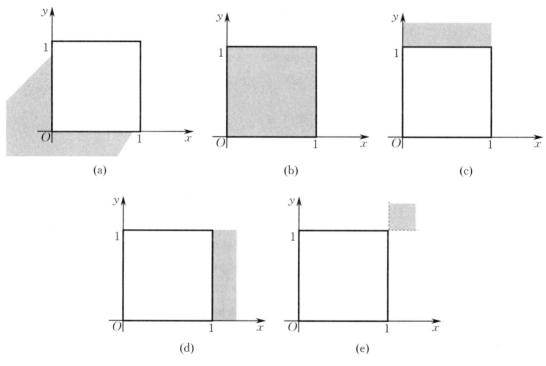

图 3.8

当 $x < 0$ 或 $y < 0$ 时，有
$$F(x,y) = 0;$$

当 $0 \leqslant x < 1, 0 \leqslant y < 1$ 时，有
$$F(x,y) = \int_0^x \mathrm{d}u \int_0^y 4uv\mathrm{d}v = x^2 y^2;$$

当 $0 \leqslant x < 1, y \geqslant 1$ 时，有
$$F(x,y) = \int_0^x \mathrm{d}u \int_0^1 4uv\mathrm{d}v = x^2;$$

当 $x \geqslant 1, 0 \leqslant y < 1$ 时，有
$$F(x,y) = \int_0^1 \mathrm{d}u \int_0^y 4uv\mathrm{d}v = y^2;$$

当 $x \geqslant 1, y \geqslant 1$ 时，有

$$F(x,y) = 1.$$

所以,(X,Y) 的联合分布函数为

$$F(x,y) = \begin{cases} 0, & x < 0 \text{ 或 } y < 0, \\ x^2 y^2, & 0 \leqslant x < 1, 0 \leqslant y < 1, \\ x^2, & 0 \leqslant x < 1, y \geqslant 1, \\ y^2, & x \geqslant 1, 0 \leqslant y < 1, \\ 1, & x \geqslant 1, y \geqslant 1. \end{cases}$$

3.3.2 二维连续型随机变量的边缘概率密度

设二维连续型随机变量 (X,Y) 的联合概率密度为 $f(x,y)$. 由

$$F_X(x) = F(x,+\infty) = \int_{-\infty}^{x} \int_{-\infty}^{+\infty} \mathrm{d}u f(u,v) \mathrm{d}v$$

可知,X 是一个连续型随机变量,其概率密度为

$$f_X(x) = \int_{-\infty}^{+\infty} f(x,y) \mathrm{d}y.$$

同理,Y 也是一个连续型随机变量,其概率密度为

$$f_Y(y) = \int_{-\infty}^{+\infty} f(x,y) \mathrm{d}x.$$

于是,有以下定义.

定义 3.3.2 设二维连续型随机变量 (X,Y) 的联合概率密度为 $f(x,y)$,分别称

$$f_X(x) = \int_{-\infty}^{+\infty} f(x,y) \mathrm{d}y \tag{3.3.5}$$

及

$$f_Y(y) = \int_{-\infty}^{+\infty} f(x,y) \mathrm{d}x \tag{3.3.6}$$

为二维连续型随机变量 (X,Y) 关于 X 和关于 Y 的**边缘概率密度**,简称**边缘密度**.

例 3.3.2 设二维随机变量 (X,Y) 的联合概率密度为

$$f(x,y) = \begin{cases} C\mathrm{e}^{-y}, & x > 0, y > x, \\ 0, & \text{其他}, \end{cases}$$

求:(1) 常数 C 的值;(2) (X,Y) 关于 X 和关于 Y 的边缘概率密度;(3) $P\{X > 2\}$.

解 (1) 由二维连续型随机变量的联合概率密度的规范性有

$$1 = \int_{-\infty}^{+\infty} \int_{-\infty}^{+\infty} f(x,y) \mathrm{d}x \mathrm{d}y = \int_{0}^{+\infty} \mathrm{d}x \int_{x}^{+\infty} C\mathrm{e}^{-y} \mathrm{d}y = C,$$

故 $C = 1$.

$$(2)\ f_X(x) = \int_{-\infty}^{+\infty} f(x,y) \mathrm{d}y = \begin{cases} \int_{x}^{+\infty} \mathrm{e}^{-y} \mathrm{d}y, & x > 0, \\ 0, & x \leqslant 0, \end{cases} = \begin{cases} \mathrm{e}^{-x}, & x > 0, \\ 0, & x \leqslant 0, \end{cases}$$

$$f_Y(y) = \int_{-\infty}^{+\infty} f(x,y) \mathrm{d}x = \begin{cases} \int_{0}^{y} \mathrm{e}^{-y} \mathrm{d}x, & y > 0, \\ 0, & y \leqslant 0 \end{cases} = \begin{cases} y\mathrm{e}^{-y}, & y > 0, \\ 0, & y \leqslant 0. \end{cases}$$

(3) $P\{X>2\}=\int_2^{+\infty}\mathrm{e}^{-x}\,\mathrm{d}x=\mathrm{e}^{-2}.$

3.3.3 常见的二维连续型随机变量

1. 二维均匀分布

设 G 是平面上有界且可求面积的区域,其面积为 S_G. 若二维随机变量(X,Y) 具有联合概率密度

$$f(x,y)=\begin{cases}\dfrac{1}{S_G}, & (x,y)\in G,\\[2mm] 0, & (x,y)\notin G,\end{cases} \tag{3.3.7}$$

则称(X,Y) 服从区域 G 上的**二维均匀分布**.(X,Y) 落入 G 内任意平面区域 D 中的概率为

$$P\{(X,Y)\in D\}=\iint\limits_D f(x,y)\,\mathrm{d}x\,\mathrm{d}y=\iint\limits_D \frac{1}{S_G}\,\mathrm{d}x\,\mathrm{d}y=\frac{S_D}{S_G}. \tag{3.3.8}$$

注 若二维随机变量(X,Y) 服从区域 G 上的二维均匀分布,则随机点(X,Y) 落入 G 内任意子区域 D 中的概率仅与区域 D 的面积有关,而与 D 的形状及位置无关.

例 3.3.3 设 G 为由曲线 $y=x^2$ 与 $y=\sqrt{x}$ 所围成的平面区域,二维随机变量(X,Y) 在 G 上服从均匀分布,求:(1)(X,Y) 的联合概率密度;(2) $P\{Y\geqslant X\}$;(3)(X,Y) 关于 X 和关于 Y 的边缘概率密度.

解 (1) 区域 G 如图 3.9 中阴影部分所示. 区域 G 的面积

$$S_G=\int_0^1(\sqrt{x}-x^2)\,\mathrm{d}x=\frac{1}{3},$$

故(X,Y) 的联合概率密度为

$$f(x,y)=\begin{cases}3, & (x,y)\in G,\\ 0, & (x,y)\notin G.\end{cases}$$

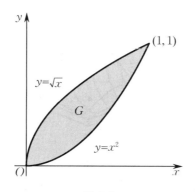

图 3.9

(2) 因为(X,Y) 服从区域 G 上的均匀分布,设区域 $D=\{(x,y)\mid x\leqslant y\leqslant\sqrt{x},0\leqslant x\leqslant 1\}$,

$S_D=\int_0^1(\sqrt{x}-x)\,\mathrm{d}x=\frac{1}{6}$,所以由式(3.3.8)得

$$P\{Y \geqslant X\} = \frac{S_D}{S_G} = \frac{1}{2}.$$

$$(3)\ f_X(x) = \int_{-\infty}^{+\infty} f(x,y)\mathrm{d}y = \begin{cases} \int_{x^2}^{\sqrt{x}} 3\mathrm{d}y, & 0 \leqslant x \leqslant 1, \\ 0, & \text{其他} \end{cases}$$

$$= \begin{cases} 3(\sqrt{x} - x^2), & 0 \leqslant x \leqslant 1, \\ 0, & \text{其他}, \end{cases}$$

$$f_Y(y) = \int_{-\infty}^{+\infty} f(x,y)\mathrm{d}x = \begin{cases} \int_{y^2}^{\sqrt{y}} 3\mathrm{d}x, & 0 \leqslant y \leqslant 1, \\ 0, & \text{其他} \end{cases}$$

$$= \begin{cases} 3(\sqrt{y} - y^2), & 0 \leqslant y \leqslant 1, \\ 0, & \text{其他}. \end{cases}$$

注 二维随机变量 (X,Y) 服从二维均匀分布,随机变量 X 与 Y 未必服从均匀分布,但有一个例外的情形.若二维随机变量 (X,Y) 服从矩形区域 $G = \{(x,y) \mid a \leqslant x \leqslant b, c \leqslant y \leqslant d\}$ 上的均匀分布,则随机变量 X 与 Y 均服从均匀分布.

2. 二维正态分布

若二维随机变量 (X,Y) 的联合概率密度为

$$f(x,y) = \frac{1}{2\pi\sigma_1\sigma_2\sqrt{1-\rho^2}} \exp\left\{\frac{-1}{2(1-\rho^2)}\left[\frac{(x-\mu_1)^2}{\sigma_1^2} - 2\rho\frac{(x-\mu_1)(y-\mu_2)}{\sigma_1\sigma_2} + \frac{(y-\mu_2)^2}{\sigma_2^2}\right]\right\},$$
$$-\infty < x < +\infty, \quad -\infty < y < +\infty, \tag{3.3.9}$$

其中 $\mu_1, \mu_2, \sigma_1, \sigma_2, \rho$ 均为常数,且 $\sigma_1 > 0, \sigma_2 > 0, |\rho| < 1$,则称 (X,Y) 服从**二维正态分布**,记作 $(X,Y) \sim N(\mu_1, \mu_2; \sigma_1^2, \sigma_2^2; \rho)$.

可以证明,上述函数 $f(x,y)$ 满足联合概率密度的两条基本性质,其图形是空间中的一张曲面,如图 3.10 所示,类似一顶四周无限延伸的草帽扣在 xOy 平面上,其中心位于点 (μ_1, μ_2) 处.

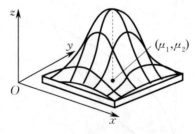

图 3.10

例 3.3.4 设二维随机变量 $(X,Y) \sim N(\mu_1, \mu_2; \sigma_1^2, \sigma_2^2; \rho)$,求它的两个边缘概率密度.

解 由题意知,(X,Y) 的联合概率密度为

$$f(x,y) = \frac{1}{2\pi\sigma_1\sigma_2\sqrt{1-\rho^2}} \exp\left\{\frac{-1}{2(1-\rho^2)}\left[\frac{(x-\mu_1)^2}{\sigma_1^2} - 2\rho\frac{(x-\mu_1)(y-\mu_2)}{\sigma_1\sigma_2} + \frac{(y-\mu_2)^2}{\sigma_2^2}\right]\right\}.$$

令 $t=\dfrac{1}{\sqrt{1-\rho^2}}\left(\dfrac{y-\mu_2}{\sigma_2}-\rho\dfrac{x-\mu_1}{\sigma_1}\right)$，则有

$$f_X(x)=\int_{-\infty}^{+\infty}f(x,y)\mathrm{d}y=\frac{1}{2\pi\sigma_1}\mathrm{e}^{-\frac{(x-\mu_1)^2}{2\sigma_1^2}}\int_{-\infty}^{+\infty}\mathrm{e}^{-\frac{t^2}{2}}\mathrm{d}t=\frac{1}{\sqrt{2\pi}\sigma_1}\mathrm{e}^{-\frac{(x-\mu_1)^2}{2\sigma_1^2}}\quad(-\infty<x<+\infty),$$

即

$$X\sim N(\mu_1,\sigma_1^2).$$

同理可得

$$f_Y(y)=\frac{1}{\sqrt{2\pi}\sigma_2}\mathrm{e}^{-\frac{(y-\mu_2)^2}{2\sigma_2^2}}\quad(-\infty<y<+\infty),$$

即

$$Y\sim N(\mu_2,\sigma_2^2).$$

注 若二维随机变量(X,Y)服从二维正态分布，则 X 与 Y 都服从一维正态分布．此外还注意到，两个边缘概率密度都不含参数 ρ，这意味着只要给定 $\mu_1,\mu_2,\sigma_1^2,\sigma_2^2$ 的值，ρ 值不同的二维正态分布也有着相同的边缘分布．这一事实表明，边缘概率密度只反映了单个分量的信息，因此仅由边缘分布一般不能确定联合分布，联合分布中还包含着 X 与 Y 之间关系的信息．

同步习题 3.3

1．设二维随机变量(X,Y)的联合概率密度为

$$f(x,y)=\begin{cases}A\mathrm{e}^{-(x+2y)},&x>0,y>0,\\0,&\text{其他,}\end{cases}$$

求：(1) 常数 A 的值；(2) $P\{X+2Y\leqslant1\}$，$P\{X<Y\}$．

2．设二维随机变量(X,Y)的联合概率密度为

$$f(x,y)=\begin{cases}\dfrac{1+xy}{4},&-1<x<1,-1<y<1,\\0,&\text{其他,}\end{cases}$$

求它的两个边缘概率密度．

3．设平面矩形区域 $G=\{0\leqslant x\leqslant3,0\leqslant y\leqslant2\}$，二维随机变量$(X,Y)$在区域 G 上服从均匀分布．求：
(1) (X,Y)的联合概率密度；(2) (X,Y)的两个边缘概率密度．

4．设二维随机变量(X,Y)的联合概率密度为

$$f(x,y)=\frac{1}{2\pi}\mathrm{e}^{-\frac{1}{2}(x^2+y^2)}(1+\sin x\sin y),$$

求证：X 与 Y 均服从正态分布．

5．判断下列说法是否正确：
(1) 由二维随机变量(X,Y)的联合分布可确定边缘分布；
(2) 由二维随机变量(X,Y)的边缘分布可确定联合分布；
(3) 若二维随机变量(X,Y)服从二维均匀分布，则 X 与 Y 均服从均匀分布；
(4) 若 X 与 Y 均服从正态分布，则二维随机变量(X,Y)一定服从二维正态分布．

3.4 条件分布

本节要点：理解离散型和连续型随机变量的条件分布的概念，会根据联合分布求条件分布.

从前面的讨论中已知，二维随机变量(X,Y)的两个分量之间往往是彼此影响的. 例如，一个人的身高和体重会相互影响，即存在着一定的相依关系. 那么如何来刻画这种相依关系呢？这就要使用描述随机变量之间关系的有力工具 —— 条件分布.

由第1章中介绍的条件概率可以很自然地引出条件分布的定义. 下面分别对离散型和连续型两类随机变量进行讨论.

3.4.1 二维离散型随机变量的条件分布律

定义 3.4.1 设二维离散型随机变量(X,Y)的联合分布律为
$$P\{X=x_i, Y=y_j\}=p_{ij} \quad (i,j=1,2,\cdots),$$
(X,Y)关于Y的边缘分布律为$P\{Y=y_j\}=p_{\cdot j}(j=1,2,\cdots)$. 对于固定的$j$，若$p_{\cdot j}>0$，则称
$$P\{X=x_i \mid Y=y_j\}=\frac{P\{X=x_i, Y=y_j\}}{P\{Y=y_j\}}=\frac{p_{ij}}{p_{\cdot j}} \quad (i=1,2,\cdots) \tag{3.4.1}$$
为在$Y=y_j$的条件下X的**条件分布律**（或**条件概率分布**、**条件分布列**）.

类似地，对于固定的i，若$p_{i\cdot}>0$，则称
$$P\{Y=y_j \mid X=x_i\}=\frac{p_{ij}}{p_{i\cdot}} \quad (j=1,2,\cdots) \tag{3.4.2}$$
为在$X=x_i$的条件下Y的**条件分布律**（或**条件概率分布**、**条件分布列**）.

注 二维离散型随机变量(X,Y)的联合分布律不仅确定了其边缘分布律，而且也确定了其条件分布律.

显然，条件分布律具有一般概率（也称无条件概率）的基本性质：

(1) $P\{Y=y_j \mid X=x_i\} \geqslant 0$；

(2) $\sum\limits_{j=1}^{\infty} P\{Y=y_j \mid X=x_i\}=1$.

例 3.4.1 设二维离散型随机变量(X,Y)的联合分布律如表3.9所示，求在$X=0$的条件下Y的条件分布律.

表 3.9

X	Y	
	0	1
0	$\dfrac{1}{10}$	$\dfrac{3}{10}$
1	$\dfrac{3}{10}$	$\dfrac{3}{10}$

解　按行相加得

$$P\{X=0\}=\frac{1}{10}+\frac{3}{10}=\frac{2}{5},$$

故在 $X=0$ 的条件下 Y 的条件分布律为

$$P\{Y=0\mid X=0\}=\frac{P\{X=0,Y=0\}}{P\{X=0\}}=\frac{\dfrac{1}{10}}{\dfrac{2}{5}}=\frac{1}{4},$$

$$P\{Y=1\mid X=0\}=\frac{P\{X=0,Y=1\}}{P\{X=0\}}=\frac{\dfrac{3}{10}}{\dfrac{2}{5}}=\frac{3}{4}.$$

3.4.2　二维连续型随机变量的条件概率密度

对于二维连续型随机变量 (X,Y)，它的两个分量 X 与 Y 也是连续型随机变量，于是对于任意的 x,y，有 $P\{X=x\}=0,P\{Y=y\}=0$. 因此，不能像二维离散型随机变量那样引入二维连续型随机变量的条件分布，这时要使用极限的方法来处理.

📊**定义 3.4.2**　设 (X,Y) 是二维连续型随机变量. 给定 y，对于任意给定的 $\varepsilon>0$，有 $P\{y<Y\leqslant y+\varepsilon\}>0$，若极限

$$\lim_{\varepsilon\to0^+}P\{X\leqslant x\mid y<Y\leqslant y+\varepsilon\}=\lim_{\varepsilon\to0^+}\frac{P\{X\leqslant x,y<Y\leqslant y+\varepsilon\}}{P\{y<Y\leqslant y+\varepsilon\}} \qquad (3.4.3)$$

存在，则称此极限值为在 $Y=y$ 的条件下 X 的**条件分布函数**，记作 $P\{X\leqslant x\mid Y=y\}$ 或 $F_{X\mid Y}(x\mid y)$.

若二维连续型随机变量 (X,Y) 的联合概率密度 $f(x,y)$ 和关于 Y 的边缘概率密度 $f_Y(y)$ 均为连续函数，且 $f_Y(y)>0$，则有

$$F_{X\mid Y}(x\mid y)=\lim_{\varepsilon\to0^+}\frac{P\{X\leqslant x,y<Y\leqslant y+\varepsilon\}}{P\{y<Y\leqslant y+\varepsilon\}}=\lim_{\varepsilon\to0^+}\frac{\displaystyle\int_{-\infty}^{x}\mathrm{d}u\int_{y}^{y+\varepsilon}f(u,v)\mathrm{d}v}{\displaystyle\int_{y}^{y+\varepsilon}f_Y(v)\mathrm{d}v}.$$

由积分中值定理得

$$\int_{y}^{y+\varepsilon}f(u,v)\mathrm{d}v=f(u,v_1)\cdot\varepsilon,\qquad\int_{y}^{y+\varepsilon}f_Y(v)\mathrm{d}v=f_Y(v_2)\cdot\varepsilon,$$

其中 $y<v_1,v_2\leqslant y+\varepsilon$，且当 $\varepsilon\to0^+$ 时，$v_1,v_2\to y$，于是

$$F_{X\mid Y}(x\mid y)=\lim_{\varepsilon\to0^+}\frac{\varepsilon\displaystyle\int_{-\infty}^{x}f(u,v_1)\mathrm{d}u}{\varepsilon f_Y(v_2)}=\lim_{\varepsilon\to0^+}\int_{-\infty}^{x}\frac{f(u,v_1)}{f_Y(v_2)}\mathrm{d}u=\int_{-\infty}^{x}\frac{f(u,y)}{f_Y(y)}\mathrm{d}u.$$

$$(3.4.4)$$

📊**定义 3.4.3**　设二维连续型随机变量 (X,Y) 的联合概率密度 $f(x,y)$ 和关于 Y 的边缘概率密度 $f_Y(y)$ 均为连续函数，且 $f_Y(y)>0$，则称 $\dfrac{f(x,y)}{f_Y(y)}$ 为在 $Y=y$ 的条件下 X 的**条件概率密度**，简称**条件密度**，记作

$$f_{X|Y}(x \mid y) = \frac{f(x, y)}{f_Y(y)}. \tag{3.4.5}$$

条件概率密度与条件分布函数之间的关系为

$$F_{X|Y}(x \mid y) = P\{X \leqslant x \mid Y = y\} = \int_{-\infty}^{x} \frac{f(u, y)}{f_Y(y)} \mathrm{d}u.$$

类似地,可以定义在 $X = x$ 的条件下 Y 的**条件概率密度**,记作

$$f_{Y|X}(y \mid x) = \frac{f(x, y)}{f_X(x)} \quad (f_X(x) > 0), \tag{3.4.6}$$

且有

$$F_{Y|X}(y \mid x) = P\{Y \leqslant y \mid X = x\} = \int_{-\infty}^{y} \frac{f(x, v)}{f_X(x)} \mathrm{d}v.$$

例 3.4.2 设二维连续型随机变量 (X, Y) 的联合概率密度为

$$f(x, y) = \begin{cases} 8xy^2, & 0 < x < \sqrt{y} < 1, \\ 0, & \text{其他}, \end{cases}$$

求 $f_{X|Y}(x \mid y)$, $f_{Y|X}(y \mid x)$ 及 $P\left\{-1 < X < \frac{1}{3} \,\middle|\, Y = \frac{1}{2}\right\}$.

例 3.4.2

解 由题意知,(X, Y) 的两个边缘概率密度分别为

$$f_X(x) = \int_{-\infty}^{+\infty} f(x, y) \mathrm{d}y = \begin{cases} \int_{x^2}^{1} 8xy^2 \mathrm{d}y, & 0 < x < 1, \\ 0, & \text{其他} \end{cases} = \begin{cases} \frac{8}{3}(x - x^7), & 0 < x < 1, \\ 0, & \text{其他}, \end{cases}$$

$$f_Y(y) = \int_{-\infty}^{+\infty} f(x, y) \mathrm{d}x = \begin{cases} \int_{0}^{\sqrt{y}} 8xy^2 \mathrm{d}x, & 0 < y < 1, \\ 0, & \text{其他} \end{cases} = \begin{cases} 4y^3, & 0 < y < 1, \\ 0, & \text{其他}. \end{cases}$$

故当 $0 < y < 1$ 时,

$$f_{X|Y}(x \mid y) = \frac{f(x, y)}{f_Y(y)} = \begin{cases} \dfrac{2x}{y}, & 0 < x < \sqrt{y}, \\ 0, & \text{其他}, \end{cases}$$

当 $0 < x < 1$ 时,

$$f_{Y|X}(y \mid x) = \frac{f(x, y)}{f_X(x)} = \begin{cases} \dfrac{3y^2}{1 - x^6}, & x^2 < y < 1, \\ 0, & \text{其他}. \end{cases}$$

由于当 $y = \dfrac{1}{2}$ 时,$f_{X|Y}\left(x \,\middle|\, \dfrac{1}{2}\right) = \begin{cases} 4x, & 0 < x < \sqrt{\dfrac{1}{2}}, \\ 0, & \text{其他}, \end{cases}$ 因此

$$P\left\{-1 < X < \frac{1}{3} \,\middle|\, Y = \frac{1}{2}\right\} = \int_{-1}^{\frac{1}{3}} f_{X|Y}\left(x \,\middle|\, \frac{1}{2}\right) \mathrm{d}x = \int_{0}^{\frac{1}{3}} 4x \, \mathrm{d}x = \frac{2}{9}.$$

注 二维正态分布的两个条件分布均为一维正态分布,感兴趣的读者可以自行验证.

例 3.4.3 设数 X 在区间 $(0, 1)$ 上随机地取值,当观察到 $X = x (0 < x < 1)$ 时,数 Y 在

区间 $(x,1)$ 上随机地取值,求 Y 的概率密度 $f_Y(y)$.

解　由题意知,X 服从区间 $(0,1)$ 上的均匀分布,其概率密度为

$$f_X(x) = \begin{cases} 1, & 0 < x < 1, \\ 0, & \text{其他.} \end{cases}$$

对于任意给定的值 $x(0 < x < 1)$,在 $X = x$ 的条件下 Y 的条件概率密度为

$$f_{Y|X}(y|x) = \begin{cases} \dfrac{1}{1-x}, & x < y < 1, \\ 0, & \text{其他.} \end{cases}$$

于是,(X,Y) 的联合概率密度为

$$f(x,y) = f_{Y|X}(y|x)f_X(x) = \begin{cases} \dfrac{1}{1-x}, & 0 < x < y < 1, \\ 0, & \text{其他.} \end{cases}$$

故关于 Y 的边缘概率密度为

$$f_Y(y) = \int_{-\infty}^{+\infty} f(x,y)\,\mathrm{d}x = \begin{cases} \displaystyle\int_0^y \frac{1}{1-x}\,\mathrm{d}x, & 0 < y < 1, \\ 0, & \text{其他} \end{cases} = \begin{cases} -\ln(1-y), & 0 < y < 1, \\ 0, & \text{其他.} \end{cases}$$

同步习题 3.4

1. 设二维离散型随机变量 (X,Y) 的联合分布律如表 3.10 所示,求在 $Y = 1$ 的条件下 X 的条件分布律 $P\{X = i \mid Y = 1\}(i = 0,1)$.

表 3.10

X	Y		
	1	2	3
0	0.09	0.03	0.18
1	0.21	0.07	0.42

2. 设二维连续型随机变量 (X,Y) 的联合概率密度为

$$f(x,y) = \begin{cases} 3x, & 0 < x < 1, 0 < y < x, \\ 0, & \text{其他,} \end{cases}$$

求条件概率密度 $f_{Y|X}(y|x)$ 和 $f_{X|Y}(x|y)$.

3. 设在 $Y = y$ 的条件下 X 的条件概率密度为

$$f_{X|Y}(x \mid y) = \begin{cases} \dfrac{3x^2}{y^3}, & 0 < x < y, \\ 0, & \text{其他,} \end{cases}$$

且 Y 的概率密度为

$$f_Y(y) = \begin{cases} 5y^4, & 0 < y < 1, \\ 0, & \text{其他,} \end{cases}$$

求 $P\left\{X > \dfrac{1}{2}\right\}$.

4. 设二维随机变量 (X,Y) 服从二维正态分布 $N(\mu_1,\mu_2;\sigma_1^2,\sigma_2^2;0)$, $f_X(x)$, $f_Y(y)$ 分别表示 X, Y 的边缘概率密度, 则在 $Y=y$ 的条件下 X 的条件概率密度 $f_{X|Y}(x\mid y)$ 为(   ).

A. $f_X(x)$ B. $f_Y(y)$ C. $f_X(x)f_Y(y)$ D. $\dfrac{f_X(x)}{f_Y(y)}$

3.5 随机变量的独立性

本节要点: 理解随机变量相互独立的定义, 掌握判断二维离散型随机变量和二维连续型随机变量的独立性的方法.

二维随机变量 (X,Y) 中各分量 X 与 Y 的取值往往存在着相依关系, 即相互影响, 但有时相互也会毫无影响. 例如, 一个人的身高和体重会相互影响, 而身高与收入一般无相互影响. 当两个随机变量的取值互不影响时, 就称它们是相互独立的.

在第 1 章中, 我们讨论了随机事件的相互独立性: 若事件 A,B 满足 $P(AB)=P(A)P(B)$, 则称事件 A 与 B 相互独立. 事件相互独立与随机变量相互独立有怎样的关系呢?

定义 3.5.1 设 (X,Y) 是二维随机变量. 如果对于任意的 x,y, 有
$$P\{X\leqslant x,Y\leqslant y\}=P\{X\leqslant x\}P\{Y\leqslant y\}, \tag{3.5.1}$$
即
$$F(x,y)=F_X(x)F_Y(y), \tag{3.5.2}$$
则称**随机变量 X 与 Y 相互独立**.

如果记事件 $A=\{X\leqslant x\}$, $B=\{Y\leqslant y\}$, 那么式(3.5.1)可写为 $P(AB)=P(A)P(B)$. 由此可见, 事件相互独立的定义与随机变量相互独立的定义是一致的.

3.5.1 二维离散型随机变量的独立性

设 (X,Y) 为二维离散型随机变量, 则 X 与 Y 相互独立的充要条件是对于 (X,Y) 的所有可能取值 $(x_i,y_j)(i,j=1,2,\cdots)$, 都有
$$P\{X=x_i,Y=y_j\}=P\{X=x_i\}P\{Y=y_j\},$$
即联合分布律等于两个边缘分布律的乘积:
$$p_{ij}=p_{i\cdot}\,p_{\cdot j}\quad(i,j=1,2,\cdots). \tag{3.5.3}$$

例 3.5.1 设随机变量 X 服从参数 $\lambda=1$ 的指数分布, 令
$$Y_1=\begin{cases}0, & X<\ln 2, \\ 1, & X\geqslant \ln 2,\end{cases} \quad Y_2=\begin{cases}0, & X<\ln 7, \\ 1, & X\geqslant \ln 7,\end{cases}$$
判断 Y_1 与 Y_2 是否相互独立.

解 由题设知, 随机变量 X 的分布函数为

例 3.5.1

$$F(x)=\begin{cases}1-e^{-x}, & x>0, \\ 0, & x\leqslant 0,\end{cases}$$

则 (Y_1,Y_2) 的联合分布律为

$$P\{Y_1=0,Y_2=0\}=P\{X<\ln 2,X<\ln 7\}=P\{X<\ln 2\}=1-\mathrm{e}^{-\ln 2}=\frac{1}{2},$$

$$P\{Y_1=0,Y_2=1\}=P\{X<\ln 2,X\geqslant\ln 7\}=0,$$

$$P\{Y_1=1,Y_2=0\}=P\{X\geqslant\ln 2,X<\ln 7\}=P\{\ln 2\leqslant X<\ln 7\}$$

$$=(1-\mathrm{e}^{-\ln 7})-(1-\mathrm{e}^{-\ln 2})=\frac{5}{14},$$

$$P\{Y_1=1,Y_2=1\}=P\{X\geqslant\ln 2,X\geqslant\ln 7\}=P\{X\geqslant\ln 7\}=1-(1-\mathrm{e}^{-\ln 7})=\frac{1}{7},$$

从而关于 Y_1 和关于 Y_2 的边缘分布律分别为

$$P\{Y_1=0\}=\frac{1}{2},\quad P\{Y_1=1\}=\frac{1}{2},$$

$$P\{Y_2=0\}=\frac{6}{7},\quad P\{Y_2=1\}=\frac{1}{7}.$$

将上述运算结果列成表格形式(见表 3.11).

表 3.11

Y_1	Y_2		$p_i.$
	0	1	
0	$\frac{1}{2}$	0	$\frac{1}{2}$
1	$\frac{5}{14}$	$\frac{1}{7}$	$\frac{1}{2}$
$p_{\cdot j}$	$\frac{6}{7}$	$\frac{1}{7}$	1

因为

$$P\{Y_1=0,Y_2=0\}=\frac{1}{2}\neq P\{Y_1=0\}P\{Y_2=0\}=\frac{1}{2}\times\frac{6}{7},$$

所以 Y_1 与 Y_2 不相互独立.

　　注　与随机事件的独立性一样,随机变量的独立性往往不是用数学定义验证,而是由随机变量产生的实际背景来判断,然后再使用独立性定义中所给出的结论.

3.5.2　二维连续型随机变量的独立性

设 (X,Y) 为二维连续型随机变量,则 X 与 Y 相互独立的充要条件是对于任意的 x,y,都有
$$f(x,y)=f_X(x)f_Y(y), \tag{3.5.4}$$
即联合概率密度等于两个边缘概率密度的乘积.

例 3.5.2　判断例 3.3.1 中的 X 与 Y 是否相互独立.

解　在例 3.3.1 中已知

$$f(x,y)=\begin{cases}4xy,&0\leqslant x\leqslant 1,0\leqslant y\leqslant 1,\\0,&\text{其他},\end{cases}$$

求得

$$f_X(x)=\begin{cases}2x,&0\leqslant x\leqslant 1,\\0,&\text{其他},\end{cases}\qquad f_Y(y)=\begin{cases}2y,&0\leqslant y\leqslant 1,\\0,&\text{其他}.\end{cases}$$

容易验证,$f(x,y) = f_X(x)f_Y(y)$,因此 X 与 Y 相互独立.

例 3.5.3 判断例 3.3.3 中的 X 与 Y 是否相互独立.

解 在例 3.3.3 中已知

$$f(x,y) = \begin{cases} 3, & (x,y) \in G, \\ 0, & (x,y) \notin G, \end{cases}$$

$$f_X(x) = \begin{cases} 3(\sqrt{x} - x^2), & 0 \leqslant x \leqslant 1, \\ 0, & \text{其他}, \end{cases} \quad f_Y(y) = \begin{cases} 3(\sqrt{y} - y^2), & 0 \leqslant y \leqslant 1, \\ 0, & \text{其他}, \end{cases}$$

容易验证,$f(x,y) \neq f_X(x)f_Y(y)$,因此 X 与 Y 不相互独立.

注 若二维连续型随机变量 (X,Y) 服从非矩形区域上的均匀分布,则 X 与 Y 不相互独立.一般地,若联合概率密度中 x 的取值与 y 的取值有关系,则 X 与 Y 不相互独立.

例 3.5.4 证明:若二维随机变量 $(X,Y) \sim N(\mu_1, \mu_2; \sigma_1^2, \sigma_2^2; \rho)$,则随机变量 X 与 Y 相互独立的充要条件是 $\rho = 0$.

证 充分性. 若 $\rho = 0$,则有

$$f(x,y) = \frac{1}{2\pi\sigma_1\sigma_2} \exp\left\{ -\frac{1}{2} \left[\frac{(x-\mu_1)^2}{\sigma_1^2} + \frac{(y-\mu_2)^2}{\sigma_2^2} \right] \right\} = f_X(x)f_Y(y),$$

从而 X 与 Y 相互独立.

必要性. 若 X 与 Y 相互独立,则对于任意的 x,y,都有 $f(x,y) = f_X(x)f_Y(y)$ 成立.特别地,令 $x = \mu_1, y = \mu_2$,则有 $f(\mu_1, \mu_2) = f_X(\mu_1)f_Y(\mu_2)$,即

$$\frac{1}{2\pi\sigma_1\sigma_2\sqrt{1-\rho^2}} = \frac{1}{\sqrt{2\pi}\sigma_1} \cdot \frac{1}{\sqrt{2\pi}\sigma_2},$$

从而 $\sqrt{1-\rho^2} = 1$. 故 $\rho = 0$.

两个随机变量的独立性可以推广到有限个或可列无穷多个随机变量的情形.

同步习题 3.5

1. 设随机变量 X 与 Y 相互独立,其分布律分别如表 3.12 和表 3.13 所示,求:(1) (X,Y) 的联合分布律;(2) $P\{X = Y\}$.

表 3.12

X	0	1	2
P	0.2	0.3	0.5

表 3.13

Y	1	2	3
P	0.4	0.1	0.5

2. 设二维随机变量 (X,Y) 的联合分布律如表 3.14 所示,且 X 与 Y 相互独立,求常数 α, β 的值.

表 3.14

X	Y		
	0	1	2
1	$\frac{1}{6}$	$\frac{1}{9}$	$\frac{1}{18}$
2	$\frac{1}{3}$	α	β

3. 设二维随机变量 (X,Y) 的联合概率密度为

$$f(x,y) = \begin{cases} 8xy, & 0 \leqslant x \leqslant y \leqslant 1, \\ 0, & \text{其他,} \end{cases}$$

试判断 X 与 Y 是否相互独立.

4. 某旅客到达火车站的时间 X 均匀分布在上午 7:55 至 8:00,而火车在这段时间开出的时间为 Y,且 Y 的概率密度为

$$f(y) = \begin{cases} \dfrac{2}{25}(5-y), & 0 \leqslant y \leqslant 5, \\ 0, & \text{其他,} \end{cases}$$

求该旅客能乘上火车的概率.

3.6　两个随机变量函数的分布

> **本节要点**:熟练掌握二维离散型随机变量函数的分布,掌握二维连续型随机变量函数和的分布、极值的分布,了解积的分布.

在 2.5 节我们曾讨论了一个随机变量函数的分布,而在实际问题中,还会出现多个随机变量函数的分布问题. 例如,在金融领域中的投资组合回报问题,若用 X 和 Y 分别表示两种不同股票的年收益率,如果同时购买了这两种股票,那么一年的总收益率 Z 可以表示为 $Z=X+Y$. 如何通过 X 和 Y 的分布来确定 Z 的分布呢?

本节以讨论两个随机变量函数的情形为主. 问题的一般描述为:已知二维随机变量 (X,Y) 的分布,求随机变量 $Z=g(X,Y)$ 的分布. 下面分别对离散型和连续型两种情形予以讨论.

3.6.1　二维离散型随机变量函数的分布

 设二维离散型随机变量 (X,Y) 的联合分布律如表 3.15 所示,求下列随机变量的分布律:(1) $Z_1=X+Y$;(2) $Z_2=XY$;(3) $Z_3=\max\{X,Y\}$.

表 3.15

X	Y		
	0	1	2
1	0.2	0.1	0.2
2	0.1	0.3	0.1

解　列表讨论(见表 3.16).

表 3.16

P	0.2	0.1	0.2	0.1	0.3	0.1
(X,Y)	(1,0)	(1,1)	(1,2)	(2,0)	(2,1)	(2,2)
$Z_1=X+Y$	1	2	3	2	3	4
$Z_2=XY$	0	1	2	0	2	4
$Z_3=\max\{X,Y\}$	1	1	2	2	2	2

与一维离散型随机变量函数的分布的求法相同,把函数值相同的项对应的概率值合并.

(1) $Z_1 = X + Y$ 的可能取值为 $1,2,3,4$,其分布律如表 3.17 所示.

表 3.17

$Z_1 = X + Y$	1	2	3	4
P	0.2	0.2	0.5	0.1

(2) $Z_2 = XY$ 的可能取值为 $0,1,2,4$,其分布律如表 3.18 所示.

表 3.18

$Z_2 = XY$	0	1	2	4
P	0.3	0.1	0.5	0.1

(3) $Z_3 = \max\{X,Y\}$ 的可能取值为 $1,2$,其分布律如表 3.19 所示.

表 3.19

$Z_3 = \max\{X,Y\}$	1	2
P	0.3	0.7

例 3.6.2 设随机变量 X 与 Y 相互独立,且 $X \sim P(\lambda_1)$,$Y \sim P(\lambda_2)$. 证明:$X + Y \sim P(\lambda_1 + \lambda_2)$.

证 因为 $X \sim P(\lambda_1)$,$Y \sim P(\lambda_2)$,所以

$$P\{X = i\} = \frac{\lambda_1^i}{i!} e^{-\lambda_1} \quad (i = 0,1,2,\cdots),$$

$$P\{Y = j\} = \frac{\lambda_2^j}{j!} e^{-\lambda_2} \quad (j = 0,1,2,\cdots).$$

随机变量 $X + Y$ 的所有可能取值为 $k = 0,1,2,\cdots$. 由于 X 与 Y 相互独立,因此对于任意的非负整数 k,有

$$P\{X + Y = k\} = \sum_{i=0}^{k} P\{X = i, Y = k-i\} = \sum_{i=0}^{k} P\{X = i\} P\{Y = k-i\}$$

$$= \sum_{i=0}^{k} \frac{\lambda_1^i}{i!} e^{-\lambda_1} \cdot \frac{\lambda_2^{k-i}}{(k-i)!} e^{-\lambda_2} = \sum_{i=0}^{k} \frac{k!}{i!(k-i)!} \lambda_1^i \lambda_2^{k-i} \frac{e^{-(\lambda_1+\lambda_2)}}{k!}$$

$$= \frac{e^{-(\lambda_1+\lambda_2)}}{k!} \sum_{i=0}^{k} \frac{k!}{i!(k-i)!} \lambda_1^i \lambda_2^{k-i} = \frac{(\lambda_1+\lambda_2)^k}{k!} e^{-(\lambda_1+\lambda_2)},$$

即 $X + Y \sim P(\lambda_1 + \lambda_2)$.

注 (1) 此结论称为**泊松分布的可加性**.

(2) 还可以证明**二项分布也具有可加性**,即若 $X \sim B(n_1, p)$,$Y \sim B(n_2, p)$,且 X 与 Y 相互独立,则 $X + Y \sim B(n_1 + n_2, p)$.

(3) 更进一步,若随机变量 $X_1, X_2, \cdots, X_n$ 相互独立,且都服从同一 $(0-1)$ 分布,即 $X_i \sim B(1, p)(i = 1, 2, \cdots, n)$,则 $\sum_{i=1}^{n} X_i \sim B(n, p)$. 也就是说,服从二项分布的随机变量可以分解成 n 个相互独立的服从同一 $(0-1)$ 分布的随机变量之和.

3.6.2 二维连续型随机变量函数的分布

设 (X,Y) 是二维连续型随机变量,其联合概率密度为 $f(x,y)$,且 $Z = g(X,Y)(g(x,y)$

为连续函数)仍然是连续型随机变量,求 Z 的概率密度的步骤如下:

(1)求分布函数 $F_Z(z)$,即

$$F_Z(z)=P\{Z\leqslant z\}=P\{g(X,Y)\leqslant z\}=P\{(X,Y)\in D_z\}=\iint\limits_{D_z}f(x,y)\mathrm{d}x\,\mathrm{d}y.$$

(2)求概率密度 $f_Z(z)$,即对分布函数求导,有 $f_Z(z)=F'_Z(z)$.

注 上述方法称为**分布函数法**.此种方法的关键在于将 Z 的取值范围转化为 (X,Y) 在相应区域内取值的形式,从而利用已知的 (X,Y) 的分布求出 $Z=g(X,Y)$ 的分布.

下面主要讨论在概率论与数理统计中经常会遇到的两种随机变量函数的分布:和的分布与极值的分布.

1. 和的分布

定理 3.6.1 设二维连续型随机变量 (X,Y) 的联合概率密度为 $f(x,y)$,则 $Z=X+Y$ 也是连续型随机变量,且 Z 的概率密度为

$$f_Z(z)=\int_{-\infty}^{+\infty}f(x,z-x)\mathrm{d}x \tag{3.6.1}$$

或

$$f_Z(z)=\int_{-\infty}^{+\infty}f(z-y,y)\mathrm{d}y. \tag{3.6.2}$$

式(3.6.1)和式(3.6.2)称为**卷积公式**.

证 采用分布函数法.求 Z 的分布函数 $F_Z(z)$,即

$$F_Z(z)=P\{Z\leqslant z\}=P\{X+Y\leqslant z\}=\iint\limits_{x+y\leqslant z}f(x,y)\mathrm{d}x\,\mathrm{d}y,$$

其中积分区域如图 3.11 中阴影部分所示,则

$$F_Z(z)=\int_{-\infty}^{+\infty}\mathrm{d}y\int_{-\infty}^{z-y}f(x,y)\mathrm{d}x.$$

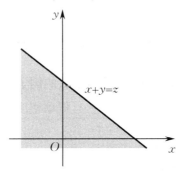

图 3.11

固定 y,对 x 做变量代换,令 $x=u-y$,得

$$F_Z(z)=\int_{-\infty}^{+\infty}\mathrm{d}y\int_{-\infty}^{z}f(u-y,y)\mathrm{d}u=\int_{-\infty}^{z}\mathrm{d}u\int_{-\infty}^{+\infty}f(u-y,y)\mathrm{d}y.$$

由概率密度与分布函数的关系得

$$f_Z(z)=F'_Z(z)=\int_{-\infty}^{+\infty}f(z-y,y)\mathrm{d}y.$$

由 X 与 Y 的对称性,$f_Z(z)$ 又可写为

$$f_Z(z) = \int_{-\infty}^{+\infty} f(x, z-x) \mathrm{d}x.$$

特别地,当随机变量 X 与 Y 相互独立时,设二维离散型随机变量 (X,Y) 关于 X 和关于 Y 的边缘概率密度分别为 $f_X(x), f_Y(y)$,则式(3.6.1)和式(3.6.2)可分别表示为

$$f_Z(z) = \int_{-\infty}^{+\infty} f_X(x) f_Y(z-x) \mathrm{d}x, \tag{3.6.3}$$

$$f_Z(z) = \int_{-\infty}^{+\infty} f_X(z-y) f_Y(y) \mathrm{d}y. \tag{3.6.4}$$

式(3.6.3)和式(3.6.4)称为**独立和分布的卷积公式**,记作 $f_X * f_Y$.

例 3.6.3 设随机变量 X 与 Y 相互独立,且均服从标准正态分布 $N(0,1)$,求随机变量 $Z = X + Y$ 的概率密度.

解 利用独立和分布的卷积公式可得

$$f_Z(z) = \int_{-\infty}^{+\infty} f_X(x) f_Y(z-x) \mathrm{d}x = \frac{1}{2\pi} \int_{-\infty}^{+\infty} \mathrm{e}^{-\frac{x^2}{2}} \mathrm{e}^{-\frac{(z-x)^2}{2}} \mathrm{d}x = \frac{1}{2\pi} \mathrm{e}^{-\frac{z^2}{4}} \int_{-\infty}^{+\infty} \mathrm{e}^{-(x-\frac{z}{2})^2} \mathrm{d}x.$$

令 $t = x - \dfrac{z}{2}$,得

$$f_Z(z) = \frac{1}{2\pi} \mathrm{e}^{-\frac{z^2}{4}} \int_{-\infty}^{+\infty} \mathrm{e}^{-t^2} \mathrm{d}t = \frac{1}{2\pi} \mathrm{e}^{-\frac{z^2}{4}} \sqrt{\pi} = \frac{1}{2\sqrt{\pi}} \mathrm{e}^{-\frac{z^2}{4}}.$$

可见 $Z \sim N(0,2)$.

实际上,正态分布也具有可加性,即有如下定理.

定理 3.6.2 设随机变量 $X \sim N(\mu_1, \sigma_1^2), Y \sim N(\mu_2, \sigma_2^2)$,**且 X 与 Y 相互独立,则**

$$X + Y \sim N(\mu_1 + \mu_2, \sigma_1^2 + \sigma_2^2). \tag{3.6.5}$$

此定理可推广到 n 个相互独立的正态随机变量之和的情况.

设随机变量 $X_i \sim N(\mu_i, \sigma_i^2)(i = 1, 2, \cdots, n)$,且它们相互独立,则它们的和 $Z = X_1 + X_2 + \cdots + X_n$ 仍然服从正态分布,且有

$$Z \sim N(\mu_1 + \mu_2 + \cdots + \mu_n, \sigma_1^2 + \sigma_2^2 + \cdots + \sigma_n^2). \tag{3.6.6}$$

更一般地,可以证明有限个相互独立的正态随机变量的线性组合仍服从正态分布,其参数我们将在下一章中讨论.

也可采用分布函数法计算和的分布,具体看下面的例子.

例 3.6.4 设随机变量 X 与 Y 相互独立,且概率密度分别为

$$f_X(x) = \begin{cases} 1, & 0 \leqslant x \leqslant 1, \\ 0, & \text{其他}, \end{cases} \qquad f_Y(y) = \begin{cases} \mathrm{e}^{-y}, & y > 0, \\ 0, & \text{其他}, \end{cases}$$

求随机变量 $Z = 2X + Y$ 的概率密度.

解 因为 X 与 Y 相互独立,所以 (X,Y) 的联合概率密度为

$$f(x,y) = f_X(x) f_Y(y) = \begin{cases} \mathrm{e}^{-y}, & 0 \leqslant x \leqslant 1, y > 0, \\ 0, & \text{其他}. \end{cases}$$

当 $z < 0$ 时,有

$$F(z) = P\{Z \leqslant z\} = 0;$$

当 $0 \leqslant z < 2$ 时,积分区域如图 3.12 中阴影部分所示,有

$$F(z) = P\{Z \leqslant z\} = P\{2X + Y \leqslant z\} = \int_0^{\frac{z}{2}} \mathrm{d}x \int_0^{z-2x} \mathrm{e}^{-y} \mathrm{d}y$$

$$=\int_0^{\frac{z}{2}}(1-\mathrm{e}^{2x-z})\mathrm{d}x=\frac{z}{2}-\frac{1}{2}+\frac{1}{2}\mathrm{e}^{-z};$$

当 $z\geqslant 2$ 时,积分区域如图 3.13 中阴影部分所示,有

$$F(z)=P\{2X+Y\leqslant z\}=\int_0^1\mathrm{d}x\int_0^{z-2x}\mathrm{e}^{-y}\mathrm{d}y$$

$$=\int_0^1(1-\mathrm{e}^{2x-z})\mathrm{d}x=1-\frac{1}{2}\mathrm{e}^{2-z}+\frac{1}{2}\mathrm{e}^{-z}.$$

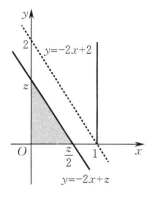

图 3.12

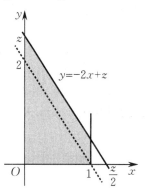

图 3.13

于是,$Z=2X+Y$ 的概率密度为

$$f_Z(z)=\begin{cases}0, & z<0,\\[2mm] \dfrac{1}{2}(1-\mathrm{e}^{-z}), & 0\leqslant z<2,\\[2mm] \dfrac{1}{2}(\mathrm{e}^2-1)\mathrm{e}^{-z}, & z\geqslant 2.\end{cases}$$

注　例 3.6.4 还可以看作和的分布的特殊形式,故也可利用独立和分布的卷积公式来计算,感兴趣的读者可自行完成.

2. 极值的分布

设 X 与 Y 是两个相互独立的随机变量,它们的分布函数分别为 $F_X(x)$ 和 $F_Y(y)$,令 $M=\max\{X,Y\}$ 及 $N-\min\{X,Y\}$.下面分别求 M 与 N 的分布函数 $F_{\max}(z)$ 与 $F_{\min}(z)$.

由于 $\{\max\{X,Y\}\leqslant z\}=\{X\leqslant z,Y\leqslant z\}$,而随机变量 X 与 Y 相互独立,则事件 $\{X\leqslant z\}$ 与 $\{Y\leqslant z\}$ 相互独立,因此得

$$F_{\max}(z)=P\{M\leqslant z\}=P\{\max\{X,Y\}\leqslant z\}$$

$$=P\{X\leqslant z,Y\leqslant z\}=P\{X\leqslant z\}P\{Y\leqslant z\},$$

即有

$$F_{\max}(z)=F_X(z)F_Y(z).\tag{3.6.7}$$

类似地,可得 $N=\min\{X,Y\}$ 的分布函数为

$$F_{\min}(z)=P\{\min\{X,Y\}\leqslant z\}=1-P\{\min\{X,Y\}>z\}$$

$$=1-P\{X>z,Y>z\}=1-P\{X>z\}P\{Y>z\},$$

即有

$$F_{\min}(z)=1-[1-F_X(z)][1-F_Y(z)].\tag{3.6.8}$$

上述结论可以推广到 n 个相互独立的随机变量的情形,感兴趣的读者可自行完成.

例 3.6.5 设某电路装有两个电子元件 L_1，L_2（见图 3.14），其工作状态相互独立，且无故障工作的时间分别服从参数为 α，$\beta(\alpha>0,\beta>0,\alpha\neq\beta)$ 的指数分布. 试求两个电子元件在串联的情况下，电路正常工作的时间 Z 的概率密度.

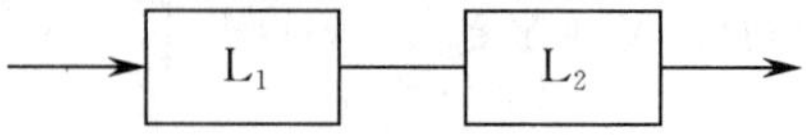

图 3.14

解 设 X 和 Y 分别表示电子元件 L_1，L_2 无故障工作的时间，由题意知，X，Y 的分布函数分别为

$$F_X(x)=\begin{cases}1-\mathrm{e}^{-\alpha x}, & x\geqslant 0,\\ 0, & \text{其他},\end{cases}\qquad F_Y(y)=\begin{cases}1-\mathrm{e}^{-\beta y}, & y\geqslant 0,\\ 0, & \text{其他}.\end{cases}$$

在两个电子元件串联的情况下，由于 L_1，L_2 中只要有一个出现故障，电路就不能正常工作，因此电路正常工作的时间 $Z=\min\{X,Y\}$. Z 的分布函数为

$$F_{\min}(z)=1-[1-F_X(z)][1-F_Y(z)]=\begin{cases}1-\mathrm{e}^{-(\alpha+\beta)z}, & z\geqslant 0,\\ 0, & z<0,\end{cases}$$

故 Z 的概率密度为

$$f_Z(z)=\begin{cases}(\alpha+\beta)\mathrm{e}^{-(\alpha+\beta)z}, & z\geqslant 0,\\ 0, & z<0.\end{cases}$$

3. 积与商的分布

除了和的分布和极值的分布，对于其他形式的两个随机变量函数的分布公式，我们不做推导，而通过例题来说明. 对于此类问题，可采用分布函数法，即先求分布函数，再求导得概率密度.

例 3.6.6 设二维随机变量 (X,Y) 在矩形区域 $G=\{(x,y)\mid 0\leqslant x\leqslant 2,0\leqslant y\leqslant 1\}$ 上服从均匀分布，试求以 X 和 Y 为边长的矩形面积 S 的概率密度 $f(s)$.

解 由题意知，二维随机变量 (X,Y) 的联合概率密度为

$$f(x,y)=\begin{cases}\dfrac{1}{2}, & (x,y)\in G,\\[2mm] 0, & (x,y)\notin G,\end{cases}$$

且 $S=XY$. 设 $F(s)$ 为 S 的分布函数，则

当 $s\leqslant 0$ 时，

$$F(s)=P\{XY\leqslant s\}=0;$$

当 $s\geqslant 2$ 时，

$$F(s)=P\{XY\leqslant s\}=1;$$

当 $0<s<2$ 时，

$$\begin{aligned}F(s)&=P\{S\leqslant s\}=P\{XY\leqslant s\}\\ &=1-P\{XY>s\}=1-\iint\limits_{xy>s}f(x,y)\mathrm{d}x\,\mathrm{d}y,\end{aligned}$$

其中积分区域如图 3.15 中阴影部分所示. 于是

$$F(s)=1-\int_s^2\mathrm{d}x\int_{\frac{s}{x}}^1\frac{1}{2}\mathrm{d}y=1-\int_s^2\frac{1}{2}\left(1-\frac{s}{x}\right)\mathrm{d}x=\frac{s}{2}(1+\ln 2-\ln s).$$

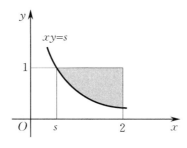

图 3.15

综上，S 的分布函数为

$$F(s) = \begin{cases} 0, & s \leqslant 0, \\ \dfrac{s}{2}(1 + \ln 2 - \ln s), & 0 < s < 2, \\ 1, & s \geqslant 2. \end{cases}$$

再对 $F(s)$ 求导，得 S 的概率密度为

$$f(s) = \begin{cases} \dfrac{1}{2}(\ln 2 - \ln s), & 0 < s < 2, \\ 0, & \text{其他.} \end{cases}$$

例 3.6.7　设二维随机变量 (X, Y) 服从区域 $D = \{(x, y) \mid 0 \leqslant x \leqslant a, 0 \leqslant y \leqslant a\}$

（$a > 0$ 为常数）上的均匀分布，试求 $Z = \dfrac{X}{Y}$ 的概率密度.

解　由题意知，二维随机变量 (X, Y) 的联合概率密度为

$$f(x, y) = \begin{cases} \dfrac{1}{a^2}, & 0 \leqslant x \leqslant a, 0 \leqslant y \leqslant a, \\ 0, & \text{其他.} \end{cases}$$

例 3.6.7

设 $F_Z(z)$ 为 Z 的分布函数，则

当 $z \leqslant 0$ 时，

$$F_Z(z) = P\left\{\frac{X}{Y} \leqslant z\right\} = 0;$$

当 $0 < z < 1$ 时，积分区域 D_1 如图 3.16 中阴影部分所示，则

$$F_Z(z) = P\left\{\frac{X}{Y} \leqslant z\right\} = \iint\limits_{D_1} f(x, y)\, dx\, dy$$

$$= \int_0^a dy \int_0^{zy} \frac{1}{a^2} dx = \frac{z}{2};$$

当 $z \geqslant 1$ 时，积分区域 D_2 如图 3.17 中阴影部分所示，则

$$F_Z(z) = P\left\{\frac{X}{Y} \leqslant z\right\} = \iint\limits_{D_2} f(x, y)\, dx\, dy$$

$$= \int_0^a dx \int_{\frac{x}{z}}^a \frac{1}{a^2} dy = 1 - \frac{1}{2z}.$$

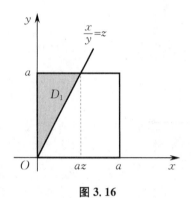

图 3.16

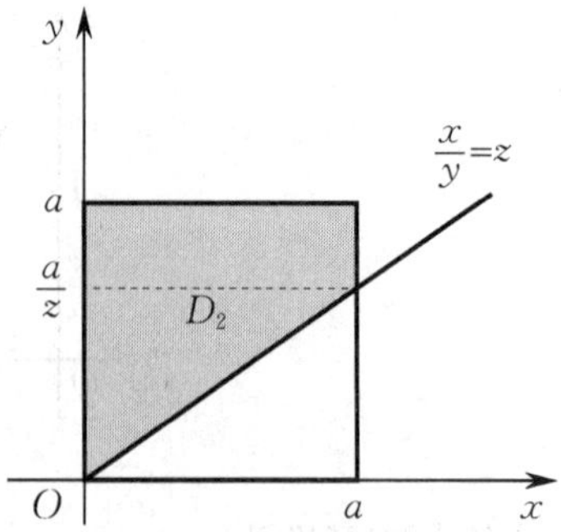

图 3.17

综上，Z 的分布函数为

$$F_Z(z) = \begin{cases} 0, & z \leqslant 0, \\ \dfrac{z}{2}, & 0 < z < 1, \\ 1 - \dfrac{1}{2z}, & z \geqslant 1. \end{cases}$$

再对 $F_Z(z)$ 求导，得 Z 的概率密度为

$$f_Z(z) = \begin{cases} 0, & z \leqslant 0, \\ \dfrac{1}{2}, & 0 < z < 1, \\ \dfrac{1}{2z^2}, & z \geqslant 1. \end{cases}$$

同步习题 3.6

1. 设二维随机变量 (X,Y) 的联合分布律如表 3.20 所示，求下列随机变量的分布律：(1) $Z_1 = X - Y$；(2) $Z_2 = XY$；(3) $Z_3 = \min\{X,Y\}$.

表 3.20

X	Y		
	-1	1	2
-1	0.2	0.1	0.1
2	0.1	0.5	0

2. 设二维随机变量 (X,Y) 的联合概率密度为

$$f(x,y) = \begin{cases} 3x, & 0 < x < 1, 0 < y < x, \\ 0, & \text{其他}, \end{cases}$$

求 $Z = X - Y$ 的概率密度.

3. 设随机变量 X 与 Y 相互独立，其分布函数分别为 $F_X(x)$, $F_Y(y)$，则 $N = \min\{X,Y\}$ 的分布函数 $F_{\min}(z) = $ _____ ，$M = \max\{X,Y\}$ 的分布函数 $F_{\max}(z) = $ _____ .

4. 设二维随机变量 (X,Y) 满足

$$P\{X \geqslant 0, Y \geqslant 0\} = \frac{3}{7}, \quad P\{X \geqslant 0\} = P\{Y \geqslant 0\} = \frac{4}{7},$$

求 $P\{\max\{X,Y\} \geqslant 0\}$, $P\{\min\{X,Y\} < 0\}$.

狄利克雷(见图3.18)，德国数学家，科隆大学荣誉博士，历任柏林大学和哥廷根大学教授，柏林科学院院士.

图 3.18

复习题三

第一部分　基础题

一、单项选择题

1. 设二维随机变量(X,Y)的联合概率密度为

$$f(x,y)=\begin{cases}4xy, & 0\leqslant x\leqslant1,0\leqslant y\leqslant1,\\ 0, & \text{其他},\end{cases}$$

则$P\{X<Y\}$的积分表达式为(　　).

A. $\int_0^1\mathrm{d}x\int_0^1 4xy\,\mathrm{d}y$

B. $\int_0^1\mathrm{d}x\int_x^1 4xy\,\mathrm{d}y$

C. $\int_0^1\mathrm{d}x\int_0^x 4xy\,\mathrm{d}y$

D. $\int_0^1\mathrm{d}x\int_{-\infty}^x 4xy\,\mathrm{d}y$

2. 设X_1,X_2是两个相互独立的连续型随机变量,它们的概率密度分别为$f_1(x),f_2(x)$,分布函数分别为$F_1(x),F_2(x)$,则(　　).

A. $f_1(x)+f_2(x)$必为某个随机变量的概率密度

B. $f_1(x)f_2(x)$必为某个随机变量的概率密度

C. $F_1(x)+F_2(x)$必为某个随机变量的分布函数

D. $F_1(x)F_2(x)$必为某个随机变量的分布函数

3. 设随机变量X与Y相互独立且同分布,$P\{X=-1\}=P\{X=1\}=\dfrac{1}{2}$,则下列选项中成立的是(　　).

A. $P\{X=Y\}=\dfrac{1}{2}$

B. $P\{X=Y\}=1$

C. $P\{X+Y=0\}=\dfrac{1}{4}$

D. $P\{XY=1\}=\dfrac{1}{4}$

4. 设随机变量 X 与 Y 相互独立, 且 $X \sim B(n_1, p)$, $Y \sim B(n_2, p)$, 则 $X+Y \sim ($　　$)$.

　　A. $B(n_1+n_2, 2p)$　　　　　　　　　B. $B(n_1+n_2, p)$

　　C. $B\left(\dfrac{n_1+n_2}{2}, p\right)$　　　　　　　　D. $B\left(\dfrac{n_1+n_2}{2}, 2p\right)$

5. 设随机变量 X 与 Y 相互独立, 且 $X \sim N(3, \sigma^2)$, $Y \sim N(-1, \sigma^2)$, 则下列选项中正确的是 (　　).

　　A. $P\{X+Y \leqslant -2\} = \dfrac{1}{2}$　　　　　　　B. $P\{X+Y \leqslant 2\} = \dfrac{1}{2}$

　　C. $P\{X-Y \leqslant -2\} = \dfrac{1}{2}$　　　　　　　D. $P\{X-Y \leqslant 2\} = \dfrac{1}{2}$

二、填空题

1. 设二维随机变量 (X, Y) 的联合分布律如表 3.21 所示. 若事件 $\{X=0\}$ 与 $\{X+Y=1\}$ 相互独立, 则 $a = $ ＿＿＿＿＿＿＿, $b = $ ＿＿＿＿＿＿＿.

表 3.21

Y	X	
	0	1
0	0.4	a
1	b	0.1

2. 设二维随机变量 (X, Y) 的联合概率密度为 $f(x, y) = \begin{cases} \dfrac{1}{2}, & 0 \leqslant x \leqslant 1, 0 \leqslant y \leqslant 2, \\ 0, & \text{其他}, \end{cases}$ 则

$P\left\{Y < \dfrac{1}{2}\right\} = $ ＿＿＿＿＿＿＿.

3. 在整数 $0 \sim 9$ 中先取一个数 X, 在剩下的整数中再取一个数 Y, 则在 $Y=k (0 \leqslant k \leqslant 9)$ 的条件下 X 的分布律为 ＿＿＿＿＿＿＿.

4. 设二维离散型随机变量 (X, Y) 的联合分布律如表 3.22 所示, 且 X 与 Y 相互独立, 则 $c = $ ＿＿＿＿＿＿＿.

表 3.22

Y	X		
	x_1	x_2	x_3
y_1	a	$\dfrac{1}{9}$	c
y_2	$\dfrac{1}{9}$	b	$\dfrac{1}{3}$

5. 设随机变量 X 与 Y 相互独立, 且 $X \sim U(0, 2)$, $Y \sim U(0, 2)$, 又 $Z = \min\{X, Y\}$, 则 $P\{Z \geqslant 1\} = $ ＿＿＿＿＿＿＿.

三、计算题

1. 设二维随机变量 (X, Y) 的联合概率密度为

$$f(x,y)=\begin{cases}x^2+Cxy, & 0\leqslant x\leqslant 1,0\leqslant y\leqslant 2,\\0, & \text{其他},\end{cases}$$

求:(1) 常数 C 的值;(2) $P\{X+Y>1\}$;(3) 两个边缘概率密度.

2. 设二维随机变量 (X,Y) 在由曲线 $y=x^2$ 和直线 $y=x$ 所围成的平面区域上服从二维均匀分布.

(1) 求 (X,Y) 的联合概率密度.

(2) 求关于 X 和关于 Y 的边缘概率密度.

(3) 判断 X 与 Y 是否相互独立.

3. 设二维随机变量 (X,Y) 的联合概率密度为

$$f(x,y)=\begin{cases}3x, & 0<x<1,0<y<x,\\0, & \text{其他},\end{cases}$$

求 $P\left\{Y<\dfrac{1}{8}\,\middle|\,X=\dfrac{1}{4}\right\}$.

4. 设随机变量 X 与 Y 相互独立,其概率密度分别为

$$f_X(x)=\begin{cases}1, & 0\leqslant x\leqslant 1,\\0, & \text{其他},\end{cases}\qquad f_Y(y)=\begin{cases}\mathrm{e}^{-y}, & y>0,\\0, & y\leqslant 0,\end{cases}$$

求 $Z=X+Y$ 的概率密度.

第二部分 拓展题

1. 一口袋中有大小、形状相同的 2 个红球和 4 个白球,从袋中不放回地取两次球,每次取一个. 设随机变量

$$X=\begin{cases}0, & \text{第一次取到红球},\\1, & \text{第一次取到白球},\end{cases}\qquad Y=\begin{cases}0, & \text{第二次取到红球},\\1, & \text{第二次取到白球},\end{cases}$$

求:(1) (X,Y) 的联合分布律;(2) $P\{X\leqslant 0.5,Y\leqslant 1\}$.

2. 设 X 与 Y 是两个相互独立的随机变量,且 X 服从区间 $[0,0.2]$ 上的均匀分布,Y 的概率密度为 $f_Y(y)=\begin{cases}5\mathrm{e}^{-5y}, & y>0,\\0, & \text{其他}.\end{cases}$ 求:(1) (X,Y) 的联合概率密度;(2) $P\{Y\leqslant X\}$.

3. 设 X 与 Y 是两个相互独立的随机变量,且 X 服从区间 $[0,1]$ 上的均匀分布,Y 的概率密度为 $f_Y(y)=\begin{cases}\dfrac{1}{2}\mathrm{e}^{-\frac{y}{2}}, & y>0,\\0, & \text{其他}.\end{cases}$

(1) 求 (X,Y) 的联合概率密度.

(2) 设含有 a 的二次方程为 $a^2+2Xa+Y-0$,试求 a 有实根的概率.

4. 设 A,B 为两个事件,且 $P(A)=\dfrac{1}{4}$,$P(B\mid A)=\dfrac{1}{3}$,$P(A\mid B)=\dfrac{1}{2}$,令

$$X=\begin{cases}1, & A\text{ 发生},\\0, & A\text{ 不发生},\end{cases}\qquad Y=\begin{cases}1, & B\text{ 发生},\\0, & B\text{ 不发生},\end{cases}$$

求二维随机变量 (X,Y) 的联合分布律.

5. 某高校学生会有 8 名委员,其中来自理科的有 2 名,来自工科和文科的各有 3 名. 现从 8 名委员中随机地指定 3 名担任学生会主席. 设 X,Y 分别表示学生会主席中来自理科、工科的人数,求 (X,Y) 的联合分布律和边缘分布律.

6. 设袋中有 2 个黑球和 3 个白球,从中摸球两次,每次摸一球后放回,令

$$X = \begin{cases} 0, & \text{第一次摸到黑球,} \\ 1, & \text{第一次摸到白球,} \end{cases} \qquad Y = \begin{cases} 0, & \text{第二次摸到黑球,} \\ 1, & \text{第二次摸到白球.} \end{cases}$$

(1) 求二维随机变量 (X,Y) 的联合分布律及边缘分布律.

(2) 判断 X 与 Y 是否相互独立.

第三部分 考研真题

1. (2020 年,数学三) 设二维随机变量 (X,Y) 服从二维正态分布 $N\left(0,0;1,4;-\dfrac{1}{2}\right)$,则下列随机变量中服从标准正态分布且与 X 相互独立的是(   ).

A. $\dfrac{\sqrt{5}}{5}(X+Y)$　　　　　　　　　　　B. $\dfrac{\sqrt{5}}{5}(X-Y)$

C. $\dfrac{\sqrt{3}}{3}(X+Y)$　　　　　　　　　　　D. $\dfrac{\sqrt{3}}{3}(X-Y)$

2. (2015 年,数学一) 设二维随机变量 (X,Y) 服从正态分布 $N(1,0;1,1;0)$,则 $P\{XY-Y<0\}=$＿＿＿＿＿.

3. (2023 年,数学一) 设随机变量 X 与 Y 相互独立,且 $X \sim B\left(1,\dfrac{1}{3}\right)$,$Y \sim B\left(2,\dfrac{1}{2}\right)$,则 $P\{X=Y\}=$＿＿＿＿＿.

4. (2016 年,数学一、三) 设二维随机变量 (X,Y) 在区域 $D=\{(x,y)\mid 0<x<1,x^2<y<\sqrt{x}\}$ 上服从均匀分布,令

$$U = \begin{cases} 1, & X \leqslant Y, \\ 0, & X > Y. \end{cases}$$

(1) 求二维随机变量 (X,Y) 的联合概率密度.

(2) 问:U 与 X 是否相互独立? 并说明理由.

(3) 求 $Z=U+X$ 的分布函数 $F_Z(z)$.

5. (2020 年,数学一) 设随机变量 X_1,X_2,X_3 相互独立,其中 X_1 与 X_2 均服从标准正态分布,X_3 的分布律为 $P\{X_3=0\}=P\{X_3=1\}=\dfrac{1}{2}$,$Y=X_3X_1+(1-X_3)X_2$.

(1) 求二维随机变量 (X_1,Y) 的联合分布函数,结果用标准正态分布函数 $\Phi(x)$ 表示.

(2) 证明:随机变量 Y 服从标准正态分布.

6. (2020 年,数学三) 设二维随机变量 (X,Y) 在区域 $D=\{(x,y)\mid 0<y<\sqrt{1-x^2}\}$ 上服从均匀分布,令

$$U = \begin{cases} 1, & X+Y > 0, \\ 0, & X+Y \leqslant 0, \end{cases} \quad V = \begin{cases} 1, & X-Y > 0, \\ 0, & X-Y \leqslant 0, \end{cases}$$

求二维随机变量 (U,V) 的联合分布律.

第4章

数 字 特 征

一、本章要点

　　随机变量的数字特征是描述随机变量某一方面特征的数量指标.本章主要介绍四个数字特征：数学期望、方差、协方差和相关系数.数学期望刻画了随机变量取值的平均水平.方差刻画了随机变量的取值与其均值的平均偏离程度，是对随机变量取值的稳定性的度量.协方差和相关系数是刻画两个随机变量之间关联程度的数字特征.最后介绍矩，从某种程度上来说，矩是所有数字特征的总称，在数理统计部分将派上用场.

二、本章知识结构图

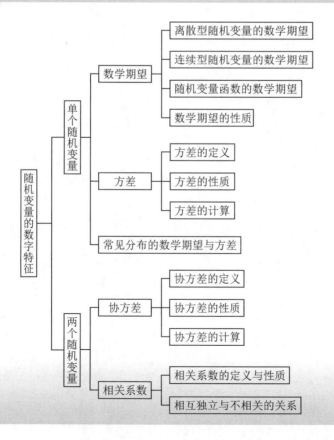

4.1 数 学 期 望

本节要点: 本节介绍离散型随机变量、连续型随机变量及随机变量函数的数学期望的定义,以及数学期望的性质.

4.1.1 离散型随机变量的数学期望

先来看一个例子.某班级共有学生 30 人,在一次考试中(5 分制),有 10 人的成绩为 3 分,15 人的成绩为 4 分,5 人的成绩为 5 分,则该班级学生的平均成绩为

$$\frac{3 \times 10 + 4 \times 15 + 5 \times 5}{30} = 3 \times \frac{10}{30} + 4 \times \frac{15}{30} + 5 \times \frac{5}{30} \approx 3.8 \,(\text{分}).$$

由上式可知,平均成绩并不是 $3,4,5$ 这三个分数的算术平均 $\frac{3+4+5}{3} = 4$,而是以取得这些分数的人数与班级总人数的比值(即频率)为权重的加权平均.若以 x_k 表示取得分数,f_k 表示 x_k 对应出现的频率,并以概率 p_k 代替频率 f_k,则平均成绩为 $\overline{x} = \sum_{k=1}^{3} x_k p_k$,它是对该班级真实学习水平的综合评价,我们称之为该班级学生的成绩的数学期望.

下面给出随机变量的数学期望的定义.

定义 4.1.1 设离散型随机变量 X 的分布律为

$$P\{X = x_k\} = p_k \quad (k = 1, 2, \cdots).$$

若级数 $\sum_{k=1}^{\infty} x_k p_k$ 绝对收敛,则称此级数的和为离散型随机变量 X 的**数学期望**,简称**期望**或**均值**,记作 $E(X)$,即

$$E(X) = \sum_{k=1}^{\infty} x_k p_k. \tag{4.1.1}$$

注 (1) 级数 $\sum_{k=1}^{\infty} x_k p_k$ 绝对收敛可以保证级数的和与级数各项的次序无关.

(2) 符号 $E(X)$ 可以简写为 EX,对于连续型随机变量也是这样规定的.

(3) 数学期望实际上是以概率为权重的加权平均,它反映了随机变量取值的平均水平,故又常常把数学期望称作均值.

(4) 若把随机变量看作数轴上的随机点,则数学期望可看作随机变量取值的中心.

例 4.1.1 设随机变量 X 的分布律如表 4.1 所示,求 $E(X)$.

表 4.1

X	-1	0	1
P	0.3	0.6	0.1

解 $E(X) = \sum_{k=1}^{3} x_k p_k = (-1) \times 0.3 + 0 \times 0.6 + 1 \times 0.1 = -0.2.$

例 4.1.2 现对甲、乙两名射手的打靶成绩进行比较,以 X_1,X_2 分别表示两人射中的环数,且它们的分布律分别如表 4.2 和表 4.3 所示,试问:哪名射手的射击水平更好些?

表 4.2

X_1	8	9	10
P	0.1	0.4	0.5

表 4.3

X_2	8	9	10
P	0.3	0.3	0.4

解 X_1,X_2 的数学期望分别为

$$E(X_1)=8\times0.1+9\times0.4+10\times0.5=9.4,$$
$$E(X_2)=8\times0.3+9\times0.3+10\times0.4=9.1.$$

上述结果表明,若甲、乙两人进行多次射击,则甲的平均命中环数为 9.4 环,而乙的平均命中环数为 9.1 环,故甲的射击水平较乙好些.

4.1.2 连续型随机变量的数学期望

设 X 为连续型随机变量,其概率密度为 $f(x)$,则 X 落入区间 $(x,x+\mathrm{d}x)$ 内的概率可以近似地表示为 $f(x)\mathrm{d}x$.于是,对照离散型随机变量数学期望的定义,类似地有连续型随机变量数学期望的定义.

定义 4.1.2 设连续型随机变量 X 的概率密度为 $f(x)$.若积分 $\int_{-\infty}^{+\infty}xf(x)\mathrm{d}x$ 绝对收敛,则称此积分的值为连续型随机变量 X 的**数学期望**,简称**期望**或**均值**,记作 $E(X)$,即

$$E(X)=\int_{-\infty}^{+\infty}xf(x)\mathrm{d}x. \tag{4.1.2}$$

注 (1)并不是所有的连续型随机变量都有数学期望.

例如,若随机变量 X 服从柯西分布,其概率密度为

$$f(x)=\frac{1}{\pi(1+x^2)} \quad (-\infty<x<+\infty).$$

由于

$$\int_{-\infty}^{+\infty}|x|f(x)\mathrm{d}x=\int_{-\infty}^{+\infty}\frac{|x|}{\pi(1+x^2)}\mathrm{d}x=2\int_0^{+\infty}\frac{x}{\pi(1+x^2)}\mathrm{d}x=\frac{1}{\pi}\ln(1+x^2)\Big|_0^{+\infty}=+\infty,$$

即积分 $\int_{-\infty}^{+\infty}xf(x)\mathrm{d}x$ 不绝对收敛,因此随机变量 X 的数学期望不存在.

(2)数学期望 $E(X)$ 完全由随机变量 X 的分布所确定.

(3)若随机变量 X 服从某个分布,也称 $E(X)$ 是这个分布的数学期望.

例 4.1.3 设连续型随机变量 X 的概率密度为 $f(x)=\begin{cases}2x, & 0\leqslant x\leqslant1,\\0, & \text{其他},\end{cases}$ 求 $E(X)$.

解 $E(X)=\int_{-\infty}^{+\infty}xf(x)\mathrm{d}x=\int_0^1x\cdot2x\mathrm{d}x=\frac{2}{3}.$

4.1.3 随机变量函数的数学期望

在实际问题中,常常需要考虑随机变量函数的数学期望,即已知随机变量 X 的分布,而随机变量 Y 是 X 的函数 $Y=g(X)$,欲求 $E(Y)$.虽然理论上可以先通过 X 的分布求出 Y 的分布,

再按定义求出 Y 的数学期望 $E(Y)$, 但这种求法一般较为复杂. 下面不加证明地引入有关计算随机变量函数的数学期望的定理.

定理 4.1.1 设 Y 是随机变量 X 的函数 $Y=g(X)(g(x)$ 是连续函数).

(1) 若 X 是离散型随机变量, 其分布律为 $p_k=P\{X=x_k\}(k=1,2,\cdots)$, 且 $\sum\limits_{k=1}^{\infty} g(x_k)p_k$ 绝对收敛, 则 Y 的数学期望为

$$E(Y)=E[g(X)]=\sum_{k=1}^{\infty} g(x_k)p_k. \tag{4.1.3}$$

(2) 若 X 是连续型随机变量, 其概率密度为 $f(x)$, 且 $\int_{-\infty}^{+\infty} g(x)f(x)\mathrm{d}x$ 绝对收敛, 则 Y 的数学期望为

$$E(Y)=E[g(X)]=\int_{-\infty}^{+\infty} g(x)f(x)\mathrm{d}x. \tag{4.1.4}$$

注 定理 4.1.1 的重要意义在于计算 $E(Y)$ 时, 不必知道 Y 的概率分布, 而只需知道 X 的概率分布就可以了.

例 4.1.4 (1) 在例 4.1.1 中求 $E(X^2)$.
(2) 在例 4.1.3 中求 $E(\mathrm{e}^X), E(2X-1)$.

解 (1) $E(X^2)=\sum\limits_{k=1}^{3} x_k^2 p_k=(-1)^2\times 0.3+0^2\times 0.6+1^2\times 0.1=0.4$.

(2) $E(\mathrm{e}^X)=\int_{-\infty}^{+\infty} \mathrm{e}^x f(x)\mathrm{d}x=\int_0^1 \mathrm{e}^x\cdot 2x\,\mathrm{d}x=2$,

$$E(2X-1)=\int_{-\infty}^{+\infty}(2x-1)f(x)\mathrm{d}x=\int_0^1(2x-1)\cdot 2x\,\mathrm{d}x=\frac{1}{3}.$$

定理 4.1.1 可推广到二维随机变量的情形.

定理 4.1.2 设 Z 是二维随机变量 (X,Y) 的函数 $Z=g(X,Y)(g(x,y)$ 是连续函数).

(1) 若 (X,Y) 是二维离散型随机变量, 其联合分布律为
$$p_{ij}=P\{X=x_i,Y=y_j\} \quad (i,j=1,2,\cdots),$$

且 $\sum\limits_{i=1}^{\infty}\sum\limits_{j=1}^{\infty} g(x_i,y_j)p_{ij}$ 绝对收敛, 则 Z 的数学期望为

$$E(Z)=E[g(X,Y)]=\sum_{i=1}^{\infty}\sum_{j=1}^{\infty} g(x_i,y_j)p_{ij}. \tag{4.1.5}$$

(2) 若 (X,Y) 是二维连续型随机变量, 其联合概率密度为 $f(x,y)$, 且 $\int_{-\infty}^{+\infty}\int_{-\infty}^{+\infty} g(x,y)\cdot f(x,y)\mathrm{d}x\,\mathrm{d}y$ 绝对收敛, 则 Z 的数学期望为

$$E(Z)=E[g(X,Y)]=\int_{-\infty}^{+\infty}\int_{-\infty}^{+\infty} g(x,y)f(x,y)\mathrm{d}x\,\mathrm{d}y. \tag{4.1.6}$$

例 4.1.5 设二维随机变量 (X,Y) 的联合分布律如表 4.4 所示, 求 $E(X), E(X^2)$, $E(Y)$ 和 $E(XY)$.

表 4.4

X	Y			
	0	1	2	3
1	0	$\frac{3}{8}$	$\frac{3}{8}$	0
3	$\frac{1}{8}$	0	0	$\frac{1}{8}$

解 由 (X,Y) 的联合分布律求出关于 X 的边缘分布律,如表 4.5 所示.

表 4.5

X	1	3
P	$\frac{3}{4}$	$\frac{1}{4}$

于是

$$E(X)=1\times\frac{3}{4}+3\times\frac{1}{4}=\frac{3}{2},\quad E(X^2)=1^2\times\frac{3}{4}+3^2\times\frac{1}{4}=3.$$

类似地,由 (X,Y) 的联合分布律求出关于 Y 的边缘分布律,如表 4.6 所示.

表 4.6

Y	0	1	2	3
P	$\frac{1}{8}$	$\frac{3}{8}$	$\frac{3}{8}$	$\frac{1}{8}$

于是

$$E(Y)=0\times\frac{1}{8}+1\times\frac{3}{8}+2\times\frac{3}{8}+3\times\frac{1}{8}=\frac{3}{2}.$$

由定理 4.1.2 得

$$E(XY)=\sum_{i=1}^{2}\sum_{j=1}^{4}x_iy_jp_{ij}$$

$$=1\times0\times0+1\times1\times\frac{3}{8}+1\times2\times\frac{3}{8}+1\times3\times0+3\times0\times\frac{1}{8}$$

$$+3\times1\times0+3\times2\times0+3\times3\times\frac{1}{8}=\frac{9}{4}.$$

注 也可以先求出 XY 的分布律,再由数学期望的定义计算得到 $E(XY)$.感兴趣的读者可以试一试,看哪种方法更简便.

例 4.1.6 设二维随机变量 (X,Y) 在矩形区域 $D=\{(x,y)\mid 0\leqslant x\leqslant1,0\leqslant y\leqslant2\}$ 上服从均匀分布,求 $E(X),E(Y)$ 和 $E(XY)$.

解 由题意可知,二维随机变量 (X,Y) 的概率密度为

$$f(x,y)=\begin{cases}\dfrac{1}{2},&0\leqslant x\leqslant1,0\leqslant y\leqslant2,\\0,&其他,\end{cases}$$

于是

$$E(X) = \int_{-\infty}^{+\infty}\int_{-\infty}^{+\infty} x f(x,y)\,\mathrm{d}x\,\mathrm{d}y = \int_0^2 \mathrm{d}y \int_0^1 \frac{x}{2}\,\mathrm{d}x = \frac{1}{2},$$

$$E(Y) = \int_{-\infty}^{+\infty}\int_{-\infty}^{+\infty} y f(x,y)\,\mathrm{d}x\,\mathrm{d}y = \int_0^2 \mathrm{d}y \int_0^1 \frac{y}{2}\,\mathrm{d}x = 1,$$

$$E(XY) = \int_{-\infty}^{+\infty}\int_{-\infty}^{+\infty} x y f(x,y)\,\mathrm{d}x\,\mathrm{d}y = \int_0^2 \mathrm{d}y \int_0^1 \frac{xy}{2}\,\mathrm{d}x = \frac{1}{2}.$$

注 也可以先求出 X 与 Y 的边缘概率密度,再由数学期望的定义计算得到 $E(X)$ 与 $E(Y)$.

4.1.4 数学期望的性质

数学期望具有下列重要性质(假设下面所讨论的随机变量的数学期望均存在):

(1) 设 c 是常数,则有 $E(c)=c$.

(2) 设 X 是随机变量,c 是常数,则有 $E(cX)=cE(X)$.

(3) 设 X 与 Y 是随机变量,则有 $E(X+Y)=E(X)+E(Y)$.

该性质可推广到有限个随机变量之和的情况,即

$$E(X_1 + X_2 + \cdots + X_n) = \sum_{i=1}^n E(X_i).$$

(4) 设 X 与 Y 是相互独立的随机变量,则有 $E(XY)=E(X)E(Y)$.

该性质可推广到有限个随机变量之积的情况,即若随机变量 $X_1, X_2, \cdots, X_n$ 相互独立,则有

$$E(X_1 X_2 \cdots X_n) = \prod_{i=1}^n E(X_i).$$

性质(1) 和(2) 由读者自己给出证明. 下面给出性质(3) 和(4)的证明(仅就连续型的情形给以证明,离散型的情形类似可证).

证 性质(3). 设二维连续型随机变量 (X,Y) 的联合概率密度为 $f(x,y)$,其边缘概率密度分别为 $f_X(x), f_Y(y)$,则

$$\begin{aligned}
E(X+Y) &= \int_{-\infty}^{+\infty}\int_{-\infty}^{+\infty} (x+y) f(x,y)\,\mathrm{d}x\,\mathrm{d}y \\
&= \int_{-\infty}^{+\infty}\int_{-\infty}^{+\infty} x f(x,y)\,\mathrm{d}x\,\mathrm{d}y + \int_{-\infty}^{+\infty}\int_{-\infty}^{+\infty} y f(x,y)\,\mathrm{d}x\,\mathrm{d}y \\
&= \int_{-\infty}^{+\infty} x f_X(x)\,\mathrm{d}x + \int_{-\infty}^{+\infty} y f_Y(y)\,\mathrm{d}y \\
&= E(X) + E(Y).
\end{aligned}$$

性质(4). 若 X 与 Y 相互独立,此时有 $f(x,y)=f_X(x) f_Y(y)$,故

$$\begin{aligned}
E(XY) &= \int_{-\infty}^{+\infty}\int_{-\infty}^{+\infty} x y f(x,y)\,\mathrm{d}x\,\mathrm{d}y \\
&= \int_{-\infty}^{+\infty} x f_X(x)\,\mathrm{d}x \cdot \int_{-\infty}^{+\infty} y f_Y(y)\,\mathrm{d}y \\
&= E(X)E(Y).
\end{aligned}$$

例 4.1.7 一民航班车上共载有 20 名旅客,班车自机场开出,途径 10 个车站. 在到达一个车站却没有旅客下车时就不停车. 设 X 表示班车行驶途中停车的总次数,求 $E(X)$(设每名旅客在各车站下车是等可能的).

解 引入随机变量

$$X_i = \begin{cases} 0, & \text{在第 } i \text{ 个车站无人下车}, \\ 1, & \text{在第 } i \text{ 个车站有人下车} \end{cases} \quad (i=1,2,\cdots,10),$$

易见 $X = X_1 + X_2 + \cdots + X_{10}$.

依题意,任一名旅客在第 i 个车站不下车的概率为 $\dfrac{9}{10}$,因此 20 名旅客都不在第 i 个车站下车的概率为 $\left(\dfrac{9}{10}\right)^{20}$,从而在第 i 个车站有人下车的概率为 $1 - \left(\dfrac{9}{10}\right)^{20}$. 于是,得到 X_i 的分布律如表 4.7 所示.

例 4.1.7

表 4.7

X_i	0	1
P	$\left(\dfrac{9}{10}\right)^{20}$	$1-\left(\dfrac{9}{10}\right)^{20}$

由表 4.7 得

$$E(X_i) = 1 - \left(\frac{9}{10}\right)^{20} \quad (i=1,2,\cdots,10),$$

故

$$E(X) = E\left(\sum_{i=1}^{10} X_i\right) = \sum_{i=1}^{10} E(X_i) = 10 \times \left[1 - \left(\frac{9}{10}\right)^{20}\right] \approx 8.784,$$

即班车的平均停车次数为 8.784 次.

注 例 4.1.7 中将随机变量 X 分解为多个随机变量之和 $X = \sum\limits_{i=1}^{n} X_i$,这种处理方法具有一定的普遍意义,我们称之为随机变量的**分解法**. 分解法能够将复杂的问题进行分解处理,从而使问题变得简单. 它是概率论与数理统计中经常采用的一种方法.

同步习题 4.1

1. 已知随机变量 X 的分布函数为 $F(x) = \begin{cases} 0, & x < -1, \\ 0.25, & -1 \leqslant x < 0, \\ 0.75, & 0 \leqslant x < 1, \\ 1, & x \geqslant 1, \end{cases}$ 求 $E(X), E(2X^2-1)$.

2. 设随机变量 X 的概率密度为 $f(x) = \begin{cases} \dfrac{1}{4}x, & 0 < x < 2, \\ -\dfrac{1}{4}x+1, & 2 \leqslant x \leqslant 4, \\ 0, & \text{其他}, \end{cases}$ 求 $E(X), E(2X-3), E\left(\dfrac{1}{X}\right)$.

3. 设二维随机变量 (X,Y) 的联合分布律如表 4.8 所示,求 $E(X), E(Y), E(2X+Y), E(XY)$.

表 4.8

X	Y	
	0	1
1	0.4	0.1
2	0.2	0.3

4. 设二维随机变量 (X,Y) 的联合概率密度为

$$f(x,y)=\begin{cases}k, & 0<x<1,0<y<x,\\ 0, & \text{其他},\end{cases}$$

试确定常数 k 的值,并求 $E(XY)$.

4.2 方 差

> **本节要点**:本节介绍方差的定义和计算公式,以及方差的性质.

数学期望是对随机变量取值水平的综合评价,然而在许多实际问题中,还需要了解随机变量的取值偏离其中心的情况,即稳定性的好坏. 例如,在评定射击运动员的射击水平时,除了要考察命中的平均环数,即射击综合水平的高低,还要考察命中点的集中程度,即射击技术的稳定程度;又如,在股票投资决策中,股民不仅关心股票价格的平均走势,还关心股票价格的波动程度;等等. 那么,如何来刻画随机变量的取值与其中心的偏离程度呢? 本节将介绍随机变量的另一个重要数字特征 —— 方差.

4.2.1 方差的定义及其计算公式

由于 X 是随机变量,因此其偏差 $X-E(X)$ 也是一个随机变量. 为了更好地描述随机变量的取值与其中心的偏离程度,采用平均偏离,若利用 $E[X-E(X)]$ 来描述,显然是行不通的,因为这时正负偏差会抵消;若改用 $E[|X-E(X)|]$ 来描述,虽解决了正负偏差抵消的问题,但由于含有绝对值,运算起来不方便. 因此,通常用 $E\{[X-E(X)]^2\}$ 来描述随机变量的取值与其中心的偏离程度.

定义 4.2.1 设 X 是一个随机变量. 若 $E\{[X-E(X)]^2\}$ 存在,则称其为随机变量 X 的**方差**,记作 $D(X)$,即

$$D(X)=E\{[X-E(X)]^2\}, \tag{4.2.1}$$

并称方差的算术平方根 $\sqrt{D(X)}$ 为随机变量 X 的**标准差**或**均方差**,记作 $\sigma(X)$.

注 (1) 符号 $D(X)$ 可以简写为 DX.

(2) 标准差 $\sqrt{D(X)}$ 与 X 具有相同的计量单位,在实际应用中经常使用.

(3) 方差刻画了随机变量 X 的取值与其数学期望的平均偏离程度. 方差越大,则随机变量的取值越分散,稳定性越差;方差越小,则随机变量的取值越集中在数学期望附近,稳定性越好.

(4) 方差 $D(X)$ 实际上是随机变量 X 的函数 $g(X)=[X-E(X)]^2$ 的数学期望. 若 X 是离散型随机变量,其分布律为 $p_k=P\{X=x_k\}(k=1,2,\cdots)$,则

$$D(X)=\sum_{k=1}^{\infty}[x_k-E(X)]^2 p_k. \tag{4.2.2}$$

若 X 是连续型随机变量,其概率密度为 $f(x)$,则

$$D(X)=\int_{-\infty}^{+\infty}[x-E(X)]^2 f(x)\mathrm{d}x. \tag{4.2.3}$$

为简化运算,方差的计算常常使用以下公式:

$$D(X) = E(X^2) - [E(X)]^2. \tag{4.2.4}$$

证 由数学期望的性质得

$$D(X) = E\{[X - E(X)]^2\} = E\{X^2 - 2XE(X) + [E(X)]^2\}$$
$$= E(X^2) - 2E(X)E(X) + [E(X)]^2 = E(X^2) - [E(X)]^2.$$

例 4.2.1 在 4.1 节例 4.1.1 中求 $D(X)$.

解 前面已经得到

$$E(X) = \sum_{k=1}^{3} x_k p_k = -0.2,$$

$$E(X^2) = \sum_{k=1}^{3} x_k^2 p_k = (-1)^2 \times 0.3 + 0^2 \times 0.6 + 1^2 \times 0.1 = 0.4,$$

故由式(4.2.4)得

$$D(X) = E(X^2) - [E(X)]^2 = 0.4 - (-0.2)^2 = 0.36.$$

例 4.2.2 设随机变量 X 的概率密度为 $f(x) = \begin{cases} 3x^2, & 0 \leqslant x \leqslant 1, \\ 0, & \text{其他}, \end{cases}$ 求 $D(X)$.

解 由已知

$$E(X) = \int_{-\infty}^{+\infty} x f(x) \mathrm{d}x = \int_0^1 3x^3 \mathrm{d}x = \frac{3}{4},$$

$$E(X^2) = \int_{-\infty}^{+\infty} x^2 f(x) \mathrm{d}x = \int_0^1 3x^4 \mathrm{d}x = \frac{3}{5},$$

故

$$D(X) = E(X^2) - [E(X)]^2 = \frac{3}{5} - \left(\frac{3}{4}\right)^2 = \frac{3}{80}.$$

4.2.2 方差的性质

由方差的定义可以得出方差的一些重要性质(假设下面所讨论的随机变量的方差均存在):

(1) 设 c 是常数,X 为随机变量,则有 $D(c) = 0, D(X+c) = D(X)$.

(2) 设 c 是常数,X 为随机变量,则有 $D(cX) = c^2 D(X)$.

(3) 设 X 与 Y 是两个相互独立的随机变量,则有 $D(X \pm Y) = D(X) + D(Y)$.

(4) $D(X) = 0$ 的充要条件是 $P\{X = E(X)\} = 1$.

这里只对性质(3)给出证明.

证 由方差的定义可知

$$D(X \pm Y) = E\{[(X \pm Y) - E(X \pm Y)]^2\} = E\{\{[X - E(X)] \pm [Y - E(Y)]\}^2\}$$
$$= E\{[X - E(X)]^2\} + E\{[Y - E(Y)]^2\} \pm 2E\{[X - E(X)][Y - E(Y)]\}$$
$$= D(X) + D(Y) \pm 2E\{[X - E(X)][Y - E(Y)]\}.$$

当 X 与 Y 相互独立时,$X - E(X)$ 与 $Y - E(Y)$ 也相互独立,故

$$E\{[X - E(X)][Y - E(Y)]\} = E[X - E(X)]E[Y - E(Y)] = 0,$$

从而有

$$D(X \pm Y) = D(X) + D(Y).$$

性质(3)可以推广到有限个相互独立的随机变量的线性组合的情形,即若 $X_1, X_2, \cdots, X_n$ 是相互独立的随机变量,$c_i (i = 1, 2, \cdots, n)$ 为常数,则有

$$D\left(\sum_{i=1}^{n} c_i X_i\right) = \sum_{i=1}^{n} c_i^2 D(X_i).$$

例 4.2.3 设 X 为随机变量,且 $E(X) = \mu, D(X) = \sigma^2 (\sigma > 0)$,令

$$X^* = \frac{X - E(X)}{\sqrt{D(X)}}, \tag{4.2.5}$$

求 $E(X^*), D(X^*)$.

解 $E(X^*) = E\left(\dfrac{X - \mu}{\sigma}\right) = \dfrac{1}{\sigma} E(X - \mu) = \dfrac{1}{\sigma} [E(X) - \mu] = 0$,

$D(X^*) = D\left(\dfrac{X - \mu}{\sigma}\right) = \dfrac{1}{\sigma^2} D(X - \mu) = \dfrac{1}{\sigma^2} D(X) = 1$.

在概率论中,通常称 $X^* = \dfrac{X - E(X)}{\sqrt{D(X)}}$ 为随机变量 X 的**标准化随机变量**,它的数字特征是 $E(X^*) = 0, D(X^*) = 1$,且无量纲.将随机变量标准化是概率论中经常使用的处理方法.

同步习题 4.2

1. 设随机变量 X 的分布律如表 4.9 所示,求 $D(X)$.

表 4.9

X	-1	0	1
P	0.4	0.4	0.2

2. 设随机变量 X 的概率密度为

$$f(x) = \begin{cases} 1 + x, & -1 \leqslant x \leqslant 0, \\ 1 - x, & 0 < x \leqslant 1, \\ 0, & \text{其他}, \end{cases}$$

求 $D(X)$.

3. 设二维随机变量 (X, Y) 在区域 $G = \{(x, y) \mid 0 < x < 1, |y| < x\}$ 上服从均匀分布,求随机变量 $Z = 2X + 1$ 的方差 $D(Z)$.

4.3 常见分布的数学期望与方差

本节要点:本节对六种常见分布的数学期望与方差进行集中讨论,分别是离散型随机变量的两点分布、二项分布和泊松分布,以及连续型随机变量的均匀分布、指数分布和正态分布.

4.3.1 两点分布

例 4.3.1 设随机变量 X 服从参数为 p 的 $(0-1)$ 分布,求 $E(X), D(X)$.

解 依题意,随机变量 X 的分布律如表 4.10 所示.

表 4.10

X	0	1
P	$1-p$	p

故

$$E(X) = 0 \times (1-p) + 1 \times p = p.$$

又

$$E(X^2) = 0^2 \times (1-p) + 1^2 \times p = p,$$

从而

$$D(X) = E(X^2) - [E(X)]^2 = p - p^2 = p(1-p).$$

4.3.2 二项分布

例 4.3.2 设随机变量 X 服从二项分布 $B(n,p)$,求 $E(X),D(X)$.

解 由二项分布的定义知,随机变量 X 是 n 重伯努利试验中事件 A 发生的次数,且在每次试验中事件 A 发生的概率为 p. 引入随机变量

$$X_i = \begin{cases} 1, & A \text{ 在第 } i \text{ 次试验中发生,} \\ 0, & A \text{ 在第 } i \text{ 次试验中不发生} \end{cases} \quad (i = 1, 2, \cdots, n),$$

于是 $X = X_1 + X_2 + \cdots + X_n$,其中 X_i 服从 (0-1) 分布,且有

$$E(X_i) = p, \quad D(X_i) = p(1-p),$$

从而有

$$E(X) = E\left(\sum_{i=1}^{n} X_i \right) = \sum_{i=1}^{n} E(X_i) = np.$$

由于 X_i 只依赖于第 i 次试验,而各次试验相互独立,因此 $X_1, X_2, \cdots, X_n$ 相互独立,于是有

$$D(X) = D\left(\sum_{i=1}^{n} X_i \right) = \sum_{i=1}^{n} D(X_i) = np(1-p).$$

4.3.3 泊松分布

例 4.3.3 设随机变量 X 服从参数为 $\lambda(\lambda > 0)$ 的泊松分布 $P(\lambda)$,求 $E(X),D(X)$.

解 依题意,随机变量 X 的分布律为

$$P\{X = k\} = \frac{\lambda^k}{k!} e^{-\lambda} \quad (k = 0, 1, 2, \cdots),$$

故

$$E(X) = \sum_{k=0}^{\infty} k \frac{\lambda^k}{k!} e^{-\lambda} = \lambda e^{-\lambda} \sum_{k=1}^{\infty} \frac{\lambda^{k-1}}{(k-1)!} = \lambda e^{-\lambda} \cdot e^{\lambda} = \lambda.$$

又

$$E(X^2) = \sum_{k=0}^{\infty} k^2 \frac{\lambda^k}{k!} e^{-\lambda} = \lambda e^{-\lambda} \sum_{k=1}^{\infty} \frac{k \lambda^{k-1}}{(k-1)!} = \lambda e^{-\lambda} \sum_{k=0}^{\infty} \frac{(k+1) \lambda^k}{k!}$$

$$= \lambda \mathrm{e}^{-\lambda} \Big(\sum_{k=0}^{\infty} \frac{k\lambda^k}{k!} + \sum_{k=0}^{\infty} \frac{\lambda^k}{k!} \Big) = \lambda \mathrm{e}^{-\lambda} (\lambda \mathrm{e}^{\lambda} + \mathrm{e}^{\lambda}) = \lambda^2 + \lambda,$$

从而

$$D(X) = E(X^2) - [E(X)]^2 = (\lambda^2 + \lambda) - \lambda^2 = \lambda.$$

4.3.4 均匀分布

例 4.3.4　设随机变量 X 服从区间 $[a,b]$ 上的均匀分布 $U(a,b)$，求 $E(X),D(X)$.

解　依题意，随机变量 X 的概率密度为

$$f(x) = \begin{cases} \dfrac{1}{b-a}, & a \leqslant x \leqslant b, \\ 0, & \text{其他}, \end{cases}$$

于是

$$E(X) = \int_{-\infty}^{+\infty} x f(x) \mathrm{d}x = \int_a^b \frac{x}{b-a} \mathrm{d}x = \frac{a+b}{2}.$$

又

$$E(X^2) = \int_a^b \frac{x^2}{b-a} \mathrm{d}x = \frac{b^3 - a^3}{3(b-a)} = \frac{b^2 + ab + a^2}{3},$$

故

$$D(X) = E(X^2) - [E(X)]^2 = \frac{b^2 + ab + a^2}{3} - \Big(\frac{a+b}{2} \Big)^2 = \frac{(b-a)^2}{12}.$$

4.3.5 指数分布

例 4.3.5　设随机变量 X 服从参数为 $\lambda(\lambda > 0)$ 的指数分布 $E(\lambda)$，求 $E(X),D(X)$.

解　依题意，随机变量 X 的概率密度为

$$f(x) = \begin{cases} \lambda \mathrm{e}^{-\lambda x}, & x \geqslant 0, \\ 0, & x < 0, \end{cases}$$

于是

$$E(X) = \int_{-\infty}^{+\infty} x f(x) \mathrm{d}x = \int_0^{+\infty} x \lambda \mathrm{e}^{-\lambda x} \mathrm{d}x = -\int_0^{+\infty} x \mathrm{d}(\mathrm{e}^{-\lambda x})$$

$$= -x \mathrm{e}^{-\lambda x} \Big|_0^{+\infty} + \int_0^{+\infty} \mathrm{e}^{-\lambda x} \mathrm{d}x = \int_0^{+\infty} \mathrm{e}^{-\lambda x} \mathrm{d}x = \frac{1}{\lambda}.$$

例 4.3.5

又

$$E(X^2) = \int_{-\infty}^{+\infty} x^2 f(x) \mathrm{d}x = \int_0^{+\infty} x^2 \lambda \mathrm{e}^{-\lambda x} \mathrm{d}x = -\int_0^{+\infty} x^2 \mathrm{d}(\mathrm{e}^{-\lambda x}) = -x^2 \mathrm{e}^{-\lambda x} \Big|_0^{+\infty} + \int_0^{+\infty} 2x \mathrm{e}^{-\lambda x} \mathrm{d}x$$

$$= -\frac{2}{\lambda} \int_0^{+\infty} x \mathrm{d}(\mathrm{e}^{-\lambda x}) = -\frac{2}{\lambda} x \mathrm{e}^{-\lambda x} \Big|_0^{+\infty} + \frac{2}{\lambda} \int_0^{+\infty} \mathrm{e}^{-\lambda x} \mathrm{d}x = \frac{2}{\lambda} \int_0^{+\infty} \mathrm{e}^{-\lambda x} \mathrm{d}x = \frac{2}{\lambda^2},$$

故

$$D(X) = E(X^2) - [E(X)]^2 = \frac{2}{\lambda^2} - \frac{1}{\lambda^2} = \frac{1}{\lambda^2}.$$

4.3.6 正态分布

例 4.3.6 设随机变量 $X \sim N(\mu, \sigma^2)$,求 $E(X), D(X)$.

解 依题意,随机变量 X 的概率密度为

$$f(x) = \frac{1}{\sqrt{2\pi}\,\sigma} \mathrm{e}^{-\frac{(x-\mu)^2}{2\sigma^2}} \quad (-\infty < x < +\infty),$$

于是

$$E(X) = \int_{-\infty}^{+\infty} x f(x) \mathrm{d}x = \frac{1}{\sqrt{2\pi}\,\sigma} \int_{-\infty}^{+\infty} x\,\mathrm{e}^{-\frac{(x-\mu)^2}{2\sigma^2}} \mathrm{d}x$$

$$\xrightarrow{\diamondsuit\, t = \frac{x-\mu}{\sigma}} \frac{1}{\sqrt{2\pi}} \int_{-\infty}^{+\infty} (\mu + \sigma t)\,\mathrm{e}^{-\frac{t^2}{2}} \mathrm{d}t$$

$$= \mu + \frac{1}{\sqrt{2\pi}} \int_{-\infty}^{+\infty} \sigma t\,\mathrm{e}^{-\frac{t^2}{2}} \mathrm{d}t = \mu.$$

又

$$E(X^2) = \int_{-\infty}^{+\infty} x^2 f(x)\mathrm{d}x = \int_{-\infty}^{+\infty} \frac{x^2}{\sqrt{2\pi}\,\sigma}\,\mathrm{e}^{-\frac{(x-\mu)^2}{2\sigma^2}} \mathrm{d}x,$$

令 $\dfrac{x-\mu}{\sigma} = t$,则

$$E(X^2) = \mu^2 \int_{-\infty}^{+\infty} \frac{1}{\sqrt{2\pi}} \mathrm{e}^{-\frac{t^2}{2}} \mathrm{d}t + 2\sigma\mu \int_{-\infty}^{+\infty} \frac{t}{\sqrt{2\pi}} \mathrm{e}^{-\frac{t^2}{2}} \mathrm{d}t + \sigma^2 \int_{-\infty}^{+\infty} \frac{t^2}{\sqrt{2\pi}} \mathrm{e}^{-\frac{t^2}{2}} \mathrm{d}t$$

$$= \mu^2 + \sigma^2 \int_{-\infty}^{+\infty} \frac{t^2}{\sqrt{2\pi}} \mathrm{e}^{-\frac{t^2}{2}} \mathrm{d}t.$$

由分部积分法有

$$\int_{-\infty}^{+\infty} \frac{t^2}{\sqrt{2\pi}} \mathrm{e}^{-\frac{t^2}{2}} \mathrm{d}t = 1,$$

因而

$$E(X^2) = \mu^2 + \sigma^2.$$

故

$$D(X) = E(X^2) - [E(X)]^2 = \mu^2 + \sigma^2 - \mu^2 = \sigma^2.$$

由此可见,正态分布的两个参数 μ 和 σ^2 分别就是该分布的数学期望和方差.

我们在 3.6 节定理 3.6.2 的推广中曾提到过有限个相互独立的正态随机变量的线性组合仍服从正态分布,即若 $X_i \sim N(\mu_i, \sigma_i^2)(i = 1, 2, \cdots, n)$,且它们相互独立,则它们的线性组合 $c_1 X_1 + c_2 X_2 + \cdots + c_n X_n (c_1, c_2, \cdots, c_n$ 是不全为 0 的常数) 仍然服从正态分布. 由正态分布参数 μ 和 σ^2 的概率意义以及数学期望和方差的性质,可知

$$c_1 X_1 + c_2 X_2 + \cdots + c_n X_n \sim N\Big(\sum_{i=1}^{n} c_i \mu_i, \sum_{i=1}^{n} c_i^2 \sigma_i^2\Big).$$

这一结论很重要,在实际应用中经常使用.

例如,若随机变量 $X \sim N(0,1)$,$Y \sim N(1,1)$,且它们相互独立,则 $Z = 2X - 3Y$ 也服从正态分布,且 $E(Z) = 2 \times 0 - 3 \times 1 = -3$,$D(Z) = 2^2 \times 1 + (-3)^2 \times 1 = 13$,故有 $Z \sim N(-3,13)$.

下面我们将常见分布的数学期望与方差归纳成表(见表 4.11).

表 4.11

常见分布	分布律或概率密度	数学期望	方差
$(0-1)$ 分布	$P\{X = k\} = p^k(1-p)^{1-k}(k = 0,1)$	p	$p(1-p)$
二项分布 $B(n,p)$	$P\{X = k\} = C_n^k p^k (1-p)^{n-k}(k = 0,1,2,\cdots,n)$	np	$np(1-p)$
泊松分布 $P(\lambda)$	$P\{X = k\} = \dfrac{\lambda^k}{k!}e^{-\lambda}(k = 0,1,2,\cdots)$	λ	λ
均匀分布 $U(a,b)$	$f(x) = \begin{cases} \dfrac{1}{b-a}, & a \leqslant x \leqslant b \\ 0, & 其他 \end{cases}$	$\dfrac{a+b}{2}$	$\dfrac{(b-a)^2}{12}$
指数分布 $E(\lambda)$	$f(x) = \begin{cases} \lambda e^{-\lambda x}, & x \geqslant 0, \\ 0, & x < 0 \end{cases}$	$\dfrac{1}{\lambda}$	$\dfrac{1}{\lambda^2}$
正态分布 $N(\mu,\sigma^2)$	$f(x) = \dfrac{1}{\sqrt{2\pi}\sigma}e^{-\frac{(x-\mu)^2}{2\sigma^2}}(-\infty < x < +\infty)$	μ	σ^2

注 当常见分布的数学期望与方差确定后,其分布的参数也就确定了,从而分布也就唯一确定了,这正是随机变量数字特征的重要性所在.这些常见分布的数学期望与方差以后可以直接引用,要牢记.

同步习题 4.3

1.设随机变量 $X \sim N(1,2^2)$,$Y \sim E\left(\dfrac{1}{2}\right)$,且 X 与 Y 相互独立,则 $D(X-Y) =$ _____.

2.设随机变量 X 服从参数为 λ 的泊松分布.若 $E[(X-1)(X-2)] = 1$,则 $\lambda =$ _____.

3.已知随机变量 $X \sim N(-3,1)$,$Y \sim N(2,1)$,且 X 与 Y 相互独立.设随机变量 $Z = X - 2Y - 7$,则 $Z \sim$ _____.

4.设随机变量 X 表示 10 次独立重复射击中命中目标的次数,每次命中目标的概率为 0.4,求 $E(X^2)$.

4.4 协方差与相关系数

本节要点:本节首先介绍协方差的定义、计算和性质,以及相关系数的定义和性质,然后讨论相互独立和不相关的关系,最后介绍矩和协方差矩阵.

前面讨论的数学期望与方差,刻画了单个随机变量的特征.而对于多维随机变量各分量之间的关联程度,则需要引入协方差和相关系数来刻画.

4.4.1 协方差的定义与性质

📊**定义 4.4.1** 设 (X,Y) 为二维随机变量. 若 $E\{[X-E(X)][Y-E(Y)]\}$ 存在,则称 $E\{[X-E(X)][Y-E(Y)]\}$ 为随机变量 X 与 Y 的**协方差**,记作 $\text{Cov}(X,Y)$,即

$$\text{Cov}(X,Y)=E\{[X-E(X)][Y-E(Y)]\}. \tag{4.4.1}$$

注 特别地,由式 (4.4.1) 有 $\text{Cov}(X,X)=E\{[X-E(X)]^2\}=D(X)$. 又 $X-E(X)$ 与 $X-E(X)$ 之积的数学期望为 X 的方差,现在把其中的一个 $X-E(X)$ 换为 $Y-E(Y)$,由于其形式与方差类似,又是 X 与 Y 协同参与的结果,因此称为协方差,这便是其名称的由来.

将 $\text{Cov}(X,Y)$ 的定义式展开,易得下面的实用计算公式:

$$\text{Cov}(X,Y)=E(XY)-E(X)E(Y). \tag{4.4.2}$$

协方差具有下述性质 (a,b 为常数):

(1) $\text{Cov}(X,Y)=\text{Cov}(Y,X)$;

(2) $\text{Cov}(aX,bY)=ab\text{Cov}(X,Y)$;

(3) $\text{Cov}(X_1+X_2,Y)=\text{Cov}(X_1,Y)+\text{Cov}(X_2,Y)$;

(4) 若 X 与 Y 相互独立,则 $\text{Cov}(X,Y)=0$;

(5) $D(X\pm Y)=D(X)+D(Y)\pm 2\text{Cov}(X,Y)$. $\tag{4.4.3}$

📊**例 4.4.1** 设二维连续型随机变量 (X,Y) 的联合概率密度为

$$f(x,y)=\begin{cases}8xy, & 0\leqslant x\leqslant y\leqslant 1,\\ 0, & 其他,\end{cases}$$

求 $\text{Cov}(X,Y)$.

解 由 (X,Y) 的联合概率密度可求得两个边缘概率密度分别为

$$f_X(x)=\begin{cases}4x(1-x^2), & 0\leqslant x\leqslant 1,\\ 0, & 其他,\end{cases} \qquad f_Y(y)=\begin{cases}4y^3, & 0\leqslant y\leqslant 1,\\ 0, & 其他.\end{cases}$$

于是

$$E(X)=\int_{-\infty}^{+\infty}xf_X(x)\mathrm{d}x=\int_0^1 x\cdot 4x(1-x^2)\mathrm{d}x=\frac{8}{15},$$

$$E(Y)=\int_{-\infty}^{+\infty}yf_Y(y)\mathrm{d}y=\int_0^1 y\cdot 4y^3\mathrm{d}y=\frac{4}{5},$$

$$E(XY)=\int_{-\infty}^{+\infty}\int_{-\infty}^{+\infty}xyf(x,y)\mathrm{d}x\,\mathrm{d}y=\int_0^1\mathrm{d}x\int_x^1 xy\cdot 8xy\,\mathrm{d}y=\frac{4}{9},$$

故

$$\text{Cov}(X,Y)=E(XY)-E(X)E(Y)=\frac{4}{9}-\frac{8}{15}\times\frac{4}{5}=\frac{4}{225}.$$

协方差是具有量纲的量. 例如,若 X 表示学生的身高(单位:m),Y 表示学生的体重(单位:kg),则 $\text{Cov}(X,Y)$ 带有量纲 m·kg. 如果把身高的单位换成 cm,体重的单位换成 g,那么由协方差的性质 (2) 知,X 与 Y 的协方差将变为 $\text{Cov}(100X,1\,000Y)=10^5\text{Cov}(X,Y)$. 然而,实际上 X 与 Y 并没有发生实质性的改变,其相关程度不应发生变化.

为了消除量纲对协方差值的影响,对随机变量进行标准化处理. 令

$$X^* = \frac{X - E(X)}{\sqrt{D(X)}}, \quad Y^* = \frac{Y - E(Y)}{\sqrt{D(Y)}},$$

则 X^*, Y^* 无量纲,且有

$$\mathrm{Cov}(X^*, Y^*) = E(X^* Y^*) - E(X^*) E(Y^*) = E(X^* Y^*)$$

$$= E\left[\frac{X - E(X)}{\sqrt{D(X)}} \cdot \frac{Y - E(Y)}{\sqrt{D(Y)}}\right] = \frac{E\{[X - E(X)][Y - E(Y)]\}}{\sqrt{D(X)}\sqrt{D(Y)}}$$

$$= \frac{\mathrm{Cov}(X, Y)}{\sqrt{D(X)}\sqrt{D(Y)}}.$$

于是,通过标准化的方法对协方差进行修正之后,就可得到一个新的数字特征 —— 相关系数.

4.4.2 相关系数的定义与性质

定义 4.4.2 设 (X, Y) 为二维随机变量. 若 $D(X), D(Y), \mathrm{Cov}(X, Y)$ 都存在,且 $D(X), D(Y)$ 都大于 0,则称 $\dfrac{\mathrm{Cov}(X, Y)}{\sqrt{D(X)}\sqrt{D(Y)}}$ 为随机变量 X 与 Y 的**相关系数**,记作 ρ_{XY},即

$$\rho_{XY} = \frac{\mathrm{Cov}(X, Y)}{\sqrt{D(X)}\sqrt{D(Y)}} = \frac{\mathrm{Cov}(X, Y)}{\sigma_X \sigma_Y}. \tag{4.4.4}$$

由协方差的性质(4) 知,若随机变量 X 与 Y 相互独立,则 $\mathrm{Cov}(X, Y) = 0$,进而有 $\rho_{XY} = 0$.

相关系数具有如下性质:

(1) $|\rho_{XY}| \leqslant 1$.

(2) $|\rho_{XY}| = 1$ 的充要条件是 X 与 Y 以概率 1 呈线性关系,即存在常数 $a, b(a \neq 0)$,使得 $P\{Y = aX + b\} = 1$,且当 $a > 0$ 时,$\rho_{XY} = 1$;当 $a < 0$ 时,$\rho_{XY} = -1$.

证 (1) 因为

$$D(X^* \pm Y^*) = D(X^*) + D(Y^*) \pm 2\mathrm{Cov}(X^*, Y^*)$$

$$= 1 + 1 \pm 2\mathrm{Cov}(X^*, Y^*) = 2(1 \pm \rho_{XY}),$$

由方差的非负性得

$$1 + \rho_{XY} \geqslant 0,$$

即

$$|\rho_{XY}| \leqslant 1.$$

(2) 仅就 $\rho_{XY} = 1$ 的情形给出证明,读者可仿此给出 $\rho_{XY} = -1$ 情形的证明. 因为

$$D(X^* - Y^*) = 2(1 - \rho_{XY}),$$

所以 $\rho_{XY} = 1$ 的充要条件为

$$D(X^* - Y^*) = 0.$$

由方差的性质(4) 知,$D(X^* - Y^*) = 0$ 的充要条件为

$$P\{X^* - Y^* = E(X^* - Y^*) = c\} = 1,$$

即

$$P\left\{\frac{X - \mu_1}{\sigma_1} - \frac{Y - \mu_2}{\sigma_2} = c\right\} = 1,$$

亦即

$$P\{Y = aX + b\} = 1,$$

其中 $a = \dfrac{\sigma_2}{\sigma_1} > 0, b = \mu_2 - \dfrac{\sigma_2}{\sigma_1}\mu_1 - c\sigma_2$.

注 (1) 由相关系数的性质(2)可知,当 $|\rho_{XY}| = 1$ 时,X 与 Y 具有严格的线性关系的概率为 1.

(2) 更进一步的研究表明,$|\rho_{XY}|$ 的值越接近 1,X 与 Y 之间的线性相关程度越强;$|\rho_{XY}|$ 的值越接近 0,X 与 Y 之间的线性相关程度越弱.总之,相关系数 ρ_{XY} 刻画了随机变量 X 与 Y 之间的线性相关程度.确切地说,ρ_{XY} 应是 X 与 Y 的线性相关系数.

(3) 当 $\rho_{XY} > 0$ 时,称 X 与 Y **正相关**;当 $\rho_{XY} < 0$ 时,称 X 与 Y **负相关**.

(4) 当 $|\rho_{XY}| = 1$ 时,称 X 与 Y **完全线性相关**;当 $|\rho_{XY}| = 0$ 时,称 X 与 Y **不相关**.不相关只是指 X 与 Y 之间没有线性关系,但这时 X 与 Y 之间可能有其他的函数关系,因此不能保证 X 与 Y 相互独立.

4.4.3 相互独立与不相关的关系

先来看一个例子.

例 4.4.2 设随机变量 θ 服从区间 $[-\pi, \pi]$ 上的均匀分布,令 $X = \sin\theta, Y = \cos\theta$,判断 X 与 Y 是否不相关,是否相互独立.

解 由于

例 4.4.2

$$E(X) = \frac{1}{2\pi}\int_{-\pi}^{\pi}\sin\theta \,\mathrm{d}\theta = 0,$$

$$E(Y) = \frac{1}{2\pi}\int_{-\pi}^{\pi}\cos\theta \,\mathrm{d}\theta = 0,$$

$$E(XY) = \frac{1}{2\pi}\int_{-\pi}^{\pi}\sin\theta\cos\theta \,\mathrm{d}\theta = 0,$$

$$D(X) = E(X^2) - [E(X)]^2 = E(X^2) = \frac{1}{2\pi}\int_{-\pi}^{\pi}\sin^2\theta \,\mathrm{d}\theta = \frac{1}{2},$$

$$D(Y) = E(Y^2) - [E(Y)]^2 = E(Y^2) = \frac{1}{2\pi}\int_{-\pi}^{\pi}\cos^2\theta \,\mathrm{d}\theta = \frac{1}{2},$$

因此

$$\mathrm{Cov}(X, Y) = E(XY) - E(X)E(Y) = 0,$$

则

$$\rho_{XY} = \frac{\mathrm{Cov}(X, Y)}{\sqrt{D(X)}\,\sqrt{D(Y)}} = 0,$$

从而 X 与 Y 不相关.但显然有 $X^2 + Y^2 = 1$,即 X 与 Y 并不相互独立.

例 4.4.2 验证了两个随机变量 X 与 Y 不相关,并不能保证 X 与 Y 相互独立.而若 X 与 Y 相互独立,则 X 与 Y 无任何关系,当然也不存在线性关系,即 X 与 Y 不相关.

然而有一个例外,须引起特别的重视.由例 3.5.4 可知,若二维随机变量 $(X, Y) \sim N(\mu_1, \mu_2; \sigma_1^2, \sigma_2^2; \rho)$,则随机变量 X 与 Y 相互独立的充要条件是 $\rho = 0$,而又可计算得 $\rho_{XY} = \rho$,故当 (X, Y) 服从二维正态分布时,X 与 Y 相互独立和不相关是等价的.

4.4.4　矩

定义 4.4.3　设 X 与 Y 为随机变量.

若 $E(X^k)(k=1,2,\cdots)$ 存在,则称它为 X 的 k **阶原点矩**,简称 k **阶矩**.

若 $E\{[X-E(X)]^k\}(k=1,2,\cdots)$ 存在,则称它为 X 的 k **阶中心矩**.

若 $E(X^kY^l)(k,l=1,2,\cdots)$ 存在,则称它为 X 与 Y 的 $k+l$ **阶混合矩**.

若 $E\{[X-E(X)]^k[Y-E(Y)]^l\}$ 存在,则称它为 X 与 Y 的 $k+l$ **阶混合中心矩**.

注　数学期望 $E(X)$ 是 X 的一阶原点矩,方差 $D(X)$ 是 X 的二阶中心矩,协方差 $\mathrm{Cov}(X,Y)$ 是 X 与 Y 的二阶混合中心矩.

4.4.5　协方差矩阵

下面介绍 n 维随机变量的协方差矩阵,先来看二维随机变量的情形.

定义 4.4.4　设二维随机变量 (X_1,X_2) 的二阶混合中心矩都存在,分别记为

$$\sigma_{11}=E\{[X_1-E(X_1)]^2\}=D(X_1),$$
$$\sigma_{12}=E\{[X_1-E(X_1)][X_2-E(X_2)]\}=\mathrm{Cov}(X_1,X_2),$$
$$\sigma_{21}=E\{[X_2-E(X_2)][X_1-E(X_1)]\}=\mathrm{Cov}(X_2,X_1),$$
$$\sigma_{22}=E\{[X_2-E(X_2)]^2\}=D(X_2),$$

将它们排成矩阵的形式

$$\begin{pmatrix} \sigma_{11} & \sigma_{12} \\ \sigma_{21} & \sigma_{22} \end{pmatrix}, \tag{4.4.5}$$

则称此矩阵为二维随机变量 (X_1,X_2) 的**协方差矩阵**.

一般地,有如下定义.

定义 4.4.5　设 n 维随机变量 $(X_1,X_2,\cdots,X_n)$ 的二阶混合中心矩

$$\sigma_{ij}=E\{[X_i-E(X_i)][X_i-E(X_i)]\}=\mathrm{Cov}(X_i,X_j) \quad (i,j=1,2,\cdots,n)$$

都存在,则称矩阵

$$\boldsymbol{\Sigma}=\begin{pmatrix} \sigma_{11} & \sigma_{12} & \cdots & \sigma_{1n} \\ \sigma_{21} & \sigma_{22} & \cdots & \sigma_{2n} \\ \vdots & \vdots & & \vdots \\ \sigma_{n1} & \sigma_{n2} & \cdots & \sigma_{nn} \end{pmatrix} \tag{4.4.6}$$

为 n 维随机变量 $(X_1,X_2,\cdots,X_n)$ 的**协方差矩阵**.

由于 $\sigma_{ij}=\sigma_{ji}(i,j=1,2,\cdots,n)$,因此协方差矩阵 $\boldsymbol{\Sigma}$ 是一个对称矩阵.

同步习题 4.4

1.已知二维随机变量 (X,Y) 的联合分布律如表 4.12 所示,求 $\mathrm{Cov}(X^2,Y^2)$.

表 4.12

Y	X		
	-1	0	1
0	0.07	0.18	0.15
1	0.08	0.32	0.2

2. 设二维随机变量 (X,Y) 在以点 $(0,0),(0,1),(1,0),(1,1)$ 为顶点的矩形区域 D 上服从均匀分布. 求:
(1) $\mathrm{Cov}(X,Y)$;(2) $\mathrm{Cov}(2X,3Y)$.

3. 已知随机变量 X 与 Y 分别服从正态分布 $N(1,3^2)$ 和 $N(0,4^2)$,且 X 与 Y 的相关系数 $\rho_{XY}=-\dfrac{1}{2}$,设 $Z=\dfrac{X}{3}+\dfrac{Y}{2}$.(1) 求 Z 的数学期望 $E(Z)$ 和方差 $D(Z)$.(2) 求 X 与 Z 的相关系数 ρ_{XZ}.(3) 问:X 与 Z 是否相互独立? 为什么?

4. 设二维离散型随机变量 (X,Y) 的联合分布律如表 4.13 所示,求 X 与 Y 的相关系数 ρ_{XY},并判断 X 与 Y 是否相互独立.

表 4.13

X	Y		
	-1	0	1
-1	$\dfrac{1}{8}$	$\dfrac{1}{8}$	$\dfrac{1}{8}$
0	$\dfrac{1}{8}$	0	$\dfrac{1}{8}$
1	$\dfrac{1}{8}$	$\dfrac{1}{8}$	$\dfrac{1}{8}$

课 程 思 政

图 4.1

切比雪夫(见图4.1),俄罗斯数学家、力学家.他一生发表了70多篇科学论文,内容涉及数论、概率论、函数逼近论、积分学等方面.著名数学家柯尔莫哥洛夫在"俄罗斯概率科学的发展"一文中写道:"切比雪夫的工作的主要意义在于他总是渴望从极限规律中精确地估计任何次试验中的可能偏差并以有效的不等式表达出来.此外,切比雪夫是清楚地预见到诸如'随机变量'及其'期望(平均)值'等概念的价值,并将它们加以应用的第一个人."

第一部分 基础题

一、单项选择题

1. 设随机变量 X 满足 $E(X)=\mu$，$D(X)=\sigma^2$，则对于任意常数 c，都有（ ）.

A. $E[(X-\mu)^2]<E[(X-c)^2]$ B. $E[(X-\mu)^2]\geqslant E[(X-c)^2]$

C. $E[(X-\mu)^2]\leqslant E[(X-c)^2]$ D. $E[(X-\mu)^2]>E[(X-c)^2]$

2. 设随机变量 $X\sim N(0,2)$，$Y\sim N(-1,1)$，且 X 与 Y 相互独立，则 $X+Y$ 服从（ ）分布.

A. $N(-1,3)$ B. $N(0,5)$ C. $N(0,3)$ D. $N(1,1)$

3. 设随机变量 $X\sim N(\mu,\sigma^2)$，$Y\sim E(\lambda)$，则下列选项中不正确的是（ ）.

A. $E(X+Y)=\mu+\dfrac{1}{\lambda}$ B. $D(X+Y)=\sigma^2+\dfrac{1}{\lambda^2}$

C. $E(X^2)=\mu^2+\sigma^2$ D. $E(Y^2)=\dfrac{2}{\lambda^2}$

4. 设随机变量 X 与 Y 的方差都存在且不等于 0，则 $D(X+Y)=D(X)+D(Y)$ 是 X 与 Y（ ）.

A. 不相关的充分条件，但不是必要条件

B. 相互独立的充分条件，但不是必要条件

C. 不相关的充要条件

D. 相互独立的充要条件

5. 设随机变量 $X\sim N(0,1)$，$Y\sim N(1,4)$，且相关系数 $\rho_{XY}=1$，则（ ）.

A. $P\{Y=-2X-1\}=1$ B. $P\{Y=2X-1\}=1$

C. $P\{Y=-2X+1\}=1$ D. $P\{Y=2X+1\}=1$

二、填空题

1. 设随机变量 $X\sim P(3)$，则 $E(X^2+X+1)=$ _____.

2. 设随机变量 $X\sim E(5)$，$Y\sim N(2,1)$，且 X 与 Y 相互独立，则 $E(2X-Y)=$ _____，
$D(2X-Y)=$ _____.

3. 设随机变量 $X\sim B(n,p)$．已知 $E(X)=2$，$D(X)=1.6$，则 $n=$ _____，$p=$ _____.

4. 设随机变量 X 服从参数为 1 的泊松分布，则 $P\{X=E(X^2)\}=$ _____.

5. 设随机变量 X 服从参数为 λ 的指数分布，则 $P\{X>\sqrt{D(X)}\}=$ _____.

6. 已知二维随机变量 $(X,Y)\sim N(0,0;1,1;0)$，则 $P\{XY<0\}=$ _____.

7. 设随机变量 X 与 Y 的相关系数为 0.9．若 $Z=X-0.4$，则 Y 与 Z 的相关系数为 _____.

三、计算题

1. 一台设备由 3 个部件构成,在设备运转过程中各部件需要调整的概率分别为 $0.1, 0.2, 0.3$. 设各部件的状态相互独立,用 X 表示同时需要调整的部件数,求 X 的数学期望与方差.

2. 设随机变量 X 的概率密度为 $f(x) = \begin{cases} x, & 0 \leqslant x < 1, \\ 2-x, & 1 \leqslant x \leqslant 2, \\ 0, & \text{其他}, \end{cases}$ 求其数学期望与方差.

3. 设随机变量 X 服从参数 $\lambda = 1$ 的指数分布,求 $E(X + e^{-2X})$.

4. 设随机变量 X 与 Y 相互独立,其概率密度分别为

$$f_X(x) = \begin{cases} 4e^{-4x}, & x \geqslant 0, \\ 0, & x < 0, \end{cases} \qquad f_Y(y) = \begin{cases} 2e^{-4y}, & y \geqslant 0, \\ 0, & y < 0, \end{cases}$$

求 $E(XY)$.

5. 设二维随机变量 (X, Y) 在三角形区域 $D = \{(x, y) \mid 0 \leqslant x \leqslant 1, 0 \leqslant y \leqslant x\}$ 上服从均匀分布,求 $\text{Cov}(X, Y)$.

第二部分　拓展题

1. 如果存在常数 $a, b (a \neq 0)$,使得 $P\{Y = aX + b\} = 1$,且 $0 < D(X) < +\infty$,那么 $\rho_{XY} = $ (　　).

    A. 1　　　　　　　　B. -1　　　　　　　　C. $\dfrac{a}{|a|}$　　　　　　　　D. 0

2. 一枚硬币抛 n 次,则正面出现的总次数的数学期望是 _____.

3. 某射手进行射击训练,他有 5 发子弹,每次射中靶心的概率为 0.9. 如果他射中靶心,就停止射击,否则一直射击直到用完 5 发子弹为止,求:

  (1) 所用子弹数 X 的数学期望;

  (2) 子弹剩余数 Y 的数学期望.

4. 为了从电视塔底层到顶层观光,游客需乘坐电梯,电梯于每个整点的第 5 min、25 min 和 55 min 从底层起行. 假设一游客在早上八点的第 X min 到达电视塔底层候梯,且 X 在区间 $[0, 60]$ 上服从均匀分布,求该游客等候时间的数学期望.

5. 已知连续型随机变量 X 的概率密度为

$$f(x) = \frac{1}{\sqrt{\pi}} e^{-x^2 + 2x - 1} \quad (-\infty < x < +\infty),$$

求 $E(X)$ 与 $D(X)$.

6. 设二维随机变量 (X, Y) 在矩形区域 $G = \{(x, y) \mid 0 \leqslant x \leqslant 2, 0 \leqslant y \leqslant 1\}$ 上服从均匀分布,记

$$U = \begin{cases} 0, & X \leqslant Y, \\ 1, & X > Y, \end{cases} \qquad V = \begin{cases} 0, & X \leqslant 2Y, \\ 1, & X > 2Y. \end{cases}$$

求:

  (1) (U, V) 的联合分布律;

  (2) U 与 V 的相关系数.

第三部分 考研真题

1. (2011 年,数学一) 设随机变量 X 与 Y 相互独立,且 $E(X)$ 与 $E(Y)$ 存在. 记 $U = \max\{X, Y\}$, $V = \min\{X, Y\}$, 则 $E(UV) = ($).

   A. $E(U)E(V)$ B. $E(X)E(Y)$ C. $E(U)E(Y)$ D. $E(X)E(V)$

2. (2012 年,数学一) 将长度为 $1\ \mathrm{m}$ 的木棒随机地截成两段,则两段长度的相关系数为( ).

   A. 1 B. $\dfrac{1}{2}$ C. $-\dfrac{1}{2}$ D. -1

3. (2015 年,数学一) 设随机变量 X 与 Y 不相关,且 $E(X) = 2$, $E(Y) = 1$, $D(X) = 3$, 则 $E[X(X + Y - 2)] = ($).

   A. -3 B. 3 C. -5 D. 5

4. (2022 年,数学一) 设随机变量 $X \sim U[0, 3]$, $Y \sim P(2)$, 且 X 与 Y 的协方差为 -1, 则 $D(2X - Y + 1) = ($).

   A. 1 B. 5 C. 9 D. 12

5. (2010 年,数学一) 设随机变量 X 的分布律为 $P\{X = k\} = \dfrac{c}{k!}(k = 0, 1, 2, \cdots)$, 则 $E(X^2) = $ _____ .

6. (2017 年,数学一) 设随机变量 X 的分布函数为 $F(x) = 0.5\Phi(x) + 0.5\Phi\left(\dfrac{x - 4}{2}\right)$, 其中 $\Phi(x)$ 为标准正态分布函数,则 $E(X) = $ _____ .

7. (2019 年,数学一) 设随机变量 X 的概率密度为 $f(x) = \begin{cases} \dfrac{x}{2}, & 0 < x < 2, \\ 0, & 其他, \end{cases}$ $F(x)$ 为其分布函数, $E(X)$ 为其数学期望,则 $P\{F(X) > E(X) - 1\} = $ _____ .

8. (2021 年,数学一) 甲、乙两个盒子中各装有 2 个红球和 2 个白球,先从甲盒中任取一球,观察颜色后放入乙盒中,再从乙盒中任取一球. 令 X 和 Y 分别表示从甲盒和乙盒中取到的红球个数,则 X 与 Y 的相关系数为 _____ .

9. (2015 年,数学一) 设随机变量 X 的概率密度为

$$f(x) = \begin{cases} 2^{-x}\ln 2, & x > 0, \\ 0, & x \leqslant 0, \end{cases}$$

对 X 进行独立重复的观测,直到第 2 个大于 3 的观测值出现时停止,记 Y 为观测次数. 求:

(1) Y 的概率分布;

(2) $E(Y)$.

10. (2018 年,数学一) 设随机变量 X 与 Y 相互独立,且 $P\{X = 1\} = P\{X = -1\} = \dfrac{1}{2}$, Y 服从参数为 λ 的泊松分布,令 $Z = XY$. 求:

   (1) $\mathrm{Cov}(X, Z)$;

   (2) Z 的分布律.

11. (2019年,数学一) 设随机变量 X 与 Y 相互独立,X 服从参数为1的指数分布,Y 的分布律为 $P\{Y=-1\}=p,P\{Y=1\}=1-p(0<p<1)$. 令 $Z=XY$.

(1) 求 Z 的概率密度.

(2) p 为何值时,X 与 Z 不相关?

(3) X 与 Z 是否相互独立?

12. (2021年,数学一) 在区间 $(0,2)$ 上随机任取一点,将该区间分成两段,较短一段的长度记为 X,较长一段的长度记为 Y,令 $Z=\dfrac{Y}{X}$. 求:

(1) X 的概率密度;

(2) Z 的概率密度;

(3) $E\left(\dfrac{X}{Y}\right)$.

第5章

大数定律与中心极限定理

一、本章要点

　　大数定律与中心极限定理是概率论中最基本和最重要的两类定理，是概率论发展史上第一次获得的深刻而又完美的一系列结果.大数定律以严格的数学形式表述了客观世界中的一般平均结果的稳定性，而中心极限定理阐述了正态分布大量存在于客观世界之中的数学原理.

二、本章知识结构图

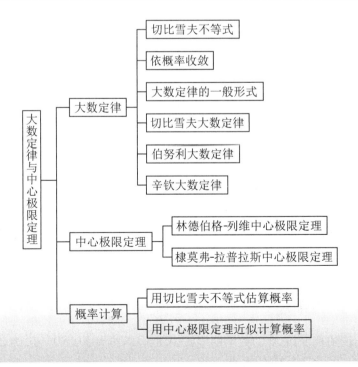

5.1 大 数 定 律

本节要点:本节介绍切比雪夫不等式及依概率收敛的定义,从而引出大数定律的一般形式,并详细证明了切比雪夫大数定律和伯努利大数定律,介绍了辛钦大数定律.

人们在长期的实践中发现,虽然随机事件在某次试验中是否发生是难以确定的,但在大量的重复试验中却会表现出明显的规律性. 由于这类规律性只有在大量试验下才能呈现出来,因此将它们统称为大数定律.

在引入大数定律之前,先介绍一个重要的不等式.

5.1.1 切比雪夫不等式

定理 5.1.1 设随机变量 X 的数学期望和方差均存在,则对于任意 $\varepsilon > 0$,有

$$P\{| X - E(X) | \geqslant \varepsilon\} \leqslant \frac{D(X)}{\varepsilon^2} \tag{5.1.1}$$

或

$$P\{| X - E(X) | < \varepsilon\} \geqslant 1 - \frac{D(X)}{\varepsilon^2}. \tag{5.1.2}$$

证 仅证明 X 是连续型随机变量的情形. 设 X 的概率密度为 $f(x)$,则对于任意 $\varepsilon > 0$,有

$$P\{| X - E(X) | \geqslant \varepsilon\} = \int_{|x-E(X)| \geqslant \varepsilon} f(x)\mathrm{d}x \leqslant \int_{|x-E(X)| \geqslant \varepsilon} \frac{| x - E(X) |^2}{\varepsilon^2} f(x)\mathrm{d}x$$

$$\leqslant \frac{1}{\varepsilon^2} \int_{-\infty}^{+\infty} [x - E(X)]^2 f(x)\mathrm{d}x = \frac{D(X)}{\varepsilon^2}.$$

切比雪夫不等式在理论上具有重要意义. 它不仅使得大数定律的证明变得十分简练,同时也阐明了方差 $D(X)$ 的本质. 由切比雪夫不等式可以看出,$D(X)$ 越小,随机变量 X 在开区间 $(E(X) - \varepsilon, E(X) + \varepsilon)$ 上取值的概率就越大,这说明方差是一个反映随机变量的取值对其分布中心 $E(X)$ 的集中程度的数量指标.

不仅如此,对于方差存在的随机变量 X,在其分布未知的情况下,还可以利用切比雪夫不等式粗略地估算 X 在以其数学期望为中心的对称区间上的概率 $P\{| X - E(X) | < \varepsilon\}$.

例 5.1.1 设随机变量 X 的数学期望 $E(X) = \mu$,方差 $D(X) = \sigma^2$,估计 $P\{| X - \mu | \geqslant 2\sigma\}$ 的大小.

解 由切比雪夫不等式可知

$$P\{| X - \mu | \geqslant 2\sigma\} \leqslant \frac{D(X)}{(2\sigma)^2} = \frac{\sigma^2}{4\sigma^2} = \frac{1}{4}.$$

例 5.1.2 设随机变量 X 的数学期望 $E(X) = 10$,方差 $D(X) = 0.04$,利用切比雪夫不等式估计 $P\{9.2 < X < 10.8\}$ 的大小.

解 $P\{9.2 < X < 10.8\} = P\{-0.8 < X - 10 < 0.8\} = P\{| X - 10 | < 0.8\}$

$$\geqslant 1 - \frac{0.04}{0.8^2} = 0.937\,5.$$

5.1.2　依概率收敛

大数定律讨论的是随机变量序列 $X_1, X_2, \cdots, X_n, \cdots$ 的收敛性问题,它与微积分中数列 $x_1, x_2, \cdots, x_n, \cdots$ 的收敛性有所不同,需从概率的角度进行描述,称为依概率收敛.

定义 5.1.1　设 $X_1, X_2, \cdots, X_n, \cdots$ 是一个随机变量序列,a 为常数. 若对于任意 $\varepsilon > 0$,有

$$\lim_{n \to \infty} P\{|X_n - a| < \varepsilon\} = 1$$

或

$$\lim_{n \to \infty} P\{|X_n - a| \geqslant \varepsilon\} = 0,$$

则称随机变量序列 $\{X_n\}$ **依概率收敛**于 a,记作 $X_n \xrightarrow{P} a$.

一个数列 $\{x_n\}$ 收敛于 a,即 $\lim\limits_{n \to \infty} x_n = a$,是指对于任意 $\varepsilon > 0$,总存在正整数 N,当 $n > N$ 时,恒有 $|x_n - a| < \varepsilon$ 成立. 而随机变量序列 $\{X_n\}$ 依概率收敛于 a,并不要求对于任意 $\varepsilon > 0$,当 $n > N$ 时,恒有 $|X_n - a| < \varepsilon$ 成立,只要求当 n 足够大时,事件 $\{|X_n - a| \geqslant \varepsilon\}$ 发生的可能性可以任意小.

5.1.3　几个常用的大数定律

不同的随机变量序列 $X_1, X_2, \cdots, X_n, \cdots$ 具有不同的性质,有的是相互独立的,有的是两两不相关的,有的是同分布的,有的不是同分布的,等等. 相应地,大数定律就有各种不同的形式. 但是,这些不同形式的大数定律却具有两个共同点:第一,研究的对象均为随机变量序列 $\{X_n\}$;第二,结论都相同,均为随机变量序列前若干项的算术平均值在某种条件下依概率收敛于这些项的数学期望的算术平均值,即

$$\frac{1}{n} \sum_{i=1}^{n} X_i \xrightarrow{P} \frac{1}{n} \sum_{i=1}^{n} E(X_i).$$

为此,给出如下定义.

定义 5.1.2（大数定律的一般形式）　设 $X_1, X_2, \cdots, X_n, \cdots$ 是一个随机变量序列. 如果对于任意 $\varepsilon > 0$,有

$$\lim_{n \to \infty} P\left\{\left|\frac{1}{n} \sum_{i=1}^{n} X_i - \frac{1}{n} \sum_{i=1}^{n} E(X_i)\right| < \varepsilon\right\} = 1,$$

则称随机变量序列 $\{X_n\}$ **服从大数定律**.

在随机现象的统计规律性中,频率的稳定性最引人注目:随机事件 A 发生的频率 $\dfrac{n_A}{n}$ 随着试验次数 n 的增大总会逐渐"稳定"在某个常数的附近. 人们在实践中发现,不仅频率具有稳定性,大量测量值的算术平均值也都具有稳定性. 大数定律对此给出了数学形式的表述与证明.

定理 5.1.2（切比雪夫大数定律）　设 $X_1, X_2, \cdots, X_n, \cdots$ 是相互独立的随机变量序列. 若每个 $X_i (i = 1, 2, \cdots)$ 的方差均存在,且有共同的上界,即存在某一常数 $c > 0$,使得

$$D(X_i) \leqslant c \quad (i = 1, 2, \cdots),$$

则对于任意 $\varepsilon > 0$,都有

$$\lim_{n \to \infty} P\left\{\left|\frac{1}{n}\sum_{i=1}^{n} X_i - \frac{1}{n}\sum_{i=1}^{n} E(X_i)\right| < \varepsilon\right\} = 1. \tag{5.1.3}$$

证 因为 $X_i(i=1,2,\cdots)$ 相互独立,所以

$$D\left(\frac{1}{n}\sum_{i=1}^{n} X_i\right) = \frac{1}{n^2}\sum_{i=1}^{n} D(X_i) \leqslant \frac{c}{n}.$$

由切比雪夫不等式,对于任意 $\varepsilon > 0$,有

$$P\left\{\left|\frac{1}{n}\sum_{i=1}^{n} X_i - \frac{1}{n}\sum_{i=1}^{n} E(X_i)\right| < \varepsilon\right\} \geqslant 1 - \frac{D\left(\frac{1}{n}\sum_{i=1}^{n} X_i\right)}{\varepsilon^2} \geqslant 1 - \frac{c}{n\varepsilon^2},$$

而任何事件的概率都不超过 1,则有

$$1 - \frac{c}{n\varepsilon^2} \leqslant P\left\{\left|\frac{1}{n}\sum_{i=1}^{n} X_i - \frac{1}{n}\sum_{i=1}^{n} E(X_i)\right| < \varepsilon\right\} \leqslant 1,$$

从而当 $n \to \infty$ 时,有

$$\lim_{n \to \infty} P\left\{\left|\frac{1}{n}\sum_{i=1}^{n} X_i - \frac{1}{n}\sum_{i=1}^{n} E(X_i)\right| < \varepsilon\right\} = 1.$$

切比雪夫大数定律只要求 $X_1, X_2, \cdots, X_n, \cdots$ 相互独立,并不要求它们是同分布的. 如果 $\{X_n\}$ 是独立同分布的随机变量序列且方差有界,则 $\{X_n\}$ 一定服从切比雪夫大数定律.

例 5.1.3 设随机变量序列 $X_1, X_2, \cdots, X_n, \cdots$ 相互独立,X_i 服从参数为 i 的指数分布 $(i=1,2,\cdots)$,判断随机变量序列 $X_1, 2^2 X_2, \cdots, n^2 X_n, \cdots$ 是否服从切比雪夫大数定律.

解 依题意,有

$$D(X_i) = \frac{1}{i^2} \quad (i=1,2,\cdots),$$

例 5.1.3

故

$$D(i^2 X_i) = i^4 D(X_i) = i^4 \cdot \frac{1}{i^2} = i^2 \quad (i=1,2,\cdots).$$

由于当 $n \to \infty$ 时,n^2 是无界的,而切比雪夫大数定律的主要条件之一是每个 X_i 的方差存在,且有共同的上界,因此随机变量序列 $X_1, 2^2 X_2, \cdots, n^2 X_n, \cdots$ 不服从切比雪夫大数定律.

定理 5.1.3（伯努利大数定律） 设 n_A 是 n 重伯努利试验中事件 A 发生的次数,$p(0 < p < 1)$ 是事件 A 在每次试验中发生的概率,则对于任意 $\varepsilon > 0$,有

$$\lim_{n \to \infty} P\left\{\left|\frac{n_A}{n} - p\right| < \varepsilon\right\} = 1 \tag{5.1.4}$$

或

$$\lim_{n \to \infty} P\left\{\left|\frac{n_A}{n} - p\right| \geqslant \varepsilon\right\} = 0. \tag{5.1.5}$$

证 引入随机变量

$$X_i = \begin{cases} 1, & \text{在第 } i \text{ 次试验中事件 } A \text{ 发生,} \\ 0, & \text{在第 } i \text{ 次试验中事件 } A \text{ 不发生} \end{cases} \quad (i=1,2,\cdots,n),$$

显然 $n_A = \sum_{i=1}^{n} X_i$,其中 $X_1, X_2, \cdots, X_n$ 相互独立,且均服从参数为 p 的 $(0-1)$ 分布. 所以

$$E(X_i) = p, \quad D(X_i) = p(1-p) \quad (i = 1, 2, \cdots, n).$$

由切比雪夫大数定律有

$$\lim_{n \to \infty} P\left\{ \left| \frac{1}{n} \sum_{i=1}^{n} X_i - p \right| < \varepsilon \right\} = 1,$$

即

$$\lim_{n \to \infty} P\left\{ \left| \frac{n_A}{n} - p \right| < \varepsilon \right\} = 1.$$

伯努利大数定律表明：随着 n 的增大，事件 A 发生的频率 $\dfrac{n_A}{n}$ 依概率收敛于事件 A 的概率 p. 也就是说，对于任意 $\varepsilon > 0$，当 n 充分大时，"事件 A 发生的频率 $\dfrac{n_A}{n}$ 与概率 p 的偏差小于 ε" 实际上几乎是必定要发生的，这就是我们所说的频率稳定性的真正含义.

一般地，我们称概率接近于 1 的事件为**大概率事件**，称概率接近于 0 的事件为**小概率事件**. 大概率事件在一次试验中几乎肯定要发生，而小概率事件几乎不可能发生，这一规律称为**实际推断原理**.

根据伯努利大数定律，在实际应用中，当试验次数 n 很大时，便可以用事件 A 发生的频率 $\dfrac{n_A}{n}$ 近似地代替事件 A 的概率 $P(A)$，从而为估计概率提供了一种切实可行的方法.

上述两个大数定律都是借助切比雪夫不等式证得的，故对于随机变量序列 $X_1, X_2, \cdots, X_n, \cdots$，要求 $X_i(i = 1, 2, \cdots)$ 的方差存在且有上界，但进一步的研究表明，方差存在这个条件并不是必要的. 下面的辛钦大数定律就表明了这一点.

定理 5.1.4（辛钦大数定律）　设随机变量序列 $X_1, X_2, \cdots, X_n, \cdots$ 独立同分布，且具有数学期望 $E(X_i) = \mu (i = 1, 2, \cdots)$，则对于任意 $\varepsilon > 0$，有

$$\lim_{n \to \infty} P\left\{ \left| \frac{1}{n} \sum_{i=1}^{n} X_i - \mu \right| < \varepsilon \right\} = 1. \tag{5.1.6}$$

辛钦大数定律可以通俗地解释为：对于独立同分布且具有数学期望 μ 的随机变量序列 $X_1, X_2, \cdots, X_n, \cdots$，当 n 充分大时，它们的算术平均值 $\overline{X} = \dfrac{1}{n} \sum_{i=1}^{n} X_i$ 在概率意义下接近于数学期望 μ（理论平均值），即 $\overline{X} \xrightarrow{P} \mu$.

定理 5.1.4 中的 $X_1, X_2, \cdots, X_n$ 可以看成某一随机变量 X 在 n 次独立重复试验中的观察值，且 X 的分布可以是未知的，也不要求方差存在.

辛钦大数定律从理论上肯定了用算术平均值估计期望值的合理性，在实践中有着广泛的应用. 例如，用观察到的某地区 5 000 个人的平均寿命作为该地区人均寿命的近似值是合理的.

例 5.1.4　设随机变量序列 $X_1, X_2, \cdots, X_n, \cdots$ 相互独立，且均服从参数为 3 的指数分布，由辛钦大数定律，问：当 $n \to \infty$ 时，$Y_n = \dfrac{1}{n} \sum_{i=1}^{n} X_i^2$ 依概率收敛于多少？

解　依题意，得

$$E(X_i) = \frac{1}{3}, \quad D(X_i) = \frac{1}{9} \quad (i = 1, 2, \cdots).$$

由于随机变量序列 $\{X_n\}$ 独立同分布,因此 $\{X_n^2\}$ 也独立同分布. 由辛钦大数定律得

$$\frac{1}{n} \sum_{i=1}^{n} X_i^2 \xrightarrow{P} \frac{1}{n} \sum_{i=1}^{n} E(X_i^2).$$

又

$$E(X_i^2) = [E(X_i)]^2 + D(X_i) = \left(\frac{1}{3}\right)^2 + \frac{1}{9} = \frac{2}{9},$$

所以当 $n \to \infty$ 时,$Y_n = \frac{1}{n} \sum_{i=1}^{n} X_i^2$ 依概率收敛于 $\frac{2}{9}$.

例 5.1.5 若 $X_1, X_2, \cdots, X_n, \cdots$ 为独立同分布的随机变量序列,且 $X_i(i = 1, 2, \cdots)$ 的概率密度为

$$f(x) = \begin{cases} \left|\dfrac{1}{x}\right|^3, & |x| \geqslant 1, \\ 0, & |x| < 1, \end{cases}$$

那么 $\{X_n\}$ 是否满足切比雪夫大数定律与辛钦大数定律的条件?

解 依题意,有

$$E(X_i) = \int_{-\infty}^{+\infty} x f(x) \mathrm{d}x = \int_{-\infty}^{-1} x \left(-\frac{1}{x^3}\right) \mathrm{d}x + \int_{1}^{+\infty} x \left(\frac{1}{x^3}\right) \mathrm{d}x = 0,$$

$$D(X_i) = E(X_i^2) - [E(X_i)]^2 = E(X_i^2) = \int_{-\infty}^{+\infty} x^2 f(x) \mathrm{d}x$$

$$= \int_{-\infty}^{-1} x^2 \left(-\frac{1}{x^3}\right) \mathrm{d}x + \int_{1}^{+\infty} x^2 \left(\frac{1}{x^3}\right) \mathrm{d}x = +\infty.$$

因为 $X_i(i = 1, 2, \cdots)$ 的数学期望存在,方差不存在,所以 $\{X_n\}$ 满足辛钦大数定律的条件,不满足切比雪夫大数定律的条件.

同步习题 5.1

1. 设随机变量 X 满足 $E(X) = \mu, D(X) = \sigma^2$,则由切比雪夫不等式可知 $P\{|X - \mu| < 3\sigma\} \geqslant$ _____.

2. 设随机变量 X 满足 $E(X) = 71, D(X) = 5$,由切比雪夫不等式估计得 $P\{|X - 71| \geqslant k\} \leqslant 0.05$,则 $k =$ _____.

3. 假定生男孩和生女孩的概率均为 0.5,试利用切比雪夫不等式估计 200 个新生儿中男孩多于 80 个且少于 120 个的概率.

4. 设随机变量序列 $X_1, X_2, \cdots, X_n, \cdots$ 相互独立,且均服从区间 $[0, 4]$ 上的均匀分布,问:$\overline{X} = \frac{1}{n} \sum_{i=1}^{n} X_i$ 依概率收敛于何值?

5. 设随机变量序列 $X_1, X_2, \cdots, X_n, \cdots$ 相互独立,且均服从参数为 2 的指数分布. 证明:由辛钦大数定律,当 $n \to \infty$ 时,$Y_n = \frac{1}{n} \sum_{i=1}^{n} X_i^2$ 依概率收敛于 $\frac{1}{2}$.

5.2　中心极限定理

本节要点:本节从独立随机变量之和的极限分布引出中心极限定理的内容,介绍了林德伯格-列维中心极限定理、棣莫弗-拉普拉斯中心极限定理,并用例题说明了中心极限定理的应用.

5.2.1　独立随机变量之和的极限分布

在实际应用中,要研究多个相互独立的随机变量之和的精确分布是一件十分困难的事情.那么,能否给出其近似分布呢?

人们在长期的实践中认识到,如果一个随机变量 X 是由大量相互独立的随机因素 X_1, $X_2,\cdots,X_n,\cdots$ 综合影响所形成的,即 $X = X_1 + X_2 + \cdots + X_n + \cdots$,而其中每一个因素的出现都是随机的,且在总的影响中所起的作用都很微小,那么这个随机变量 X 便近似服从正态分布.

这个现象并非是偶然的,中心极限定理揭示了其背后蕴藏的数学奥秘.

概率论中有关论证独立随机变量之和的极限分布为正态分布的一系列定理称为**中心极限定理**,中心极限定理是由棣莫弗在 18 世纪首先提出的,是 18 至 19 世纪整整二百年间概率论研究的中心问题,因而称为中心极限定理,其内容十分丰富.这里只讨论其中比较特殊的情形,即独立同分布的随机变量之和 $\sum\limits_{i=1}^{n} X_i$ 的极限分布.

5.2.2　两个中心极限定理

定理 5.2.1(林德伯格-列维中心极限定理)　设 $X_1,X_2,\cdots,X_n,\cdots$ 为独立同分布的随机变量序列,且 $E(X_i)=\mu,D(X_i)=\sigma^2>0(i=1,2,\cdots)$,则对于任意实数 $x \in \mathbf{R}$,有

$$\lim_{n\to\infty}P\left\{\frac{\sum\limits_{i=1}^{n} X_i - E\left(\sum\limits_{i=1}^{n} X_i\right)}{\sqrt{D\left(\sum\limits_{i=1}^{n} X_i\right)}} \leqslant x\right\} = \lim_{n\to\infty}P\left\{\frac{\sum\limits_{i=1}^{n} X_i - n\mu}{\sqrt{n}\,\sigma} \leqslant x\right\}$$

$$= \frac{1}{\sqrt{2\pi}}\int_{-\infty}^{x} e^{-\frac{t^2}{2}}\,\mathrm{d}t = \Phi(x). \tag{5.2.1}$$

证明略.

定理 5.2.1 又称为**独立同分布的中心极限定理**,是数理统计中大样本统计推断的理论基础.

定理 5.2.1 表明,若随机变量序列 $\{X_n\}$ 独立同分布,且其数学期望与方差(不为 0)都存在,则不论 $X_i(i=1,2,\cdots)$ 原来服从什么样的分布,当 n 充分大时,其部分和 $\sum\limits_{i=1}^{n} X_i$ 总是近似服从正态分布,记作

$$\sum_{i=1}^{n} X_i \stackrel{\cdot}{\sim} N(n\mu,n\sigma^2). \tag{5.2.2}$$

或者说,其标准化随机变量近似服从标准正态分布,记作

$$\frac{\sum\limits_{i=1}^{n} X_i - n\mu}{\sqrt{n}\sigma} \overset{\cdot}{\sim} N(0,1). \tag{5.2.3}$$

注 对于 $\dfrac{\sum\limits_{i=1}^{n} X_i - n\mu}{\sqrt{n}\sigma}$ 中的每一被加项 $\dfrac{X_i - \mu}{\sqrt{n}\sigma}$,有

$$D\left(\frac{X_i - \mu}{\sqrt{n}\sigma}\right) = \frac{1}{n\sigma^2} D(X_i) = \frac{1}{n} \to 0 \quad (n \to \infty),$$

即每一被加项对总和的影响都很微小.

在实际应用中,只要 n 足够大,便可以把 n 个独立同分布的随机变量之和近似当作正态随机变量来处理,从而利用

$$P\left\{\frac{\sum\limits_{i=1}^{n} X_i - n\mu}{\sqrt{n}\sigma} \leqslant x\right\} \approx \Phi(x)$$

计算一些概率的近似值.

若记 $\overline{X} = \dfrac{1}{n}\sum\limits_{i=1}^{n} X_i$,则从上面的讨论中不难得出下列结论:

(1) $\dfrac{\overline{X} - \mu}{\dfrac{\sigma}{\sqrt{n}}} \overset{\cdot}{\sim} N(0,1)$;

(2) $\overline{X} \overset{\cdot}{\sim} N\left(\mu, \dfrac{\sigma^2}{n}\right)$. $\tag{5.2.4}$

例 5.2.1 设一批产品的强度(单位:$\mathrm{N/m^2}$)服从数学期望为 14、方差为 4 的分布,每箱中装有这种产品 100 件,问:

(1) 每箱产品的平均强度超过 $14.5\,\mathrm{N/m^2}$ 的概率是多少?

(2) 每箱产品的平均强度超过数学期望 $14\,\mathrm{N/m^2}$ 的概率是多少?

解 设 X_i 表示第 i 件产品的强度($i = 1, 2, \cdots, 100$),则有

$$E(X_i) = 14, \quad D(X_i) = 4.$$

记 $\overline{X} = \dfrac{1}{100}\sum\limits_{i=1}^{100} X_i$,由林德伯格-列维中心极限定理,近似有

$$\frac{\overline{X} - \mu}{\dfrac{\sigma}{\sqrt{n}}} = \frac{\overline{X} - 14}{\dfrac{2}{\sqrt{100}}} = \frac{\overline{X} - 14}{0.2} \sim N(0,1).$$

(1) $P\{\overline{X} > 14.5\} = P\left\{\dfrac{\overline{X} - 14}{0.2} > \dfrac{14.5 - 14}{0.2}\right\} = P\left\{\dfrac{\overline{X} - 14}{0.2} > 2.5\right\}$

$\approx 1 - \Phi(2.5) = 1 - 0.9938 = 0.0062.$

可见,每箱产品的平均强度超过 $14.5\,\mathrm{N/m^2}$ 的概率仅为 0.0062,是非常之低的.

(2) $P\{\overline{X} > 14\} = P\left\{\dfrac{\overline{X} - 14}{0.2} > 0\right\} \approx 1 - \Phi(0) = 0.5.$

由此可得,每箱产品的平均强度超过数学期望 $14\,\mathrm{N/m^2}$ 的概率约为 50%.

例 5.2.2 某种袋装大米每袋的质量为随机变量,其平均质量为 $1\,000\,\mathrm{g}$,标准差为 $20\,\mathrm{g}$,试求 50 袋大米总质量不足 $49\,750\,\mathrm{g}$ 的概率.

解 设 X_i 表示第 i 袋大米的质量(单位:$\mathrm{g}, i=1,2,\cdots,50$),则有
$$E(X_i)=1\,000,\quad D(X_i)=20^2=400.$$

记 $X=\sum\limits_{i=1}^{50} X_i$,由林德伯格-列维中心极限定理有
$$X \overset{\cdot}{\sim} N(n\mu,n\sigma^2)=N(50\times1\,000,50\times400)=N(50\,000,20\,000),$$

故
$$P\{X<49\,750\}=P\left\{\frac{X-50\,000}{\sqrt{20\,000}}<\frac{49\,750-50\,000}{\sqrt{20\,000}}\right\}\approx P\left\{\frac{X-50\,000}{\sqrt{20\,000}}\leqslant-1.77\right\}$$
$$\approx \Phi(-1.77)=1-\Phi(1.77)=1-0.961\,6=0.038\,4.$$

例 5.2.3(**数值计算中的误差分析**) 在数值计算中,许多实数都只能用含有一定位数小数的近似值来代替. 若在计算中取 5 位小数,则第 6 位以后的小数都用四舍五入的方法舍去. 例如,$\pi=3.141\,592\,654\cdots$ 和 $\mathrm{e}=2.718\,281\,828\cdots$ 取 5 位小数的近似值分别为 3.141 59 和 2.718 28. 试计算某实数取 5 位小数时,其 10 000 个近似值之和的总误差.

解 设 X_i 表示第 i 个近似值的误差($i=1,2,\cdots,10\,000$),可以认为 X_i 相互独立,且均服从区间 $[-0.5\times10^{-5},0.5\times10^{-5}]$ 上的均匀分布,则
$$E(X_i)=0,\quad D(X_i)=\frac{10^{-10}}{12}.$$

记总误差 $X=\sum\limits_{i=1}^{10\,000} X_i$,则有
$$E(X)=0,\quad D(X)=\frac{10\,000\times10^{-10}}{12}=\frac{10^{-6}}{12}.$$

例 5.2.3

由林德伯格-列维中心极限定理,可知 $X \overset{\cdot}{\sim} N\left(0,\dfrac{10^{-6}}{12}\right)$,故对于任意 $x>0$,有
$$P\{|X|\leqslant x\}\approx \Phi\left(\frac{x}{10^{-3}/\sqrt{12}}\right)-\Phi\left(-\frac{x}{10^{-3}/\sqrt{12}}\right)=2\Phi(1\,000\sqrt{12}x)-1.\quad(5.2.5)$$

此时,若令式(5.2.5)右边等于 0.99,则有
$$\Phi(1\,000\sqrt{12}x)=0.995.$$

查附表 2 得
$$1\,000\sqrt{12}x=2.575,$$

由此解得
$$x=\frac{2.575}{1\,000\sqrt{12}}\approx0.000\,743\,3.$$

也就是说,如果在数值计算中保留 5 位小数,那么可以用 0.99 的概率保证 10 000 个近似值之和的总误差约为 0.000 743 3,即万分之七左右.

下面介绍另一个中心极限定理,它是定理 5.2.1 的特殊情形.

📊 定理 5.2.2 (棣莫弗-拉普拉斯中心极限定理) 设 $X_1, X_2, \cdots, X_n, \cdots$ 为独立同分布的随机变量序列,且 $X_i \sim B(1,p)$ $(i=1,2,\cdots, 0 < p < 1)$,则对于任意实数 $x \in \mathbf{R}$,有

$$\lim_{n \to \infty} P\left\{ \frac{\sum\limits_{i=1}^{n} X_i - np}{\sqrt{np(1-p)}} \leqslant x \right\} = \frac{1}{\sqrt{2\pi}} \int_{-\infty}^{x} \mathrm{e}^{-\frac{t^2}{2}} \mathrm{d}t = \Phi(x). \tag{5.2.6}$$

证 因为 $X_i \sim B(1,p)(i=1,2,\cdots)$,所以

$$E(X_i) = p, \quad D(X_i) = p(1-p) > 0.$$

由定理 5.2.1 可知式 (5.2.6) 成立.

易知,对于满足上述条件的随机变量序列,有 $\sum\limits_{i=1}^{n} X_i \sim B(n,p)$,故定理 5.2.2 的结论对于服从二项分布的随机变量也成立,即若随机变量 $X \sim B(n,p)$,则对于任意实数 $x \in \mathbf{R}$,有

$$\lim_{n \to \infty} P\left\{ \frac{X - np}{\sqrt{np(1-p)}} \leqslant x \right\} = \Phi(x). \tag{5.2.7}$$

定理 5.2.2 表明,二项分布的极限分布是正态分布,因此定理 5.2.2 又称为**二项分布的正态近似定理**.

一般地,当 n 较大时,二项分布的概率计算非常复杂,此时我们就可以用正态分布来近似计算二项分布的概率,即若随机变量 $X \sim B(n,p)$,则当 n 充分大时,有 $X \overset{\cdot}{\sim} N(np, np(1-p))$,于是

$$P\{a < X < b\} = P\left\{ \frac{a - np}{\sqrt{np(1-p)}} < \frac{X - np}{\sqrt{np(1-p)}} < \frac{b - np}{\sqrt{np(1-p)}} \right\}$$

$$\approx \Phi\left(\frac{b - np}{\sqrt{np(1-p)}} \right) - \Phi\left(\frac{a - np}{\sqrt{np(1-p)}} \right). \tag{5.2.8}$$

📊 例 5.2.4 设随机变量 $X \sim B(100, 0.8)$,求 $P\{80 \leqslant X \leqslant 100\}$.

解 因为 $X \sim B(100, 0.8)$,所以

$$E(X) = np = 100 \times 0.8 = 80, \quad D(X) = np(1-p) = 100 \times 0.8 \times 0.2 = 16.$$

由式 (5.2.8) 得

$$P\{80 \leqslant X \leqslant 100\} = P\left\{ \frac{80 - 80}{4} \leqslant \frac{X - 80}{4} \leqslant \frac{100 - 80}{4} \right\} \approx \Phi(5) - \Phi(0) = 1 - 0.5 = 0.5.$$

📊 例 5.2.5 设某电站供电网内有 10 000 盏灯,夜间每一盏灯开着的概率均为 0.7,且各灯的开关时间彼此独立,试估计夜间同时开着的灯数在 6 800 盏至 7 200 盏之间的概率.

解 设夜间同时开着的灯数为 X,则 $X \sim B(10\,000, 0.7)$,有

$$E(X) = np = 10\,000 \times 0.7 = 7\,000, \quad D(X) = np(1-p) = 10\,000 \times 0.7 \times 0.3 = 2\,100.$$

由式 (5.2.8) 得

$$P\{6\,800 \leqslant X \leqslant 7\,200\} \approx \Phi\left(\frac{7\,200 - 7\,000}{\sqrt{2\,100}} \right) - \Phi\left(\frac{6\,800 - 7\,000}{\sqrt{2\,100}} \right)$$

$$\approx 2\Phi(4.36)-1=1.$$

例 5.2.6 某保险公司推出了一种人寿保险,参加该保险的人每年需交付保险费 10 元. 若参保人在一年中不幸死亡,则保险公司赔偿家属 2 000 元. 现有 3 000 人参加了该保险,设这些人在任一年中的死亡率为 0.1%,求保险公司一年获利不少于 10 000 元的概率.

解 设一年中参保人的死亡人数为 X,则 $X \sim B(3\ 000, 0.001)$. 故

$$E(X)=np=3\ 000 \times 0.001=3, \quad D(X)=np(1-p)=3 \times 0.999=2.997.$$

保险公司一年获利不少于 10 000 元等价于

$$3\ 000 \times 10 - 2\ 000X \geqslant 10\ 000,$$

即 $0 \leqslant X \leqslant 10$,故由式(5.2.8)得

$$P\{0 \leqslant X \leqslant 10\}=P\left\{\frac{0-3}{\sqrt{2.997}} \leqslant \frac{X-3}{\sqrt{2.997}} \leqslant \frac{10-3}{\sqrt{2.997}}\right\} \approx \Phi(4.04)-\Phi(-1.73)$$

$$=1-[1-\Phi(1.73)]=0.958\ 2.$$

中心极限定理揭示了正态分布的普遍性和重要性,它是应用正态分布来解决各种实际问题的理论基础.

同步习题 5.2

1. 一学校有 1 000 名住校生,每人去图书馆上自习的概率均为 0.8,问:图书馆至少应该设多少个座位,才能以 99% 的概率保证去上自习的学生都有座位?

2. 已知一本 300 页的书中,每页的印刷错误数均服从参数为 0.2 的泊松分布,求这本书的印刷错误总数不多于 70 个的概率.

3. 用机器包装白糖,每袋白糖的质量为随机变量,其数学期望为 100 g,标准差为 10 g. 一箱内装有 100 袋白糖,求此箱白糖的质量大于 10 200 g 的概率.

4. 欲测量 A,B 两地之间的距离,限于测量工具,将其分成 1 200 段分别测量. 设每段测量误差(单位:m)相互独立,且均服从区间 $[-0.5, 0.5]$ 上的均匀分布,试求总距离测量误差的绝对值不超过 20 m 的概率.

5. 一个复杂系统由 100 个相互独立的元件组成,在系统运行期间,每个元件损坏的概率为 0.1. 为了使系统正常运行,必须至少有 85 个元件正常工作,求系统的可靠性(即正常运行的概率).

6. 现有 5 000 人参加保险公司开办的人身保险,被保险人每年需交付保险费 160 元,理赔时可获得 2 万元赔偿金. 已知当地居民一年内发生重大人身事故的概率为 0.005,求保险公司一年内从此项业务中获取的利润在 20 万元到 40 万元之间的概率.

课 程 思 政

图 5.1

棣莫弗(见图 5.1),法国数学家,英国皇家学会会员,柏林科学院院士.

课程思政

第一部分 基础题

一、单项选择题

1. 设随机变量序列 $X_1, X_2, \cdots, X_n, \cdots$ 独立同分布,且 $X_i(i=1,2,\cdots)$ 服从参数为 λ 的指数分布,则下列选项中成立的是( ).

A. $\lim\limits_{n\to\infty} P\left\{ \dfrac{\lambda \sum\limits_{i=1}^{n} X_i - n}{\sqrt{n}} \leqslant x \right\} = \Phi(x)$
  B. $\lim\limits_{n\to\infty} P\left\{ \dfrac{\sum\limits_{i=1}^{n} X_i - n}{\sqrt{n}} \leqslant x \right\} = \Phi(x)$

C. $\lim\limits_{n\to\infty} P\left\{ \dfrac{\sum\limits_{i=1}^{n} X_i - \lambda}{\sqrt{n}\lambda} \leqslant x \right\} = \Phi(x)$
  D. $\lim\limits_{n\to\infty} P\left\{ \dfrac{\sum\limits_{i=1}^{n} X_i - n}{\sqrt{n}\lambda} \leqslant x \right\} = \Phi(x)$

2. 设随机变量序列 $X_1, X_2, \cdots, X_n, \cdots$ 相互独立,且 $X_i(i=1,2,\cdots)$ 服从参数为 i 的指数分布,则下列随机变量序列中不服从切比雪夫大数定律的是( ).

A. $X_1, \dfrac{1}{2}X_2, \cdots, \dfrac{1}{n}X_n, \cdots$
  B. $X_1, X_2, \cdots, X_n, \cdots$

C. $X_1, 2X_2, \cdots, nX_n, \cdots$
  D. $X_1, 2^2 X_2, \cdots, n^2 X_n, \cdots$

3. 已知随机变量序列 $X_1, X_2, \cdots, X_n, \cdots$ 相互独立,且都在区间 $[-1,1]$ 上服从均匀分布,根据林德伯格-列维中心极限定理,有 $\lim\limits_{n\to\infty} P\left\{ \sum\limits_{i=1}^{n} X_i \leqslant \sqrt{n} \right\}$ 等于( ).

A. $\Phi(0)$ B. $\Phi(1)$ C. $\Phi(\sqrt{3})$ D. $\Phi(2)$

4. 设 $X_1, X_2, \cdots, X_{1000}$ 是相互独立的随机变量,且 $X_i \sim B(1,p)(i=1,2,\cdots,1000)$,则下列选项中不正确的是( ).

A. $\dfrac{1}{1000} \sum\limits_{i=1}^{1000} X_i \approx p$

B. $\sum\limits_{i=1}^{1000} X_i \sim B(1000, p)$

C. $P\left\{ a < \sum\limits_{i=1}^{1000} X_i < b \right\} \approx \Phi(b) - \Phi(a)$

D. $P\left\{ a < \sum\limits_{i=1}^{1000} X_i < b \right\} \approx \Phi\left(\dfrac{b - 1000p}{\sqrt{1000p(1-p)}} \right) - \Phi\left(\dfrac{a - 1000p}{\sqrt{1000p(1-p)}} \right)$

5. 设随机变量序列 $X_1, X_2, \cdots, X_n, \cdots$ 相互独立,记 $X = \sum\limits_{i=1}^{n} X_i$. 根据林德伯格-列维中心极限定理,当 n 充分大时,X 近似服从正态分布,只要 $\{X_n\}$( ).

A. 有相同的数学期望　　　　　　B. 有相同的方差

C. 服从同一连续型分布　　　　　D. 服从同一泊松分布

二、填空题

1. 设随机变量 X 满足 $E(X)=3,D(X)=4$,由切比雪夫不等式估计 $P\{-1<X<7\}\geqslant$ _____ .

2. 设 n_A 是 n 次独立试验中事件 A 发生的次数,p 是事件 A 在每次试验中发生的概率,则对于任意 $\varepsilon>0$,有 $\lim\limits_{n\to\infty}P\left\{\left|\dfrac{n_A}{n}-p\right|<\varepsilon\right\}=$ _____ .

3. 设随机变量序列 $X_1,X_2,\cdots,X_n,\cdots$ 相互独立,且均服从区间 $[1,5]$ 上的均匀分布,则 $\overline{X}=\dfrac{1}{n}\sum\limits_{i=1}^{n}X_i$ 依概率收敛于 _____ .

4. 设随机变量序列 $X_1,X_2,\cdots,X_n,\cdots$ 独立同分布,且 $E(X_i)=\mu,D(X_i)=\sigma^2>0(i=1,2,\cdots)$,则当 n 充分大时,$\sum\limits_{i=1}^{n}X_i\overset{\cdot}{\sim}$ _____ .

5. 将一枚硬币连抛 100 次,出现正面的次数大于 60 次的概率为 _____ .

三、计算题

1. 设随机变量 X 和 Y 的数学期望分别为 -2 和 2,方差分别为 1 和 4,相关系数为 -0.5,试用切比雪夫不等式估计 $P\{|X+Y|\geqslant 6\}$ 的值.

2. 计算器在进行加法运算时,每个加数按四舍五入取最为接近的整数.设每个加数的取整误差是相互独立的,且都服从区间 $[-0.5,0.5]$ 上的均匀分布.现将 1 500 个数相加,求误差总和的绝对值超过 15 的概率.

3. 某电话总机共有 200 个分机,每个分机有 5% 的时间要使用外线通话,且各个分机是否使用外线是相互独立的,问:需备多少条外线才能保证每个分机要使用外线时不用等候的概率达到 95%?

4. 银行需要准备一笔现金以支付某日即将到期的 500 张债券.设每张债券到期之日需付本息共 1 000 元,而执券人(一人一券)于该日去银行领取本息的概率为 0.4,问:银行当天至少应准备多少现金,才能以 99.9% 的把握满足持券人的兑换?

第二部分　拓展题

1. 设随机变量序列 $X_1,X_2,\cdots,X_n,\cdots$ 相互独立,且服从大数定律,则 $X_i(i=1,2,\cdots)$ 的分布可以是(　　).

A. $P\{X_i=m\}=\dfrac{c}{m^3},m=1,2,\cdots$　　B. X_i 服从参数为 $\dfrac{1}{i}$ 的指数分布

C. X_i 服从参数为 i 的泊松分布　　D. X_i 的概率密度为 $f(x)=\dfrac{1}{\pi(1+x^2)}$

2. 设随机变量序列 $X_1,X_2,\cdots,X_n,\cdots$ 独立同分布,且 $E(X_i)=0(i=1,2,\cdots)$,求 $\lim\limits_{n\to\infty}P\left\{\sum\limits_{i=1}^{n}X_i<n\right\}$.

3. 设 $X_1, X_2, \cdots, X_n, \cdots$ 为相互独立的随机变量序列,且满足

$$E(X_i) = \mu_i, \quad D(X_i) = \sigma_i^2 \neq 0 \quad (i = 1, 2, \cdots),$$

证明:若当 $n \to \infty$ 时,$\sum\limits_{i=1}^{n} \sigma_i^2 \to \infty$,则 $Y_n = \dfrac{\sum\limits_{i=1}^{n}(X_i - \mu_i)^2}{\sum\limits_{i=1}^{n} \sigma_i^2}$ 依概率收敛于 0.

4. 设 X_n 是 n 重伯努利试验中事件 A 发生的次数,$p(0 < p < 1)$ 为事件 A 在每次试验中发生的概率,用棣莫弗-拉普拉斯中心极限定理证明:对于任意正整数 k,总有

$$\lim_{n \to \infty} P\{|X_n - np| < k\} = 0.$$

5. 设随机变量序列 $X_1, X_2, \cdots, X_n, \cdots$ 独立同分布,且 $E(X_i^k) = a_k (k = 1, 2, 3, 4; i = 1, 2, \cdots)$,

证明:当 n 充分大时,随机变量 $Z_n = \dfrac{1}{n} \sum\limits_{i=1}^{n} X_i^2$ 近似服从正态分布.

第三部分　考研真题

1. (2020 年,数学一) 设随机变量 $X_1, X_2, \cdots, X_{100}$ 独立同分布,且 $P\{X_i = 0\} = P\{X_i = 1\} = \dfrac{1}{2} (i = 1, 2, \cdots, 100)$,$\Phi(x)$ 表示标准正态分布函数,则利用中心极限定理可得 $P\left\{\sum\limits_{i=1}^{100} X_i \leqslant 55\right\}$ 的近似值为(　　).

A. $1 - \Phi(1)$ 　　　B. $\Phi(1)$ 　　　　C. $1 - \Phi(0.2)$ 　　　D. $\Phi(0.2)$

2. (2022 年,数学一) 设随机变量 $X_1, X_2, \cdots, X_n$ 独立同分布,且 $E(X_i^k) = \mu_k (k = 1, 2, 3, 4; i = 1, 2, \cdots, n)$,则由切比雪夫不等式,对于任意 $\varepsilon > 0$,$P\left\{\left|\dfrac{1}{n}\sum\limits_{i=1}^{n} X_i - \mu_1\right| \geqslant \varepsilon\right\} \leqslant$ (　　).

A. $\dfrac{\mu_4 - \mu_2^2}{n\varepsilon^2}$ 　　B. $\dfrac{\mu_4 - \mu_2^2}{\sqrt{n}\varepsilon}$ 　　　C. $\dfrac{\mu_2 - \mu_1^2}{n\varepsilon^2}$ 　　　D. $\dfrac{\mu_2 - \mu_1^2}{\sqrt{n}\varepsilon}$

3. (2022 年,数学三) 设随机变量序列 $X_1, X_2, \cdots, X_n, \cdots$ 独立同分布,且 $X_i(i = 1, 2, \cdots)$ 的概率密度为 $f(x) = \begin{cases} 1 - |x|, & |x| < 1, \\ 0, & \text{其他,} \end{cases}$ 则当 $n \to \infty$ 时,$\dfrac{1}{n}\sum\limits_{i=1}^{n} X_i^2$ 依概率收敛于(　　).

A. $\dfrac{1}{8}$ 　　　　B. $\dfrac{1}{6}$ 　　　　C. $\dfrac{1}{3}$ 　　　　D. $\dfrac{1}{2}$

4. (2001 年,数学三) 生产线生产的产品成箱包装,每箱的质量是随机的,假设每箱平均重 $50\,\mathrm{kg}$,标准差为 $5\,\mathrm{kg}$. 若用最大载重量为 $5\,\mathrm{t}$ 的汽车承运,试利用中心极限定理说明每辆车最多可以装多少箱,才能保障不超载的概率大于 $0.977\,2$.

第6章

数理统计的基本概念

一、本章要点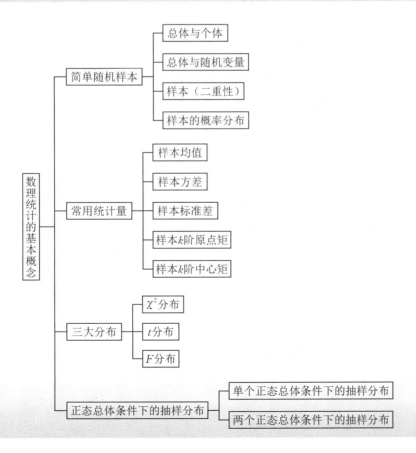

　　数理统计是研究如何科学地收集、整理和分析带有随机影响的数据，进而对随机现象的客观规律性做出合理的估计和推断，为决策提供依据的一门学科.本章介绍数理统计中的一些基本概念：总体、样本、统计量、三大统计分布以及正态总体条件下的抽样分布，这些内容是学习数理统计必需的基础知识.

二、本章知识结构图

```
                                ┌─────────────────┐
                         ┌──────│ 总体与个体        │
                         │      └─────────────────┘
                         │      ┌─────────────────┐
              ┌─────────┐├──────│ 总体与随机变量    │
         ┌────│ 简单随机样本 │      └─────────────────┘
         │    └─────────┘│      ┌─────────────────┐
         │               ├──────│ 样本（二重性）    │
         │               │      └─────────────────┘
         │               │      ┌─────────────────┐
         │               └──────│ 样本的概率分布    │
         │                      └─────────────────┘
         │                      ┌─────────────────┐
         │               ┌──────│ 样本均值          │
         │               │      └─────────────────┘
         │               │      ┌─────────────────┐
         │               ├──────│ 样本方差          │
 ┌─────┐ │    ┌─────────┐│      └─────────────────┘
 │数理 │ │    │ 常用统计量 │      ┌─────────────────┐
 │统计 ├─┼────┤         ├──────│ 样本标准差        │
 │的基 │ │    └─────────┘│      └─────────────────┘
 │本概 │ │               │      ┌─────────────────┐
 │念   │ │               ├──────│ 样本$k$阶原点矩   │
 └─────┘ │               │      └─────────────────┘
         │               │      ┌─────────────────┐
         │               └──────│ 样本$k$阶中心矩   │
         │                      └─────────────────┘
         │                      ┌─────────────┐
         │               ┌──────│ $\chi^2$分布 │
         │    ┌─────────┐│      └─────────────┘
         ├────│ 三大分布  ├──────│ $t$分布      │
         │    └─────────┘│      └─────────────┘
         │               └──────│ $F$分布      │
         │                      └─────────────┘
         │                              ┌──────────────────────────┐
         │    ┌──────────────────┐┌─────│ 单个正态总体条件下的抽样分布 │
         └────│ 正态总体条件下的抽样分布 ├┤     └──────────────────────────┘
              └──────────────────┘└─────│ 两个正态总体条件下的抽样分布 │
                                        └──────────────────────────┘
```

6.1 引 言

本节要点:本节概述数理统计的思想方法和研究内容.

6.1.1 数理统计的思想方法

从理论上讲,只要对随机现象进行足够多次的观察,一定能发现其规律性.但实际上,人们常常无法对所研究对象的全体进行观察,而只能选取具有代表性的一小部分(即样本)来进行试验,利用试验数据提供的局部信息对整体(即总体)的特性进行合理的推断.这种由样本来推断总体的方法实际上是由特殊到一般的归纳推理方法,即**统计的研究方法**.

数理统计讨论问题的出发点是试验数据,它的任务是通过对具有代表性的局部数据,即样本的分析来推断总体的特性.具体地,数理统计的基本思想是:

(1) 确定一个客观存在的总体;

(2) 得到上述总体的一个样本;

(3) 根据样本得出的数据来推断总体的某些特性.

6.1.2 数理统计的研究内容

数理统计的研究内容十分丰富,大体上可分为收集数据和统计推断两个方面.

1. 收集数据

数理统计的出发点是数据,如何对随机现象进行试验,以便获得能够很好地反映整体情况的局部数据是数理统计研究内容的一个方面.收集数据的内容包括抽样技术、试验设计等.

2. 统计推断

统计推断是数理统计的核心部分,它研究如何对收集到的局部数据进行整理、分析,并对所考察的对象的整体特性做出尽可能准确可信的估计和推测.统计推断的内容归纳如下:

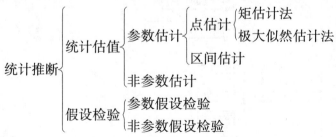

6.2 　总体与样本

本节要点:本节介绍总体、个体和样本的概念,以及样本的二重性和样本的分布.

6.2.1　总体

试验是科学研究的根本方法之一,数理统计中的试验都是抽样试验,总体与样本则是抽样试验中最常用的两个基本概念.

一般而言,把研究对象的全体所组成的集合称为**总体**,总体中的每个元素称为**个体**.但在数理统计中,我们常常关心的是研究对象的某个数量指标 X(如某大学一年级全体学生的身高),它是一个随机变量.因此,总体又是指研究对象的某个数量指标 X 的全部可能取值,个体就是其中的一个具体值.随机变量 X 的分布完全描述了该数量指标的分布情况.

今后凡提到总体就是指一个随机变量 X,统称为总体 X.随机变量 X 的分布函数和数字特征就称为总体的分布函数和数字特征.总之,对总体 X 与随机变量 X 不加以区别.例如,当总体分布为正态分布时,称总体为正态总体,记作 $X \sim N(\mu, \sigma^2)$.

若总体中含有有限个元素,则称为**有限总体**;否则,称为**无限总体**.当研究的数量指标不止一个(如学生的身高、体重)时,可将其用多维总体(如 (X, Y))来表示.

6.2.2　简单随机样本

从总体中抽取若干个体的过程叫作**抽样**,也就是对总体进行若干次试验,并记录其结果.被抽出的若干个体,叫作总体的一个**样本**,样本中所含个体的数量叫作**样本容量**.

抽样的目的是为了获取样本以推断总体 X 的性质.那么如何抽样才能获得好的样本呢?一般说来,选取的样本应具有和总体相似的结构,为此我们常常采用在完全相似的条件下,对总体进行 n 次独立重复试验的方法来抽样,抽样要满足以下两个条件.

(1)随机性:每次抽取时,总体中的每一个个体被抽到的可能性相等;

(2)独立性:每次抽取的结果互不影响.

满足以上两个条件的抽样称为**简单随机抽样**,由此得到的样本称为**简单随机样本**.本书中所提到的样本,均指简单随机样本.

简单随机样本可用与总体同分布的 n 个相互独立的随机变量 $X_1, X_2, \cdots, X_n$ 来表示,我们有如下定义.

定义 6.2.1　设随机变量 $X_1, X_2, \cdots, X_n$ 相互独立,且与总体 X 具有相同的分布,则称 $X_1, X_2, \cdots, X_n$ 为来自总体 X 的**简单随机样本**,简称**样本**.

样本具有**二重性**:一方面,由于样本是从总体中随机抽取的,抽取前无法预知会抽到哪些个体,因此样本是随机变量,用大写字母 $X_1, X_2, \cdots, X_n$ 表示;另一方面,样本在抽取以后经观测就会得到具体的数据,因此样本又是一组数值,用小写字母 $x_1, x_2, \cdots, x_n$ 表示,又称为 $X_1, X_2, \cdots, X_n$ 的**样本值**.

设总体 X 的分布函数为 $F(x)$，$X_1,X_2,\cdots,X_n$ 是来自总体 X 的一个样本,由样本的独立性,可知其联合分布函数为

$$F(x_1,x_2,\cdots,x_n)=\prod_{i=1}^{n}F(x_i).\tag{6.2.1}$$

若总体 X 是离散型随机变量,其分布律为 $P\{X=x_i\}=p(x_i)(i=1,2,\cdots)$,则样本 X_1, $X_2,\cdots,X_n$ 的联合分布律为

$$P\{X_1=x_1,X_2=x_2,\cdots,X_n=x_n\}=\prod_{i=1}^{n}p(x_i).\tag{6.2.2}$$

若总体 X 是连续型随机变量,其概率密度为 $f(x)$,则样本 $X_1,X_2,\cdots,X_n$ 的联合概率密度为

$$f(x_1,x_2,\cdots,x_n)=\prod_{i=1}^{n}f(x_i).\tag{6.2.3}$$

例 6.2.1 设总体 $X\sim P(\lambda)$，$X_1,X_2,\cdots,X_n$ 是来自总体 X 的一个样本,求样本 X_1, $X_2,\cdots,X_n$ 的联合分布律.

解 由 $X\sim P(\lambda)$,得 X 的分布律为

$$P\{X=x\}=\frac{\lambda^x}{x!}\mathrm{e}^{-\lambda}\quad(x=0,1,2,\cdots),$$

则样本 $X_1,X_2,\cdots,X_n$ 的联合分布律为

$$P\{X_1=x_1,X_2=x_2,\cdots,X_n=x_n\}=\prod_{i=1}^{n}\frac{\lambda^{x_i}}{x_i!}\mathrm{e}^{-\lambda}=\mathrm{e}^{-n\lambda}\frac{\lambda^{\sum\limits_{i=1}^{n}x_i}}{\prod\limits_{i=1}^{n}x_i!}.$$

例 6.2.2 设总体 $X\sim E(\lambda)$，$X_1,X_2,\cdots,X_n$ 是来自总体 X 的一个样本,求样本 X_1, $X_2,\cdots,X_n$ 的联合概率密度.

例 6.2.2

解 因为 $X\sim E(\lambda)$,所以 X 的概率密度为

$$f(x)=\begin{cases}\lambda\mathrm{e}^{-\lambda x},&x\geqslant 0,\\0,&x<0,\end{cases}$$

从而样本 $X_1,X_2,\cdots,X_n$ 的联合概率密度为

$$f(x_1,x_2,\cdots,x_n)=\prod_{i=1}^{n}f(x_i)=\begin{cases}\lambda^n\exp\left\{-\lambda\sum\limits_{i=1}^{n}x_i\right\},&x_i\geqslant 0,\\0,&\text{其他}\end{cases}\quad(i=1,2,\cdots,n).$$

同步习题 6.2

1. 设 $X_1,X_2,\cdots,X_6$ 是来自总体 $X\sim U(0,\theta)(\theta>0)$ 的一个样本,求样本的联合概率密度.

2. 设总体 X 的分布律如表 6.1 所示,观察样本容量为 4 的样本 X_1,X_2,X_3,X_4,样本值为 1,3,1,2,求样本 X_1,X_2,X_3,X_4 的联合分布律.

表 6.1

X	1	2	3
P	θ^2	$2\theta(1-\theta)$	$(1-\theta)^2$

3. 设 $X_1, X_2, \cdots, X_n$ 是来自总体 X 的一个样本, 总体 X 服从参数为 p 的几何分布, 即 $P\{X = x\} = p(1-p)^{x-1}(x = 1, 2, \cdots; 0 < p < 1)$, 求样本 $X_1, X_2, \cdots, X_n$ 的联合分布律.

4. 设 $X_1, X_2, \cdots, X_n$ 是来自总体 $X \sim B(10, p)$ 的一个样本, 求样本 $X_1, X_2, \cdots, X_n$ 的联合分布律.

5. 设 X_1, X_2, X_3 是来自总体 $X \sim N(\mu, \sigma^2)$ 的一个样本, 求样本 X_1, X_2, X_3 的联合概率密度.

6.3　统　计　量

本节要点: 本节介绍统计量的定义, 以及常用的统计量及其数字特征.

6.3.1　统计量的定义

样本是总体的代表, 样本中含有总体各方面的信息, 但这些信息较为分散, 有时显得杂乱无章. 在实际应用中, 往往需要对样本进行数学上的加工, 最常用的加工方法就是构造样本的函数, 即统计量. 下面给出具体的定义.

定义 6.3.1　设 $X_1, X_2, \cdots, X_n$ 是来自总体 X 的一个样本, $g(X_1, X_2, \cdots, X_n)$ 是 $X_1, X_2, \cdots, X_n$ 的函数. 若 g 中不含任何未知参数, 则称 $g(X_1, X_2, \cdots, X_n)$ 是一个**统计量**.

例如, 若 $X_1, X_2, \cdots, X_n$ 是来自正态总体 $N(\mu, \sigma^2)$ 的一个样本, 其中参数 μ, σ 均未知, 则 $\sum_{i=1}^{n} X_i, \sum_{i=1}^{n} X_i^2, \min\{X_1, X_2, \cdots, X_n\}$ 是统计量, 而 $X_1 + 3\mu, \dfrac{X_1 - X_2}{\sigma}$ 不是统计量.

统计量是样本的函数. 由样本的二重性可知, 统计量也具有二重性. 在理论研究、分析推导的过程中, 统计量常以随机变量的形式出现; 在实际应用中, 随着样本的实现, 将样本值 $x_1, x_2, \cdots, x_n$ 代入统计量 $g(X_1, X_2, \cdots, X_n)$ 中, 可算出统计量的值 $g(x_1, x_2, \cdots, x_n)$, 称为 $g(X_1, X_2, \cdots, X_n)$ 的观察值.

6.3.2　常用的统计量

不同的统计量反映出总体的不同特征. 设 $X_1, X_2, \cdots, X_n$ 是来自总体 X 的一个样本, $x_1, x_2, \cdots, x_n$ 为相应的样本值, 常用的统计量有:

(1) **样本均值**

$$\overline{X} = \frac{1}{n} \sum_{i=1}^{n} X_i,$$

其观察值为 $\overline{x} = \dfrac{1}{n} \sum_{i=1}^{n} x_i.$

(2) **样本方差**

$$S^2 = \frac{1}{n-1} \sum_{i=1}^{n} (X_i - \overline{X})^2,$$

其观察值为 $s^2 = \dfrac{1}{n-1} \sum_{i=1}^{n} (x_i - \overline{x})^2.$

在参数估计中还常会遇到统计量

$$S_n^2 = \frac{1}{n} \sum_{i=1}^{n} (X_i - \overline{X})^2,$$

称为**未修正的样本方差**. 易见, 它与样本方差之间的关系为

$$S^2 = \frac{n}{n-1} S_n^2.$$

（3）**样本标准差**

$$S = \sqrt{S^2} = \sqrt{\frac{1}{n-1} \sum_{i=1}^{n} (X_i - \overline{X})^2},$$

其观察值为 $s = \sqrt{\dfrac{1}{n-1} \sum\limits_{i=1}^{n} (x_i - \overline{x})^2}$.

（4）**样本 k 阶原点矩**

$$A_k = \frac{1}{n} \sum_{i=1}^{n} X_i^k \quad (k = 1, 2, \cdots),$$

其观察值为 $a_k = \dfrac{1}{n} \sum\limits_{i=1}^{n} x_i^k (k = 1, 2, \cdots)$.

（5）**样本 k 阶中心矩**

$$B_k = \frac{1}{n} \sum_{i=1}^{n} (X_i - \overline{X})^k \quad (k = 1, 2, \cdots),$$

其观察值为 $b_k = \dfrac{1}{n} \sum\limits_{i=1}^{n} (x_i - \overline{x})^k (k = 1, 2, \cdots)$.

上述统计量统称为**样本的矩统计量**, 简称**样本矩**. 显然, 样本均值 $\overline{X}$ 为样本一阶原点矩 A_1, 未修正的样本方差 S_n^2 为样本二阶中心矩 B_2.

（6）设 $X_1, X_2, \cdots, X_n$ 是来自总体 X 的一个样本, 将样本中的各分量按其观察值由小到大的顺序重新排列成

$$X_{(1)} \leqslant X_{(2)} \leqslant \cdots \leqslant X_{(n)},$$

则称 $X_{(1)}, X_{(2)}, \cdots, X_{(n)}$ 为**顺序统计量**, $X_{(i)}$ 称为第 i 个顺序统计量. 特别地, $X_{(1)}$ 和 $X_{(n)}$ 分别称为**最小顺序统计量**和**最大顺序统计量**, 即

$$X_{(1)} = \min\{X_1, X_2, \cdots, X_n\}, \quad X_{(n)} = \max\{X_1, X_2, \cdots, X_n\}.$$

例 6.3.1 设抽样得到的样本值为

$$9.8, \quad 10.0, \quad 10.2, \quad 9.7, \quad 10.3,$$

求样本均值、样本方差和样本标准差的观察值.

解 样本均值的观察值为

$$\overline{x} = \frac{1}{n} \sum_{i=1}^{n} x_i = \frac{1}{5}(9.8 + 10.0 + 10.2 + 9.7 + 10.3) = 10.0,$$

样本方差的观察值为

$$s^2 = \frac{1}{n-1} \sum_{i=1}^{n} (x_i - \overline{x})^2 = \frac{1}{5-1} \times \big[(9.8 - 10.0)^2 + (10.0 - 10.0)^2 + (10.2 - 10.0)^2$$

$$+ (9.7 - 10.0)^2 + (10.3 - 10.0)^2\big] = 0.065,$$

样本标准差的观察值为

$$s = \sqrt{0.065} \approx 0.255.$$

例 6.3.2 证明：对于任何总体 X，都有

(1) $E(\overline{X}) = E(X), D(\overline{X}) = \dfrac{1}{n} D(X)$；

(2) $E(S^2) = D(X)$.

例 6.3.2

证 设 $X_1, X_2, \cdots, X_n$ 是来自总体 X 的一个样本，则 $X_1, X_2, \cdots, X_n$ 相互独立，且与总体 X 同分布，因此

$$E(X_i) = E(X), \quad D(X_i) = D(X), \quad E(X_i^2) = E(X^2) = D(X) + [E(X)]^2 \quad (i = 1, 2, \cdots, n).$$

(1) 由数学期望的性质可得

$$E(\overline{X}) = E\left(\frac{1}{n} \sum_{i=1}^{n} X_i\right) = \frac{1}{n} \sum_{i=1}^{n} E(X_i) = \frac{1}{n} \cdot n \cdot E(X) = E(X),$$

由 $X_1, X_2, \cdots, X_n$ 相互独立及方差的性质可得

$$D(\overline{X}) = D\left(\frac{1}{n} \sum_{i=1}^{n} X_i\right) = \frac{1}{n^2} \sum_{i=1}^{n} D(X_i) = \frac{1}{n^2} \cdot n \cdot D(X) = \frac{1}{n} D(X).$$

$$\begin{aligned}
(2) \ E(S^2) &= E\left[\frac{1}{n-1} \sum_{i=1}^{n} (X_i - \overline{X})^2\right] = \frac{1}{n-1} E\left(\sum_{i=1}^{n} X_i^2 - n\overline{X}^2\right) \\
&= \frac{1}{n-1} \sum_{i=1}^{n} E(X_i^2) - \frac{n}{n-1} E(\overline{X}^2) \\
&= \frac{1}{n-1} \sum_{i=1}^{n} \{D(X) + [E(X)]^2\} - \frac{n}{n-1} \{D(\overline{X}) + [E(\overline{X})]^2\} \\
&= \frac{1}{n-1} \{nD(X) + n[E(X)]^2\} - \frac{n}{n-1} \cdot \frac{D(X)}{n} - \frac{n}{n-1} [E(X)]^2 = D(X).
\end{aligned}$$

注 例 6.3.2 表明，样本均值的数学期望就是总体均值，样本均值的方差就是总体方差的 $\dfrac{1}{n}$，样本方差的数学期望就是总体方差，无论总体 X 服从什么分布，上述结论均成立. 例 6.3.2 的结论很重要，需要牢记.

同步习题 6.3

1. 设总体 $X \sim N(\mu, \sigma^2)$，其中 μ 已知，σ^2 未知，$X_1, X_2, \cdots, X_n$ 是来自总体 X 的样本.

(1) 下列样本函数中哪些是统计量？

$$X_1^2 + 3X_2 - X_3, \quad X_2 + \mu, \quad \min\{X_1, X_n\} + 2\sigma^2, \quad \sum_{i=1}^{n}\left(\frac{X_i}{\sigma}\right)^2, \quad \frac{\overline{X} - \mu}{2}, \quad \frac{(n-1)S^2}{\sigma^2}.$$

(2) 设从总体 X 中抽样得到的样本值为 $0, 1, 1$，求样本均值与样本方差.

2. 设 $X_1, X_2, \cdots, X_n$ 是来自总体 $X \sim B(n, p)$ 的样本，其中 p 未知.

(1) 下列样本函数中哪些是统计量？

$$\frac{X_1 + X_3 + X_5}{3}, \quad X_4 - p, \quad X_6 + E(X_1), \quad \max\{X_1, X_2, \cdots, X_n\}.$$

(2) 设从总体 X 中抽样得到的样本值为 $0.5, 1, 0.7, 0.6, 1, 1$，求样本均值、样本方差和样本标准差.

3. 设 $X_1, X_2, \cdots, X_n$ 是来自总体 X 的样本，求 X 分别服从下列分布时的 $E(\overline{X}), D(\overline{X}), E(S^2)$：

(1) $X \sim U(0, 2)$；　　(2) $X \sim B(1, p)$；　　(3) $X \sim E(\lambda)$.

6.4 抽样分布

本节要点:本节介绍统计分布中常用的一类数字特征 —— 分位数的定义,以及三大统计分布的构造及其性质.

6.4.1 分位数

在运用统计量对总体进行统计推断时,一般需要先明确统计量所服从的分布. 统计量的分布称为**抽样分布**(或**统计分布**). 在统计学中通常有三大统计分布:χ^2 分布、t 分布和 F 分布. 在学习三大统计分布之前,我们先介绍分位数的概念.

定义 6.4.1 设随机变量 X 的分布函数为 $F(x)$. 对于给定的实数 $\alpha(0<\alpha<1)$,若实数 x_α 满足

$$P\{X>x_\alpha\}=\alpha,\tag{6.4.1}$$

则称 x_α 为随机变量 X 的分布的**上(侧)α 分位数**.

当 X 是连续型随机变量时,设其概率密度为 $f(x)$,则有

$$\int_{x_\alpha}^{+\infty}f(x)\mathrm{d}x=\alpha,$$

如图 6.1 中阴影部分所示.

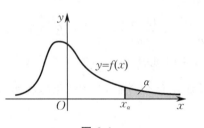

图 6.1

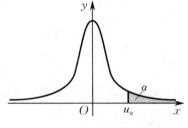

图 6.2

由于概率密度 $f(x)$ 具有规范性,因此

$$F(x_\alpha)=P\{X\leqslant x_\alpha\}=1-\alpha.$$

标准正态分布 $N(0,1)$ 的上 α 分位数通常记作 u_α(见图 6.2),则 u_α 满足

$$\Phi(u_\alpha)=1-\alpha.\tag{6.4.2}$$

一般来说,直接求解上 α 分位数 x_α 和对应的概率 α 是很困难的. 本书附表中给出了一些常见统计分布的分布函数值表和上 α 分位数表,通过查表,可以很方便地得到上 α 分位数的值和对应的概率.

例如,对于给定的 α,由式(6.4.2)并查附表 2 可得到 u_α 的值,而一般的正态分布可通过标准化将它化为标准正态分布来考虑.

例 6.4.1 求标准正态分布的上 α 分位数 $u_{0.05}$ 和 $u_{0.9}$.

解 因为 $\Phi(u_{0.05})=1-0.05=0.95$,所以查附表 2 可得

$$u_{0.05}=1.645.$$

而 $\Phi(u_{0.9})=1-0.9=0.1<0.5$,在附表 2 中查不到. 考虑

$$\Phi(-u_{0.9})=1-\Phi(u_{0.9})=0.9,$$

查附表 2 得

$$u_{0.9} \approx -1.28.$$

例 6.4.2 某校全体高一学生参加某科目的模拟考试,考试成绩(百分制)X 可以看作服从数学期望为 45、标准差为 10 的正态分布,即 $X \sim N(45,10^2)$. 现从全体考生中随机抽出一人,求其得分在 63 分以上的概率.

解 在将 X 标准化后的标准正态分布中,易知此时的上 α 分位数为

$$u_{\alpha} = \frac{63-45}{10} = \frac{18}{10} = 1.8,$$

查附表 2 可得 $\Phi(1.8)=0.964\,1$,故所求概率为

$$P\{X>63\}=1-\Phi(1.8)=1-0.964\,1=0.035\,9.$$

因此,从全体考生中随机抽出一人,其得分在 63 分以上的概率为 3.59%.

6.4.2 三大统计分布

1. χ^2 分布

定义 6.4.2 设 $X_1,X_2,\cdots,X_n$ 是来自总体 $N(0,1)$ 的样本,则称随机变量

$$X = X_1^2 + X_2^2 + \cdots + X_n^2 \tag{6.4.3}$$

服从**自由度为 n 的 χ^2 分布**,记作 $X \sim \chi^2(n)$.

上述定义中,自由度是指式(6.4.3)右边包含的相互独立的随机变量的个数.

若随机变量 $X \sim \chi^2(n)$,则其概率密度为

$$f(x) = \begin{cases} \dfrac{1}{2^{\frac{n}{2}} \Gamma\left(\dfrac{n}{2}\right)} x^{\frac{n}{2}-1} \mathrm{e}^{-\frac{x}{2}}, & x>0, \\ 0, & x \leqslant 0, \end{cases}$$

其中伽马函数 $\Gamma(\alpha)=\displaystyle\int_0^{+\infty} x^{\alpha-1}\mathrm{e}^{-x}\mathrm{d}x\,(\alpha>0)$. χ^2 分布的概率密度曲线如图 6.3 所示,其形状与 n 有关.

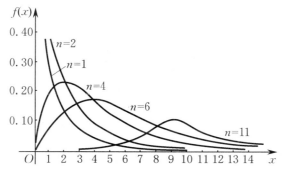

图 6.3

χ^2 分布具有以下性质.

(1) 若 $X \sim \chi^2(n)$, 则有
$$E(X) = n, \quad D(X) = 2n.$$

(2) (**可加性**)　若 $X \sim \chi^2(m)$, $Y \sim \chi^2(n)$, 且 X 与 Y 相互独立, 则有
$$X + Y \sim \chi^2(m+n).$$

设随机变量 $X \sim \chi^2(n)$. 对于给定的 $\alpha(0 < \alpha < 1)$, 称满足条件
$$P\{X > \chi_\alpha^2(n)\} = \int_{\chi_\alpha^2(n)}^{+\infty} f(x)\mathrm{d}x = \alpha \tag{6.4.4}$$
的数 $\chi_\alpha^2(n)$ 为 $\chi^2(n)$ 分布的上 α 分位数(见图 6.4).

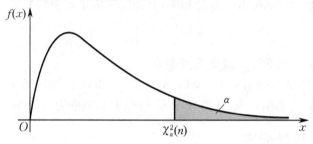

图 6.4

对于不同的 α, n, 可以从附表 3 中查得上 α 分位数 $\chi_\alpha^2(n)$ 的值.

例如, 对于 $\alpha = 0.01$, $n = 30$, 查表得 $\chi_{0.01}^2(30) = 50.89$. 但该表只详列到 $n = 30$. 当自由度 n 充分大时, χ^2 分布可以近似看作正态分布, 此时有
$$\chi_\alpha^2(n) \approx \frac{1}{2}(u_\alpha + \sqrt{2n-1})^2, \tag{6.4.5}$$
其中 u_α 是标准正态分布 $N(0,1)$ 的上 α 分位数.

例如, 对于 $\alpha = 0.01$, $n = 100$, 由式(6.4.5)及附表 2 可得
$$\chi_{0.01}^2(100) \approx \frac{1}{2}(2.33 + \sqrt{199})^2 \approx 135.083.$$

例 6.4.3　设 $X_1, X_2, \cdots, X_{10}$ 是来自正态总体 $X \sim N(0, 0.3^2)$ 的一个样本, 求 $P\{\sum_{i=1}^{10} X_i^2 > 1.44\}$.

解　因为 $X_i \sim N(0, 0.3^2)$ 且相互独立, 所以 $\dfrac{X_i}{0.3} \sim N(0,1)$ 且相互独立 $(i = 1, 2, \cdots, 10)$. 由 χ^2 分布的定义知
$$Y = \sum_{i=1}^{10} \left(\frac{X_i}{0.3}\right)^2 \sim \chi^2(10),$$
因此
$$P\left\{\sum_{i=1}^{10} X_i^2 > 1.44\right\} = P\left\{\sum_{i=1}^{10} \left(\frac{X_i}{0.3}\right)^2 > \frac{1.44}{0.3^2}\right\} = P\{Y > 16\} = \alpha.$$
由 χ^2 分布的上 α 分位数的定义可知 $\chi_\alpha^2(10) = 16$, 查附表 3 得 $\alpha \approx 0.1$.

例 6.4.4　设 $X_1, X_2, \cdots, X_6$ 是来自正态总体 $X \sim N(0, 4)$ 的样本, 求常数 a, b, c 的值, 使得 $Y = aX_1^2 + b(X_2 + X_3)^2 + c(X_4 + X_5 + X_6)^2$ 服从 χ^2 分布, 并求自由度 n.

解 由题意可知,$X_i \sim N(0,4)$,且 $X_i(i=1,2,\cdots,6)$ 之间相互独立.故有

$$X_1 \sim N(0,4), \quad \frac{X_1}{2} \sim N(0,1),$$

$$X_2 + X_3 \sim N(0,8), \quad \frac{X_2 + X_3}{\sqrt{8}} \sim N(0,1),$$

$$X_4 + X_5 + X_6 \sim N(0,12), \quad \frac{X_4 + X_5 + X_6}{\sqrt{12}} \sim N(0,1),$$

且 $\dfrac{X_1}{2}, \dfrac{X_2 + X_3}{\sqrt{8}}, \dfrac{X_4 + X_5 + X_6}{\sqrt{12}}$ 相互独立.由 χ^2 分布的定义可知

$$\left(\frac{X_1}{2}\right)^2 + \left(\frac{X_2 + X_3}{\sqrt{8}}\right)^2 + \left(\frac{X_4 + X_5 + X_6}{\sqrt{12}}\right)^2 \sim \chi^2(3),$$

即当 $a = \dfrac{1}{4}, b = \dfrac{1}{8}, c = \dfrac{1}{12}$ 时,Y 服从 χ^2 分布,自由度 $n=3$.

2. t 分布

定义 6.4.3 设随机变量 $X \sim N(0,1), Y \sim \chi^2(n)$,且 X 与 Y 相互独立,则称随机变量

$$T = \frac{X}{\sqrt{Y/n}} \tag{6.4.6}$$

服从**自由度为 n 的 t 分布**,记作 $T \sim t(n)$.

若随机变量 $T \sim t(n)$,则其概率密度为

$$f(x) = \frac{\Gamma\left(\dfrac{n+1}{2}\right)}{\sqrt{n\pi}\,\Gamma\left(\dfrac{n}{2}\right)} \left(1 + \frac{x^2}{n}\right)^{-\frac{n+1}{2}} \quad (-\infty < x < +\infty).$$

t 分布的概率密度曲线关于 $x = 0$ 对称,如图 6.5 所示.

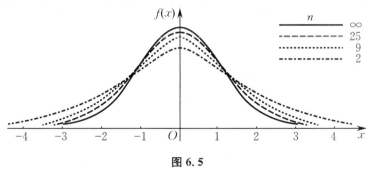

图 6.5

当 n 充分大时,其图形类似于标准正态随机变量的概率密度曲线.事实上,利用 Γ 函数的性质可得

$$\lim_{n \to \infty} f(x) = \frac{1}{\sqrt{2\pi}} e^{-\frac{x^2}{2}} \quad (-\infty < x < +\infty),$$

故当 n 足够大时,t 分布近似于标准正态分布.一般地,当 $n > 30$ 时,就可以认为两者相差无几

了. 但对于较小的 n，两者相差较大（见附表 2 与附表 4）.

设随机变量 $T \sim t(n)$. 对于给定的 $\alpha(0 < \alpha < 1)$，称满足条件

$$P\{T > t_\alpha(n)\} = \int_{t_\alpha(n)}^{+\infty} f(x)\mathrm{d}x = \alpha \tag{6.4.7}$$

的数 $t_\alpha(n)$ 为 $t(n)$ 分布的上 α 分位数（见图 6.6）.

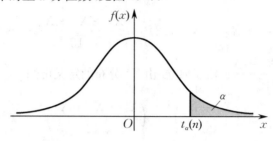

图 6.6

因为 t 分布的概率密度是偶函数，所以有

$$t_\alpha(n) = -t_{1-\alpha}(n). \tag{6.4.8}$$

对于不同的 α, n, t 分布的上 α 分位数 $t_\alpha(n)$ 的值可以从附表 4 中查到. 当 α 较大（接近于 1）时，可由式（6.4.8）求出 $t_\alpha(n)$ 的值. 例如，

$$t_{0.05}(12) = 1.782, \quad t_{0.99}(20) = -t_{0.01}(20) = -2.528.$$

由于 t 分布的极限分布是标准正态分布，因此在实际应用中，当 n 充分大时，有

$$t_\alpha(n) \approx u_\alpha.$$

例 6.4.5 设随机变量 X_1, X_2, X_3, X_4, X_5 相互独立，且均服从标准正态分布 $N(0,1)$. 求常数 c 的值，使得

$$Y = \frac{c(X_1 + X_2)}{\sqrt{X_3^2 + X_4^2 + X_5^2}} \sim t(3).$$

解 由题意可知，$X_i \sim N(0,1)$，且 $X_i(i = 1,2,3,4,5)$ 之间相互独立. 故有

$$X_1 + X_2 \sim N(0,2), \quad \frac{X_1 + X_2}{\sqrt{2}} \sim N(0,1), \quad X_3^2 + X_4^2 + X_5^2 \sim \chi^2(3),$$

且 $\dfrac{X_1 + X_2}{\sqrt{2}}, X_3^2 + X_4^2 + X_5^2$ 相互独立. 由 t 分布的定义可知

$$\frac{(X_1 + X_2)/\sqrt{2}}{\sqrt{(X_3^2 + X_4^2 + X_5^2)/3}} \sim t(3),$$

即

$$\frac{\dfrac{\sqrt{6}}{2}(X_1 + X_2)}{\sqrt{X_3^2 + X_4^2 + X_5^2}} \sim t(3),$$

故 $c = \dfrac{\sqrt{6}}{2}$.

3. F 分布

定义 6.4.4 设随机变量 $X \sim \chi^2(m), Y \sim \chi^2(n)$，且 X 与 Y 相互独立，则称随机变量

$$F = \frac{X/m}{Y/n} \qquad (6.4.9)$$

服从**自由度为**(m,n)**的** F **分布**,记作 $F \sim F(m,n)$.

若随机变量 $F \sim F(m,n)$,则其概率密度为

$$f(x) = \begin{cases} \dfrac{\Gamma\left(\dfrac{m+n}{2}\right)}{\Gamma\left(\dfrac{m}{2}\right)\Gamma\left(\dfrac{n}{2}\right)} m^{\frac{m}{2}} n^{\frac{n}{2}} \dfrac{x^{\frac{m}{2}-1}}{(mx+n)^{\frac{m+n}{2}}}, & x > 0, \\ 0, & x \leqslant 0. \end{cases}$$

F 分布的概率密度曲线如图 6.7 所示.

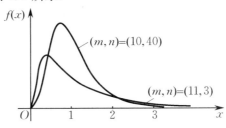

图 6.7

由定义 6.4.4 可知,若 $F \sim F(m,n)$,则

$$\frac{1}{F} \sim F(n,m). \qquad (6.4.10)$$

设随机变量 $F \sim F(m,n)$. 对于给定的 $\alpha(0 < \alpha < 1)$,称满足条件

$$P\{F > F_\alpha(m,n)\} = \int_{F_\alpha(m,n)}^{+\infty} f(x)\mathrm{d}x = \alpha \qquad (6.4.11)$$

的数 $F_\alpha(m,n)$ 为 $F(m,n)$ 分布的上 α 分位数(见图 6.8).

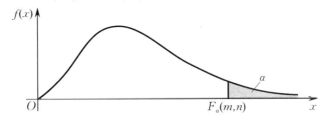

图 6.8

由式(6.4.10)可知,F 分布的上 α 分位数有如下性质:

$$F_\alpha(m,n) = \frac{1}{F_{1-\alpha}(n,m)}. \qquad (6.4.12)$$

对于不同的 m,n,F 分布的上 α 分位数的值可以从附表 5 中查到. 当 α 较大(接近于 1)时,可由式(6.4.12)求出 $F_\alpha(m,n)$ 的值. 例如,

$$F_{0.05}(10,8) = 3.35, \quad F_{0.95}(12,9) = \frac{1}{F_{0.05}(9,12)} = \frac{1}{2.80} \approx 0.357.$$

χ^2 分布、t 分布与 F 分布都是从正态总体中衍生出来的,统称为统计学的三大分布. 它们在正态总体的统计推断中起着重要的作用,许多常用统计量的分布都与这三大统计分布有关.

例 6.4.6　设随机变量 $T \sim t(n)$,证明:$T^2 \sim F(1,n)$.

例 6.4.6

证　设 $T = \dfrac{X}{\sqrt{Y/n}}$，其中 $X \sim N(0,1)$，$Y \sim \chi^2(n)$，且 X 与 Y 相互独立，于是

$$T^2 = \frac{X^2}{Y/n}.$$

而 $X^2 \sim \chi^2(1)$，且 X^2 与 Y 相互独立，所以 $T^2 \sim F(1,n)$.

同步习题 6.4

1. 设总体 $X \sim \chi^2(n)$，$X_1, X_2, \cdots, X_n$ 是来自总体 X 的样本，则下列选项中正确的是(　　).

A. $E(\overline{X}) = 1, D(\overline{X}) = 2$ 　　　　　B. $E(\overline{X}) = n, D(\overline{X}) = 2n$

C. $E(\overline{X}) = \dfrac{1}{n}, D(\overline{X}) = n$ 　　　　D. $E(\overline{X}) = n, D(\overline{X}) = 2$

2. 设随机变量 $X \sim \chi^2(10)$，$Y \sim \chi^2(15)$，且 X 与 Y 相互独立，则 $X + Y \sim$ _____，$E(X) =$ _____，$D(Y) =$ _____.

3. 求标准正态分布的下列上 α 分位数：

$$u_{0.1}, \quad u_{0.025}, \quad u_{0.95}, \quad u_{0.99}.$$

4. 求 χ^2 分布的下列上 α 分位数：

$$\chi^2_{0.95}(10), \quad \chi^2_{0.05}(10), \quad \chi^2_{0.99}(5), \quad \chi^2_{0.01}(5).$$

5. 求 t 分布的下列上 α 分位数：

$$t_{0.05}(3), \quad t_{0.01}(5), \quad t_{0.90}(18), \quad t_{0.975}(10).$$

6. 求 F 分布的下列上 α 分位数：

$$F_{0.01}(3,7), \quad F_{0.05}(4,6), \quad F_{0.95}(4,6), \quad F_{0.99}(3,7).$$

7. 设总体 $X \sim N(0,1)$，$X_1, X_2, \cdots, X_6$ 是来自总体 X 的样本. 令

$$Y = (X_1 + X_2 + X_3)^2 + (X_4 + X_5 + X_6)^2,$$

试求常数 c 的值，使得随机变量 cY 服从 $\chi^2(n)$ 分布，并求自由度 n.

8. 设随机变量 $X \sim N(\mu, \sigma^2)$，$\dfrac{Y}{\sigma^2} \sim \chi^2(n)$，且 X 与 Y 相互独立，证明：

$$T = \frac{\overline{X} - \mu}{\sqrt{Y/n}} \sim t(n).$$

9. 设随机变量 X 与 Y 相互独立，且均服从正态分布 $N(0,3^2)$，$X_1, X_2, \cdots, X_9$ 与 $Y_1, Y_2, \cdots, Y_9$ 分别是来自总体 X 和 Y 的样本，证明：

$$\frac{X_1 + X_2 + \cdots + X_9}{\sqrt{Y_1^2 + Y_2^2 + \cdots + Y_9^2}} \sim t(9).$$

10. 设 X_1, X_2 是来自总体 $X \sim N(0,1)$ 的样本，证明：

$$\frac{(X_1 + X_2)^2}{(X_1 - X_2)^2} \sim F(1,1).$$

6.5　正态总体条件下的抽样分布

本节要点：本节介绍单个正态总体条件下的抽样分布定理，以及两个正态总体条件下的抽样分布定理.

6.5.1　单个正态总体条件下的抽样分布

我们知道,若总体 X 的数学期望为 μ,方差为 σ^2,$X_1,X_2,\cdots,X_n$ 是来自总体 X 的样本,$\overline{X}$ 与 S^2 分别为样本均值与样本方差,则无论 X 服从什么分布,均有

$$E(\overline{X})=\mu, \quad D(\overline{X})=\frac{\sigma^2}{n}.$$

对于正态总体 $N(\mu,\sigma^2)$,有以下定理.

⬛ 定理 6.5.1　设 $X_1,X_2,\cdots,X_n$ 是来自正态总体 $X\sim N(\mu,\sigma^2)$ 的样本,$\overline{X}$ 与 S^2 分别为样本均值与样本方差,则有

(1) $\overline{X}\sim N\left(\mu,\dfrac{\sigma^2}{n}\right)$;

(2) $\dfrac{(n-1)S^2}{\sigma^2}\sim \chi^2(n-1)$;

(3) $\overline{X}$ 与 S^2 相互独立.

证明略.

定理 6.5.1 是关于正态总体的样本均值 $\overline{X}$ 与样本方差 S^2 的基础性定理.结合统计学的三大分布,便可以构造出一些重要的统计量,使之服从确定的已知分布.

⬛ 定理 6.5.2　设 $X_1,X_2,\cdots,X_n$ 是来自正态总体 $X\sim N(\mu,\sigma^2)$ 的样本,$\overline{X}$ 与 S^2 分别为样本均值与样本方差,则有

(1) $U=\dfrac{\overline{X}-\mu}{\sigma/\sqrt{n}}\sim N(0,1)$;

(2) $T=\dfrac{\overline{X}-\mu}{S/\sqrt{n}}\sim t(n-1)$.

证　(1) 可由定理 6.5.1(1) 直接推出.

(2) 因为 $\dfrac{\overline{X}-\mu}{\sigma/\sqrt{n}}\sim N(0,1)$,$\dfrac{(n-1)S^2}{\sigma^2}\sim \chi^2(n-1)$,且两者相互独立,则由 t 分布的定义可知

$$\frac{\overline{X}-\mu}{\sigma/\sqrt{n}}\bigg/\sqrt{\frac{(n-1)S^2}{\sigma^2\cdot(n-1)}}\sim t(n-1),$$

化简得

$$T=\frac{\overline{X}-\mu}{S/\sqrt{n}}\sim t(n-1).$$

定理 6.5.1 和定理 6.5.2 为讨论单个正态总体参数的置信区间和假设检验提供了合适的统计量,在数理统计中具有重要意义.

例 6.5.1　设总体 $X\sim N(12,4)$,X_1,X_2,X_3,X_4,X_5 是来自总体 X 的样本,求样本均值与总体均值之差的绝对值大于 1 的概率.

解　由题意得 $\overline{X}\sim N\left(12,\dfrac{4}{5}\right)$,故所求概率为

$$P\{|\overline{X}-12|>1\}=P\{\overline{X}>13\}+P\{\overline{X}<11\}=1-\Phi\left(\frac{13-12}{\sqrt{4/5}}\right)+\Phi\left(\frac{11-12}{\sqrt{4/5}}\right)$$

$$\approx 1-\Phi(1.12)+\Phi(-1.12)=2[1-\Phi(1.12)]$$

$$=0.262\ 8.$$

例 6.5.2 在总体 $X \sim N(\mu,\sigma^2)$ 中抽取一个样本容量为 16 的样本,S^2 为样本方差,求 $P\left\{\dfrac{S^2}{\sigma^2}\leqslant 2.04\right\}$.

解 由定理 6.5.1 得

例 6.5.2

$$Y=\frac{(n-1)S^2}{\sigma^2}=\frac{15S^2}{\sigma^2}\sim\chi^2(15),$$

故

$$P\left\{\frac{S^2}{\sigma^2}\leqslant 2.04\right\}=P\left\{\frac{15S^2}{\sigma^2}\leqslant 15\times 2.04\right\}=P\{Y\leqslant 30.6\}=1-P\{Y>30.6\}.$$

记 $P\{Y>30.6\}=\alpha$,由 χ^2 分布的上 α 分位数的定义可知 $\chi_\alpha^2(15)=30.6$,查附表 3 得 $\alpha\approx 0.01$,于是所求概率为

$$P\left\{\frac{S^2}{\sigma^2}\leqslant 2.04\right\}\approx 1-\alpha=0.99.$$

6.5.2 两个正态总体条件下的抽样分布

定理 6.5.3 设 $X_1,X_2,\cdots,X_m$ 与 $Y_1,Y_2,\cdots,Y_n$ 分别是来自两个正态总体 $X\sim N(\mu_1,\sigma_1^2)$ 与 $Y\sim N(\mu_2,\sigma_2^2)$ 的样本,且这两个样本相互独立,其样本均值分别为 $\overline{X}$ 与 $\overline{Y}$,样本方差分别为 S_1^2 与 S_2^2,则有

(1) $F=\dfrac{S_1^2/S_2^2}{\sigma_1^2/\sigma_2^2}\sim F(m-1,n-1)$;

(2) $\dfrac{\dfrac{1}{m}\sum\limits_{i=1}^{m}\left(\dfrac{X_i-\mu_1}{\sigma_1}\right)^2}{\dfrac{1}{n}\sum\limits_{i=1}^{n}\left(\dfrac{Y_i-\mu_2}{\sigma_2}\right)^2}\sim F(m,n)$;

(3) 当 $\sigma_1^2=\sigma_2^2=\sigma^2$ 时,

$$T=\frac{(\overline{X}-\overline{Y})-(\mu_1-\mu_2)}{S_w\sqrt{\dfrac{1}{m}+\dfrac{1}{n}}}\sim t(m+n-2),$$

其中 $S_w^2=\dfrac{(m-1)S_1^2+(n-1)S_2^2}{m+n-2}$.

证 (1) 由于 $\dfrac{(m-1)S_1^2}{\sigma_1^2}\sim\chi^2(m-1)$,$\dfrac{(n-1)S_2^2}{\sigma_2^2}\sim\chi^2(n-1)$,且两者相互独立,故由 F 分布的定义知

$$\frac{(m-1)S_1^2}{(m-1)\sigma_1^2}\bigg/\frac{(n-1)S_2^2}{(n-1)\sigma_2^2}=\frac{S_1^2/S_2^2}{\sigma_1^2/\sigma_2^2}\sim F(m-1,n-1).$$

（2）由 χ^2 分布的定义知 $\sum_{i=1}^{m}\left(\dfrac{X_i-\mu_1}{\sigma_1}\right)^2\sim\chi^2(m),\sum_{i=1}^{n}\left(\dfrac{Y_i-\mu_2}{\sigma_2}\right)^2\sim\chi^2(n)$，且两者相互独立，故由 F 分布的定义知

$$\dfrac{\dfrac{1}{m}\sum_{i=1}^{m}\left(\dfrac{X_i-\mu_1}{\sigma_1}\right)^2}{\dfrac{1}{n}\sum_{i=1}^{n}\left(\dfrac{Y_i-\mu_2}{\sigma_2}\right)^2}\sim F(m,n).$$

（3）因为 $\overline{X}\sim N\left(\mu_1,\dfrac{\sigma^2}{m}\right),\overline{Y}\sim N\left(\mu_2,\dfrac{\sigma^2}{n}\right)$，且两者相互独立，所以

$$\overline{X}-\overline{Y}\sim N\left(\mu_1-\mu_2,\dfrac{\sigma^2}{m}+\dfrac{\sigma^2}{n}\right),$$

则有

$$U=\dfrac{(\overline{X}-\overline{Y})-(\mu_1-\mu_2)}{\sigma\sqrt{\dfrac{1}{m}+\dfrac{1}{n}}}\sim N(0,1).$$

又因为 $\dfrac{(m-1)S_1^2}{\sigma^2}\sim\chi^2(m-1),\dfrac{(n-1)S_2^2}{\sigma^2}\sim\chi^2(n-1)$，且两者相互独立，所以由 χ^2 分布的可加性得

$$V=\dfrac{(m-1)S_1^2}{\sigma^2}+\dfrac{(n-1)S_2^2}{\sigma^2}\sim\chi^2(m+n-2).$$

综上，由 t 分布的定义知

$$\dfrac{U}{\sqrt{V/(m+n-2)}}=\dfrac{(\overline{X}-\overline{Y})-(\mu_1-\mu_2)}{S_w\sqrt{\dfrac{1}{m}+\dfrac{1}{n}}}\sim t(m+n-2).$$

例 6.5.3　设总体 $X\sim N(150,400),Y\sim N(125,625)$，且 X 与 Y 相互独立．现从两个总体中分别抽取样本容量为 5 的样本，样本均值分别为 $\overline{X},\overline{Y}$，求 $P\{\overline{X}-\overline{Y}\leqslant 0\}$．

解　因为

$$U=\dfrac{(\overline{X}-\overline{Y})-(\mu_1-\mu_2)}{\sqrt{\dfrac{\sigma_1^2}{n_1}+\dfrac{\sigma_2^2}{n_2}}}=\dfrac{(\overline{X}-\overline{Y})-25}{\sqrt{205}}\sim N(0,1),$$

所以

$$P\{\overline{X}-\overline{Y}\leqslant 0\}=P\left\{\dfrac{(\overline{X}-\overline{Y})-25}{\sqrt{205}}\leqslant-\dfrac{25}{\sqrt{205}}\right\}\approx P\{U\leqslant-1.75\}$$
$$=\Phi(-1.75)=1-\Phi(1.75)=0.0401.$$

同步习题 6.5

1．设 $X_1,X_2,\cdots,X_n$ 是来自正态总体 $X\sim N(\mu,\sigma^2)$ 的样本，则统计量 $\dfrac{(n-1)S^2}{\sigma^2}$ 服从（　　）分布．

A. $\chi^2(n-1)$　　　　B. $\chi^2(n)$　　　　C. $t(n-1)$　　　　D. $t(n)$

2. 设 $X_1,X_2,\cdots,X_n$ 是来自正态总体 $X \sim N(\mu,\sigma^2)$ 的样本,则统计量 $\dfrac{\overline{X}-\mu}{S/\sqrt{n}}$ 服从(　　)分布.

   A. $N(0,1)$ B. $t(n-1)$ C. $t(n)$ D. $\chi^2(n)$

3. 设总体 $X \sim N(0,\sigma^2)$,则服从 $t(n-1)$ 分布的随机变量是(　　).

   A. $\dfrac{\sqrt{n}\,\overline{X}}{S}$ B. $\dfrac{\sqrt{n-1}\,\overline{X}}{S}$ C. $\dfrac{\sqrt{n}\,\overline{X}}{S^2}$ D. $\dfrac{\sqrt{n-1}\,\overline{X}}{S^2}$

4. 设总体 $X \sim N(\mu,\sigma^2)$,$X_1,X_2,\cdots,X_n$ 是来自总体 X 的样本,S^2 为样本方差,求 $E(S^2)$ 和 $D(S^2)$.

5. 在总体 $X \sim N(12,2^2)$ 中随机抽取一个样本容量为 5 的样本 X_1,X_2,X_3,X_4,X_5,求
$$P\{\max\{X_1,X_2,X_3,X_4,X_5\} > 15\}.$$

6. 在总体 $X \sim N(80,20^2)$ 中随机抽取一个样本容量为 100 的样本,求样本均值与总体均值之差的绝对值大于 3 的概率.

7. 设总体 X 与 Y 都服从正态分布 $N(\mu,\sigma^2)$,且 X 与 Y 相互独立.$\overline{X}$ 是总体 X 的样本容量为 n 的样本均值,$\overline{Y}$ 是总体 Y 的样本容量为 n 的样本均值,试确定 n 的值,使得 $P\{|\overline{X}-\overline{Y}|>\sigma\}=0.01$.

8. 设总体 $X \sim N(\mu,\sigma_1^2)$,$Y \sim N(\mu,\sigma_2^2)$,且 X 与 Y 相互独立.$X_1,X_2,\cdots,X_m$ 是来自总体 X 的样本,其样本均值为 $\overline{X}$,样本方差为 S_1^2;$Y_1,Y_2,\cdots,Y_n$ 是来自总体 Y 的样本,其样本均值为 $\overline{Y}$,样本方差为 S_2^2.记 $Z = a\overline{X}+b\overline{Y}$,其中 $a=\dfrac{S_1^2}{S_1^2+S_2^2}$,$b=\dfrac{S_2^2}{S_1^2+S_2^2}$,求 $E(Z)$.

课 程 思 政

    戈塞(见图6.9),英国化学家、数学家与统计学家,以笔名"Student"著名.戈塞是英国现代统计方法发展的先驱,小样本理论研究的先驱,为研究样本分布理论奠定了重要基础.

图 6.9

复习题六

第一部分　基础题

一、单项选择题

1. 设总体 $X \sim N(\mu,\sigma^2)$,$E(X)=-1$,$E(X^2)=4$,则 $\overline{X}$ 服从(　　)分布.

   A. $N\left(-\dfrac{1}{n},4\right)$ B. $N\left(-\dfrac{1}{n},\dfrac{3}{n}\right)$ C. $N\left(-1,\dfrac{4}{n}\right)$ D. $N\left(-1,\dfrac{3}{n}\right)$

2. 设随机变量 X 与 Y 都服从标准正态分布,则(　　).

　　A. $X+Y$ 服从正态分布　　　　　　　　B. X^2+Y^2 服从 χ^2 分布

　　C. X^2 与 Y^2 都服从 χ^2 分布　　　　D. $\dfrac{X^2}{Y^2}$ 服从 F 分布

3. 若 $X_1,X_2,\cdots,X_n$ 是来自总体 $\chi^2\sim\chi^2(n)$ 的样本,则(　　).

　　A. $E(\overline{X})=n,D(\overline{X})=2$　　　　　　B. $E(\overline{X})=n,D(\overline{X})=2n$

　　C. $E(\overline{X})=1,D(\overline{X})=n$　　　　　　D. $E(\overline{X})=\dfrac{1}{n},D(\overline{X})=n$

4. 设 $X_1,X_2,\cdots,X_n$ 是来自总体 $X\sim N(0,1)$ 的样本,则下列服从自由度为 $n-1$ 的 χ^2 分布的统计量是(　　).

　　A. $\displaystyle\sum_{i=1}^n X_i^2$　　　　B. $(n-1)S^2$　　　　C. $(n-1)\overline{X}^2$　　　　D. S^2

二、填空题

1. 设 $X_1,X_2,\cdots,X_n$ 是来自总体 $N(0,1)$ 的样本,则 $D(\overline{X})=$ _____ , $\overline{X}\sim$ _____ ,

　　$\displaystyle\sum_{i=1}^n X_i^2\sim$ _____ .

2. 设 $X_1,X_2,\cdots,X_n$ 是来自参数为 λ 的泊松总体 X 的样本,则 $E(\overline{X})=$ _____ , $D(\overline{X})=$

　　_____ , $E(S^2)=$ _____ .

3. 若 $X_1,X_2,\cdots,X_{10}$ 是来自正态总体 $X\sim N(10,10^2)$ 的样本,则 $\overline{X}\sim$ _____ .

4. 设随机变量 $X\sim t(6)$,则 $X^2\sim$ _____ .

5. 设 $X_1,X_2,\cdots,X_{15}$ 是来自正态总体 $X\sim N(0,2^2)$ 的样本,则统计量

$$Y=\frac{X_1^2+X_2^2+\cdots+X_{10}^2}{2(X_{11}^2+X_{12}^2+X_{13}^2+X_{14}^2+X_{15}^2)}$$

　　服从 _____ 分布.

6. 从正态总体 $X\sim N(\mu,\sigma^2)$ 中抽取一个样本容量为 16 的样本, S^2 为样本方差,则 $D\left(\dfrac{S^2}{\sigma^2}\right)=$

　　_____ .

三、计算题

1. 设总体 $X\sim U(-1,1)$, $X_1,X_2,\cdots,X_n$ 是来自总体 X 的样本,求 $E(\overline{X})$, $D(\overline{X})$, $E(S^2)$.

2. 设 $X_1,X_2,\cdots,X_7$ 是来自总体 $X\sim N(0,0.5^2)$ 的样本,求 $P\left\{\displaystyle\sum_{i=1}^7 X_i^2>4\right\}$.

3. 设总体 $X\sim N(40,5^2)$, $X_1,X_2,\cdots,X_n$ 是来自总体 X 的样本,问:样本容量 n 至少应该取多大,才能使得 $P\{|\overline{X}-40|<1\}\geqslant0.90$?

4. 设总体 $X\sim N(\mu,6)$,从中抽取一个样本容量为 25 的样本,求 $P\{S^2<9.1\}$.

5. 设总体 X 与 Y 相互独立,并且都服从正态分布 $N(20,3)$. 从 X 和 Y 中分别抽取样本 X_1, $X_2,\cdots,X_{10}$ 和 $Y_1,Y_2,\cdots,Y_{15}$,样本均值分别为 $\overline{X},\overline{Y}$. 求 $P\{|\overline{X}-\overline{Y}|>0.3\}$.

6.设在总体 $X \sim N(\mu, \sigma^2)$ 中抽取一个样本容量为 16 的样本,其中 μ, σ^2 均未知,求:

(1) $P\left\{\dfrac{S^2}{\sigma^2} \leqslant 2.039\right\}$;

(2) $D(S^2)$.

第二部分　拓展题

1.设 $X_1, X_2, \cdots, X_{10}$ 是来自正态总体 $X \sim N(0, \sigma^2)$ 的样本,令 $Y^2 = \dfrac{1}{10}\sum\limits_{i=1}^{10} X_i^2$,则(　　).

A. $X^2 \sim \chi^2(1)$ 　　　　　　　　　　B. $Y^2 \sim \chi^2(10)$

C. $\dfrac{X}{Y} \sim t(10)$ 　　　　　　　　　　D. $\dfrac{X^2}{Y^2} \sim F(10, 1)$

2.设总体 $X \sim N(0, \sigma^2)$,$X_1, X_2, \cdots, X_8$ 为来自总体 X 的样本,求下列统计量的分布:

(1) $Y_1 = \dfrac{1}{2\sigma^2}\left[(X_1 + X_2)^2 + (X_3 - X_4)^2\right]$;

(2) $Y_2 = \dfrac{X_1 + X_2 + X_3}{\sqrt{X_4^2 + X_5^2 + X_6^2}}$;

(3) $Y_3 = \dfrac{(X_1 + X_2)^2 + (X_3 + X_4)^2}{(X_5 - X_6)^2 + (X_7 - X_8)^2}$.

3.设总体 $X \sim N(\mu_1, \sigma_1^2)$,$Y \sim N(\mu_2, \sigma_2^2)$.从两个总体中分别抽样,得到样本容量分别为 8 和 10 的两个相互独立的样本,样本方差分别为 8.75 和 2.66,求 $P\{\sigma_1^2 > \sigma_2^2\}$.

第三部分　考研真题

1.(2003 年,数学一)设随机变量 $X \sim t(n)(n > 1)$,$Y = \dfrac{1}{X^2}$,则(　　).

A. $Y \sim \chi^2(n)$ 　　　　　　　　　　B. $Y \sim \chi^2(n-1)$

C. $Y \sim F(n, 1)$ 　　　　　　　　　　D. $Y \sim F(1, n)$

2.(2004 年,数学一)设随机变量 X 服从标准正态分布 $N(0, 1)$,对于给定的 $\alpha(0 < \alpha < 1)$,数 u_α 满足 $P\{X > u_\alpha\} = \alpha$. 若 $P\{|X| < x\} = \alpha$,则 x 等于(　　).

A. $u_{\frac{\alpha}{2}}$ 　　　　B. $u_{1-\frac{\alpha}{2}}$ 　　　　C. $u_{\frac{1-\alpha}{2}}$ 　　　　D. $u_{1-\alpha}$

3.(2005 年,数学一)设 $X_1, X_2, \cdots, X_n(n \geqslant 2)$ 为来自总体 $N(0, 1)$ 的样本,$\overline{X}$ 为样本均值,S^2 为样本方差,则(　　).

A. $n\overline{X} \sim N(0, 1)$ 　　　　　　　　　B. $nS^2 \sim \chi^2(n)$

C. $\dfrac{(n-1)\overline{X}}{S} \sim t(n-1)$ 　　　　　　D. $\dfrac{(n-1)X_1^2}{\sum\limits_{i=2}^{n} X_i^2} \sim F(1, n-1)$

4. (2017 年, 数学一) 设 $X_1, X_2, \cdots, X_n (n \geqslant 2)$ 为来自总体 $N(\mu, 1)$ 的样本, 记 $\overline{X} = \dfrac{1}{n} \sum\limits_{i=1}^{n} X_i$, 则下列结论中不正确的是( ).

A. $\sum\limits_{i=1}^{n} (X_i - \mu)^2$ 服从 χ^2 分布   B. $2(X_n - X_1)^2$ 服从 χ^2 分布

C. $\sum\limits_{i=1}^{n} (X_i - \overline{X})^2$ 服从 χ^2 分布   D. $n(\overline{X} - \mu)^2$ 服从 χ^2 分布

第 7 章

参 数 估 计

一、本章要点

　　数理统计的基本问题是根据样本所提供的信息,对总体的分布或分布的数字特征等做出合理的推断.参数估计是数理统计的一个重要内容.一般来说,对于所要研究的总体 X 的分布,当它的分布类型已知时,只要再确定分布中的未知参数值,这样就能完全确定总体 X 的分布.参数估计可分为点估计和区间估计两种.

　　本章主要介绍参数估计中常用的点估计方法、估计量优良性的一些评选标准及参数的区间估计.

二、本章知识结构图

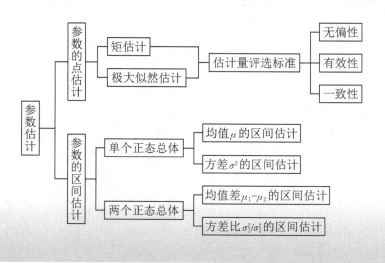

7.1 点 估 计

本节要点:本节介绍点估计的概念,以及两种常用的点估计方法:矩估计和极大似然估计.

7.1.1 点估计的概念

设总体 X 的分布函数的形式已知,但其中包含一个或多个未知参数,借助总体 X 的一个样本来估计总体未知参数的值的问题称为**参数的点估计问题**.

例 7.1.1 设某工厂生产的一批铆钉头部直径 X(单位:mm)服从正态分布 $N(\mu, 0.1^2)$. 现要检验铆钉头部直径,从这批产品中随机抽取 7 个,测得头部直径如下:

$$13.32, \quad 13.48, \quad 13.54, \quad 13.31, \quad 13.34, \quad 13.47, \quad 13.44,$$

试估计参数 μ 的值.

解 要估计总体均值 μ,而全部信息就由这 7 个数组成,我们自然会想到用样本均值 $\overline{x}$ 来估计总体均值 $E(X) = \mu$. 由已知数据得

$$\overline{x} = \frac{1}{7}(13.32 + 13.48 + 13.54 + 13.31 + 13.34 + 13.47 + 13.44) \approx 13.41,$$

所以总体均值 μ 的一个估计值为 13.41.

在例 7.1.1 中,为了求未知参数 μ 的估计值,我们的做法是由样本构造统计量 $\overline{X}$,以该统计量的观察值 $\overline{x}$ 作为未知参数 μ 的一个估计值. 这种做法适用于更一般的情况.

设总体 X 的分布函数 $F(x; \theta)$ 形式已知,θ 为未知参数,$\theta \in \Theta$,Θ 是未知参数 θ 所有可能的取值范围(这里 θ 可以表示一个参数,也可以表示由若干个参数组成的参数向量 $\theta = (\theta_1, \theta_2, \cdots, \theta_k)$). 又设 $X_1, X_2, \cdots, X_n$ 是来自总体 X 的一个样本,$x_1, x_2, \cdots, x_n$ 是相应的样本值. 点估计就是研究如何由样本 $X_1, X_2, \cdots, X_n$ 提供的信息对未知参数 θ 做出估计,即构造一个合适的统计量 $\hat{\theta}(X_1, X_2, \cdots, X_n)$,用它的观察值 $\hat{\theta}(x_1, x_2, \cdots, x_n)$ 作为 θ 的估计值,称 $\hat{\theta}(X_1, X_2, \cdots, X_n)$ 为 θ 的**估计量**,称 $\hat{\theta}(x_1, x_2, \cdots, x_n)$ 为 θ 的**估计值**(在不致混淆的情况下,统称为**估计量**,记作 $\hat{\theta}$).

如何构造估计量? 具体的方法有许多,这里介绍两种常用的方法:矩估计和极大似然估计.

7.1.2 矩估计

1. 矩估计的基本思想

由辛钦大数定律知,当样本容量充分大时,若总体 X 的数学期望 $E(X)$ 存在,则样本均值 $\overline{X}$ 依概率收敛于 $E(X)$. 更一般地,若总体的 k 阶原点矩 $E(X^k)$ 存在,则样本的 k 阶原点矩

$\dfrac{1}{n}\sum\limits_{i=1}^{n}X_i^k$ 依概率收敛于 $E(X^k)$. 这表明,当样本容量充分大时,可以用样本的 k 阶原点矩作为总体的 k 阶原点矩的点估计,这就是**矩估计的基本思想**.

矩估计法是由英国统计学家皮尔逊引进的一种寻找估计量的简单易算的方法,目前仍存在较广泛的应用.

2. 矩估计的求法

设总体 X 的分布函数中含有 k 个未知参数 $\theta_1,\theta_2,\cdots,\theta_k$,$X_1,X_2,\cdots,X_n$ 为来自总体 X 的样本. 假定总体 X 的 k 阶原点矩存在,记作 μ_r,即 $\mu_r=E(X^r)(r=1,2,\cdots,k)$,易知它们是 θ_1,$\theta_2,\cdots,\theta_k$ 的函数. 设 A_r 表示样本的 r 阶原点矩,即 $A_r=\dfrac{1}{n}\sum\limits_{i=1}^{n}X_i^r(r=1,2,\cdots,k)$,则矩估计的具体求法如下.

(1)求出总体的前 k 阶原点矩:

$$\begin{cases} \mu_1=g_1(\theta_1,\theta_2,\cdots,\theta_k),\\ \mu_2=g_2(\theta_1,\theta_2,\cdots,\theta_k),\\ \quad\cdots\cdots\\ \mu_k=g_k(\theta_1,\theta_2,\cdots,\theta_k). \end{cases} \tag{7.1.1}$$

(2)从这 k 个方程中解出 $\theta_1,\theta_2,\cdots,\theta_k$:

$$\begin{cases} \theta_1=h_1(\mu_1,\mu_2,\cdots,\mu_k),\\ \theta_2=h_2(\mu_1,\mu_2,\cdots,\mu_k),\\ \quad\cdots\cdots\\ \theta_k=h_k(\mu_1,\mu_2,\cdots,\mu_k). \end{cases} \tag{7.1.2}$$

(3)用 $A_r(r=1,2,\cdots,k)$ 分别代替式(7.1.2)中的 μ_r,则可以得到总体未知参数 θ_1,$\theta_2,\cdots,\theta_k$ 的**矩估计量** $\hat{\theta}_1,\hat{\theta}_2,\cdots,\hat{\theta}_k$,矩估计量的观察值称为**矩估计值**. 矩估计量与矩估计值统称为**矩估计**.

例 7.1.2 设 $X_1,X_2,\cdots,X_n$ 为来自总体 X 的一个样本. 若 $E(X)=\mu$,$D(X)=\sigma^2$,其中 μ,σ^2 均未知,求 μ 与 σ^2 的矩估计量.

解 由

$$\begin{cases} E(X)=\mu,\\ E(X^2)=D(X)+[E(X)]^2=\sigma^2+[E(X)]^2, \end{cases}$$

知

$$\begin{cases} \mu=E(X),\\ \sigma^2=E(X^2)-[E(X)]^2. \end{cases}$$

分别用 $A_1=\overline{X}=\dfrac{1}{n}\sum\limits_{i=1}^{n}X_i$,$A_2=\dfrac{1}{n}\sum\limits_{i=1}^{n}X_i^2$ 代替 $E(X),E(X^2)$,得 μ 与 σ^2 的矩估计量分别为

$$\hat{\mu}=\overline{X},\quad \hat{\sigma}^2=\dfrac{1}{n}\sum\limits_{i=1}^{n}X_i^2-(\overline{X})^2=\dfrac{1}{n}\sum\limits_{i=1}^{n}(X_i-\overline{X})^2=S_n^2.$$

由此可见,样本均值 $\overline{X}$ 是总体均值 μ 的矩估计,未修正的样本方差 S_n^2 是总体方差 σ^2 的矩估计.

例 7.1.3 设总体 X 服从参数为 λ 的泊松分布,其中 λ 未知,求 λ 的矩估计量.

解 方法一 设 $X_1, X_2, \cdots, X_n$ 为来自总体 X 的一个样本,因为 $E(X) = \lambda$,以 $\overline{X}$ 代替 $E(X)$,所以 λ 的矩估计量为

$$\hat{\lambda} = \overline{X}.$$

方法二 因为 $D(X) = \lambda$,则 $\lambda = E(X^2) - [E(X)]^2$,分别用 $A_1 = \overline{X}, A_2 = \dfrac{1}{n}\sum_{i=1}^{n} X_i^2$ 代替 $E(X), E(X^2)$,所以 λ 的矩估计量为

$$\hat{\lambda} = \frac{1}{n}\sum_{i=1}^{n} X_i^2 - (\overline{X})^2 = S_n^2.$$

注 例 7.1.3 说明参数的矩估计量不是唯一的,究竟哪个比较好? 这涉及估计量优劣的评选标准(将在下一节中介绍). 一般情况下,求参数的矩估计时,如果能用低阶的矩估计,就不用高阶的矩估计.

例 7.1.4 一类电子产品的寿命 X 服从双参数指数分布 $E(\mu, \lambda)$,其概率密度为

$$f(x) = \begin{cases} \lambda e^{-\lambda(x-\mu)}, & x \geqslant \mu, \\ 0, & x < \mu, \end{cases}$$

其中 $\lambda > 0, \mu > 0$ 均为未知参数,求参数 λ, μ 的矩估计量.

解 设 $X_1, X_2, \cdots, X_n$ 为来自总体 X 的一个样本,由于总体中包含了两个未知参数,因此考虑总体的一阶、二阶原点矩:

$$E(X) = \int_{-\infty}^{+\infty} x f(x) \, \mathrm{d}x = \int_{\mu}^{+\infty} x \lambda e^{-\lambda(x-\mu)} \, \mathrm{d}x = \mu + \frac{1}{\lambda},$$

$$E(X^2) = \int_{-\infty}^{+\infty} x^2 f(x) \, \mathrm{d}x = \int_{\mu}^{+\infty} x^2 \lambda e^{-\lambda(x-\mu)} \, \mathrm{d}x = \left(\mu + \frac{1}{\lambda}\right)^2 + \frac{1}{\lambda^2}.$$

由上述两式可解得

$$\lambda = \frac{1}{\sqrt{E(X^2) - [E(X)]^2}}, \quad \mu = E(X) - \sqrt{E(X^2) - [E(X)]^2}.$$

分别用 $A_1 = \overline{X}, A_2 = \dfrac{1}{n}\sum_{i=1}^{n} X_i^2$ 代替 $E(X), E(X^2)$,得参数 λ, μ 的矩估计量分别为

$$\hat{\lambda} = \frac{1}{\sqrt{\dfrac{1}{n}\sum_{i=1}^{n} X_i^2 - (\overline{X})^2}} = \frac{1}{S_n}, \quad \hat{\mu} = \overline{X} - S_n.$$

定理 7.1.1 若 $\hat{\theta}$ 为 θ 的矩估计量,$g(\theta)$ 为 θ 的连续函数,则 $g(\hat{\theta})$ 为 $g(\theta)$ 的矩估计量.

例 7.1.5 设总体 $X \sim B(n, p)$,其中 n 已知,p 未知,$X_1, X_2, \cdots, X_n$ 为来自总体 X 的一个样本,求:

(1) p 的矩估计量;

(2) $\dfrac{p}{1-p}$ 的矩估计量.

解 (1) 因为 $E(X) = np$,所以 $p = \dfrac{E(X)}{n}$. 用 $\overline{X}$ 代替 $E(X)$,故 p 的矩估计量为 $\hat{p} = \dfrac{\overline{X}}{n}$.

(2) 令 $g(p) = \dfrac{p}{1-p}$，故 $\dfrac{p}{1-p}$ 的矩估计量为

$$\widehat{g(p)} = g(\hat{p}) = \frac{\hat{p}}{1-\hat{p}} = \frac{\dfrac{\overline{X}}{n}}{1-\dfrac{\overline{X}}{n}} = \frac{\overline{X}}{n-\overline{X}}.$$

矩估计直观简便，只要求总体原点矩存在即可. 但其缺陷是，若总体原点矩不存在（如柯西分布），则矩估计无法进行，且由例 7.1.3 知，未知参数的矩估计并不唯一，这在应用中是不利的. 而极大似然估计弥补了这一缺陷，下面介绍极大似然估计.

7.1.3 极大似然估计

1. 极大似然估计的基本思想

极大似然估计是数理统计中十分重要且应用最为广泛的方法之一. 该方法最初由德国数学家高斯提出，但未得到重视. 英国统计学家费希尔在后来再次提出了极大似然估计的思想，并探讨了它的性质，使之得到了广泛的研究和应用.

为了对极大似然估计的基本思想有一个直观的认知，先看一个例子.

例 7.1.6 设有外形完全相同的两个箱子，甲箱中有 99 个白球和 1 个黑球，乙箱中有 1 个白球和 99 个黑球. 今随机地抽取一箱，并从中随机抽取一球，结果取到白球，问：该球是从哪一个箱子中取出？

解 不管是哪一个箱子，从箱子中任取一球都有两种可能的结果：白球或黑球. 如果取出的是甲箱，那么取到白球的概率为 99%；如果取出的是乙箱，那么取到白球的概率为 1%. 因为 {取到白球} 是一个已经发生的随机事件，而该球是从甲箱中取出的概率比从乙箱中取出的概率要大得多，所以我们有理由相信"此白球是从甲箱中取出的"，这个推断符合人们的经验事实.

一般来说，事件 A 发生的概率 $P(A)$ 与未知参数 $\theta(\theta \in \Theta)$ 有关，θ 的取值不同，$P(A)$ 也不相同，因而事件 A 发生的概率为 $P(A|\theta)$，它是 θ 的函数. 若事件 A 已经发生了，则认为此时的 θ 值应是在 Θ 中使得 $P(A|\theta)$ 达到最大的那一个，这就是**极大似然估计的基本思想**.

2. 极大似然估计的求法

下面分别讨论离散型总体和连续型总体参数的极大似然估计.

（1）离散型总体.

设 $X_1, X_2, \cdots, X_n$ 为取自具有分布律 $p(x;\theta)$ 的总体 X 的一个样本，其中 $\theta = (\theta_1, \theta_2, \cdots, \theta_k) \in \Theta$ 为未知参数.

若 $x_1, x_2, \cdots, x_n$ 为一组样本值，则事件 $\{X_1 = x_1, X_2 = x_2, \cdots, X_n = x_n\}$ 发生的概率为

$$P\{X_1 = x_1, X_2 = x_2, \cdots, X_n = x_n\} = P\{X_1 = x_1\}P\{X_2 = x_2\}\cdots P\{X_n = x_n\}$$

$$= p(x_1;\theta)p(x_2;\theta)\cdots p(x_n;\theta) = \prod_{i=1}^{n} p(x_i;\theta).$$

上式可视为 θ 的函数，我们把它记作 $L(\theta)$，并称 $L(\theta) = \prod_{i=1}^{n} p(x_i;\theta)$ 为**似然函数**.

似然函数 $L(\theta)$ 的大小表示该样本值出现的可能性大小. 根据极大似然估计的基本思想, 既然事件 $\{X_1 = x_1, X_2 = x_2, \cdots, X_n = x_n\}$ 已经发生, 那么它发生的概率应是最大, 求出使 $L(\theta)$ 达到最大的 θ 的值 $\hat{\theta} = \hat{\theta}(x_1, x_2, \cdots, x_n)$ 作为参数 θ 的**极大似然估计**, 即

$$L(\hat{\theta}) = \max_{\theta \in \Theta} \left\{ \prod_{i=1}^{n} p(x_i; \theta) \right\}.$$

(2) 连续型总体.

设 $X_1, X_2, \cdots, X_n$ 为取自具有概率密度 $f(x; \theta)$ 的总体 X 的一个样本, 其中 $\theta = (\theta_1, \theta_2, \cdots, \theta_k) \in \Theta$ 为未知参数.

若 $x_1, x_2, \cdots, x_n$ 为一组样本值, 则随机点 $(X_1, X_2, \cdots, X_n)$ 落入点 $(x_1, x_2, \cdots, x_n)$ 的边长分别为 $\Delta x_1, \Delta x_2, \cdots, \Delta x_n$ 的 n 维矩形邻域内的概率近似等于 $\prod_{i=1}^{n} f(x_i; \theta) \Delta x_i$, 它同样是 θ 的函数.

根据极大似然估计的基本思想, 可取使 $\prod_{i=1}^{n} f(x_i; \theta) \Delta x_i$ 达到最大的 θ 的值 $\hat{\theta} = \hat{\theta}(x_1, x_2, \cdots, x_n)$ 作为参数 θ 的极大似然估计. 由于 $\Delta x_i (i = 1, 2, \cdots, n)$ 是不依赖于 θ 的增量, 因此只需取使得 $\prod_{i=1}^{n} f(x_i; \theta)$ 达到最大的 θ 的值 $\hat{\theta}$ 作为参数 θ 的**极大似然估计**. 记 $L(\theta) = \prod_{i=1}^{n} f(x_i; \theta)$, 并称之为连续型总体 X 的**似然函数**.

为了计算上的方便, 我们通常对似然函数取对数, 因为 $\ln x$ 关于 x 是单调递增函数, 所以使 $\ln L(\theta)$ 达到最大的 $\hat{\theta}$ 同时也使 $L(\theta)$ 达到最大.

综上所述, 如果在已知总体的分布中有 k 个未知参数 $\theta_1, \theta_2, \cdots, \theta_k$, 可采取如下步骤求它们的极大似然估计.

(1) 写出似然函数

$$L(\theta_1, \theta_2, \cdots, \theta_k) = \begin{cases} \prod_{i=1}^{n} p(x_i; \theta_1, \theta_2, \cdots, \theta_k), & \text{离散型总体}, \\ \prod_{i=1}^{n} f(x_i; \theta_1, \theta_2, \cdots, \theta_k), & \text{连续型总体}. \end{cases} \tag{7.1.3}$$

(2) 对式 (7.1.3) 两边取对数

$$\ln L(\theta_1, \theta_2, \cdots, \theta_k) = \begin{cases} \sum_{i=1}^{n} \ln p(x_i; \theta_1, \theta_2, \cdots, \theta_k), & \text{离散型总体}, \\ \sum_{i=1}^{n} \ln f(x_i; \theta_1, \theta_2, \cdots, \theta_k), & \text{连续型总体}. \end{cases} \tag{7.1.4}$$

(3) 对式 (7.1.4) 关于 θ_i 求偏导 $(i = 1, 2, \cdots, k)$, 然后令其为 0, 得到方程组

$$\begin{cases} \dfrac{\partial \ln L(\theta_1, \theta_2, \cdots, \theta_k)}{\partial \theta_1} = 0, \\[2mm] \dfrac{\partial \ln L(\theta_1, \theta_2, \cdots, \theta_k)}{\partial \theta_2} = 0, \\[1mm] \quad\quad\cdots\cdots \\[1mm] \dfrac{\partial \ln L(\theta_1, \theta_2, \cdots, \theta_k)}{\partial \theta_k} = 0. \end{cases} \tag{7.1.5}$$

解上述方程组,得

$$\begin{cases} \hat{\theta}_1 = \hat{\theta}_1(x_1, x_2, \cdots, x_n), \\ \hat{\theta}_2 = \hat{\theta}_2(x_1, x_2, \cdots, x_n), \\ \quad \cdots\cdots \\ \hat{\theta}_k = \hat{\theta}_k(x_1, x_2, \cdots, x_n), \end{cases}$$

则 $\hat{\theta}_i (i = 1, 2, \cdots, k)$ 为 θ_i 的极大似然估计. $\ln L(\theta_1, \theta_2, \cdots, \theta_k)$ 称为**对数似然函数**,方程组 (7.1.5) 称为**对数似然方程**.

例 7.1.7 设总体 X 服从几何分布,其分布律为 $P\{X = x\} = p(1-p)^{x-1} (x = 1, 2, \cdots)$, 其中 p 为未知参数,且 $0 < p < 1$. 设 $X_1, X_2, \cdots, X_n$ 为来自总体 X 的一个样本,求参数 p 的极大似然估计量.

例 7.1.7

解 似然函数为

$$L(p) = \prod_{i=1}^{n} p(1-p)^{x_i - 1} = p^n (1-p)^{\sum\limits_{i=1}^{n} x_i - n},$$

对数似然函数为

$$\ln L(p) = n \ln p + \left(\sum_{i=1}^{n} x_i - n\right) \ln(1-p),$$

对数似然方程为

$$\frac{\mathrm{d}\ln L(p)}{\mathrm{d}p} = \frac{n}{p} - \frac{1}{1-p}\left(\sum_{i=1}^{n} x_i - n\right) = 0,$$

解得 $p = \dfrac{1}{\bar{x}}$. 故参数 p 的极大似然估计量为 $\hat{p} = \dfrac{1}{\bar{X}}$.

注 几何分布的数学期望 $E(X) = \dfrac{1}{p}$,因此 $\hat{p} = \dfrac{1}{\bar{X}}$ 也是参数 p 的矩估计量.

例 7.1.8 设总体 X 的分布律如表 7.1 所示,其中 $\theta (0 < \theta < 1)$ 未知. 现在观察样本容量为 3 的样本,样本值为 1,2,1,求 θ 的极大似然估计值.

表 7.1

X	1	2	3
P	θ^2	$2\theta(1-\theta)$	$(1-\theta)^2$

解 似然函数为

$$\begin{aligned} L(\theta) &= P\{X_1 = 1, X_2 = 2, X_3 = 1\} = P\{X_1 = 1\}P\{X_2 = 2\}P\{X_3 = 1\} \\ &= \theta^2 \cdot 2\theta(1-\theta) \cdot \theta^2 = 2\theta^5(1-\theta), \end{aligned}$$

对数似然函数为

$$\ln L(\theta) = \ln 2 + 5\ln \theta + \ln(1-\theta),$$

对数似然方程为

$$\frac{\mathrm{d}\ln L(\theta)}{\mathrm{d}\theta} = \frac{5}{\theta} - \frac{1}{1-\theta} = 0,$$

解得 $\theta = \dfrac{5}{6}$. 故 θ 的极大似然估计值为 $\dfrac{5}{6}$.

例 7.1.9 设总体 $X \sim N(\mu, \sigma^2)$,其中 μ 与 σ^2 均未知. 设 $X_1, X_2, \cdots, X_n$ 为来自总体 X 的一个样本,$x_1, x_2, \cdots, x_n$ 为样本值,求 μ 与 σ^2 的极大似然估计量.

解 依题意,总体 X 的概率密度为

$$f(x; \mu, \sigma^2) = \frac{1}{\sqrt{2\pi\sigma^2}} \exp\left\{-\frac{(x-\mu)^2}{2\sigma^2}\right\} \quad (x \in \mathbf{R}),$$

则似然函数为

$$L(\mu, \sigma^2) = \prod_{i=1}^{n} f(x_i; \mu, \sigma^2) = (2\pi\sigma^2)^{-\frac{n}{2}} \exp\left\{-\frac{1}{2\sigma^2} \sum_{i=1}^{n} (x_i - \mu)^2\right\},$$

对数似然函数为

$$\ln L(\mu, \sigma^2) = -\frac{n}{2} \ln(2\pi\sigma^2) - \frac{1}{2\sigma^2} \sum_{i=1}^{n} (x_i - \mu)^2,$$

对数似然方程为

$$\begin{cases} \dfrac{\partial \ln L(\mu, \sigma^2)}{\partial \mu} = 0, \\ \dfrac{\partial \ln L(\mu, \sigma^2)}{\partial \sigma^2} = 0, \end{cases}$$

即

$$\begin{cases} \dfrac{1}{\sigma^2} \sum_{i=1}^{n} (x_i - \mu) = 0, \\ -\dfrac{n}{2\sigma^2} + \dfrac{1}{2\sigma^4} \sum_{i=1}^{n} (x_i - \mu)^2 = 0, \end{cases}$$

解得

$$\mu = \frac{1}{n} \sum_{i=1}^{n} x_i = \overline{x}, \quad \sigma^2 = \frac{1}{n} \sum_{i=1}^{n} (x_i - \overline{x})^2.$$

故 μ 与 σ^2 的极大似然估计量分别为 $\hat{\mu} = \dfrac{1}{n} \sum\limits_{i=1}^{n} X_i = \overline{X}$, $\hat{\sigma}^2 = \dfrac{1}{n} \sum\limits_{i=1}^{n} (X_i - \overline{X})^2 = S_n^2$.

例 7.1.10 某厂生产某款手环,需要了解手环的平均使用寿命. 设该款手环的使用寿命 X(单位:年)服从参数为 λ 的指数分布,现已知 7 只该款手环的使用寿命(见表 7.2),求参数 λ 的极大似然估计值.

表 7.2

手环编号	1	2	3	4	5	6	7
寿命	4	3.5	3	5	4.5	4	3.5

解 依题意,总体 X 的概率密度为

$$f(x; \lambda) = \begin{cases} \lambda e^{-\lambda x}, & x \geqslant 0, \\ 0, & x < 0, \end{cases}$$

则似然函数为

$$L(\lambda) = \prod_{i=1}^{7} f(x_i; \lambda) = \lambda^7 e^{-\lambda \sum_{i=1}^{7} x_i},$$

对数似然函数为

$$\ln L(\lambda) = 7\ln\lambda - \lambda\sum_{i=1}^{7}x_i,$$

对数似然方程为

$$\frac{\mathrm{d}\ln L(\lambda)}{\mathrm{d}\lambda} = \frac{7}{\lambda} - \sum_{i=1}^{7}x_i = 0,$$

解得 $\lambda = \dfrac{1}{\bar{x}}$. 又

$$\bar{x} = \frac{1}{7}(4 + 3.5 + 3 + 5 + 4.5 + 4 + 3.5) \approx 3.93,$$

所以 λ 的极大似然估计值为 $\hat{\lambda} = \dfrac{1}{3.93} \approx 0.254$.

虽然对对数似然函数求导数的方法是求未知参数的极大似然估计的常用方法,但是并不是对所有的情况都适用,下面举例说明.

例 7.1.11 设 $X_1, X_2, \cdots, X_n$ 为来自均匀总体 $X \sim U(0,\theta)(\theta > 0)$ 的一个样本,求参数 θ 的极大似然估计量.

解 依题意,总体 X 的概率密度为

$$f(x;\theta) = \begin{cases} \dfrac{1}{\theta}, & 0 \leqslant x \leqslant \theta, \\ 0, & \text{其他}, \end{cases}$$

则似然函数为

$$L(\theta) = \prod_{i=1}^{n}f(x_i;\theta) = \begin{cases} \dfrac{1}{\theta^n}, & 0 \leqslant x_1, x_2, \cdots, x_n \leqslant \theta, \\ 0, & \text{其他}. \end{cases}$$

当 $0 \leqslant x_1, x_2, \cdots, x_n \leqslant \theta$ 时,对数似然函数为

$$\ln L(\theta) = -n\ln\theta,$$

对数似然方程为

$$\frac{\mathrm{d}\ln L(\theta)}{\mathrm{d}\theta} = \frac{-n}{\theta} = 0.$$

显然,对数似然方程无解,下面通过极大似然估计的基本思想来求参数 θ 的极大似然估计.

由于 $\dfrac{\mathrm{d}\ln L(\theta)}{\mathrm{d}\theta} < 0$,因此似然函数 $L(\theta)$ 关于 θ 是单调递减函数. 要使 $L(\theta)$ 取到最大值,θ 必须满足 $L(\theta) > 0$,同时 θ 取最小值.

要使 $L(\theta) > 0$,则必须满足 $0 \leqslant x_i \leqslant \theta(i=1,2,\cdots,n)$,即 $0 \leqslant \min_{1\leqslant i\leqslant n}\{x_i\} = x_{(1)}$,$x_{(n)} = \max_{1\leqslant i\leqslant n}\{x_i\} \leqslant \theta$;要使 θ 取最小值,考虑到 $x_{(n)} \leqslant \theta$,因此只有当 $\theta = x_{(n)}$ 时,$L(\theta)$ 取到最大值. 故参数 θ 的极大似然估计量为 $X_{(n)}$.

显然,只有当总体分布的形式已知时才能使用极大似然估计,因此它的使用范围要比矩估计窄. 但也正因为极大似然估计充分运用了分布的信息,所以由极大似然估计得到的估计量一般具有较好的统计性质.

定理 7.1.2(不变性原理) 设 $\hat{\theta}$ 是 θ 的极大似然估计,$g(\theta)$ 是 θ 的函数. 若 $g(\theta)$ 具

有单值反函数,则 $g(\theta)$ 的极大似然估计为 $g(\hat{\theta})$,即 $\widehat{g(\theta)}=g(\hat{\theta})$.

下面给出常见分布未知参数的矩估计和极大似然估计,如表 7.3 所示.

表 7.3

常见分布	矩估计	极大似然估计
二项分布 $B(n,p)$,n 已知	$\hat{p}=\dfrac{\overline{X}}{n}$	$\hat{p}=\dfrac{\overline{X}}{n}$
均匀分布 $U(a,b)$	$\hat{a}=\overline{X}-\sqrt{3}S_n,\hat{b}=\overline{X}+\sqrt{3}S_n$	$\hat{a}=X_{(1)},\hat{b}=X_{(n)}$
泊松分布 $P(\lambda)$	$\hat{\lambda}=\overline{X}$	$\hat{\lambda}=\overline{X}$
指数分布 $E(\lambda)$	$\hat{\lambda}=\dfrac{1}{\overline{X}}$	$\hat{\lambda}=\dfrac{1}{\overline{X}}$
正态分布 $N(\mu,\sigma^2)$	$\hat{\mu}=\overline{X},\hat{\sigma}^2=S_n^2$	$\hat{\mu}=\overline{X},\hat{\sigma}^2=S_n^2$

同步习题 7.1

1. 设总体 X 服从区间 $[1,\theta]$ 上的均匀分布,$\theta>1$ 且未知,$X_1,X_2,\cdots,X_n$ 为来自总体 X 的一个样本,则 θ 的矩估计量为(   ).

A. $\hat{\theta}=1-2\overline{X}$ B. $\hat{\theta}=2\overline{X}+1$ C. $\hat{\theta}=2\overline{X}$ D. $\hat{\theta}=2\overline{X}-1$

2. 设总体 $X\sim U(0,a)$,其中 $a>0$ 未知,$X_1,X_2,\cdots,X_9$ 为来自总体 X 的一个样本,今测得一组样本值为

$$0.5,\ 0.6,\ 0.1,\ 1.3,\ 0.9,\ 1.6,\ 0.7,\ 0.9,\ 1.0,$$

求 a 的矩估计值.

3. 电话总机在某一段时间内接到呼唤的次数 X 服从泊松分布 $P(\lambda)$,现观测一分钟内接到呼唤的次数,获得数据如表 7.4 所示,求未知参数 λ 的矩估计值和极大似然估计值.

表 7.4

一分钟内接到呼唤的次数	0	1	2	3	4	5	6	7
观测次数	5	10	12	8	3	2	0	0

4. 设 $X_1,X_2,\cdots,X_n$ 为来自总体 X 的一个样本,试求下列情形中总体参数的矩估计量与极大似然估计量:

(1) $X\sim B(1,p)$,其中 $0<p<1$ 且未知;

(2) X 在自然数集 $\{0,1,2,\cdots,N\}$ 上等可能分布,其中 N 未知;

(3) $X\sim E(\lambda)$,其中 $\lambda>0$ 且未知;

(4) X 的概率密度为 $f(x;\theta)=\begin{cases}\theta x^{\theta-1}, & 0<x<1,\\ 0, & \text{其他},\end{cases}$ 其中 $\theta>0$ 且未知.

5. 设总体 X 的概率密度为

$$f(x)=\begin{cases}\lambda^2 x e^{-\lambda x}, & x>0,\\ 0, & x\leqslant 0,\end{cases}$$

其中参数 $\lambda(\lambda>0)$ 未知,$X_1,X_2,\cdots,X_n$ 为来自总体 X 的一个样本,求:

(1) 参数 λ 的矩估计量;

(2) 参数 λ 的极大似然估计量.

6. 设总体 $X\sim U(\theta_1,\theta_2)$,其中 $\theta_1,\theta_2(\theta_1<\theta_2)$ 未知,$X_1,X_2,\cdots,X_n$ 为来自总体 X 的一个样本,求参数 θ_1,θ_2 的矩估计量和极大似然估计量.

7. 设总体 X 的分布律如表 7.5 所示,其中 $\theta \in (0, 0.5)$ 未知.

(1) 求 θ 的矩估计量.

(2) 利用下列样本值

$$3,\ 1,\ 3,\ 0,\ 3,\ 1,\ 2,\ 3$$

求 θ 的矩估计值和极大似然估计值.

表 7.5

X	0	1	2	3
P	θ^2	$2\theta(1-\theta)$	θ^2	$1-2\theta$

8. 已知一批产品中有次品,现从中随机地取 75 件,发现有 10 件次品,试求这批产品次品率 p 的极大似然估计值.

9. 从一批灯泡中随机地抽取 10 只,测得它们的使用寿命(单位:h)为

$$1\,067,\ 919,\ 1\,196,\ 785,\ 1\,126,\ 936,\ 918,\ 1\,156,\ 920,\ 948.$$

设灯泡的使用寿命 X 服从正态分布,试用极大似然估计估计灯泡的使用寿命在 1 300 h 以上的概率.

10. 设随机变量 X 的分布函数为

$$F(x;\alpha,\beta) = \begin{cases} 1 - \left(\dfrac{\alpha}{x}\right)^\beta, & x > \alpha, \\ 0, & x \leqslant \alpha, \end{cases}$$

其中 $\alpha > 0, \beta > 1, X_1, X_2, \cdots, X_n$ 为来自总体 X 的一个样本.

(1) 当 $\alpha = 1$ 时,求未知参数 β 的矩估计量.

(2) 当 $\alpha = 1$ 时,求未知参数 β 的极大似然估计量.

(3) 当 $\beta = 2$ 时,求未知参数 α 的极大似然估计量.

7.2　估计量的评选标准

本节要点: 本节在点估计的基础上,介绍评选估计量好坏的三个标准:无偏性、有效性和一致性.

参数的点估计是构造统计量作为未知参数的估计的方法. 可以看到,对同一个未知参数,用不同的估计法可能得到不同的估计量,即使使用同一种方法也可以得到不同形式的估计量. 因此,我们自然会提出如何比较估计量的好坏,这就需要给出评选估计量好坏的标准.

估计量是一个随机变量,对于不同的样本值,一般会给出参数的不同估计值,因而在考虑估计量的好坏时,应从某种整体性能去衡量,而不能看它在个别样本之下的表现如何. 下面给出常用的无偏性、有效性与一致性三种基本的评选标准.

7.2.1　无偏性

定义 7.2.1 设 $\hat{\theta} = \hat{\theta}(X_1, X_2, \cdots, X_n)$ 是未知参数 θ 的估计量($\theta \in \Theta$). 若

$$E(\hat{\theta}) = \theta \quad (\theta \in \Theta),$$

则称 $\hat{\theta}$ 是 θ 的**无偏估计量**,或称 $\hat{\theta}$ 具有**无偏性**;否则,称 $\hat{\theta}$ 是 θ 的**有偏估计量**.

令 $b_n = E(\hat{\theta}) - \theta$,称 b_n 为估计量 $\hat{\theta}$ 的**系统偏差**,无偏估计量是系统偏差为 0 的估计.若

$$\lim_{n \to \infty} E(\hat{\theta}) = \theta \quad (\theta \in \Theta),$$

则称 $\hat{\theta}$ 是 θ 的**渐近无偏估计量**.

无偏性是评价估计量好坏的最基本的要求,它的意义在于:当一个无偏估计量被多次使用时,其估计值在未知参数真值附近波动,并且这些估计值的理论平均值等于未知参数真值.无偏估计量保证了系统偏差为 0,即用 $\hat{\theta}$ 估计 θ 时,不会系统地偏大或偏小,这种要求在工程技术中是完全合理的.

例 7.2.1 设总体 X 的数学期望 $E(X) = \mu$,方差 $D(X) = \sigma^2$,证明:

(1) 样本均值 $\overline{X}$ 是总体均值 μ 的无偏估计量;

(2) 样本方差 S^2 是总体方差 σ^2 的无偏估计量;

(3) 未修正的样本方差 S_n^2 是总体方差 σ^2 的渐近无偏估计量.

证 设 $X_1, X_2, \cdots, X_n$ 是来自总体 X 的一个样本,显然它们具有相同的分布,从而有相同的数学期望和方差,故

$$E(X_1) = E(X_2) = \cdots = E(X_n) = \mu,$$
$$D(X_1) = D(X_2) = \cdots = D(X_n) = \sigma^2.$$

(1) $E(\overline{X}) = E\left(\dfrac{1}{n} \sum_{i=1}^{n} X_i\right) = \dfrac{1}{n} \sum_{i=1}^{n} E(X_i) = \dfrac{1}{n} n\mu = \mu,$

所以样本均值 $\overline{X}$ 是总体均值 μ 的无偏估计量.

(2) $E(S^2) = E\left[\dfrac{1}{n-1} \sum_{i=1}^{n} (X_i - \overline{X})^2\right] = \sigma^2,$

具体证明过程见例 6.3.2,所以样本方差 S^2 是总体方差 σ^2 的无偏估计量.

(3) $E(S_n^2) = E\left(\dfrac{n-1}{n} S^2\right) = \dfrac{n-1}{n} E(S^2) = \dfrac{n-1}{n} \sigma^2,$

而

$$\lim_{n \to \infty} E(S_n^2) = \lim_{n \to \infty} \dfrac{n-1}{n} \sigma^2 = \sigma^2,$$

所以未修正的样本方差 S_n^2 是总体方差 σ^2 的渐近无偏估计量.

由例 7.2.1 可见,未修正的样本方差 S_n^2 作为总体方差 σ^2 的估计是有偏的,样本方差 S^2 作为总体方差 σ^2 的估计是无偏的.因此,在实际中我们采用样本方差 S^2 作为总体方差 σ^2 的估计.当然,当样本容量较大时,样本方差 S^2 与未修正的样本方差 S_n^2 之间的差别是十分微小的.

注 若 $\hat{\theta}$ 是 θ 的无偏估计量,$g(\theta)$ 是 θ 的函数,但 $g(\hat{\theta})$ 不一定是 $g(\theta)$ 的无偏估计量.例如,设总体 X 的数学期望 $E(X) = \mu$,方差 $D(X) = \sigma^2$,则样本均值 $\overline{X}$ 是 μ 的无偏估计量,但 $\overline{X}^2$ 不是 μ^2 的无偏估计量.事实上,$E(\overline{X}^2) = D(\overline{X}) + [E(\overline{X})]^2 = \dfrac{\sigma^2}{n} + \mu^2 \neq \mu^2$,因此若用 $\overline{X}^2$ 来估计 μ^2 就不再是无偏估计了.

例 7.2.2 (1) 设 X_1, X_2, X_3 是来自总体 $X \sim N(\mu, \sigma^2)$ 的一个样本,证明:

$$\hat{\mu}_1 = \frac{1}{3}X_1 + \frac{1}{3}X_2 + \frac{1}{3}X_3, \quad \hat{\mu}_2 = \frac{1}{3}X_1 + \frac{1}{4}X_2 + \frac{5}{12}X_3, \quad \hat{\mu}_3 = \frac{1}{3}X_1 + \frac{3}{4}X_2 - \frac{1}{12}X_3$$

都是 μ 的无偏估计量.

(2) 设 $X_1, X_2, \cdots, X_n$ 是来自总体 $X \sim N(\mu, \sigma^2)$ 的一个样本,证明:对于任意常数 $c_1, c_2, \cdots,$ c_n,若 $\sum_{i=1}^{n} c_i = 1$,则 $\sum_{i=1}^{n} c_i X_i$ 是 μ 的无偏估计量.

例 7.2.2

证 (1) $E(\hat{\mu}_1) = E\left(\frac{1}{3}X_1 + \frac{1}{3}X_2 + \frac{1}{3}X_3\right)$

$$= \frac{1}{3}E(X_1) + \frac{1}{3}E(X_2) + \frac{1}{3}E(X_3)$$

$$= \frac{1}{3}\mu + \frac{1}{3}\mu + \frac{1}{3}\mu = \mu,$$

$$E(\hat{\mu}_2) = E\left(\frac{1}{3}X_1 + \frac{1}{4}X_2 + \frac{5}{12}X_3\right)$$

$$= \frac{1}{3}E(X_1) + \frac{1}{4}E(X_2) + \frac{5}{12}E(X_3)$$

$$= \frac{1}{3}\mu + \frac{1}{4}\mu + \frac{5}{12}\mu = \mu,$$

$$E(\hat{\mu}_3) = E\left(\frac{1}{3}X_1 + \frac{3}{4}X_2 - \frac{1}{12}X_3\right)$$

$$= \frac{1}{3}E(X_1) + \frac{3}{4}E(X_2) - \frac{1}{12}E(X_3)$$

$$= \frac{1}{3}\mu + \frac{3}{4}\mu - \frac{1}{12}\mu = \mu,$$

所以统计量 $\hat{\mu}_1, \hat{\mu}_2, \hat{\mu}_3$ 都是 μ 的无偏估计量.

(2) 因为

$$E\left(\sum_{i=1}^{n} c_i X_i\right) = \sum_{i=1}^{n} c_i E(X_i) = \sum_{i=1}^{n} c_i \mu = \mu \sum_{i=1}^{n} c_i = \mu,$$

所以统计量 $\sum_{i=1}^{n} c_i X_i$ 是 μ 的无偏估计量.

由例 7.2.2 可见,对于同一个未知参数,可以有多个无偏估计量,我们自然希望从中挑选出更好的无偏估计量,那么又该如何选择呢?这就需要再给出一个评选标准,一个直观的想法就是希望估计量偏离未知参数真值的"波动"越小越好,而"波动"的大小可以用方差来衡量.因此,我们可以用无偏估计量的方差的大小作为衡量无偏估计量优劣的标准.为此引入估计量的有效性的概念.

7.2.2 有效性

定义 7.2.2 设 $\hat{\theta}_1$ 与 $\hat{\theta}_2$ 都是未知参数 θ 的无偏估计量($\theta \in \Theta$). 若

$$D(\hat{\theta}_1) < D(\hat{\theta}_2) \quad (\theta \in \Theta),$$

则称 $\hat{\theta}_1$ 比 $\hat{\theta}_2$ **有效**.

例 7.2.3   条件同例 7.2.2.

(1) 在 μ 的三个无偏估计量 $\hat{\mu}_1, \hat{\mu}_2, \hat{\mu}_3$ 中,比较哪一个最有效.

(2) 证明:在 μ 的所有形如 $\sum_{i=1}^{n} c_i X_i$ 的线性无偏估计量中,以 $\overline{X} = \dfrac{1}{n} \sum_{i=1}^{n} X_i$ 最有效.

解   (1) $D(\hat{\mu}_1) = D\left(\dfrac{1}{3} X_1 + \dfrac{1}{3} X_2 + \dfrac{1}{3} X_3 \right) = \dfrac{1}{9} D(X_1) + \dfrac{1}{9} D(X_2) + \dfrac{1}{9} D(X_3)$

$$= \frac{1}{9} \sigma^2 + \frac{1}{9} \sigma^2 + \frac{1}{9} \sigma^2 = \frac{1}{3} \sigma^2,$$

$$D(\hat{\mu}_2) = D\left(\frac{1}{3} X_1 + \frac{1}{4} X_2 + \frac{5}{12} X_3 \right) = \frac{1}{9} D(X_1) + \frac{1}{16} D(X_2) + \frac{25}{144} D(X_3)$$

$$= \frac{1}{9} \sigma^2 + \frac{1}{16} \sigma^2 + \frac{25}{144} \sigma^2 = \frac{25}{72} \sigma^2,$$

$$D(\hat{\mu}_3) = D\left(\frac{1}{3} X_1 + \frac{3}{4} X_2 - \frac{1}{12} X_3 \right) = \frac{1}{9} D(X_1) + \frac{9}{16} D(X_2) + \frac{1}{144} D(X_3)$$

$$= \frac{1}{9} \sigma^2 + \frac{9}{16} \sigma^2 + \frac{1}{144} \sigma^2 = \frac{49}{72} \sigma^2,$$

显然 $D(\hat{\mu}_1) < D(\hat{\mu}_2) < D(\hat{\mu}_3)$,所以 $\hat{\mu}_1$ 最有效.

(2) 因为

$$D\left(\sum_{i=1}^{n} c_i X_i \right) = \sum_{i=1}^{n} c_i^2 D(X_i) = \sum_{i=1}^{n} c_i^2 \sigma^2 = \sigma^2 \sum_{i=1}^{n} c_i^2,$$

所以问题转化为在约束条件 $\sum_{i=1}^{n} c_i = 1$ 下,求 $\sum_{i=1}^{n} c_i^2$ 的最小值.

由拉格朗日乘数法,记

$$f(c_1, c_2, \cdots, c_n, \lambda) = \sum_{i=1}^{n} c_i^2 + \lambda \left(\sum_{i=1}^{n} c_i - 1 \right),$$

令

$$\begin{cases} \dfrac{\partial f(c_1, c_2, \cdots, c_n, \lambda)}{\partial c_1} = 0, \\[2mm] \dfrac{\partial f(c_1, c_2, \cdots, c_n, \lambda)}{\partial c_2} = 0, \\[2mm] \cdots\cdots \\[2mm] \dfrac{\partial f(c_1, c_2, \cdots, c_n, \lambda)}{\partial c_n} = 0, \\[2mm] \dfrac{\partial f(c_1, c_2, \cdots, c_n, \lambda)}{\partial \lambda} = 0, \end{cases}$$

即

$$\begin{cases} 2c_1 + \lambda = 0, \\ 2c_2 + \lambda = 0, \\ \cdots\cdots \\ 2c_n + \lambda = 0, \\ \sum\limits_{i=1}^{n} c_i - 1 = 0, \end{cases}$$

解得

$$c_1 = c_2 = \cdots = c_n = \frac{1}{n}, \quad \lambda = -\frac{2}{n},$$

故当 $c_1 = c_2 = \cdots = c_n = \dfrac{1}{n}$ 时，$D\left(\sum\limits_{i=1}^{n} c_i X_i\right)$ 达到最小. 所以，在 μ 的所有形如 $\sum\limits_{i=1}^{n} c_i X_i$ 的线性无偏估计量中，以 $\overline{X} = \dfrac{1}{n}\sum\limits_{i=1}^{n} X_i$ 最有效.

应当指出，无偏性与有效性都是在样本容量一定时对估计量评价的标准. 当样本容量增大时，我们自然也希望估计值能稳定在未知参数真值附近，即估计值与未知参数真值的系统偏差充分小. 因此，可将其作为衡量一个估计量好坏的标准，这就是参数估计的一致性.

7.2.3 一致性

定义 7.2.3 设 $\hat{\theta}$ 是未知参数 θ 的估计量. 若对于任意 $\varepsilon > 0$，都有

$$\lim_{n\to\infty} P\{|\hat{\theta} - \theta| \geqslant \varepsilon\} = 0,$$

则称 $\hat{\theta}$ 是 θ 的**一致估计量**（或相合估计量）.

例 7.2.4 设总体 X 的 k 阶原点矩 $\mu_k = E(X^k)$ 存在，$X_1, X_2, \cdots, X_n$ 是来自总体 X 的一个样本，证明：样本 k 阶原点矩 $A_k = \dfrac{1}{n}\sum\limits_{i=1}^{n} X_i^k$ 是总体 k 阶原点矩 μ_k 的一致估计量.

证 因为 $X_1, X_2, \cdots, X_n$ 相互独立且与 X 同分布，所以 $X_1^k, X_2^k, \cdots, X_n^k$ 相互独立且与 X^k 同分布，从而有 $E(X_i^k) = \mu_k (i = 1, 2, \cdots, n)$. 由辛钦大数定律知，对于任意 $\varepsilon > 0$，有

$$\lim_{n\to\infty} P\left\{\left|\frac{1}{n}\sum_{i=1}^{n} X_i^k - \mu_k\right| \geqslant \varepsilon\right\} = 0,$$

故样本 k 阶原点矩是总体 k 阶原点矩的一致估计量.

注 特别地，$\overline{X}$ 是 $E(X)$ 的一致估计量.

对于估计量的评价，我们给出了上述三条标准，但一般来说，一个估计量很难全部满足这三条标准. 例如一致性，要求样本容量很大，实际上难以办到；无偏性直观上比较合理，但不一定每个未知参数都有无偏估计量；有效性在直观上和理论上都比较合理，因此使用较多. 所以，在实际应用中要根据具体情况来确定使用哪个评选标准为好.

同步习题 7.2

1. 设总体 X 的数学期望 $E(X) = \mu$，方差 $D(X) = \sigma^2$，X_1, X_2, X_3 是来自总体 X 的一个样本，则下列 μ 的估计量中最有效的是(　　).

    A. $\dfrac{1}{4}X_1 + \dfrac{1}{2}X_2 + \dfrac{1}{4}X_3$ B. $\dfrac{1}{3}X_1 + \dfrac{1}{3}X_2 + \dfrac{1}{3}X_3$

    C. $\dfrac{3}{5}X_1 + \dfrac{4}{5}X_2 - \dfrac{2}{5}X_3$ D. $\dfrac{1}{6}X_1 + \dfrac{1}{3}X_2 + \dfrac{1}{2}X_3$

2. 从总体中抽取样本容量为 50 的样本，如表 7.6 所示，试求总体均值的无偏估计值.

表 7.6

样本值 x_i	2	5	7	10
频数	16	12	8	14

3. 设 $X_1, X_2, \cdots, X_n$ 是来自总体 X 的一个样本 $(n \geqslant 2)$，且 $X \sim B(1, p)$，其中 $0 < p < 1$ 未知.试证:

    (1) X_1 是 p 的无偏估计量;

    (2) X_1^2 不是 p^2 的无偏估计量;

    (3) $X_1 X_2$ 是 p^2 的无偏估计量.

4. 对于任意总体 X，设 $X_1, X_2, \cdots, X_n$ 为其样本，$E(X) = \mu$，证明：$\dfrac{1}{n}\sum\limits_{i=1}^{n}(X_i - \mu)^2$ 是总体方差的无偏估计量.

5. 设 $X_1, X_2, \cdots, X_n$ 为来自总体 $X \sim N(\mu, \sigma^2)$ 的一个样本，试适当选择常数 c，使得 $c\sum\limits_{i=1}^{n-1}(X_{i+1} - X_i)^2$ 为 σ^2 的无偏估计量.

6. 设 $\hat{\theta}_1, \hat{\theta}_2$ 是未知参数 θ 的两个相互独立的无偏估计量，且 $\hat{\theta}_1$ 的方差为 $\hat{\theta}_2$ 的方差的两倍，试确定常数 K_1, K_2 的值，使得 $\hat{\theta} = K_1\hat{\theta}_1 + K_2\hat{\theta}_2$ 为 θ 的无偏估计量，并使得它在所有这样的线性无偏估计量中最有效.

7. 设 $X_1, X_2, \cdots, X_n$ 为来自正态总体 $X \sim N(\mu, \sigma^2)$ 的一个样本，在下列三个统计量

$$S_1^2 = \frac{1}{n-1}\sum_{i=1}^{n}(X_i - \overline{X})^2, \quad S_2^2 = \frac{1}{n}\sum_{i=1}^{n}(X_i - \overline{X})^2, \quad S_3^2 = \frac{1}{n+1}\sum_{i=1}^{n}(X_i - \overline{X})^2$$

中，问:哪一个是 σ^2 的无偏估计量?

7.3 区 间 估 计

本节要点: 本节介绍置信区间的概念，并通过例题的引入，详细介绍置信区间的求法.

    在前面的学习中，我们已经了解到，若 $\hat{\theta}(X_1, X_2, \cdots, X_n)$ 是未知参数 θ 的一个估计量，则一旦获得一组样本值 $x_1, x_2, \cdots, x_n$，就能得到 θ 的一个估计值 $\hat{\theta}(x_1, x_2, \cdots, x_n)$.估计值虽然能给人们一个明确的数量概念，但似乎还是不够的.尽管有无偏性、有效性、一致性等辅助工具来评价估计值的好坏，但因为样本的随机性，估计值往往与参数真值之间存在偏差，而且由于参数真值是未知的，因此无法确定估计值是否为真值.我们希望估计出一个包含未知参数 θ 真

值的范围,并确定这个范围的可信程度. 在数理统计中,这个范围通常以区间的形式给出,同时给出这个区间包含未知参数 θ 真值的概率,这种形式的估计称为参数的**区间估计**.

7.3.1 置信区间的概念

定义 7.3.1 设总体 X 的分布函数是 $F(x;\theta)$,其中 θ 为未知参数($\theta \in \Theta$),X_1, $X_2,\cdots,X_n$ 是来自 X 的一个样本,$\theta_1 = \theta_1(X_1,X_2,\cdots,X_n)$ 与 $\theta_2 = \theta_2(X_1,X_2,\cdots,X_n)(\theta_1 < \theta_2)$ 是两个统计量. 若对于给定的实数 $\alpha(0 < \alpha < 1)$,有

$$P\{\theta_1 < \theta < \theta_2\} = 1 - \alpha \quad (\theta \in \Theta),$$

则称区间 (θ_1,θ_2) 是参数 θ 的置信水平为 $1-\alpha$ 的**置信区间**,θ_1 和 θ_2 分别称为**置信下限**和**置信上限**,$1-\alpha$ 称为**置信水平**.

对于置信区间的定义,下面给出几点说明.

(1) 置信区间 (θ_1,θ_2) 的上、下限都是统计量,故称区间 (θ_1,θ_2) 为**随机区间**. 该区间随样本值的不同而变化,而对于一次抽样所得到的区间 (θ_1,θ_2) 是通常意义下的一个确定区间,虽然 θ 未知,但它是一个常数,该区间或者包含 θ 的真值,或者没有包含 θ 的真值,两者必居其一,无概率可言.

(2) 参数 θ 的真值是客观存在的确定值,没有任何随机性,故不能说参数 θ 以 $1-\alpha$ 的概率落在区间 (θ_1,θ_2) 中,应该说随机区间 (θ_1,θ_2) 以 $1-\alpha$ 的概率包含参数 θ.

(3) 由伯努利大数定律知,在所有这样的随机区间中,包含 θ 真值的约占 $1-\alpha$,不包含 θ 真值的约占 α. 例如,取 $\alpha = 0.05$,反复抽样 100 次,则得到的 100 个区间中大约有 95 个区间包含 θ 的真值,不包含 θ 真值的区间仅有 5 个. 因此,当我们实际上只做一次区间估计时,有理由认为它包含了参数 θ 的真值,这样的判断当然也可能犯错误,但犯错误的概率只有 5%.

(4) 评价一个置信区间 (θ_1,θ_2) 的优劣有两个要素:

① **置信水平**,即区间包含未知参数 θ 真值的概率大小.

② **精确度**,即衡量置信区间的长度,长度越小越好.

但在样本容量一定的条件下,这两者是互相矛盾的,一般是给定置信水平,以保证有一定的可靠度,再尽可能地选择精确度更高的区间估计.

区间估计的要旨是充分使用样本提供的信息,做出尽可能可靠和精确的估计,那么如何寻求未知参数的置信区间呢?

7.3.2 置信区间的求法

下面先看一个例子.

例 7.3.1 设总体 $X \sim N(\mu,\sigma^2)$,其中 σ^2 已知,μ 未知,$X_1,X_2,\cdots,X_n$ 是来自总体 X 的一个样本,求 μ 的置信水平为 $1-\alpha$ 的置信区间.

解 我们已经知道 $\overline{X}$ 是 μ 的极大似然估计量,且具有无偏性和最小方差性,由 μ 的点估计 $\overline{X}$ 出发构造一个与 μ 有关的函数 $U = \dfrac{\overline{X} - \mu}{\sigma/\sqrt{n}}$,显然它只含有一个未知参数 μ,且服从标准正态分布 $N(0,1)$,我们称这样的函数为**枢轴变量**.

对于事先给定的置信水平 $1-\alpha$,确定常数 a,b,使得

$$P\left\{a<\frac{\overline{X}-\mu}{\sigma/\sqrt{n}}<b\right\}=1-\alpha. \tag{7.3.1}$$

显然,满足式(7.3.1)的 a,b 不止一对.根据标准正态分布的上 α 分位数的定义,有

$$P\left\{-u_{\frac{\alpha}{2}}<\frac{\overline{X}-\mu}{\sigma/\sqrt{n}}<u_{\frac{\alpha}{2}}\right\}=1-\alpha, \tag{7.3.2}$$

即

$$P\left\{\overline{X}-u_{\frac{\alpha}{2}}\frac{\sigma}{\sqrt{n}}<\mu<\overline{X}+u_{\frac{\alpha}{2}}\frac{\sigma}{\sqrt{n}}\right\}=1-\alpha.$$

于是, μ 的置信水平为 $1-\alpha$ 的置信区间为

$$\left(\overline{X}-u_{\frac{\alpha}{2}}\frac{\sigma}{\sqrt{n}},\overline{X}+u_{\frac{\alpha}{2}}\frac{\sigma}{\sqrt{n}}\right). \tag{7.3.3}$$

上例中,如果取 $\alpha=0.05,\sigma=1,n=16,\overline{x}=5.4$,查附表2得 $u_{\frac{\alpha}{2}}=u_{0.025}=1.96$,那么得到 μ 的一个置信水平为 0.95 的置信区间为

$$\left(5.4-1.96\times\frac{1}{\sqrt{16}},5.4+1.96\times\frac{1}{\sqrt{16}}\right)=(4.91,5.89).$$

注 (1) 区间 $(4.91,5.89)$ 已不再是随机区间,但我们可称它为 μ 的一个置信水平为 0.95 的置信区间,其含义是指"该区间包含 μ 的真值"这一陈述的可信程度为 95%.但若写 $P\{4.91<\mu<5.89\}=0.95$ 是错误的.

(2) μ 的置信水平为 $1-\alpha$ 的置信区间不是唯一的.同样取置信水平为 0.95,不妨令 $a=-u_{0.02}=-2.05,b=u_{0.03}=1.88$,则又得到 μ 的一个置信水平为 0.95 的置信区间为

$$\left(\overline{X}-1.88\frac{\sigma}{\sqrt{n}},\overline{X}+2.05\frac{\sigma}{\sqrt{n}}\right). \tag{7.3.4}$$

易知,由式(7.3.3)所确定的置信区间的长度为 $3.92\dfrac{\sigma}{\sqrt{n}}$,要比由式(7.3.4)所确定的置信区间的长度 $3.93\dfrac{\sigma}{\sqrt{n}}$ 短,说明误差小,精确度高.这里需要注意的是,当枢轴变量的概率密度曲线单峰对称时,采用对称的置信区间的精确度是最高的,下面以例7.3.1为例加以证明,其余同理可证.

由 $P\left\{a<\dfrac{\overline{X}-\mu}{\sigma/\sqrt{n}}<b\right\}=1-\alpha$ 知

$$P\left\{\overline{X}-b\frac{\sigma}{\sqrt{n}}<\mu<\overline{X}-a\frac{\sigma}{\sqrt{n}}\right\}=1-\alpha,$$

其中 a,b 满足 $\displaystyle\int_a^b\frac{1}{\sqrt{2\pi}}\mathrm{e}^{-\frac{x^2}{2}}\mathrm{d}x=1-\alpha$,从而区间 $\left(\overline{X}-b\dfrac{\sigma}{\sqrt{n}},\overline{X}-a\dfrac{\sigma}{\sqrt{n}}\right)$ 是 μ 的置信水平为 $1-\alpha$ 的置信区间,且区间长度为 $(b-a)\dfrac{\sigma}{\sqrt{n}}$.问题转化为:在约束条件 $\displaystyle\int_a^b\frac{1}{\sqrt{2\pi}}\mathrm{e}^{-\frac{x^2}{2}}\mathrm{d}x=1-\alpha$ 下,求 $(b-a)\dfrac{\sigma}{\sqrt{n}}$ 的最小值.

建立拉格朗日函数

$$L(a,b,\lambda)=(b-a)\frac{\sigma}{\sqrt{n}}+\lambda\left(\int_a^b\frac{1}{\sqrt{2\pi}}e^{-\frac{x^2}{2}}dx-1+\alpha\right),$$

令

$$\begin{cases}\dfrac{\partial L(a,b,\lambda)}{\partial a}=0,\\[2mm]\dfrac{\partial L(a,b,\lambda)}{\partial b}=0,\end{cases}$$

可得 $e^{-\frac{a^2}{2}}=e^{-\frac{b^2}{2}}$，又 $a<b$，故 $a=-b$. 所以，当枢轴变量的概率密度曲线单峰对称时，置信区间通常取对称区间.

由例 7.3.1，置信区间的构造方法可以归纳为以下三个步骤：

（1）利用未知参数 θ 较优的点估计构造一个枢轴变量 $Z(X,\theta)$，$Z(X,\theta)$ 含有未知参数 θ，而不含有其他未知参数，并且其分布已知且不依赖于任何未知参数.

（2）对于给定的置信水平 $1-\alpha$，确定两个常数 a,b，使得

$$P\{a<Z(X,\theta)<b\}=1-\alpha.$$

（3）解不等式 $a<Z(X,\theta)<b$，得

$$\theta_1(X)<\theta<\theta_2(X),$$

区间 $(\theta_1(X),\theta_2(X))$ 就是 θ 的一个置信水平为 $1-\alpha$ 的置信区间.

这种利用枢轴变量构造置信区间的方法称为**枢轴变量法**. 在下一节中，我们将利用枢轴变量法求正态总体参数的置信区间.

同步习题 7.3

1. 可以用于评价未知参数区间估计好坏的标准是（ ）.

　A. 置信水平 $1-\alpha$ 越小且置信区间的精确度越大越好

　B. 置信水平 $1-\alpha$ 越小且置信区间的精确度越小越好

　C. 置信水平 $1-\alpha$ 越大或置信区间的精确度越大越好

　D. 置信水平 $1-\alpha$ 越大且置信区间的精确度越小越好

2. 对总体 $X\sim N(\mu,\sigma^2)$ 的均值 μ 做区间估计，得到置信水平为 95% 的置信区间，其意义是指这个区间（ ）.

　A. 平均含总体 95% 的值　　　　　B. 平均含样本 95% 的值

　C. 有 95% 的机会含 μ 的真值　　D. 有 95% 的机会含样本的均值

3. 设总体 $X\sim N(\mu,\sigma^2)$，其中 σ^2 已知，则总体均值 μ 的精确度 l 与置信水平 $1-\alpha$ 的关系是（ ）.

　A. 当 $1-\alpha$ 缩小时，l 减小　　　B. 当 $1-\alpha$ 缩小时，l 增大

　C. 当 $1-\alpha$ 缩小时，l 不变　　　D. 以上说法都不对

4. 已知一批零件的长度 X（单位：cm）服从正态分布 $N(\mu,1)$，其中 μ 未知，现从中随机地抽取16个零件，得到这些零件长度的平均值为 $40\,\mathrm{cm}$，求 μ 的置信水平为 0.95 的置信区间.

7.4 正态总体均值的区间估计

> **本节要点**:本节介绍正态总体均值的置信区间的求法,包括方差 σ^2 已知和未知的情况下,单个正态总体均值的置信区间的求法;以及方差 σ_1^2,σ_2^2 均已知和方差 σ_1^2,σ_2^2 均未知但相等的情况下,两个正态总体均值差 $\mu_1-\mu_2$ 的置信区间的求法.

考虑到与其他总体相比,正态总体参数的区间估计方法最典型,结果最完善,故本节及下节将分别讨论正态总体均值与方差的置信区间.

7.4.1 单个正态总体均值 μ 的置信区间

设已给定置信水平 $1-\alpha$,$X_1,X_2,\cdots,X_n$ 是来自总体 $X \sim N(\mu,\sigma^2)$ 的一个样本,其中 μ 未知,$\overline{X}$ 是样本均值,S^2 是样本方差.

1. 方差 σ^2 已知

取枢轴变量

$$U=\frac{\overline{X}-\mu}{\sigma/\sqrt{n}} \sim N(0,1),$$

由例 7.3.1 得,μ 的置信水平为 $1-\alpha$ 的置信区间为

$$\left(\overline{X}-u_{\frac{\alpha}{2}}\frac{\sigma}{\sqrt{n}},\overline{X}+u_{\frac{\alpha}{2}}\frac{\sigma}{\sqrt{n}}\right). \tag{7.4.1}$$

例 7.4.1 假设参加某种寿险的投保人的年龄 X(单位:岁)服从正态分布 $N(\mu,\sigma^2)$,其中 μ 未知,标准差 $\sigma=8.15$. 现从中随机抽取 49 人组成一个样本(不重复抽样),其平均年龄为 40.5 岁,试建立投保人平均年龄 μ 的置信水平为 0.90 的置信区间.

解 由题设知,$X \sim N(\mu,8.15^2)$,$\overline{x}=40.5$,$n=49$,$\alpha=0.10$,查附表 2 得 $u_{\frac{\alpha}{2}}=u_{0.05}=1.645$,$u_{\frac{\alpha}{2}}\frac{\sigma}{\sqrt{n}}=1.645\times\frac{8.15}{\sqrt{49}}\approx1.92$,故 μ 的置信水平为 0.90 的置信区间为

$$\left(\overline{x}-u_{\frac{\alpha}{2}}\frac{\sigma}{\sqrt{n}},\overline{x}+u_{\frac{\alpha}{2}}\frac{\sigma}{\sqrt{n}}\right)=(40.5-1.92,40.5+1.92)=(38.58,42.42).$$

例 7.4.2 某工厂生产一批滚球,其直径 X(单位:mm)服从正态分布 $N(\mu,0.7^2)$. 现从中随机地抽取 6 个,测得直径数据如下:

$$15.1,\ 14.8,\ 15.2,\ 14.9,\ 14.6,\ 15.1,$$

试求直径平均值 μ 的置信水平为 0.95 的置信区间.

解 由题设知,$1-\alpha=0.95$,$\alpha=0.05$,$n=6$,$\overline{x}=14.95$,查附表 2 得 $u_{\frac{\alpha}{2}}=u_{0.025}=1.96$,$u_{\frac{\alpha}{2}}\frac{\sigma}{\sqrt{n}}=1.96\times\frac{0.7}{\sqrt{6}}\approx0.56$,故 μ 的置信水平为 0.95 的置信区间为

$$\left(\overline{x} - u_{\frac{\alpha}{2}} \frac{\sigma}{\sqrt{n}}, \overline{x} + u_{\frac{\alpha}{2}} \frac{\sigma}{\sqrt{n}}\right) = (14.95 - 0.56, 14.95 + 0.56) = (14.39, 15.51).$$

2. 方差 σ^2 未知

由于 σ^2 未知,这时 $U = \dfrac{\overline{X} - \mu}{\sigma/\sqrt{n}}$ 不再构成枢轴变量. 考虑到 S^2 是 σ^2 的无偏估计量,将 U 中的 σ 换成 S,由 6.5 节定理 6.5.2 知,

$$T = \frac{\overline{X} - \mu}{S/\sqrt{n}} \sim t(n-1),$$

故选 T 作为枢轴变量. 因为 T 的概率密度曲线关于 y 轴对称,根据 t 分布的上 α 分位数的定义,有

$$P\left\{-t_{\frac{\alpha}{2}}(n-1) < \frac{\overline{X} - \mu}{S/\sqrt{n}} < t_{\frac{\alpha}{2}}(n-1)\right\} = 1 - \alpha,$$

即

$$P\left\{\overline{X} - t_{\frac{\alpha}{2}}(n-1) \frac{S}{\sqrt{n}} < \mu < \overline{X} + t_{\frac{\alpha}{2}}(n-1) \frac{S}{\sqrt{n}}\right\} = 1 - \alpha,$$

所以 μ 的置信水平为 $1 - \alpha$ 的置信区间为

$$\left(\overline{X} - t_{\frac{\alpha}{2}}(n-1) \frac{S}{\sqrt{n}}, \overline{X} + t_{\frac{\alpha}{2}}(n-1) \frac{S}{\sqrt{n}}\right). \tag{7.4.2}$$

例 7.4.3　某平台想了解某餐厅顾客的平均消费额,通过随机访问的 26 名顾客得知,他们的平均消费额 $\overline{x} = 120$ 元,样本标准差 $s = 15$ 元. 已知该餐厅顾客的消费额 X(单位:元)服从正态分布 $N(\mu, \sigma^2)$,求顾客平均消费额 μ 的置信水平为 0.90 的置信区间.

解　由题设知,$1 - \alpha = 0.90, \alpha = 0.10, n = 26$,查附表 4 得 $t_{\frac{\alpha}{2}}(n-1) = t_{0.05}(25) = 1.708$,

$t_{\frac{\alpha}{2}}(n-1) \dfrac{s}{\sqrt{n}} = 1.708 \times \dfrac{15}{\sqrt{26}} \approx 5.02$,故 μ 的置信水平为 0.90 的置信区间为

$$\left(\overline{x} - t_{\frac{\alpha}{2}}(n-1) \frac{s}{\sqrt{n}}, \overline{x} + t_{\frac{\alpha}{2}}(n-1) \frac{s}{\sqrt{n}}\right) = (120 - 5.02, 120 + 5.02) = (114.98, 125.02).$$

7.4.2　两个正态总体均值差 $\mu_1 - \mu_2$ 的置信区间

在实际中常遇到下面的问题:已知产品的某一质量指标服从正态分布,但由于原料、设备条件、操作人员不同,或工艺过程的改变等因素,引起总体均值、方差有所改变. 我们需要了解这些变化有多大,这就需要讨论两个正态总体均值差的区间估计.

设总体 $X \sim N(\mu_1, \sigma_1^2)$,$Y \sim N(\mu_2, \sigma_2^2)$,且 X 与 Y 相互独立,$X_1, X_2, \cdots, X_{n_1}$ 是来自总体 X 的一个样本,$Y_1, Y_2, \cdots, Y_{n_2}$ 是来自总体 Y 的一个样本,样本均值分别为 $\overline{X}, \overline{Y}$,样本方差分别为 S_1^2, S_2^2,$1 - \alpha$ 是给定的置信水平.

1. 方差 σ_1^2, σ_2^2 均已知

取 $\overline{X} - \overline{Y}$ 作为 $\mu_1 - \mu_2$ 的点估计,显然这个估计是无偏的,且有

$$E(\overline{X}-\overline{Y})=\mu_1-\mu_2, \quad D(\overline{X}-\overline{Y})=\frac{\sigma_1^2}{n_1}+\frac{\sigma_2^2}{n_2},$$

则

$$U=\frac{(\overline{X}-\overline{Y})-(\mu_1-\mu_2)}{\sqrt{\dfrac{\sigma_1^2}{n_1}+\dfrac{\sigma_2^2}{n_2}}}\sim N(0,1).$$

取枢轴变量

$$U=\frac{(\overline{X}-\overline{Y})-(\mu_1-\mu_2)}{\sqrt{\dfrac{\sigma_1^2}{n_1}+\dfrac{\sigma_2^2}{n_2}}},$$

根据标准正态分布的上 α 分位数的定义,有

$$P\left\{-u_{\frac{\alpha}{2}}<\frac{(\overline{X}-\overline{Y})-(\mu_1-\mu_2)}{\sqrt{\dfrac{\sigma_1^2}{n_1}+\dfrac{\sigma_2^2}{n_2}}}<u_{\frac{\alpha}{2}}\right\}=1-\alpha,$$

即

$$P\left\{(\overline{X}-\overline{Y})-u_{\frac{\alpha}{2}}\sqrt{\dfrac{\sigma_1^2}{n_1}+\dfrac{\sigma_2^2}{n_2}}<\mu_1-\mu_2<(\overline{X}-\overline{Y})+u_{\frac{\alpha}{2}}\sqrt{\dfrac{\sigma_1^2}{n_1}+\dfrac{\sigma_2^2}{n_2}}\right\}=1-\alpha,$$

于是 $\mu_1-\mu_2$ 的置信水平为 $1-\alpha$ 的置信区间为

$$\left((\overline{X}-\overline{Y})-u_{\frac{\alpha}{2}}\sqrt{\dfrac{\sigma_1^2}{n_1}+\dfrac{\sigma_2^2}{n_2}},(\overline{X}-\overline{Y})+u_{\frac{\alpha}{2}}\sqrt{\dfrac{\sigma_1^2}{n_1}+\dfrac{\sigma_2^2}{n_2}}\right). \tag{7.4.3}$$

例 7.4.4　设有 A,B 两批烟草,取样测得尼古丁含量(单位:mg) 为

$$A:24, \quad 27, \quad 26, \quad 21, \quad 24,$$
$$B:27, \quad 28, \quad 23, \quad 31, \quad 26.$$

假设这两批烟草的尼古丁含量分别服从正态分布 $N(\mu_1,5)$ 和 $N(\mu_2,8)$,且它们相互独立,求 $\mu_1-\mu_2$ 的置信水平为 0.95 的置信区间.

解　由题设知,$\sigma_1^2=5,\sigma_2^2=8,n_1=n_2=5,\alpha=0.05$,由样本值计算得 $\overline{x}=24.4,\overline{y}=27.0$,查附表 2 得 $u_{\frac{\alpha}{2}}=u_{0.025}=1.96$,

$$u_{\frac{\alpha}{2}}\sqrt{\frac{\sigma_1^2}{n_1}+\frac{\sigma_2^2}{n_2}}=1.96\sqrt{\frac{5}{5}+\frac{8}{5}}\approx 3.16,$$

故 $\mu_1-\mu_2$ 的置信水平为 0.95 的置信区间为

$$\left((\overline{x}-\overline{y})-u_{\frac{\alpha}{2}}\sqrt{\frac{\sigma_1^2}{n_1}+\frac{\sigma_2^2}{n_2}},(\overline{x}-\overline{y})+u_{\frac{\alpha}{2}}\sqrt{\frac{\sigma_1^2}{n_1}+\frac{\sigma_2^2}{n_2}}\right)=(-2.6-3.16,-2.6+3.16)$$
$$=(-5.76,0.56).$$

2. 方差 σ_1^2,σ_2^2 均未知,但 $\sigma_1^2=\sigma_2^2=\sigma^2$

由 6.5 节定理 6.5.3 知,统计量

$$\frac{(\overline{X}-\overline{Y})-(\mu_1-\mu_2)}{S_w\sqrt{\dfrac{1}{n_1}+\dfrac{1}{n_2}}}\sim t(n_1+n_2-2),$$

其中 $S_w^2 = \dfrac{(n_1-1)S_1^2 + (n_2-1)S_2^2}{n_1+n_2-2}$. 取枢轴变量

$$T = \frac{(\overline{X}-\overline{Y})-(\mu_1-\mu_2)}{S_w\sqrt{\dfrac{1}{n_1}+\dfrac{1}{n_2}}},$$

根据 t 分布的上 α 分位数的定义,有

$$P\left\{-t_{\frac{\alpha}{2}}(n_1+n_2-2) < \frac{(\overline{X}-\overline{Y})-(\mu_1-\mu_2)}{S_w\sqrt{\dfrac{1}{n_1}+\dfrac{1}{n_2}}} < t_{\frac{\alpha}{2}}(n_1+n_2-2)\right\} = 1-\alpha,$$

即

$$P\left\{(\overline{X}-\overline{Y})-t_{\frac{\alpha}{2}}(n_1+n_2-2)S_w\sqrt{\frac{1}{n_1}+\frac{1}{n_2}} < \mu_1-\mu_2\right.$$

$$\left. < (\overline{X}-\overline{Y})+t_{\frac{\alpha}{2}}(n_1+n_2-2)S_w\sqrt{\frac{1}{n_1}+\frac{1}{n_2}}\right\} = 1-\alpha,$$

于是 $\mu_1-\mu_2$ 的置信水平为 $1-\alpha$ 的置信区间为

$$\left((\overline{X}-\overline{Y})-t_{\frac{\alpha}{2}}(n_1+n_2-2)S_w\sqrt{\frac{1}{n_1}+\frac{1}{n_2}},(\overline{X}-\overline{Y})+t_{\frac{\alpha}{2}}(n_1+n_2-2)S_w\sqrt{\frac{1}{n_1}+\frac{1}{n_2}}\right).$$

$$(7.4.4)$$

例 7.4.5 为了比较甲、乙两类试验田的产量,随机抽取甲类试验田 8 块,乙类试验田 10 块,测得亩产量(单位:kg) 如下:

甲类:510, 628, 583, 615, 554, 612, 530, 525,

乙类:433, 535, 398, 470, 560, 567, 498, 480, 503, 426.

假设这两类试验田的亩产量分别服从正态分布 $N(\mu_1,\sigma^2)$ 与 $N(\mu_2,\sigma^2)$,求总体均值差 $\mu_1-\mu_2$ 的置信水平为 0.95 的置信区间.

解 由题设知,$\alpha=0.05,n_1=8,n_2=10$,由样本值计算得 $\overline{x}=569.63,\overline{y}=487,s_1^2=2\,114.6,s_2^2=3\,256.2$,则

例 7.4.5

$$s_w = \sqrt{\frac{(n_1-1)s_1^2+(n_2-1)s_2^2}{n_1+n_2-2}} = \sqrt{\frac{7\times 2\,114.6+9\times 3\,256.2}{16}} \approx 52.5.$$

查附表 4 得 $t_{\frac{\alpha}{2}}(n_1+n_2-2)=t_{0.025}(16)=2.120$,

$$t_{\frac{\alpha}{2}}(n_1+n_2-2)s_w\sqrt{\frac{1}{n_1}+\frac{1}{n_2}}=2.120\times 52.5\times\sqrt{\frac{1}{8}+\frac{1}{10}}\approx 52.79,$$

故 $\mu_1-\mu_2$ 的置信水平为 0.95 的置信区间为

$$\left((\overline{x}-\overline{y})-t_{\frac{\alpha}{2}}(n_1+n_2-2)s_w\sqrt{\frac{1}{n_1}+\frac{1}{n_2}},(\overline{x}-\overline{y})+t_{\frac{\alpha}{2}}(n_1+n_2-2)s_w\sqrt{\frac{1}{n_1}+\frac{1}{n_2}}\right)$$

$$=(82.63-52.79,82.63+52.79)$$

$$=(29.84,135.42).$$

由于 $\mu_1-\mu_2$ 的置信区间不包含 0,因此在实际中我们有 95% 的把握认为甲类试验田的平均亩产量与乙类试验田的平均亩产量有显著差别.

例 7.4.6　某保险公司为了解男女销售员的销售能力差异,随机抽取 15 名男销售员和 15 名女销售员进行测试. 测试结果显示,男销售员的月平均销售额为 53 000 元,标准差为 22 000 元,女销售员的月平均销售额为 63 000 元,标准差为 23 750 元. 假设男女销售员的月销售额均服从正态分布,且方差相等,求男女销售员月平均销售额之差的置信水平为 0.95 的置信区间.

解　由题设知,$\alpha=0.05,n_1=15,n_2=15,\overline{x}=53\,000,\overline{y}=63\,000,s_1=22\,000,s_2=23\,750,$ 则

$$s_w=\sqrt{\frac{(n_1-1)s_1^2+(n_2-1)s_2^2}{n_1+n_2-2}}\approx 22\,892.$$

查附表 4 得 $t_{\frac{\alpha}{2}}(n_1+n_2-2)=t_{0.025}(28)=2.048,$

$$t_{\frac{\alpha}{2}}(n_1+n_2-2)s_w\sqrt{\frac{1}{n_1}+\frac{1}{n_2}}=2.048\times 22\,892\times\sqrt{\frac{1}{15}+\frac{1}{15}}\approx 17\,119,$$

故 $\mu_1-\mu_2$ 的置信水平为 0.95 的置信区间为

$$\left((\overline{x}-\overline{y})-t_{\frac{\alpha}{2}}(n_1+n_2-2)s_w\sqrt{\frac{1}{n_1}+\frac{1}{n_2}},(\overline{x}-\overline{y})+t_{\frac{\alpha}{2}}(n_1+n_2-2)s_w\sqrt{\frac{1}{n_1}+\frac{1}{n_2}}\right)$$
$$=((53\,000-63\,000)-17\,119,(53\,000-63\,000)+17\,119)$$
$$=(-27\,119,7\,119).$$

总结以上正态总体均值的置信区间的求法,我们得到如表 7.7 所示的结论.

表 7.7

未知参数	条件	枢轴变量	置信区间上、下限
μ	σ^2 已知	$U=\dfrac{\overline{X}-\mu}{\sigma/\sqrt{n}}\sim N(0,1)$	$\overline{X}\pm u_{\frac{\alpha}{2}}\dfrac{\sigma}{\sqrt{n}}$
	σ^2 未知	$T=\dfrac{\overline{X}-\mu}{S/\sqrt{n}}\sim t(n-1)$	$\overline{X}\pm t_{\frac{\alpha}{2}}(n-1)\dfrac{S}{\sqrt{n}}$
$\mu_1-\mu_2$	σ_1^2,σ_2^2 均已知	$U=\dfrac{(\overline{X}-\overline{Y})-(\mu_1-\mu_2)}{\sqrt{\dfrac{\sigma_1^2}{n_1}+\dfrac{\sigma_2^2}{n_2}}}\sim N(0,1)$	$(\overline{X}-\overline{Y})\pm u_{\frac{\alpha}{2}}\sqrt{\dfrac{\sigma_1^2}{n_1}+\dfrac{\sigma_2^2}{n_2}}$
	$\sigma_1^2=\sigma_2^2$ 但未知	$T=\dfrac{(\overline{X}-\overline{Y})-(\mu_1-\mu_2)}{S_w\sqrt{\dfrac{1}{n_1}+\dfrac{1}{n_2}}}\sim t(n_1+n_2-2)$	$(\overline{X}-\overline{Y})\pm$ $t_{\frac{\alpha}{2}}(n_1+n_2-2)S_w\sqrt{\dfrac{1}{n_1}+\dfrac{1}{n_2}}$

同步习题 7.4

1. 设随机变量 $T\sim t(n)$,则 $P\{|T|<t_\alpha(n)\}=$ _____ .

2. 设 $X_1,X_2,\cdots,X_{16}$ 是来自正态总体 $X\sim N(\mu,0.64)$(μ 未知)的一个样本,$\overline{X}$ 为样本均值. 已知上 α 分位数 $u_{\frac{\alpha}{2}}=1.96$,则 μ 的置信水平为 $1-\alpha$ 的置信区间为(　　).

    A. $(\overline{X}-0.536,\overline{X}+0.536)$　　　　　　B. $(\overline{X}-0.196,\overline{X}+0.196)$

C. $(\overline{X} - 0.392, \overline{X} + 0.392)$ D. $(\overline{X} - 0.784, \overline{X} + 0.784)$

3. 已知某种材料的抗压强度(单位:10^5 Pa)$X \sim N(\mu, \sigma^2)$,现随机地抽取 10 个试件进行抗压试验,测得数据如下:

$$482, \quad 493, \quad 457, \quad 471, \quad 510, \quad 446, \quad 435, \quad 418, \quad 394, \quad 469.$$

(1) 求平均抗压强度 μ 的点估计值.

(2) 求平均抗压强度 μ 的置信水平为 0.95 的置信区间.

(3) 若已知 $\sigma = 30$,求 μ 的置信水平为 0.95 的置信区间.

4. 某商店每天每百元投资的利润率服从正态分布,均值为 μ,方差为 σ^2,长期以来,σ^2 稳定为 0.4. 现随机抽取得到五天的利润率为

$$-0.2, \quad 0.1, \quad 0.8, \quad -0.6, \quad 0.9,$$

试求 μ 的置信水平为 0.95 的置信区间. 为使 μ 的置信水平为 0.95 的置信区间长度不超过 0.4,则至少应随机抽取多少天的利润率才能达到?

5. 设来自总体 $X \sim N(\mu_1, 16)$ 的一个样本容量为 15 的样本,其样本均值 $\overline{x} = 14.6$;来自总体 $Y \sim N(\mu_2, 9)$ 的一个样本容量为 20 的样本,其样本均值 $\overline{y} = 13.2$,并且两样本是相互独立的,试求 $\mu_1 - \mu_2$ 的置信水平为 0.90 的置信区间.

6. 为了估计磷肥对某种农作物增产的作用,选 20 块条件大致相同的地块进行对比试验,其中 10 块地施磷肥,另外 10 块地不施磷肥,得到单位面积的产量(单位:kg) 如下:

施磷肥:620, 570, 650, 600, 630, 580, 570, 600, 600, 580.

不施磷肥:560, 590, 560, 570, 580, 570, 600, 550, 570, 550.

设施磷肥的地块单位面积的产量 $X \sim N(\mu_1, \sigma^2)$,不施磷肥的地块单位面积的产量 $Y \sim N(\mu_2, \sigma^2)$. 求 $\mu_1 - \mu_2$ 的置信水平为 0.95 的置信区间.

7. 假设 $0.50, 1.25, 0.80, 2.00$ 是来自总体 X 的样本值,已知 $Y = \ln X$ 服从正态分布 $N(\mu, 1)$. 求:

(1) X 的数学期望 $E(X)$(记 $E(X) = b$);

(2) μ 的置信水平为 0.95 的置信区间;

(3) b 的置信水平为 0.95 的置信区间.

7.5   **正态总体方差的区间估计**

本节要点:本节介绍正态总体方差的置信区间的求法,包括均值 μ 已知和未知的情况下,单个正态总体方差的置信区间的求法;以及均值 μ_1, μ_2 均未知的情况下,两个正态总体方差比 $\dfrac{\sigma_1^2}{\sigma_2^2}$ 的置信区间的求法.

7.5.1   单个正态总体方差 σ^2 的置信区间

设已给定置信水平 $1 - \alpha$,$X_1, X_2, \cdots, X_n$ 是来自总体 $X \sim N(\mu, \sigma^2)$ 的一个样本,S^2 是样本方差.

1. 均值 μ 已知

方差 σ^2 的无偏估计量为 $\dfrac{1}{n} \sum\limits_{i=1}^{n} (X_i - \mu)^2$,且有

$$Q = \frac{\sum\limits_{i=1}^{n}(X_i - \mu)^2}{\sigma^2} \sim \chi^2(n),$$

故取枢轴变量

$$Q = \frac{\sum\limits_{i=1}^{n}(X_i - \mu)^2}{\sigma^2}.$$

根据 χ^2 分布的上 α 分位数的定义,有

$$P\left\{ \chi^2_{1-\frac{\alpha}{2}}(n) < \frac{\sum\limits_{i=1}^{n}(X_i - \mu)^2}{\sigma^2} < \chi^2_{\frac{\alpha}{2}}(n) \right\} = 1 - \alpha,$$

即

$$P\left\{ \frac{\sum\limits_{i=1}^{n}(X_i - \mu)^2}{\chi^2_{\frac{\alpha}{2}}(n)} < \sigma^2 < \frac{\sum\limits_{i=1}^{n}(X_i - \mu)^2}{\chi^2_{1-\frac{\alpha}{2}}(n)} \right\} = 1 - \alpha,$$

于是 σ^2 的置信水平为 $1-\alpha$ 的置信区间为

$$\left(\frac{\sum\limits_{i=1}^{n}(X_i - \mu)^2}{\chi^2_{\frac{\alpha}{2}}(n)}, \frac{\sum\limits_{i=1}^{n}(X_i - \mu)^2}{\chi^2_{1-\frac{\alpha}{2}}(n)} \right). \tag{7.5.1}$$

注　当枢轴变量的概率密度曲线非对称时,如 χ^2 分布和 F 分布,习惯上仍取对称的分位数来确定置信区间.

例 7.5.1　设某手表厂生产的手表的走时误差(单位:s)$X \sim N(0.3, \sigma^2)$,检验员从装配线上随机抽取 9 只装配好的手表进行测量,测量结果如下:

$$-4.0,\ 3.1,\ 2.5,\ -2.9,\ 0.9,\ 1.1,\ 2.0,\ -3.0,\ 2.8,$$

求 σ^2 的置信水平为 0.95 的置信区间.

解　由题设知,$\mu = 0.3, n = 9, \alpha = 0.05$,查附表 3 得 $\chi^2_{\frac{\alpha}{2}}(n) = \chi^2_{0.025}(9) = 19.02, \chi^2_{1-\frac{\alpha}{2}}(n) = \chi^2_{0.975}(9) = 2.70$. 由式 (7.5.1) 知,置信上、下限分别为

$$\frac{\sum\limits_{i=1}^{n}(x_i - \mu)^2}{\chi^2_{1-\frac{\alpha}{2}}(n)} = \frac{62.44}{2.70} \approx 23.126, \qquad \frac{\sum\limits_{i=1}^{n}(x_i - \mu)^2}{\chi^2_{\frac{\alpha}{2}}(n)} = \frac{62.44}{19.02} \approx 3.283,$$

所以 σ^2 的置信水平为 0.95 的置信区间为 $(3.283, 23.126)$.

2. 均值 μ 未知

考虑到样本方差 S^2 是 σ^2 的无偏估计量,由 6.5 节定理 6.5.1 知

$$\frac{(n-1)S^2}{\sigma^2} \sim \chi^2(n-1),$$

故选取枢轴变量

$$Q = \frac{(n-1)S^2}{\sigma^2}.$$

根据 χ^2 分布的上 α 分位数的定义,有

$$P\left\{\chi^2_{1-\frac{\alpha}{2}}(n-1)<\frac{(n-1)S^2}{\sigma^2}<\chi^2_{\frac{\alpha}{2}}(n-1)\right\}=1-\alpha,$$

即

$$P\left\{\frac{(n-1)S^2}{\chi^2_{\frac{\alpha}{2}}(n-1)}<\sigma^2<\frac{(n-1)S^2}{\chi^2_{1-\frac{\alpha}{2}}(n-1)}\right\}=1-\alpha,$$

于是 σ^2 的置信水平为 $1-\alpha$ 的置信区间为

$$\left(\frac{(n-1)S^2}{\chi^2_{\frac{\alpha}{2}}(n-1)},\frac{(n-1)S^2}{\chi^2_{1-\frac{\alpha}{2}}(n-1)}\right). \tag{7.5.2}$$

例 7.5.2 某工程师对某塔的高度进行了 5 次测量,测量数据(单位:m) 如下:

$$90.5,\quad 90.4,\quad 89.7,\quad 89.6,\quad 90.2.$$

设测量数据服从正态分布,在下面两种情形下分别求方差的置信水平为 0.95 的置信区间:

(1) 塔的真实高度为 90 m;

(2) 塔的真实高度未知.

解 (1) 这是一个总体均值已知求方差的置信区间问题. 由样本值计算得 $\sum\limits_{i=1}^{n}(x_i-\mu)^2=$

$\sum\limits_{i=1}^{5}(x_i-90)^2=0.7$. 由题设知,$\alpha=0.05,n=5$,查附表 3 得 $\chi^2_{1-\frac{\alpha}{2}}(n)=\chi^2_{0.975}(5)=0.83$,

$\chi^2_{\frac{\alpha}{2}}(n)=\chi^2_{0.025}(5)=12.83$,由式(7.5.1) 知,置信上、下限分别为

$$\frac{\sum\limits_{i=1}^{n}(x_i-\mu)^2}{\chi^2_{1-\frac{\alpha}{2}}(n)}=\frac{0.7}{0.83}\approx0.843,\qquad \frac{\sum\limits_{i=1}^{n}(x_i-\mu)^2}{\chi^2_{\frac{\alpha}{2}}(n)}=\frac{0.7}{12.83}\approx0.055,$$

例 7.5.2 所以方差的置信水平为 0.95 的置信区间为(0.055,0.843).

(2) 这是一个总体均值未知求方差的置信区间问题. 由样本值计算得 $s^2=0.167$. 由题设知,$\alpha=0.05,n=5$,查附表 3 得 $\chi^2_{1-\frac{\alpha}{2}}(n-1)=\chi^2_{0.975}(4)=0.48,\chi^2_{\frac{\alpha}{2}}(n-1)=\chi^2_{0.025}(4)=11.14$,由式(7.5.2) 知,置信上、下限分别为

$$\frac{(n-1)s^2}{\chi^2_{1-\frac{\alpha}{2}}(n-1)}=\frac{4\times0.167}{0.48}\approx1.392,\qquad \frac{(n-1)s^2}{\chi^2_{\frac{\alpha}{2}}(n-1)}=\frac{4\times0.167}{11.14}\approx0.060,$$

所以方差的置信水平为 0.95 的置信区间为(0.060,1.392).

7.5.2 两个正态总体方差比 $\dfrac{\sigma_1^2}{\sigma_2^2}$ 的置信区间

设总体 $X\sim N(\mu_1,\sigma_1^2),Y\sim N(\mu_2,\sigma_2^2)$,且 X 与 Y 相互独立,$X_1,X_2,\cdots,X_{n_1}$ 是来自总体 X 的一个样本,$Y_1,Y_2,\cdots,Y_{n_2}$ 是来自总体 Y 的一个样本,样本均值分别为 $\overline{X},\overline{Y}$,样本方差分别为 $S_1^2,S_2^2,1-\alpha$ 是给定的置信水平.

我们仅讨论 μ_1,μ_2 均未知的情形,其他情况留给读者验证.

由 6.5 节定理 6.5.3 知,

$$\frac{S_1^2/S_2^2}{\sigma_1^2/\sigma_2^2}\sim F(n_1-1,n_2-1),$$

故取枢轴变量

$$F = \frac{S_1^2 / S_2^2}{\sigma_1^2 / \sigma_2^2}.$$

根据 F 分布的上 α 分位数的定义,有

$$P\left\{ F_{1-\frac{\alpha}{2}}(n_1 - 1, n_2 - 1) < \frac{S_1^2 / S_2^2}{\sigma_1^2 / \sigma_2^2} < F_{\frac{\alpha}{2}}(n_1 - 1, n_2 - 1) \right\} = 1 - \alpha,$$

即

$$P\left\{ \frac{1}{F_{\frac{\alpha}{2}}(n_1 - 1, n_2 - 1)} \cdot \frac{S_1^2}{S_2^2} < \frac{\sigma_1^2}{\sigma_2^2} < \frac{1}{F_{1-\frac{\alpha}{2}}(n_1 - 1, n_2 - 1)} \cdot \frac{S_1^2}{S_2^2} \right\} = 1 - \alpha,$$

于是 $\dfrac{\sigma_1^2}{\sigma_2^2}$ 的置信水平为 $1 - \alpha$ 的置信区间为

$$\left(\frac{1}{F_{\frac{\alpha}{2}}(n_1 - 1, n_2 - 1)} \cdot \frac{S_1^2}{S_2^2}, \frac{1}{F_{1-\frac{\alpha}{2}}(n_1 - 1, n_2 - 1)} \cdot \frac{S_1^2}{S_2^2} \right). \tag{7.5.3}$$

例 7.5.3 某大学在 2020 年从 A,B 两市招收的新生中,分别抽查 5 名男生和 6 名男生,测得其身高(单位:cm)数据如下:

> A 市:172, 178, 180.5, 174, 175,
>
> B 市:174, 171, 176.5, 168, 172.5, 170.

设两市新生男生的身高分别服从正态分布 $N(\mu_1, \sigma_1^2)$ 和 $N(\mu_2, \sigma_2^2)$,求方差比 $\dfrac{\sigma_1^2}{\sigma_2^2}$ 的置信水平为 0.95 的置信区间.

解 由题设知,$1 - \alpha = 0.95$,$\alpha = 0.05$,$n_1 = 5$,$n_2 = 6$,由样本值计算得

$$\overline{x} = 175.9, \quad \overline{y} = 172, \quad s_1^2 = 11.3, \quad s_2^2 = 9.1,$$

查附表 5 得

$$F_{\frac{\alpha}{2}}(n_1 - 1, n_2 - 1) = F_{0.025}(4, 5) = 7.39,$$

$$F_{1-\frac{\alpha}{2}}(n_1 - 1, n_2 - 1) = F_{0.975}(4, 5) = \frac{1}{F_{0.025}(5, 4)} = \frac{1}{9.36},$$

由式(7.5.3)知,$\dfrac{\sigma_1^2}{\sigma_2^2}$ 的置信水平为 0.95 的置信区间为

$$\left(\frac{1}{F_{\frac{\alpha}{2}}(n_1 - 1, n_2 - 1)} \cdot \frac{s_1^2}{s_2^2}, \frac{1}{F_{1-\frac{\alpha}{2}}(n_1 - 1, n_2 - 1)} \cdot \frac{s_1^2}{s_2^2} \right)$$

$$= \left(\frac{1}{7.39} \times \frac{11.3}{9.1}, 9.36 \times \frac{11.3}{9.1} \right)$$

$$= (0.17, 11.62).$$

由于 $\dfrac{\sigma_1^2}{\sigma_2^2}$ 的置信区间包含 1,在实际中我们有 95% 的把握认为 σ_1^2,σ_2^2 两者没有显著差别.

总结以上正态总体方差的置信区间的求法,我们得到如表 7.8 所示的结论.

表 7.8

未知参数	条件	枢轴变量	置信区间上、下限
σ^2	μ 已知	$Q = \dfrac{\sum\limits_{i=1}^{n}(X_i-\mu)^2}{\sigma^2} \sim \chi^2(n)$	$\dfrac{\sum\limits_{i=1}^{n}(X_i-\mu)^2}{\chi^2_{1-\frac{\alpha}{2}}(n)}, \dfrac{\sum\limits_{i=1}^{n}(X_i-\mu)^2}{\chi^2_{\frac{\alpha}{2}}(n)}$
	μ 未知	$Q = \dfrac{(n-1)S^2}{\sigma^2} \sim \chi^2(n-1)$	$\dfrac{(n-1)S^2}{\chi^2_{1-\frac{\alpha}{2}}(n-1)}, \dfrac{(n-1)S^2}{\chi^2_{\frac{\alpha}{2}}(n-1)}$
$\dfrac{\sigma_1^2}{\sigma_2^2}$	μ_1, μ_2 均未知	$F = \dfrac{S_1^2/S_2^2}{\sigma_1^2/\sigma_2^2} \sim F(n_1-1, n_2-1)$	$\dfrac{1}{F_{1-\frac{\alpha}{2}}(n_1-1,n_2-1)} \cdot \dfrac{S_1^2}{S_2^2},$ $\dfrac{1}{F_{\frac{\alpha}{2}}(n_1-1,n_2-1)} \cdot \dfrac{S_1^2}{S_2^2}$

同步习题 7.5

1. 设某种岩石密度的测量误差(单位:kg/m^3)$X \sim N(\mu,\sigma^2)$,取 12 个样本,计算得样本方差 $s^2 = 0.04$,求 σ^2 的置信水平为 0.90 的置信区间.

2. 从自动机床加工的同类零件中随机抽取 16 个,测得长度值(单位:mm)为:

$$12.15,\ 12.12,\ 12.01,\ 12.28,\ 12.09,\ 12.16,\ 12.03,\ 12.06,$$
$$12.01,\ 12.13,\ 12.07,\ 12.11,\ 12.08,\ 12.03,\ 12.01,\ 12.13.$$

若可认为这是来自正态总体的样本值,求总体标准差 σ 的置信水平为 0.99 的置信区间.

3. 设总体 $X \sim N(\mu,\sigma^2)$,$x_1, x_2, \cdots, x_{15}$ 是一组样本值,已知 $\sum\limits_{i=1}^{15} x_i = 8.7$,$\sum\limits_{i=1}^{15} x_i^2 = 25.05$,分别求 μ 与 σ^2 的置信水平为 0.95 的置信区间.

4. 两位化验员 A,B 独立地对某种聚合物的含氯量(单位:%)用相同的方法各做 10 次测定,测定值的样本方差分别为 $s_A^2 = 0.541\,9, s_B^2 = 0.606\,5$,设 σ_A^2, σ_B^2 分别为化验员 A,B 所测定的测定值总体的方差,总体均服从正态分布.求方差比 $\dfrac{\sigma_A^2}{\sigma_B^2}$ 的置信水平为 0.95 的置信区间.

5. 假设人的身高服从正态分布.今从甲、乙两个中学分别抽取 10 名高中三年级的女生,测量其身高.计算得甲校女生身高的样本均值为 1.64 m,样本标准差为 0.2 m,乙校女生身高的样本均值为 1.62 m,样本标准差为 0.4 m,求:

(1) 甲、乙两校高三女生平均身高差的置信水平为 0.95 的置信区间;

(2) 甲、乙两校高三女生身高方差比的置信水平为 0.95 的置信区间.

7.6 单侧区间估计

本节要点:本节介绍单侧置信区间的概念,并给出正态总体未知参数的单侧置信区间的求法.

在 7.3 节的讨论中,对于未知参数 θ,得到的是双侧置信区间 (θ_1, θ_2). 而在某些实际问题中,人们关心的只是参数在一个方向的界限,即置信上限或置信下限. 例如,某品牌彩电的平均寿命当然是越长越好,于是我们关心的是这个品牌彩电的平均寿命 λ 最低可能为多少,即关心平均寿命的下限;又如,一批产品的次品率 p 当然是越低越好,于是我们关心的是这批产品的次品率最高可能为多少,即关心 p 的上限. 这就需要对参数进行单侧区间估计,从而引出单侧置信区间的概念.

📊 **定义 7.6.1**　设总体 X 的分布函数是 $F(x;\theta)$,其中 θ 为未知参数 $(\theta \in \Theta)$,$X_1,$ $X_2, \cdots, X_n$ 是来自总体 X 的一个样本,$\theta_1 = \theta_1(X_1, X_2, \cdots, X_n)$ 是一个统计量. 若对于给定的实数 $\alpha(0 < \alpha < 1)$,有

$$P\{\theta > \theta_1\} = 1 - \alpha \quad (\theta \in \Theta),$$

则称区间 $(\theta_1, +\infty)$ 是参数 θ 的置信水平为 $1-\alpha$ 的**单侧置信区间**,θ_1 称为**单侧置信下限**,$1-\alpha$ 称为**置信水平**.

若统计量 $\theta_2 = \theta_2(X_1, X_2, \cdots, X_n)$ 满足

$$P\{\theta < \theta_2\} = 1 - \alpha \quad (\theta \in \Theta),$$

则称区间 $(-\infty, \theta_2)$ 是参数 θ 的置信水平为 $1-\alpha$ 的**单侧置信区间**,θ_2 称为**单侧置信上限**.

下面仅给出正态总体方差未知的情况下均值的单侧置信区间的求法,其余情况请读者自行推导.

例 7.6.1　设 $X_1, X_2, \cdots, X_n$ 是来自正态总体 $X \sim N(\mu, \sigma^2)$ 的一个样本,μ, σ^2 均未知,求均值 μ 的置信水平为 $1-\alpha$ 的单侧置信下限.

解　由于总体方差 σ^2 未知,选取枢轴变量

$$T = \frac{\overline{X} - \mu}{S/\sqrt{n}} \sim t(n-1).$$

由 t 分布的上 α 分位数的定义,有

$$P\left\{\frac{\overline{X} - \mu}{S/\sqrt{n}} < t_\alpha(n-1)\right\} = 1 - \alpha,$$

即

$$P\left\{\mu > \overline{X} - t_\alpha(n-1)\frac{S}{\sqrt{n}}\right\} = 1 - \alpha,$$

于是 μ 的置信水平为 $1-\alpha$ 的单侧置信下限为

$$\overline{X} - t_\alpha(n-1)\frac{S}{\sqrt{n}}, \tag{7.6.1}$$

从而 μ 的置信水平为 $1-\alpha$ 的单侧置信区间为

$$\left(\overline{X} - t_\alpha(n-1)\frac{S}{\sqrt{n}}, +\infty\right). \tag{7.6.2}$$

类似可得

$$P\left\{\frac{\overline{X} - \mu}{S/\sqrt{n}} > -t_\alpha(n-1)\right\} = 1 - \alpha,$$

即

$$P\left\{\mu < \overline{X} + t_\alpha(n-1)\frac{S}{\sqrt{n}}\right\} = 1-\alpha,$$

于是 μ 的置信水平为 $1-\alpha$ 的单侧置信上限为

$$\overline{X} + t_\alpha(n-1)\frac{S}{\sqrt{n}}, \tag{7.6.3}$$

从而 μ 的置信水平为 $1-\alpha$ 的单侧置信区间为

$$\left(-\infty, \overline{X} + t_\alpha(n-1)\frac{S}{\sqrt{n}}\right). \tag{7.6.4}$$

例 7.6.2 从一批灯泡中随机抽取 5 只做寿命试验,测得寿命(单位:h)为

1 050,1 100,1 120,1 250,1 280.

例 7.6.2

设灯泡寿命服从正态分布,求灯泡寿命平均值的置信水平为 0.95 的单侧置信下限.

解 由题设知,$1-\alpha = 0.95$,$\alpha = 0.05$,$n = 5$,查附表 4 得 $t_\alpha(n-1) = t_{0.05}(4) = 2.132$,由样本值计算得 $\overline{x} = 1\,160$,$s^2 = 9\,950$,$\overline{x} - t_\alpha(n-1)\dfrac{s}{\sqrt{n}} \approx 1\,065$,故所求单侧置信下限为 1 065.

例 7.6.3 假设学生的身高服从正态分布,现从某高校一年级女生中随机抽取 5 人,测得她们的身高(单位:cm)如下:

156,161,158,165,170.

求该高校一年级女生的平均身高的置信水平为 0.95 的单侧置信上限.

解 由题设知,$1-\alpha = 0.95$,$\alpha = 0.05$,$n = 5$,查附表 4 得 $t_\alpha(n-1) = t_{0.05}(4) = 2.132$,由样本值计算得 $\overline{x} = 162$,$s^2 = 31.5$,$\overline{x} + t_\alpha(n-1)\dfrac{s}{\sqrt{n}} \approx 167$,故所求单侧置信上限为 167.

正态总体未知参数的单侧置信区间如表 7.9 所示.

表 7.9

未知参数	条件	单侧置信下限	单侧置信上限
μ	σ^2 已知	$\overline{X} - u_\alpha\dfrac{\sigma}{\sqrt{n}}$	$\overline{X} + u_\alpha\dfrac{\sigma}{\sqrt{n}}$
	σ^2 未知	$\overline{X} - t_\alpha(n-1)\dfrac{S}{\sqrt{n}}$	$\overline{X} + t_\alpha(n-1)\dfrac{S}{\sqrt{n}}$
σ^2	μ 已知	$\dfrac{\sum\limits_{i=1}^{n}(X_i-\mu)^2}{\chi_\alpha^2(n)}$	$\dfrac{\sum\limits_{i=1}^{n}(X_i-\mu)^2}{\chi_{1-\alpha}^2(n)}$
	μ 未知	$\dfrac{(n-1)S^2}{\chi_\alpha^2(n-1)}$	$\dfrac{(n-1)S^2}{\chi_{1-\alpha}^2(n-1)}$

续表

未知参数	条件	单侧置信下限	单侧置信上限
$\mu_1-\mu_2$	σ_1^2,σ_2^2 均已知	$(\overline{X}-\overline{Y})-u_\alpha\sqrt{\dfrac{\sigma_1^2}{n_1}+\dfrac{\sigma_2^2}{n_2}}$	$(\overline{X}-\overline{Y})+u_\alpha\sqrt{\dfrac{\sigma_1^2}{n_1}+\dfrac{\sigma_2^2}{n_2}}$
	$\sigma_1^2=\sigma_2^2$ 但未知	$(\overline{X}-\overline{Y})-t_\alpha(n_1+n_2-2)\cdot$ $S_w\sqrt{\dfrac{1}{n_1}+\dfrac{1}{n_2}}$	$(\overline{X}-\overline{Y})+t_\alpha(n_1+n_2-2)\cdot$ $S_w\sqrt{\dfrac{1}{n_1}+\dfrac{1}{n_2}}$
$\dfrac{\sigma_1^2}{\sigma_2^2}$	μ_1,μ_2 均未知	$\dfrac{1}{F_\alpha(n_1-1,n_2-1)}\cdot\dfrac{S_1^2}{S_2^2}$	$\dfrac{1}{F_{1-\alpha}(n_1-1,n_2-1)}\cdot\dfrac{S_1^2}{S_2^2}$

例 7.6.4　随机抽取了数位某地 $25\sim35$ 岁的男子,测得其中吸烟和不吸烟的男子的收缩压(单位:mmHg)数据如表 7.10 所示.设两样本分别来自总体 $X\sim N(\mu_1,\sigma^2),Y\sim N(\mu_2,\sigma^2)$, μ_1,μ_2,σ^2 均未知,且两样本相互独立,求 $\mu_1-\mu_2$ 的置信水平为 0.90 的单侧置信下限.

表 7.10

吸烟	124	133	133	125	134	127	125	131	136	135	118		
不吸烟	130	118	135	115	129	122	122	120	123	127	128	116	122	120

解　由于两个正态总体方差未知但相等,选取枢轴变量

$$T=\frac{(\overline{X}-\overline{Y})-(\mu_1-\mu_2)}{S_w\sqrt{\dfrac{1}{n_1}+\dfrac{1}{n_2}}}\sim t(n_1+n_2-2),$$

其中 $S_w^2=\dfrac{(n_1-1)S_1^2+(n_2-1)S_2^2}{n_1+n_2-2}$.

由题设知, $1-\alpha=0.90,\alpha=0.10,n_1=11,n_2=14$,由样本值计算得 $\overline{x}=129.18,\overline{y}=123.36,s_1^2=32.76,s_2^2=32.86$,则

$$s_w=\sqrt{\frac{(n_1-1)s_1^2+(n_2-1)s_2^2}{n_1+n_2-2}}=\sqrt{\frac{10\times32.76+13\times32.86}{23}}\approx5.73.$$

查附表 4 得 $t_\alpha(n_1+n_2-2)=t_{0.10}(23)=1.319$,于是 $\mu_1-\mu_2$ 的置信水平为 0.90 的单侧置信下限为

$$(\overline{x}-\overline{y})-t_\alpha(n_1+n_2-2)s_w\sqrt{\frac{1}{n_1}+\frac{1}{n_2}}=(129.18-123.36)-1.319\times5.73\times\sqrt{\frac{1}{11}+\frac{1}{14}}$$
$$\approx2.77.$$

同步习题 7.6

1. 为研究某种汽车轮胎的磨损特性,随机选择 16 只该种轮胎进行试验,每只轮胎行驶到磨坏为止,它们所行驶的总路程(单位:km) 为

　　41 250, 40 187, 43 175, 41 010, 39 265, 41 872, 42 654, 41 287,
　　38 970, 40 200, 42 550, 41 095, 40 680, 43 500, 39 775, 40 400.

假设这些数据来自正态总体 $N(\mu,\sigma^2)$,其中 μ,σ^2 均未知,试求 μ 的置信水平为 0.95 的单侧置信下限.

2.从某种清漆中随机取出 9 个样品,其干燥时间(单位:h) 分别为

$$6.0, \ 5.7, \ 5.8, \ 6.5, \ 7.0, \ 6.3, \ 5.6, \ 6.1, \ 5.0.$$

设干燥时间总体服从正态分布 $N(\mu, \sigma^2)$,试就下面两种情况,求 μ 的置信水平为 0.95 的单侧置信上限:

(1) $\sigma = 0.6$;

(2) σ 未知.

3.现有 A,B 两批导线,随机地从 A 批导线中抽出 4 根,从 B 批导线中抽出 5 根,测得其电阻值(单位:Ω)为

A 批:0.143,0.142,0.143,0.137,

B 批:0.140,0.142,0.136,0.138,0.140.

设两批导线的电阻总体分别服从具有同一方差 σ^2 的正态分布 $N(\mu_1, \sigma^2), N(\mu_2, \sigma^2)$,且两样本相互独立.试求均值差 $\mu_1 - \mu_2$ 的置信水平为 0.95 的单侧置信下限.

4.两位化验员 A,B 独立地对某种聚合物的含氯量(单位:%)用相同的方法各做 10 次测定,测定值的样本方差分别为 $s_A^2 = 0.541\ 9, s_B^2 = 0.606\ 5$,设 σ_A^2, σ_B^2 分别为化验员 A,B 所测定的测定值总体的方差,总体均服从正态分布.求方差比 $\dfrac{\sigma_A^2}{\sigma_B^2}$ 的置信水平为 0.95 的单侧置信上限.

5.设总体 X 服从参数为 λ 的指数分布,$X_1, X_2, \cdots, X_n$ 是来自总体 X 的一个样本.

(1) 证明:$2\lambda n \overline{X} \sim \chi^2(2n)$,其中 $\overline{X}$ 是样本均值.

(2) 求未知参数 λ 的置信水平为 $1 - \alpha$ 的置信区间.

(3) 求未知参数 λ 的置信水平为 $1 - \alpha$ 的单侧置信下限.

课 程 思 政

图 7.1

皮尔逊(见图 7.1),英国数学家、生物统计学家、数理统计学的创立者,对生物统计学、气象学、社会达尔文主义理论和优生学做出了重大贡献.他被公认是"旧派理学派和描述统计学派的代表人物",并被誉为"现代统计科学的创立者",是 20 世纪科学革命和哲学革命的先驱,批判学派的代表人物之一.

复习题七

第一部分 基础题

一、单项选择题

1.设 $\hat{\theta}_1$ 和 $\hat{\theta}_2$ 是总体参数 θ 的两个估计量,说 $\hat{\theta}_1$ 比 $\hat{\theta}_2$ 更有效,是指( ).

A. $E(\hat{\theta}_1) = \theta$, 且 $\hat{\theta}_1 < \hat{\theta}_2$

B. $E(\hat{\theta}_1) = \theta$, 且 $\hat{\theta}_1 > \hat{\theta}_2$

C. $E(\hat{\theta}_1) = E(\hat{\theta}_2) = \theta$, 且 $D(\hat{\theta}_1) < D(\hat{\theta}_2)$

D. $D(\hat{\theta}_1) < D(\hat{\theta}_2)$

2. 设 X_1, X_2 是来自总体 X 的样本,则下列 $E(X)$ 的无偏估计量中,最有效的是(　　).

A. $\dfrac{2}{3}X_1 + \dfrac{1}{3}X_2$　　　　B. $\dfrac{1}{4}X_1 + \dfrac{3}{4}X_2$　　　　C. $\dfrac{2}{5}X_1 + \dfrac{3}{5}X_2$　　　　D. $\dfrac{1}{6}X_1 + \dfrac{5}{6}X_2$

3. 设 $X_1, X_2, \cdots, X_n$ 是来自总体 $X \sim N(\mu, \sigma^2)$ 的一个样本. 若 μ, σ^2 均为未知参数,则 σ^2 的无偏估计量为(　　).

A. $\dfrac{1}{n}\sum\limits_{i=1}^{n}X_i^2$　　　　　　　　　　　B. $\dfrac{1}{n}\sum\limits_{i=1}^{n}(X_i - \overline{X})^2$

C. $\dfrac{1}{n-1}\sum\limits_{i=1}^{n}(X_i - \overline{X})^2$　　　　　　D. $\dfrac{1}{n-1}\sum\limits_{i=1}^{n}(X_i - \mu)^2$

4. 设 θ 是总体 X 的未知参数,$X_1, X_2, \cdots, X_n$ 是来自总体 X 的一个样本. 若由样本确定的两个统计量 $\underline{\theta}(X_1, X_2, \cdots, X_n)$ 和 $\overline{\theta}(X_1, X_2, \cdots, X_n)$,使得 $P\{\underline{\theta} < \theta < \overline{\theta}\} = 1 - \alpha\,(0 < \alpha < 1)$ 成立,则称 $(\underline{\theta}, \overline{\theta})$ 为 θ 的置信水平为 $1 - \alpha$ 的置信区间,其中(　　).

A. $(\underline{\theta}, \overline{\theta})$ 是一个一般的变量区间　　　　B. $\theta \in (\underline{\theta}, \overline{\theta})$

C. $\theta \notin (\underline{\theta}, \overline{\theta})$　　　　　　　　　　　　D. $(\underline{\theta}, \overline{\theta})$ 是一个随机区间

二、填空题

1. 设总体 $X \sim U(a, a+2)$,样本 X_1, X_2, X_3, X_4 的一组样本值为 10.1, 8.8, 9.9, 10.6,则参数 a 的矩估计值为 _____.

2. 若总体 X 的一组样本值为 0,0,1,1,0,1,则总体均值的矩估计值为 _____,总体方差的矩估计值为 _____.

3. 从某年出生的新生儿中随机抽取 10 名,测得其体重(单位:kg)为 $x_1, x_2, \cdots, x_{10}$,已知 $\overline{x} = 3.6$,$\sum\limits_{i=1}^{10}(x_i - \overline{x})^2 = 1.6$. 设新生儿体重服从正态分布 $N(\mu, \sigma^2)$,则 μ, σ^2 的极大似然估计值分别为 _____,_____.

4. 设总体 X 以等概率 $\dfrac{1}{\theta}$ 取值 $1, 2, \cdots, \theta$,则参数 θ 的矩估计量为 _____.

5. 在总体均值 μ 的所有线性无偏估计量中以 _____ 最有效.

6. 设总体 X 的均值为 μ,方差为 σ^2,$X_1, X_2, \cdots, X_n$ 为来自总体 X 的一个样本,$\overline{X}$ 与 S^2 分别是样本均值与样本方差,则 $D(\overline{X}) = $ _____,$E(S^2) = $ _____.

7. 设总体 $X \sim N(\mu, \sigma^2)$,$X_1, X_2, \cdots, X_n$ 为来自总体 X 的一个样本,$\overline{X}$ 与 S^2 分别是样本均值与样本方差,则 $\dfrac{\overline{X} - \mu}{\sigma}\sqrt{n} \sim$ _____,$\dfrac{\overline{X} - \mu}{S}\sqrt{n} \sim$ _____.

8. 设总体 $X \sim N(\mu, \sigma^2)$. 若总体均值 μ 未知, 总体方差 σ^2 的置信水平为 $1-\alpha$ 的置信区间为 $\left(\dfrac{(n-1)S^2}{a}, \dfrac{(n-1)S^2}{b} \right)$, 则 $a =$ _____, $b =$ _____.

9. 设总体 $X \sim N(\mu, \sigma^2)$, 其中 σ^2 未知, 则 μ 的置信水平为 $1-\alpha$ 的置信区间的长度为 _____.

10. 设总体 X 的方差为 1, 根据来自总体 X 的样本容量为 100 的样本, 测得样本均值为 5, 则总体均值的置信水平为 0.95 的置信区间为 _____.

三、计算题

1. 设 $X_1, X_2, \cdots, X_n$ 为来自正态总体 $X \sim N(2, \sigma^2)$ 的一个样本, 求:

   (1) σ^2 的矩估计量;

   (2) σ^2 的极大似然估计量.

2. 设随机变量 X 服从参数为 λ 的泊松分布, $x_1, x_2, \cdots, x_n$ 为 X 的一组样本值.

   (1) 试用极大似然估计估计 λ 的值.

   (2) 若取 $x_i = 5i \, (i = 1, 2, 3, 4, 5)$, 试写出上述 λ 的估计值.

3. 设 $X_1, X_2, \cdots, X_n$ 为来自总体 X 的一个样本, X 的概率密度为

$$f(x; \theta) = \begin{cases} \dfrac{2x}{\theta^2}, & 0 \leqslant x \leqslant \theta, \\ 0, & \text{其他}, \end{cases}$$

求 θ 的矩估计量和极大似然估计量.

4. 设从均值为 μ、方差为 $\sigma^2 \, (\sigma^2 > 0)$ 的总体中, 分别抽取样本容量为 n_1, n_2 的两个独立样本, $\overline{X}_1, \overline{X}_2$ 分别是两样本均值.

   (1) 证明: 对于任意常数 $a, b, Y = a\overline{X}_1 + b\overline{X}_2$ 是总体均值 μ 的无偏估计量的充要条件是 $a + b = 1$.

   (2) 确定满足上述条件的常数 a, b 的值, 使得 $D(Y)$ 达到最小.

5. 设炮弹的速度(单位: m/s)服从正态分布, 取 9 发炮弹做试验, 得样本标准差为 11, 试求炮弹速度的方差的置信水平为 0.90 的置信区间.

6. 研究两种火箭推进器固体燃料的燃烧率(单位: cm/s), 设两者都服从正态分布, 并且已知两者燃烧率的标准差均近似为 0.05. 取样本容量分别为 $n_1 = n_2 = 20$ 的两个样本, 得燃烧率的样本均值分别为 $\overline{x}_1 = 18, \overline{x}_2 = 24$, 求两者燃烧率总体均值差的置信水平为 0.99 的置信区间.

第二部分　拓展题

1. 设总体 $X \sim U(a, b)$, $X_1, X_2, \cdots, X_n$ 是来自总体 X 的一个样本, 求参数 a, b 的极大似然估计量.

2. 设总体 X 在区间 $\left[\theta - \dfrac{1}{2}, \theta + \dfrac{1}{2} \right]$ 上服从均匀分布, 其中 θ 为未知参数, $X_1, X_2, \cdots, X_n$ 是来自总体 X 的一个样本, 试求 θ 的矩估计量和极大似然估计量.

3. 已知总体 X 的概率密度为

$$f(x;\theta)=\begin{cases} \dfrac{x}{\theta}\mathrm{e}^{-\frac{x^2}{2\theta}}, & x>0, \\ 0, & x\leqslant 0, \end{cases}$$

其中 $\theta>0$ 为未知参数,设 $X_1,X_2,\cdots,X_n$ 为来自总体 X 的一个样本,求 θ 的极大似然估计量,并问:这个估计量是否为 θ 的无偏估计量?

4. 设总体 $X\sim(\mu,\sigma^2),X_1,X_2,\cdots,X_n$ 为来自总体 X 的一个样本,为使 $\hat{\sigma}^2=k\sum_{i=1}^{n-1}(X_{i+1}-X_i)^2$ 为 σ^2 的无偏估计量,求 k 的值.

5. 设总体 $X\sim U(0,\theta),X_1,X_2,\cdots,X_n$ 为来自总体 X 的一个样本,$\overline{X}=\dfrac{1}{n}\sum_{i=1}^{n}X_i,X_{(n)}=\max\{X_1,X_2,\cdots,X_n\}$,求常数 a,b 的值,使得 $\hat{\theta}_1=a\overline{X},\hat{\theta}_2=bX_{(n)}$ 均为 θ 的无偏估计量,并比较其有效性.

第三部分　考研真题

1.(2007 年,数学三)设总体 X 的概率密度为

$$f(x;\theta)=\begin{cases} \dfrac{1}{2\theta}, & 0<x<\theta, \\ \dfrac{1}{2(1-\theta)}, & \theta\leqslant x<1, \\ 0, & \text{其他}, \end{cases}$$

其中参数 $\theta(0<\theta<1)$ 未知,$X_1,X_2,\cdots,X_n$ 为来自总体 X 的一个样本,$\overline{X}$ 是样本均值.

(1) 求参数 θ 的矩估计量 $\hat{\theta}$.

(2) 判断 $4\overline{X}^2$ 是否为 θ^2 的无偏估计量,并说明理由.

2.(2010 年,数学一)设总体 X 的分布律如表 7.11 所示,其中 $\theta\in(0,1)$ 未知,以 N_i 来表示来自总体 X 的一个样本(样本容量为 n)中等于 i 的个数($i=1,2,3$).试求常数 a_1,a_2,a_3 的值,使得 $T=\sum_{i=1}^{3}a_iN_i$ 为 θ 的无偏估计量,并求 T 的方差.

表 7.11

X	1	2	3
P	$1-\theta$	$\theta-\theta^2$	θ^2

3.(2013 年,数学一、三)设总体 X 的概率密度为

$$f(x;\theta)=\begin{cases} \dfrac{\theta^2}{x^3}\mathrm{e}^{-\frac{\theta}{x}}, & x>0, \\ 0, & \text{其他}, \end{cases}$$

其中 θ 为未知参数且大于 0，$X_1,X_2,\cdots,X_n$ 为来自总体 X 的一个样本，求：

(1) θ 的矩估计量；

(2) θ 的极大似然估计量.

4. (2014 年，数学三) 设总体 X 的概率密度为 $f(x;\theta)=\begin{cases}\dfrac{2x}{3\theta^2}, & \theta<x<2\theta, \\ 0, & \text{其他}, \end{cases}$ 其中 θ 是未知

参数，$X_1,X_2,\cdots,X_n$ 为来自总体 X 的一个样本. 若 $c\displaystyle\sum_{i=1}^{n}X_i^2$ 是 θ^2 的无偏估计量，则常数

$c=\underline{\hspace{3cm}}$.

5. (2015 年，数学一、三) 设总体 X 的概率密度为

$$f(x;\theta)=\begin{cases}\dfrac{1}{1-\theta}, & \theta\leqslant x\leqslant 1, \\ 0, & \text{其他}, \end{cases}$$

其中 θ 为未知参数，$X_1,X_2,\cdots,X_n$ 为来自该总体的一个样本，求：

(1) θ 的矩估计量；

(2) θ 的极大似然估计量.

6. (2018 年，数学一、三) 已知总体 X 的概率密度为

$$f(x;\sigma)=\dfrac{1}{2\sigma}\mathrm{e}^{-\frac{|x|}{\sigma}} \quad (-\infty<x<+\infty),$$

其中 $\sigma\in(0,+\infty)$ 为未知参数，$X_1,X_2,\cdots,X_n$ 为来自总体 X 的一个样本. 求：

(1) σ 的极大似然估计量 $\hat{\sigma}$；

(2) $E(\hat{\sigma}),D(\hat{\sigma})$.

7. (2019 年，数学三) 设总体 X 的概率密度为

$$f(x;\sigma^2)=\begin{cases}\dfrac{A}{\sigma}\mathrm{e}^{-\frac{(x-\mu)^2}{2\sigma^2}} & x\geqslant\mu, \\ 0, & x<\mu, \end{cases}$$

其中 μ 是已知参数，$\sigma>0$ 是未知参数，A 是常数，$X_1,X_2,\cdots,X_n$ 为来自总体 X 的一个样本，求：

(1) A 的值；

(2) σ^2 的极大似然估计量.

8. (2020 年，数学一、三) 设某种元件的使用寿命 T 的分布函数为

$$F(t)=\begin{cases}1-\mathrm{e}^{-\left(\frac{t}{\theta}\right)^m}, & t\geqslant 0, \\ 0, & \text{其他}, \end{cases}$$

其中 θ,m 为参数且均大于 0.

(1) 求概率 $P\{T>t\}$ 与 $P\{T>s+t\mid T>s\}$，其中 $s>0,t>0$.

(2) 任取 n 个这种元件做寿命试验，测得它们的寿命分别为 $t_1,t_2,\cdots,t_n$，若 m 已知，求 θ 的极大似然估计值 $\hat{\theta}$.

9. (2022年,数学一)设 $X_1, X_2, \cdots, X_n$ 为来自均值为 θ 的指数分布总体的一个样本,$Y_1, Y_2, \cdots,$ Y_m 为来自均值为 2θ 的指数分布总体的一个样本,且两样本相互独立,其中 $\theta(\theta > 0)$ 是未知参数. 利用样本 $X_1, X_2, \cdots, X_n, Y_1, Y_2, \cdots, Y_m$,求 θ 的极大似然估计量 $\hat{\theta}$,并求 $D(\hat{\theta})$.

第8章

假 设 检 验

一、本章要点

　　本章介绍参数假设检验的基本理论及常用方法,重点介绍实际中最常用的正态总体参数的检验方法,最后给出假设检验与区间估计之间的区别与联系.

　　假设检验是数理统计的另一重要内容.它的基本任务是:在总体的分布函数完全未知或只知其形式但不知其参数的情况下,为了推断总体参数、总体某些分布特征或总体分布,首先提出某些关于总体的假设,然后根据样本提供的信息,对所提假设做出"接受"或"拒绝"的结论性判断.假设检验有其独特的统计思想,许多实际问题都可以作为假设检验问题而得以有效解决.

二、本章知识结构图

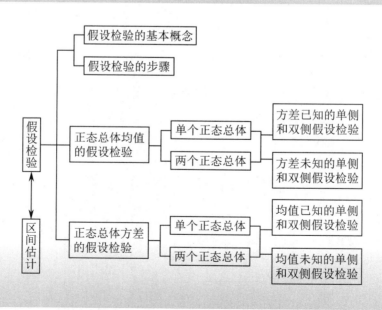

8.1　假设检验的基本概念

本节要点：本节介绍假设检验的基本概念、基本思想和基本步骤，以及假设检验的两类错误．

8.1.1　假设检验基本问题的提法

为了说明什么是假设检验问题，我们先看以下两个例子．

例 8.1.1　某药厂用一台包装机包装硼酸粉，标准规定每袋的净质量为 $0.5\,\mathrm{kg}$，设每袋净质量服从正态分布，且根据以往经验知其标准差 $\sigma=0.014$．某天开工后，为检验包装机工作是否正常，随机抽取它包装的 10 袋硼酸粉，称得净质量（单位：kg）分别为

$$0.496,\ 0.510,\ 0.515,\ 0.506,\ 0.518,$$
$$0.512,\ 0.524,\ 0.497,\ 0.488,\ 0.511,$$

问：这台包装机的工作是否正常？

分析　设每袋的净质量为随机变量 X，则 $X \sim N(\mu,0.014^2)$．由于当 $\mu=0.5$ 时，包装机工作正常，因此现在的问题是设法判断 $\mu=0.5$ 是否成立．

例 8.1.2　某厂生产了一万件产品，须经检验后方可出厂．按规定标准，产品的合格率需达到 99% 以上．今在其中抽取 100 件产品进行抽样检查，发现有 4 件次品，问：这批产品能否出厂？

分析　记这一万件产品的次品率为 p，现在要解决的问题是：如何根据样本的次品率 $\dfrac{4}{100}$ 来推断整批产品的次品率 $p>0.01$ 是否成立．

以上两个例子的共同特点是：把研究对象看成一个总体，先对总体分布函数中的参数做出某种假设，然后抽取样本，根据样本信息来确定是否接受这一假设．我们把这一类问题称为统计中的**假设检验**问题，通常把待检验的假设称为**原假设**或**零假设**，记为 H_0，与之对立的假设则称为**备择假设**或**对立假设**，记为 H_1．

一个假设检验问题通常简记为 H_0,H_1．上述两个例子中的假设检验问题可分别简记为

$$H_0:\mu=0.5,\quad H_1:\mu \neq 0.5; \tag{8.1.1}$$
$$H_0:p>0.01,\quad H_1:p \leqslant 0.01. \tag{8.1.2}$$

在式（8.1.1）的备择假设 H_1 中，参数 μ 可取在 0.5 的两侧，即 $\mu>0.5$ 或 $\mu<0.5$，这样的假设检验问题称为**双侧假设检验**；在式（8.1.2）的备择假设 H_1 中，参数 p 只可取在 0.01 的一侧，即 $p \leqslant 0.01$，这样的假设检验问题称为**单侧假设检验**．

8.1.2　假设检验的基本思想

假设检验最早是由卡尔·皮尔逊于 1900 年提出的，费希尔及埃贡·皮尔逊对假设检验理论的发展和完善做出了重要的贡献．下面，我们先看一看费希尔的显著性检验的思想．

例 8.1.3（女士品茶）　一种饮料由牛奶与茶按一定比例混合而成,可以先倒茶后倒牛奶进行混合(记为 TM),也可以反过来(记为 MT).某女士声称可以鉴别该种饮料是 TM 还是 MT,为此费希尔设计了如下试验来检验她的说法是否可信:现准备 8 杯饮料,其中 TM 与 MT 各一半,把它们随机排成一列,依次让该女士品尝,并告诉她 TM 与 MT 各 4 杯,然后让她指出哪 4 杯是 TM.最终的结果是她全说对了,你相信她有这种鉴别能力吗?

解　费希尔的推理过程如下.

引进一个假设

例 8.1.3

H:这位女士没有这种鉴别能力.

如果 H 是正确的,她随机地从 8 杯饮料中猜哪 4 杯是 TM,则她能全部猜对的概率为

$$\frac{1}{C_8^4} = \frac{1}{70} \approx 0.014.$$

现在她正确地说出了全部的 TM,要解释这种现象,只有下面两种可能:

(1) 假设 H 不成立,即她的确有这种鉴别能力;

(2) 假设 H 成立,即一个概率约为 0.014 的随机事件在一次试验中发生了.一个概率不到 2% 的随机事件在一次试验中发生了,这是比较稀奇的,或者说不太可能的.

费希尔认为,随机试验的结果构成了一个不利于假设 H 的显著性证据,因此应该拒绝假设 H,即认为这位女士的确有这种鉴别能力.

从这个例子中我们不难发现,假设检验的基本思想为:

(1) **小概率原理**(实际推断原理),即认为概率很小的事件在一次试验中实际上不会发生,如果小概率事件在一次试验中发生了,就被认为是不合理的.

(2) 先提出某种假设 H,然后找出一个在该假设成立条件下发生可能性很小的事件.如果试验或抽样的结果使该小概率事件发生了,这与小概率原理相违背,则应当认为这是"不合理"的现象,那么就有理由怀疑假设 H 的正确性,此时应该拒绝假设 H.如果该小概率事件在一次试验或抽样中并未发生,就没有理由否定这个假设 H,表明试验或抽样结果支持这个假设 H,这时称假设与试验结果是相容的,或者说可以接受假设 H.

从上述分析不难看出,假设检验的基本思想也可以说是一种建立在概率意义上的"反证法"的思想.

8.1.3　假设检验的基本步骤

下面通过一个简单的例题来说明假设检验的基本步骤.

例 8.1.4　某罐头自动包装生产线在正常的情况下,生产出的罐头的质量(单位:g)服从正态分布 $N(500,4)$.某日从该生产线上随机抽出 5 个罐头,称得质量为

$$501,\ 507,\ 498,\ 502,\ 504,$$

判断当日该生产线是否正常.

解　设当日罐头质量 $X \sim N(\mu, \sigma^2)$,由长期实践可知,方差 σ^2 几乎不变,故 $\sigma^2 = 4$,从而 $X \sim N(\mu, 4)$.如果当日生产线正常,应该有 $\mu = 500$;反之,则有 $\mu \neq 500$.因此,我们提出两个相互对立的假设

$$H_0: \mu = \mu_0 = 500, \quad H_1: \mu \neq \mu_0 = 500.$$

我们知道样本均值 $\overline{X}$ 是总体均值 μ 的无偏估计量, $\overline{X}$ 的观察值 $\overline{x}$ 在一定程度上反映了 μ 的大小. 因此, 如果原假设 $H_0: \mu = \mu_0 = 500$ 成立, 那么 $\overline{x}$ 应该与 $\mu_0 = 500$ 比较接近. 由于抽样的随机性, $\overline{x}$ 与 μ_0 之间不可避免地会出现一定的差异, 但 $|\overline{x} - \mu_0|$ 一般不应该太大. 若 $|\overline{x} - \mu_0|$ 过大, 我们就怀疑原假设 H_0 的正确性而拒绝 H_0, 否则接受原假设 H_0. 因此, $|\overline{x} - \mu_0|$ 的大小可以用来检验原假设 H_0 是否成立.

当原假设 H_0 为真时, 统计量

$$U = \frac{\overline{X} - \mu_0}{\sigma / \sqrt{n}} \sim N(0, 1),$$

那么衡量 $|\overline{x} - \mu_0|$ 的大小可以归结为衡量 $\left| \dfrac{\overline{x} - \mu_0}{\sigma / \sqrt{n}} \right|$ 的大小.

适当选定一个正常数 k, 当 $\left| \dfrac{\overline{x} - \mu_0}{\sigma / \sqrt{n}} \right| < k$ 时, 我们就接受原假设 H_0 (拒绝备择假设 H_1); 当 $\left| \dfrac{\overline{x} - \mu_0}{\sigma / \sqrt{n}} \right| \geqslant k$ 时, 我们就拒绝原假设 H_0 (接受备择假设 H_1).

这里的问题是如何确定常数 k.

给定一个实数 $\alpha (0 < \alpha < 1)$, α 称为**显著性水平**, 通常取 $0.01, 0.05, 0.1$. 根据标准正态分布的上 α 分位数的定义, 有

$$P\left\{ \left| \frac{\overline{X} - \mu_0}{\sigma / \sqrt{n}} \right| \geqslant u_{\frac{\alpha}{2}} \right\} = \alpha,$$

这样就得到了 k 的值 $k = u_{\frac{\alpha}{2}}$, 同时确定了一个小概率事件 $\left\{ \left| \dfrac{\overline{X} - \mu_0}{\sigma / \sqrt{n}} \right| \geqslant u_{\frac{\alpha}{2}} \right\}$.

若样本观察值 $\overline{x}$ 满足 $\left| \dfrac{\overline{x} - \mu_0}{\sigma / \sqrt{n}} \right| \geqslant u_{\frac{\alpha}{2}}$, 即小概率事件 $\left\{ \left| \dfrac{\overline{X} - \mu_0}{\sigma / \sqrt{n}} \right| \geqslant u_{\frac{\alpha}{2}} \right\}$ 在一次试验中发生了, 则根据假设检验的小概率原理, 应拒绝原假设 H_0;

若样本观察值 $\overline{x}$ 满足 $\left| \dfrac{\overline{x} - \mu_0}{\sigma / \sqrt{n}} \right| < u_{\frac{\alpha}{2}}$, 则接受原假设 H_0.

由于 α 已给定, 可查附表 2 得 $u_{\frac{\alpha}{2}}$, 称 $u_{\frac{\alpha}{2}}$ 为**临界值**, 称区间 $\left(-\infty, -u_{\frac{\alpha}{2}} \right] \cup \left[u_{\frac{\alpha}{2}}, +\infty \right)$ 为 H_0 的**拒绝域** (见图 8.1), 而称区间 $\left(-u_{\frac{\alpha}{2}}, u_{\frac{\alpha}{2}} \right)$ 为 H_0 的**接受域**, 称构造小概率事件的统计量 $U = \dfrac{\overline{X} - \mu_0}{\sigma / \sqrt{n}}$ 为**检验统计量**.

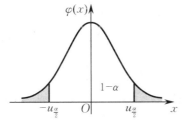

图 8.1

若检验统计量 $U = \dfrac{\overline{X} - \mu_0}{\sigma/\sqrt{n}}$ 的观察值 u 落在拒绝域 $\left(-\infty, -u_{\frac{\alpha}{2}}\right] \bigcup \left[u_{\frac{\alpha}{2}}, +\infty\right)$ 内,则拒绝 H_0;

若检验统计量 $U = \dfrac{\overline{X} - \mu_0}{\sigma/\sqrt{n}}$ 的观察值 u 落在接受域 $\left(-u_{\frac{\alpha}{2}}, u_{\frac{\alpha}{2}}\right)$ 内,则接受 H_0.

在本例中,取 $\alpha = 0.05$,查附表 2 得 $u_{\frac{\alpha}{2}} = u_{0.025} = 1.96, \overline{x} = 502.4$,则检验统计量的观察值

$$u = \left| \frac{\overline{x} - \mu_0}{\sigma/\sqrt{n}} \right| = \frac{502.4 - 500}{2/\sqrt{5}} \approx 2.68 > 1.96,$$ 所以应该拒绝原假设 H_0,即认为当日该生产线是不正常的.

综上所述,假设检验的基本步骤如下.

(1) 根据实际问题合理地提出原假设 H_0 和备择假设 H_1.

(2) 构造一个合适的检验统计量,它应与原假设 H_0 有关,当原假设 H_0 成立时,检验统计量的分布已知,且不含其他未知参数.

(3) 给定一个显著性水平 α,根据检验统计量的概率分布,结合原假设 H_0,确定拒绝域 C,使得($X_1, X_2, \cdots, X_n$ 为样本)

$$P\{(X_1, X_2, \cdots, X_n) \in C \,|\, H_0\} \leqslant \alpha.$$

(4) 根据观察值 $(x_1, x_2, \cdots, x_n)$ 是否落在拒绝域 C 中(小概率事件在一次试验中是否发生)做出是否拒绝 H_0 的统计推断:

若 $(x_1, x_2, \cdots, x_n) \in C$,即小概率事件在一次试验中发生了,则拒绝原假设 H_0;

若 $(x_1, x_2, \cdots, x_n) \notin C$,即小概率事件在一次试验中没有发生,则接受原假设 H_0.

注 因为假设检验的方法是概率意义下的反证法,所以拒绝原假设是有说服力的,而接受原假设是没有说服力的. 因此,应把希望否定的假设设定为原假设. 另外,有的结果已经历了长时间的考验不应轻易否定,也可以设定为原假设.

8.1.4 假设检验的两类错误

假设检验是根据小概率原理来推断总体的,然而由于抽取样本具有随机性,虽然小概率事件在一次试验中发生的可能性很小,但是无论其概率多么小,还是可能发生的,因此用上述方法进行统计推断,就难免出错误.

例如,一批产品的次品率 p 实际上只有 0.01,我们要检验统计假设

$$H_0 : p \leqslant 0.03, \quad H_1 : p > 0.03.$$

就这批产品的真实情况而言,假设 H_0 是正确的,但由于抽样的随机性,样本中有可能包含较多的次品,若根据该样本做检验,有可能导致我们做出拒绝 H_0 的错误. 又如,如果该批产品的真实次品率 p 为 0.05,但抽出的样本中有可能包含较少的次品,若根据该样本做检验,便有可能导致我们做出接受 H_0 的错误.

样本的随机性使得在假设检验中犯上述两类错误是不可避免的.

原假设本来是正确的,但是被拒绝了,最后接受的是一个错误的对立假设,此类错误称为**第一类错误**或**弃真错误**. 用 α 表示犯第一类错误的概率,即

$$\alpha = P\{拒绝 H_0 \,|\, H_0 \text{为真}\},$$

由此可知 α 即为显著性水平.

原假设本身是错误的,但是没有被拒绝,最后接受的是一个错误的原假设,此类错误称为**第二类错误**或**取伪错误**. 用 β 表示犯第二类错误的概率,即

$$\beta = P\{接受 H_0 \mid H_0 \text{ 为假}\}.$$

在假设检验中是否犯错误的情况也可用表 8.1 表示.

表 8.1

真实情况	所做决策	
	接受 H_0	拒绝 H_0
H_0 为真	正确	犯第一类错误
H_0 为假	犯第二类错误	正确

在进行假设检验时,我们应尽可能地使犯两类错误的概率都较小,但是在样本容量确定后,如果减少犯某一类错误的概率,作为一种补偿,则犯另一类错误的概率往往会增大. 若要使犯两类错误的概率都很小,只能增加样本容量,但在某些实际问题中,增加样本容量会使付出的代价太大. 对于这种两难问题,根据保护原假设的原则,奈曼和皮尔逊提出了一个原则,即事先指定一个小的正数 α,控制犯第一类错误的概率不超过 α,而不考虑犯第二类错误的概率 β. 按照这种原则做出的检验称为**显著性检验**.

同步习题 8.1

1. 设 α 为假设检验中犯第一类错误的概率,β 为犯第二类错误的概率. 一般来说,当 _____ 减小时,_____ 增大;当 _____ 减小时,_____ 增大;要同时使 α,β 减小,必须 _____.

2. 假设检验后做出拒绝原假设的结论的含义是(   ).

    A. 原假设 H_0 完全正确   B. 对立假设 H_1 完全不正确

    C. 可能犯第一类错误   D. 可能犯第二类错误

3. A 药厂正在进行有关麻疹疫苗效果的研究,用 X 表示一个人注射疫苗后产生的抗体强度,假定随机变量 X 服从正态分布 $N(\mu, \sigma^2)$,已知 B 药厂生产的同种疫苗使人产生的平均抗体强度是 1.9. 若 A 药厂为检验其疫苗是否比 B 药厂使人产生更高的平均抗体强度,则在检验中原假设和备择假设分别为 _____.

4. 在进行产品质量检验时,设原假设为 H_0:产品合格. 为了使次品混入正品的可能性很小,在样本容量固定的条件下,显著性水平 α 应取大些还是小些?

5. 假设检验中显著性水平 α 表示(   ).

    A. H_0 不成立,拒绝 H_0 的概率   B. H_0 成立,但拒绝 H_0 的概率

    C. 小于或等于 0.05 的一个数,无具体意义   D. 置信水平 $1 - \alpha$

6. 对正态总体均值 μ 进行检验时,如果在显著性水平 0.05 下接受原假设 H_0:$\mu = \mu_0$,那么在显著性水平 0.01 下,下列结论正确的是(   ).

    A. 必接受 H_0 B. 必拒绝 H_0

    C. 可能接受也可能拒绝 H_0 D. 不接受也不拒绝 H_0

8.2 正态总体均值的假设检验

本节要点:本节介绍正态总体均值的假设检验,包括单个正态总体方差已知和方差未知的情况下的双侧假设检验,以及两个正态总体方差已知和方差未知的情况下的双侧假设检验.

正态分布是最为常见的分布之一,由中心极限定理可知,正态分布可以作为多个相互独立的随机变量和的分布的近似,所以正态分布在假设检验中占有重要的地位.本节讨论单个正态总体和两个正态总体均值的双侧假设检验问题.

8.2.1 单个正态总体均值 μ 的假设检验

设总体 $X \sim N(\mu, \sigma^2)$,$X_1, X_2, \cdots, X_n$ 是来自总体 X 的一个样本,样本均值为 $\overline{X}$,样本方差为 S^2.

1. 方差 σ^2 已知

建立统计假设

$$H_0: \mu = \mu_0, \quad H_1: \mu \neq \mu_0.$$

取检验统计量为

$$U = \frac{\overline{X} - \mu_0}{\sigma / \sqrt{n}},$$

在原假设 H_0 成立的条件下,有 $U \sim N(0,1)$.

对于给定的显著性水平 α,根据标准正态分布的上 α 分位数的定义,有

$$P\left\{ |U| \geqslant u_{\frac{\alpha}{2}} \right\} = \alpha,$$

故 H_0 的拒绝域为 $\left(-\infty, -u_{\frac{\alpha}{2}}\right] \cup \left[u_{\frac{\alpha}{2}}, +\infty\right)$(见图 8.1).

若检验统计量服从或近似服从标准正态分布,则称此类检验为 U 检验.

2. 方差 σ^2 未知

建立统计假设

$$H_0: \mu = \mu_0, \quad H_1: \mu \neq \mu_0.$$

由于 σ^2 未知,因此不能再用 $\dfrac{\overline{X} - \mu_0}{\sigma / \sqrt{n}}$ 作为检验统计量了.考虑到 S^2 是 σ^2 的无偏估计量,用 S 代替 σ,即取检验统计量为

$$T = \frac{\overline{X} - \mu_0}{S / \sqrt{n}},$$

在原假设 H_0 成立的条件下,有 $T \sim t(n-1)$.

对于给定的显著性水平 α,根据 t 分布的上 α 分位数的定义,有

$$P\left\{ |T| \geqslant t_{\frac{\alpha}{2}}(n-1) \right\} = \alpha,$$

故 H_0 的拒绝域为 $\left(-\infty, -t_{\frac{a}{2}}(n-1)\right] \cup \left[t_{\frac{a}{2}}(n-1), +\infty\right)$ (见图 8.2).

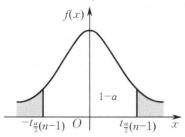

图 8.2

若检验统计量服从或近似服从 t 分布,则称此类检验为 T 检验.

例 8.2.1 某味精厂用一台包装机包装味精,每袋质量 X(单位:g) 服从正态分布 $N(\mu, \sigma^2)$. 由标准要求,每袋质量应为 100 g,根据长期实践表明标准差比较稳定,且 $\sigma = 0.5$. 现从某天包装的味精中随机抽取 9 袋,测得它们的质量为

$$99.3, \ 100.0, \ 99.4, \ 99.3, \ 99.7, \ 99.4, \ 99.8, \ 100.2, \ 99.5.$$

问:这天包装机工作是否正常?

解 根据问题的特点,建立统计假设

$$H_0: \mu = 100, \quad H_1: \mu \neq 100.$$

因为 $\sigma = 0.5$ 已知,取检验统计量为

$$U = \frac{\overline{X} - \mu_0}{\sigma / \sqrt{n}},$$

在原假设 H_0 成立的条件下,有 $U \sim N(0,1)$. 由题意知,$\mu_0 = 100, n = 9$,由样本值计算得 $\overline{x} = 99.62$,则检验统计量的观察值为

$$u = \frac{\overline{x} - \mu_0}{\sigma / \sqrt{n}} = -2.28.$$

给定 $\alpha = 0.05$,查附表 2 得 $u_{0.025} = 1.96$. 显然,$|u| > 1.96$,所以应该拒绝原假设 H_0,即认为这天包装机工作不正常.

例 8.2.2 设某次考试考生的成绩服从正态分布,从中随机抽取 26 位考生的成绩,算得平均成绩为 66.5 分,标准差为 15 分. 问:在显著性水平 $\alpha = 0.05$ 下,是否可以认为在这次考试中全体考生的平均成绩为 70 分?

解 由于 σ^2 未知,因此采用 T 检验. 建立统计假设

$$H_0: \mu = 70, \quad H_1: \mu \neq 70.$$

取检验统计量为

$$T = \frac{\overline{X} - \mu_0}{S / \sqrt{n}},$$

例 8.2.2

在原假设 H_0 成立的条件下,有 $T \sim t(n-1)$.

由题意知,$\mu_0 = 70, n = 26, \overline{x} = 66.5, s = 15$,则检验统计量的观察值为

$$t = \frac{\overline{x} - \mu_0}{s / \sqrt{n}} = \frac{66.5 - 70}{15 / \sqrt{26}} = -1.190.$$

给定 $\alpha = 0.05$，查附表 4 得 $t_{\frac{\alpha}{2}}(n-1) = t_{0.025}(25) = 2.060$. 显然，$|t| < 2.060$，所以接受原假设 H_0，即在显著性水平 $\alpha = 0.05$ 下，可以认为在这次考试中全体考生的平均成绩为 70 分.

8.2.2　两个正态总体均值 μ_1, μ_2 的假设检验

设总体 $X \sim N(\mu_1, \sigma_1^2), Y \sim N(\mu_2, \sigma_2^2)$，且 X 与 Y 相互独立，$X_1, X_2, \cdots, X_{n_1}$ 是来自总体 X 的一个样本，样本均值与样本方差分别记为 $\overline{X}$ 和 $S_1^2, Y_1, Y_2, \cdots, Y_{n_2}$ 是来自总体 Y 的一个样本，样本均值与样本方差分别记为 $\overline{Y}$ 和 S_2^2.

1. 方差 σ_1^2, σ_2^2 均已知

建立统计假设
$$H_0: \mu_1 = \mu_2, \quad H_1: \mu_1 \neq \mu_2.$$
由于 $\overline{X} - \overline{Y}$ 是 $\mu_1 - \mu_2$ 的无偏估计量，且当 H_0 成立时，有
$$\overline{X} - \overline{Y} \sim N\left(0, \frac{\sigma_1^2}{n_1} + \frac{\sigma_2^2}{n_2}\right),$$
故选择将其标准化的统计量
$$U = \frac{\overline{X} - \overline{Y}}{\sqrt{\dfrac{\sigma_1^2}{n_1} + \dfrac{\sigma_2^2}{n_2}}} \sim N(0,1)$$
作为检验统计量.

对于给定的显著性水平 α，根据标准正态分布的上 α 分位数的定义，有
$$P\left\{ |U| \geqslant u_{\frac{\alpha}{2}} \right\} = \alpha,$$
故 H_0 的拒绝域为 $\left(-\infty, -u_{\frac{\alpha}{2}}\right] \cup \left[u_{\frac{\alpha}{2}}, +\infty\right)$.

2. 方差 σ_1^2, σ_2^2 均未知，但 $\sigma_1^2 = \sigma_2^2 = \sigma^2$

建立统计假设
$$H_0: \mu_1 = \mu_2, \quad H_1: \mu_1 \neq \mu_2.$$
由于 σ_1^2, σ_2^2 未知，因此不能再用 $\dfrac{\overline{X} - \overline{Y}}{\sqrt{\dfrac{\sigma_1^2}{n_1} + \dfrac{\sigma_2^2}{n_2}}}$ 作为检验统计量了. 考虑到 S_1^2 和 S_2^2 分别是 σ_1^2 与 σ_2^2 的无偏估计量，用 S_1, S_2 分别代替 σ_1, σ_2.

取检验统计量为
$$T = \frac{\overline{X} - \overline{Y}}{S_w \sqrt{\dfrac{1}{n_1} + \dfrac{1}{n_2}}},$$
其中 $S_w^2 = \dfrac{(n_1-1)S_1^2 + (n_2-1)S_2^2}{n_1 + n_2 - 2}$，在原假设 H_0 成立的条件下，有 $T \sim t(n_1 + n_2 - 2)$.

对于给定的显著性水平 α，根据 t 分布的上 α 分位数的定义，有
$$P\left\{ |T| \geqslant t_{\frac{\alpha}{2}}(n_1 + n_2 - 2) \right\} = \alpha,$$

故 H_0 的拒绝域为 $\left(-\infty, -t_{\frac{\alpha}{2}}(n_1+n_2-2)\right] \bigcup \left[t_{\frac{\alpha}{2}}(n_1+n_2-2), +\infty\right).$

3. 方差 σ_1^2, σ_2^2 均未知,但 $n_1=n_2=n$

有时为了比较两种产品或两种仪器的差异,我们常在相同的条件下做对比试验,得到一批成对的观察值,然后分析观察数据并做出推断,这种方法称为**配对检验法**.

设有 n 对相互独立的观察结果 $(X_1,Y_1),(X_2,Y_2),\cdots,(X_n,Y_n)$,做变换 $T_i=X_i-Y_i$ $(i=1,2,\cdots,n)$,则 $T_1,T_2,\cdots,T_n$ 相互独立同分布,且 $T_i \sim N(\mu_1-\mu_2,\sigma_1^2+\sigma_2^2)(i=1,2,\cdots,n)$. 这就是说,$T_1,T_2,\cdots,T_n$ 可看作来自单个正态总体 $N(\mu_1-\mu_2,\sigma_1^2+\sigma_2^2)$ 的样本,于是检验两个正态总体均值的假设就转换为检验单个正态总体在方差未知时均值的假设.

建立统计假设

$$H_0:\mu_1=\mu_2, \quad H_1:\mu_1 \neq \mu_2.$$

取检验统计量为

$$T=\frac{\overline{X}-\overline{Y}}{S_Z/\sqrt{n}},$$

其中 $S_Z^2=\dfrac{1}{n-1}\sum_{i=1}^{n}\left[X_i-Y_i-(\overline{X}-\overline{Y})\right]^2$,在原假设 H_0 成立的条件下,有 $T \sim t(n-1)$.

对于给定的显著性水平 α,根据 t 分布的上 α 分位数的定义,有

$$P\left\{|T| \geqslant t_{\frac{\alpha}{2}}(n-1)\right\}=\alpha,$$

故 H_0 的拒绝域为 $\left(-\infty, -t_{\frac{\alpha}{2}}(n-1)\right] \bigcup \left[t_{\frac{\alpha}{2}}(n-1), +\infty\right).$

例 8.2.3 假设 A 厂生产的灯泡的使用寿命(单位:h)$X \sim N(\mu_1,95^2)$,B 厂生产的灯泡的使用寿命(单位:h)$Y \sim N(\mu_2,120^2)$. 在两厂的产品中各抽取 100 只和 75 只样品,测得灯泡的平均使用寿命分别为 1 180 h 和 1 220 h. 问:在显著性水平 $\alpha=0.05$ 下,这两个厂家生产的灯泡的平均使用寿命有无显著性差异?

解 两个总体方差已知,建立统计假设

$$H_0:\mu_1=\mu_2, \quad H_1:\mu_1 \neq \mu_2.$$

取检验统计量为

$$U=\frac{\overline{X}-\overline{Y}}{\sqrt{\dfrac{\sigma_1^2}{n_1}+\dfrac{\sigma_2^2}{n_2}}},$$

在原假设 H_0 成立的条件下,有 $U \sim N(0,1)$.

由题意知,$\overline{x}=1\,180, \overline{y}=1\,220, n_1=100, n_2=75, \sigma_1^2=95^2, \sigma_2^2=120^2$,则检验统计量 U 的观察值为

$$u=\frac{\overline{x}-\overline{y}}{\sqrt{\dfrac{\sigma_1^2}{n_1}+\dfrac{\sigma_2^2}{n_2}}}=\frac{1\,180-1\,220}{\sqrt{\dfrac{95^2}{100}+\dfrac{120^2}{75}}} \approx -2.38.$$

给定显著性水平 $\alpha=0.05$,查附表 2 得 $u_{0.025}=1.96$. 显然,$|u|>1.96$,所以拒绝原假设 H_0,即在显著性水平 $\alpha=0.05$ 下,可以认为两个厂家生产的灯泡的平均使用寿命有显著性差异.

例 8.2.4 在一台自动车床上加工直径为 2.050 mm 的轴,现在隔 2 h 各取容量都为 10 的两个子样,测轴的直径得数据(单位:mm)如下:

第一个子样:2.066, 2.063, 2.068, 2.060, 2.067, 2.063, 2.059,

2.062, 2.062, 2.060,

第二个子样:2.063, 2.060, 2.057, 2.056, 2.059, 2.058, 2.062,

2.059, 2.059, 2.057.

假设轴的直径服从正态分布,由于子样是取自同一台车床,因此可以认为两个子样方差相等但未知. 试问:两个子样在生产上是否有显著性差异(取显著性水平 $\alpha = 0.01$)?

解 由题意知,两个总体方差均未知但相等,要求检验两个总体的均值是否相等,建立统计假设

$$H_0: \mu_1 = \mu_2, \quad H_1: \mu_1 \neq \mu_2.$$

取检验统计量为

$$T = \frac{\overline{X} - \overline{Y}}{S_w \sqrt{\frac{1}{n_1} + \frac{1}{n_2}}},$$

其中 $S_w^2 = \frac{(n_1-1)S_1^2 + (n_2-1)S_2^2}{n_1 + n_2 - 2}$,在原假设 H_0 成立的条件下,有 $T \sim t(n_1 + n_2 - 2)$.

已知 $n_1 = n_2 = 10, \alpha = 0.05$,由样本值计算得 $\overline{x} = 2.063, s_1^2 = 9.56 \times 10^{-6}, \overline{y} = 2.059$, $s_2^2 = 4.89 \times 10^{-6}$,则

$$s_w^2 = \frac{(n_1-1)s_1^2 + (n_2-1)s_2^2}{n_1 + n_2 - 2} = \frac{9 \times 9.56 \times 10^{-6} + 9 \times 4.89 \times 10^{-6}}{18}$$

$$= 7.225 \times 10^{-6}.$$

故检验统计量 T 的观察值为

$$t = \frac{\overline{x} - \overline{y}}{\sqrt{s_w^2 \left(\frac{1}{n_1} + \frac{1}{n_2}\right)}} = \frac{2.063 - 2.059}{\sqrt{7.225 \times 10^{-6} \times \frac{2}{10}}} \approx 3.328.$$

对于给定的显著性水平 $\alpha = 0.01$,查附表 4 得 $t_{\frac{\alpha}{2}}(n_1 + n_2 - 2) = t_{0.005}(18) = 2.878$. 显然, $|t| > 2.878$,所以拒绝原假设 H_0,即在显著性水平 $\alpha = 0.01$ 下,认为两个子样在生产上有显著性差异,可能这台自动车床受时间的影响而生产不稳定.

例 8.2.5 一自动车床采用新旧两种工艺加工同种零件,测量的加工偏差(单位:μm)分别为

旧工艺:2.7, 2.4, 2.5, 3.1, 2.7, 3.5, 2.9, 2.7, 3.5, 3.3,

新工艺:2.6, 2.1, 2.7, 2.8, 2.3, 3.1, 2.4, 2.4, 2.7, 2.3.

设加工偏差服从正态分布,所得的两个样本相互独立. 试问:该自动车床在新旧两种工艺下的加工精度有无显著性差异(取显著性水平 $\alpha = 0.01$)?

解 由于新旧工艺的方差未知且不确定是否相等,但两个样本容量相同,因此可采用配对检验法. 建立统计假设

$$H_0: \mu_1 = \mu_2, \quad H_1: \mu_1 \neq \mu_2.$$

取检验统计量为

$$T = \frac{\overline{X} - \overline{Y}}{S_Z / \sqrt{n}},$$

其中 $S_Z^2 = \dfrac{1}{n-1} \sum\limits_{i=1}^{n} [X_i - Y_i - (\overline{X} - \overline{Y})]^2$，在原假设 H_0 成立的条件下，有 $T \sim t(n-1)$．

由样本值计算得

$$\overline{x} = 2.93, \quad \overline{y} = 2.54, \quad s_Z^2 = \frac{1}{n-1} \sum_{i=1}^{n} [x_i - y_i - (\overline{x} - \overline{y})]^2 \approx 0.112,$$

则检验统计量 T 的观察值为

$$t = \frac{\overline{x} - \overline{y}}{s_Z / \sqrt{n}} = \frac{2.93 - 2.54}{\sqrt{0.112/10}} \approx 3.685.$$

对于给定的显著性水平 $\alpha = 0.01$，查附表 4 得 $t_{\frac{\alpha}{2}}(n-1) = t_{0.005}(9) = 3.250$．显然，$|t| > 3.250$，所以拒绝原假设 H_0，即认为新旧工艺对零件的加工精度有显著性影响．

下面给出正态总体均值的假设检验的各种情形（见表 8.2）．

表 8.2

	条件	原假设	备择假设	检验统计量	拒绝域
单个正态总体	σ^2 已知	$\mu = \mu_0$	$\mu \neq \mu_0$	$U = \dfrac{\overline{X} - \mu_0}{\sigma / \sqrt{n}}$	$|u| \geqslant u_{\frac{\alpha}{2}}$
	σ^2 未知	$\mu = \mu_0$	$\mu \neq \mu_0$	$T = \dfrac{\overline{X} - \mu_0}{S / \sqrt{n}}$	$|t| \geqslant t_{\frac{\alpha}{2}}(n-1)$
两个正态总体	σ_1^2, σ_2^2 均已知	$\mu_1 = \mu_2$	$\mu_1 \neq \mu_2$	$U = \dfrac{\overline{X} - \overline{Y}}{\sqrt{\dfrac{\sigma_1^2}{n_1} + \dfrac{\sigma_2^2}{n_2}}}$	$|u| \geqslant u_{\frac{\alpha}{2}}$
	σ_1^2, σ_2^2 均未知，但 $\sigma_1^2 = \sigma_2^2$	$\mu_1 = \mu_2$	$\mu_1 \neq \mu_2$	$T = \dfrac{\overline{X} - \overline{Y}}{S_w \sqrt{\dfrac{1}{n_1} + \dfrac{1}{n_2}}}$	$|t| \geqslant t_{\frac{\alpha}{2}}(n_1 + n_2 - 2)$
	σ_1^2, σ_2^2 均未知，但 $n_1 = n_2 = n$	$\mu_1 = \mu_2$	$\mu_1 \neq \mu_2$	$T = \dfrac{\overline{X} - \overline{Y}}{S_Z / \sqrt{n}}$	$|t| \geqslant t_{\frac{\alpha}{2}}(n-1)$

同步习题 8.2

1. 某百货商场的日销售额（单位：万元）服从正态分布，去年的日均销售额为 53.6 万元，标准差为 6 万元，今年随机抽查了 10 个日销售额，分别是

$$57.2, \ 57.8, \ 58.4, \ 59.3, \ 60.7, \ 71.3, \ 56.4, \ 58.9, \ 47.5, \ 49.5.$$

根据实践经验，可以认为今年的方差没有变化，问：今年的日均销售额与去年相比有无显著性变化（取显著性水平 $\alpha = 0.05$）？

2. 假设有 A，B 两种药，试验者欲比较病人服用这两种药两小时后在人体血液中的含量是否一样．对药品

A,随机抽取 8 个病人,他们服 A 药两小时后,测得血液中药的浓度(单位:mg/mL) 为

$$1.23, 1.42, 1.41, 1.62, 1.55, 1.51, 1.60, 1.76;$$

对药品 B,随机抽取 6 个病人,他们服 B 药两小时后,测得血液中药的浓度(单位:mg/mL) 为

$$1.76, 1.41, 1.87, 1.49, 1.67, 1.81.$$

假定这两组观察值服从具有相同方差的正态分布,试在显著性水平 $\alpha = 0.10$ 下,检验病人血液中这两种药的浓度是否有显著性差异.

3. 为了检验 A,B 两种测定铁矿石含铁量的方法是否有明显差异,用这两种方法测定了取自 12 个不同铁矿石的矿石标本的含铁量(单位:%),结果如表 8.3 所示.问:这两种测定方法是否有显著性差异(取显著性水平 $\alpha = 0.05$)?

表 8.3

标本号	1	2	3	4	5	6	7	8	9	10	11	12
方法 A	38.25	31.68	26.24	41.29	44.81	46.37	35.42	38.41	42.68	46.71	29.20	30.67
方法 B	38.27	31.71	26.22	41.33	44.80	46.39	35.46	38.39	42.72	46.76	29.18	30.79

4. 设总体 $X \sim N(\mu_1, \sigma_1^2)$, $Y \sim N(\mu_2, \sigma_2^2)$,且 X 与 Y 相互独立,$X_1, X_2, \cdots, X_n$ 及 $Y_1, Y_2, \cdots, Y_m$ 分别为来自总体 X 与 Y 的一个样本. 如果已知 $\sigma_2^2 = 4\sigma_1^2$,但 σ_1^2, σ_2^2 未知,试给出假设 $H_0: \mu_1 = \mu_2$, $H_1: \mu_1 \neq \mu_2$ 的检验法.

8.3 正态总体方差的假设检验

本节要点:本节介绍正态总体方差的假设检验,包括单个正态总体均值已知和均值未知的情况下的双侧假设检验,以及两个正态总体均值已知和均值未知的情况下的双侧假设检验.

接下来讨论有关正态总体方差的假设检验,以下对单个正态总体和两个正态总体的情况分别加以讨论.

8.3.1 单个正态总体方差 σ^2 的假设检验

设总体 $X \sim N(\mu, \sigma^2)$, $X_1, X_2, \cdots, X_n$ 是来自总体 X 的一个样本,样本均值为 $\overline{X}$,样本方差为 S^2.

1. 均值 μ 已知

建立统计假设

$$H_0: \sigma^2 = \sigma_0^2, \quad H_1: \sigma^2 \neq \sigma_0^2.$$

由于 $\dfrac{1}{n} \sum\limits_{i=1}^{n} (X_i - \mu)^2$ 是 σ^2 的无偏估计量,且当 H_0 为真时,有

$$\sum_{i=1}^{n} \left(\frac{X_i - \mu}{\sigma_0} \right)^2 \sim \chi^2(n),$$

故取检验统计量为

$$Q = \frac{\sum\limits_{i=1}^{n}(X_i - \mu)^2}{\sigma_0^2}.$$

对于给定的显著性水平 α，根据 χ^2 分布的上 α 分位数的定义，有

$$P\left\{Q \geqslant \chi_{\frac{\alpha}{2}}^2(n)\right\} = \frac{\alpha}{2}, \quad P\left\{Q \leqslant \chi_{1-\frac{\alpha}{2}}^2(n)\right\} = \frac{\alpha}{2},$$

故 H_0 的拒绝域为 $\left(0, \chi_{1-\frac{\alpha}{2}}^2(n)\right] \bigcup \left[\chi_{\frac{\alpha}{2}}^2(n), +\infty\right)$（见图 8.3）.

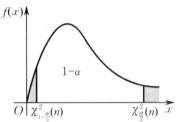

图 8.3

若检验统计量服从或近似服从 χ^2 分布，则称此类检验为 χ^2 **检验**.

2. 均值 μ 未知

建立统计假设

$$H_0 : \sigma^2 = \sigma_0^2, \quad H_1 : \sigma^2 \neq \sigma_0^2.$$

由于 μ 未知，因此不能再用 $\dfrac{\sum\limits_{i=1}^{n}(X_i - \mu)^2}{\sigma_0^2}$ 作为检验统计量了. 考虑到 S^2 是 σ^2 的无偏估计量，取检验统计量为

$$Q = \frac{(n-1)S^2}{\sigma_0^2},$$

在原假设 H_0 成立的条件下，有 $Q \sim \chi^2(n-1)$.

对于给定的显著性水平 α，根据 χ^2 分布的上 α 分位数的定义，有

$$P\left\{Q \geqslant \chi_{\frac{\alpha}{2}}^2(n-1)\right\} = \frac{\alpha}{2}, \quad P\left\{Q \leqslant \chi_{1-\frac{\alpha}{2}}^2(n-1)\right\} = \frac{\alpha}{2},$$

故 H_0 的拒绝域为 $\left(0, \chi_{1-\frac{\alpha}{2}}^2(n-1)\right] \bigcup \left[\chi_{\frac{\alpha}{2}}^2(n-1), +\infty\right)$.

例 8.3.1　根据长期经验，某工厂生产的铜丝的折断力（单位：N）服从正态分布 $N(573, 6^2)$. 某日从该工厂生产的一大批铜丝中随机抽取 10 个样品，测得折断力结果如下：

$$578,\ 572,\ 570,\ 568,\ 570,\ 573,\ 569,\ 572,\ 596,\ 584,$$

问：是否可以认为该日生产的铜丝折断力的标准差是 6 N（取显著性水平 $\alpha = 0.05$）？

解　总体均值 μ 已知，建立统计假设

$$H_0 : \sigma = 6, \quad H_1 : \sigma \neq 6.$$

取检验统计量为

$$Q = \frac{\sum_{i=1}^{n}(X_i - \mu)^2}{\sigma_0^2},$$

在原假设 H_0 成立的条件下，有 $Q \sim \chi^2(n)$. 由题意知，$\sigma_0 = 6, n = 10$，则检验统计量的观察值为

$$q = \frac{\sum_{i=1}^{n}(x_i - \mu)^2}{\sigma_0^2} = \frac{\sum_{i=1}^{10}(x_i - 573)^2}{6^2} \approx 20.44.$$

对于给定的显著性水平 $\alpha = 0.05$，查附表 3 得 $\chi_{\frac{\alpha}{2}}^2(n) = \chi_{0.025}^2(10) = 20.48, \chi_{1-\frac{\alpha}{2}}^2(n) = \chi_{0.975}^2(10) = 3.25$. 显然，$3.25 < q < 20.44$，所以接受原假设 H_0，即认为该日生产的铜丝折断力的标准差是 6 N.

例 8.3.2 为了对某住宅区住户的消费情况进行调查，从中随机抽取 9 户样本，其每年开支除去税款和住宅等费用外，依次为（单位：万元）

$$4.9, \quad 5.3, \quad 6.5, \quad 5.2, \quad 7.4, \quad 5.4, \quad 6.8, \quad 5.4, \quad 6.3.$$

假定住户消费数据服从正态分布 $N(\mu, \sigma^2)$，给定显著性水平 $\alpha = 0.05$，试问：所有住户消费数据的总体方差 $\sigma^2 = 0.3$ 是否可信？

解 总体均值 μ 未知，建立统计假设

$$H_0: \sigma^2 = 0.3, \quad H_1: \sigma^2 \neq 0.3.$$

取检验统计量为

$$Q = \frac{(n-1)S^2}{\sigma_0^2},$$

在原假设 H_0 成立的条件下，有 $Q \sim \chi^2(n-1)$. 由题意知，$\sigma_0^2 = 0.3, n = 9$，由样本值计算得 $s^2 \approx 0.741$，则检验统计量的观察值为

$$q = \frac{(n-1)s^2}{\sigma_0^2} = \frac{8 \times 0.741}{0.3} = 19.76.$$

对于给定的显著性水平 $\alpha = 0.05$，查附表 3 得 $\chi_{1-\frac{\alpha}{2}}^2(n-1) = \chi_{0.975}^2(8) = 2.18, \chi_{\frac{\alpha}{2}}^2(n-1) = \chi_{0.025}^2(8) = 17.53$. 显然，$q > 17.53$，所以拒绝原假设 H_0，即认为所有住户消费数据的总体方差 $\sigma^2 = 0.3$ 不可信.

注 在例 8.3.1 中，也可选取

$$Q = \frac{(n-1)S^2}{\sigma_0^2}$$

作为检验统计量，但忽略了总体中所提供的总体均值 μ 的信息，有可能做出错误的判断. 若选取

$$Q = \frac{(n-1)S^2}{\sigma_0^2}$$

作为检验统计量，则在原假设 H_0 成立的条件下，有 $Q \sim \chi^2(n-1)$. 由题设知，$n = 10, \sigma_0^2 = 6^2$，由样本值计算得 $s^2 = 76.4$，则检验统计量的观察值为

$$q = \frac{(n-1)s^2}{\sigma_0^2} = \frac{9 \times 76.4}{36} = 19.1.$$

而 $\chi_{0.025}^2(9) = 19.02$，则 $q > 19.02$，故拒绝原假设 H_0，即认为该日生产的铜丝折断力的标准差

不是 6 N.

8.3.2　两个正态总体方差 σ_1^2, σ_2^2 的假设检验

在方差未知的两个正态总体均值的假设检验中,假定了两个总体方差相等.那么是怎么知道两个总体方差相等的? 除非有大量经验可以帮助我们预先做出判断,否则就需要根据样本来检验假设 $H_0: \sigma_1^2 = \sigma_2^2$ 是否成立.

设总体 $X \sim N(\mu_1, \sigma_1^2), Y \sim N(\mu_2, \sigma_2^2)$,且 X 与 Y 相互独立,其中 $\mu_1, \sigma_1^2, \mu_2, \sigma_2^2$ 均为未知参数,$X_1, X_2, \cdots, X_{n_1}$ 是来自总体 X 的一个样本,样本均值与样本方差分别记为 $\overline{X}$ 和 S_1^2,$Y_1, Y_2, \cdots, Y_{n_2}$ 是来自总体 Y 的一个样本,样本均值与样本方差分别记为 $\overline{Y}$ 和 S_2^2.

建立统计假设

$$H_0: \sigma_1^2 = \sigma_2^2, \quad H_1: \sigma_1^2 \neq \sigma_2^2.$$

由于 S_1^2 和 S_2^2 分别是 σ_1^2 与 σ_2^2 的无偏估计量,因此当原假设 H_0 成立时,统计量 $F = \dfrac{S_1^2}{S_2^2}$ 应在 1 附近摆动;否则,当 $\sigma_1^2 > \sigma_2^2$ 时,F 的值应有偏大的趋势;当 $\sigma_1^2 < \sigma_2^2$ 时,F 的值应有偏小的趋势.因此,F 的值偏大或偏小,原假设 H_0 都不大可能成立.

取检验统计量为

$$F = \frac{S_1^2}{S_2^2},$$

在原假设 H_0 成立的条件下,有

$$F = \frac{S_1^2}{S_2^2} = \frac{\dfrac{S_1^2}{\sigma_1^2}}{\dfrac{S_2^2}{\sigma_2^2}} \sim F(n_1 - 1, n_2 - 1).$$

对于给定的显著性水平 α,根据 F 分布的上 α 分位数的定义,有

$$P\left\{F \leqslant F_{1-\frac{\alpha}{2}}(n_1 - 1, n_2 - 1)\right\} = \frac{\alpha}{2}, \quad P\left\{F \geqslant F_{\frac{\alpha}{2}}(n_1 - 1, n_2 - 1)\right\} = \frac{\alpha}{2},$$

故 H_0 的拒绝域为 $\left(0, F_{1-\frac{\alpha}{2}}(n_1 - 1, n_2 - 1)\right] \cup \left[F_{\frac{\alpha}{2}}(n_1 - 1, n_2 - 1), +\infty\right)$(见图 8.4).

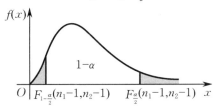

图 8.4

若检验统计量服从或近似服从 F 分布,则称此类检验为 F **检验**.

例 8.3.3　为了考察温度对某物体断裂强力的影响,在 70 ℃ 与 80 ℃ 下分别重复做了 8 次试验,得到该物体断裂强力(单位:Pa)的数据如下:

70 ℃:20.5，18.8，19.8，20.9，21.5，19.5，21.0，21.2，

80 ℃：17.7，20.3，20.0，18.8，19.0，20.1，20.2，19.1.

假定 70 ℃下的断裂强力用 X 表示，它服从正态分布 $N(\mu_1, \sigma_1^2)$，80 ℃下的断裂强力用 Y 表示，它服从正态分布 $N(\mu_2, \sigma_2^2)$，若取显著性水平 $\alpha = 0.05$，试问：X 与 Y 的方差有无显著性差异？

解　由题意知，两个总体均值未知，要检验两个总体方差是否相等，建立统计假设

$$H_0: \sigma_1^2 = \sigma_2^2, \quad H_1: \sigma_1^2 \neq \sigma_2^2.$$

取检验统计量为

$$F = \frac{S_1^2}{S_2^2},$$

在原假设 H_0 成立的条件下，有 $F \sim F(n_1 - 1, n_2 - 1)$. 已知 $n_1 = n_2 = 8$，由样本值计算得 $\overline{x} = 20.4, \overline{y} = 19.4, s_1^2 \approx 0.886, s_2^2 \approx 0.829$，故检验统计量 F 的观察值为

$$f = \frac{s_1^2}{s_2^2} = \frac{0.886}{0.829} \approx 1.07.$$

对于给定的显著性水平 $\alpha = 0.05$，查附表 5 得 $F_{0.025}(7,7) = 4.99, F_{0.975}(7,7) = \dfrac{1}{F_{0.025}(7,7)} = \dfrac{1}{4.99} \approx 0.20$. 显然，$0.20 < f < 4.99$，所以接受原假设 H_0，即认为该物体在 70 ℃与 80 ℃下断裂强力的方差无显著性差异.

例 8.3.4　为比较甲、乙两种安眠药的疗效，设计试验测量失眠患者服用这两种药后延长的睡眠时间. 将 20 名患者分成两组，每组 10 人，分别服用甲、乙两种安眠药，测得患者服药后延长的睡眠时间（单位：h）为

甲：5.5，4.6，4.4，3.4，1.9，1.6，1.1，0.8，0.1，−0.1，

乙：3.7，3.4，2.0，0.8，0.7，0.0，−0.1，−0.2，−1.2，−1.6.

假设患者服用这两种药后延长的睡眠时间均服从正态分布，问：在显著性水平 $\alpha = 0.05$ 下，这两种药的疗效有无显著性差异？

解　设患者服甲药后延长的睡眠时间 $X \sim N(\mu_1, \sigma_1^2)$，服乙药后延长的睡眠时间 $Y \sim N(\mu_2, \sigma_2^2)$，其中 $\mu_1, \sigma_1^2, \mu_2, \sigma_2^2$ 均未知，先在 μ_1, μ_2 未知的条件下检验两个总体的方差是否相等.

建立统计假设

$$H_0: \sigma_1^2 = \sigma_2^2, \quad H_1: \sigma_1^2 \neq \sigma_2^2.$$

取检验统计量为

$$F = \frac{S_1^2}{S_2^2},$$

在原假设 H_0 成立的条件下，有 $F \sim F(n_1 - 1, n_2 - 1)$. 由题设知，$n_1 = n_2 = 10$，由样本值计算得 $\overline{x} = 2.33, \overline{y} = 0.75, s_1^2 \approx 4.01, s_2^2 \approx 3.20$，故检验统计量 F 的观察值为

$$f = \frac{s_1^2}{s_2^2} = \frac{4.01}{3.20} \approx 1.25.$$

对于给定的显著性水平 $\alpha = 0.05$，查附表 5 得

$$F_{0.025}(9,9) = 4.03, \quad F_{0.975}(9,9) = \frac{1}{F_{0.025}(9,9)} = \frac{1}{4.03} \approx 0.25.$$

显然,$0.25 < f < 4.03$,所以接受原假设 H_0,即认为两个总体方差相等.

在上述的检验中,得到两个正态总体方差相等的结论,故问题转化为具有相同方差的两个正态总体均值的假设检验. 建立统计假设

$$H_0: \mu_1 = \mu_2, \quad H_1: \mu_1 \neq \mu_2.$$

取检验统计量为

$$T = \frac{\overline{X} - \overline{Y}}{S_w \sqrt{\dfrac{1}{n_1} + \dfrac{1}{n_2}}},$$

其中 $S_w^2 = \dfrac{(n_1-1)S_1^2 + (n_2-1)S_2^2}{n_1 + n_2 - 2}$,在原假设 H_0 成立的条件下,有 $T \sim t(n_1 + n_2 - 2)$. 由样本值计算得

$$s_w = \sqrt{\frac{(n_1-1)s_1^2 + (n_2-1)s_2^2}{n_1 + n_2 - 2}} = \sqrt{\frac{(10-1) \times 4.01 + (10-1) \times 3.20}{10 + 10 - 2}} \approx 1.899,$$

故检验统计量 T 的观察值为

$$t = \frac{\overline{x} - \overline{y}}{s_w \sqrt{\dfrac{1}{n_1} + \dfrac{1}{n_2}}} = \frac{2.33 - 0.75}{1.899 \times \sqrt{\dfrac{1}{10} + \dfrac{1}{10}}} \approx 1.860.$$

查附表 4 得 $t_{\frac{\alpha}{2}}(n_1 + n_2 - 2) = t_{0.025}(18) = 2.101$. 显然,$|t| < 2.101$,所以接受原假设 H_0,即认为两个总体均值相等.

综上所述,在显著性水平 $\alpha = 0.05$ 下,可以认为两种安眠药疗效无显著性差异.

下面给出正态总体方差的假设检验的各种情形(见表 8.4).

表 8.4

	条件	原假设	备择假设	检验统计量	拒绝域
单个正态总体	μ 已知	$\sigma^2 = \sigma_0^2$	$\sigma^2 \neq \sigma_0^2$	$Q = \dfrac{\sum\limits_{i=1}^{n}(X_i - \mu)^2}{\sigma_0^2}$	$q \geqslant \chi_{\frac{\alpha}{2}}^2(n)$ 或 $q \leqslant \chi_{1-\frac{\alpha}{2}}^2(n)$
	μ 未知	$\sigma^2 = \sigma_0^2$	$\sigma^2 \neq \sigma_0^2$	$Q = \dfrac{(n-1)S^2}{\sigma_0^2}$	$q \geqslant \chi_{\frac{\alpha}{2}}^2(n-1)$ 或 $q \leqslant \chi_{1-\frac{\alpha}{2}}^2(n-1)$
两个正态总体	μ_1, μ_2 均已知	$\sigma_1^2 = \sigma_2^2$	$\sigma_1^2 \neq \sigma_2^2$	$F = \dfrac{n_2 \sum\limits_{i=1}^{n_1}(X_i - \mu_1)^2}{n_1 \sum\limits_{i=1}^{n_2}(Y_i - \mu_2)^2}$	$f \leqslant F_{1-\frac{\alpha}{2}}(n_1, n_2)$ 或 $f \geqslant F_{\frac{\alpha}{2}}(n_1, n_2)$
	μ_1, μ_2 均未知	$\sigma_1^2 = \sigma_2^2$	$\sigma_1^2 \neq \sigma_2^2$	$F = \dfrac{S_1^2}{S_2^2}$	$f \leqslant F_{1-\frac{\alpha}{2}}(n_1-1, n_2-1)$ 或 $f \geqslant F_{\frac{\alpha}{2}}(n_1-1, n_2-1)$

同步习题 8.3

1. 某厂生产的一种电池,其使用寿命长期以来服从方差为 $\sigma^2 = 5\,000\ \mathrm{h}^2$ 的正态分布. 现有一批这种电池,

从生产的情况来看,使用寿命的波动性有所改变.现随机地从这批电池中取 26 节,测得使用寿命的样本方差为 $s^2 = 9\,200\ \text{h}^2$,问:根据这一数据能否推断这批电池使用寿命的波动性较以往有显著性变化(取显著性水平 $\alpha = 0.02$)?

2. 甲、乙两台车床生产同一种滚珠(滚珠直径服从正态分布),从中分别抽取 8 个和 9 个滚珠,测得滚珠直径(单位:mm)如下:

$$\text{甲车床:}15.0,\ 14.5,\ 15.2,\ 15.5,\ 14.8,\ 15.1,\ 15.2,\ 14.8,$$
$$\text{乙车床:}15.2,\ 15.0,\ 14.8,\ 15.2,\ 15.0,\ 15.0,\ 14.8,\ 15.1,\ 14.8.$$

比较两台车床生产的滚珠直径的方差是否有显著性差异(取显著性水平 $\alpha = 0.05$).

3. 今有两台机床加工同一种零件,从中分别取 6 个及 9 个零件测其口径(单位:mm),数据分别记为 x_1,x_2,$\cdots$,x_6 及 y_1,y_2,$\cdots$,y_9,计算得

$$\sum_{i=1}^{6} x_i = 204.6, \quad \sum_{i=1}^{6} x_i^2 = 6\,978.93, \quad \sum_{i=1}^{9} y_i = 370.8, \quad \sum_{i=1}^{9} y_i^2 = 15\,280.173.$$

假定零件口径服从正态分布,给定显著性水平 $\alpha = 0.05$,问:是否可以认为这两台机床加工零件口径的方差无显著性差异?

4. 用两种方法研究冰的潜热,样本都取自 $-0.72\ ℃$ 的冰.用方法 A 研究,取样本容量为 $n_1 = 13$ 的样本,用方法 B 研究,取样本容量为 $n_2 = 8$ 的样本,测得每克冰从 $-0.72\ ℃$ 变成 $0\ ℃$ 的水的过程中热量的变化数据(单位:J)为

$$\text{方法 A:}79.98,\ 80.04,\ 80.02,\ 80.04,\ 80.03,\ 80.04,\ 80.03,\ 79.97,$$
$$80.05,\ 80.03,\ 80.02,\ 80.00,\ 80.02,$$
$$\text{方法 B:}80.02,\ 79.94,\ 79.97,\ 79.98,\ 79.97,\ 80.03,\ 79.95,\ 79.97.$$

假设用两种方法测得数据的总体都服从正态分布,试问:

(1) 用两种方法测得数据的总体的方差是否相等(取显著性水平 $\alpha = 0.05$)?

(2) 用两种方法测得数据的总体的均值是否相等(取显著性水平 $\alpha = 0.05$)?

8.4　单侧假设检验

本节要点:本节介绍正态总体的均值和方差的单侧假设检验,包括单个正态总体和两个正态总体参数的单侧假设检验.

在实际问题中,单侧假设检验占有十分重要的地位.例如,要考察生产过程中新工艺的采用是否提高了产品的某项质量指标,就要对该指标进行单侧假设检验.因此有必要讨论单侧假设检验.下面讨论的假设检验均为显著性水平为 α 的检验.

8.4.1　单个正态总体均值 μ 的单侧假设检验

设总体 $X \sim N(\mu, \sigma^2)$,X_1,X_2,$\cdots$,X_n 是来自总体 X 的一个样本,样本均值为 $\overline{X}$,样本方差为 S^2.

1. 方差 σ^2 已知

建立统计假设

$$H_0: \mu \leqslant \mu_0, \quad H_1: \mu > \mu_0.$$

仍取

$$U = \frac{\overline{X} - \mu_0}{\sigma / \sqrt{n}}$$

作为检验统计量. 但当原假设 H_0 成立时, 统计量 $U = \dfrac{\overline{X} - \mu_0}{\sigma / \sqrt{n}}$ 已不再服从标准正态分布.

由于当原假设 $H_0: \mu \leqslant \mu_0$ 成立时, 有

$$\frac{\overline{X} - \mu_0}{\sigma / \sqrt{n}} \leqslant \frac{\overline{X} - \mu}{\sigma / \sqrt{n}},$$

而

$$\frac{\overline{X} - \mu}{\sigma / \sqrt{n}} \sim N(0, 1),$$

因此

$$\left\{ \frac{\overline{X} - \mu_0}{\sigma / \sqrt{n}} \geqslant u_\alpha \right\} \subset \left\{ \frac{\overline{X} - \mu}{\sigma / \sqrt{n}} \geqslant u_\alpha \right\},$$

由此可得

$$P\left\{ \frac{\overline{X} - \mu_0}{\sigma / \sqrt{n}} \geqslant u_\alpha \right\} \leqslant P\left\{ \frac{\overline{X} - \mu}{\sigma / \sqrt{n}} \geqslant u_\alpha \right\} = \alpha,$$

即 $\left\{ \dfrac{\overline{X} - \mu_0}{\sigma / \sqrt{n}} \geqslant u_\alpha \right\}$ 更是小概率事件. 因此, 若检验统计量 U 的观察值 $u = \dfrac{\overline{x} - \mu_0}{\sigma / \sqrt{n}} \geqslant u_\alpha$, 则应拒绝原假设 H_0, 接受备择假设 H_1; 若检验统计量 U 的观察值 $u < u_\alpha$, 则接受原假设 H_0. 故原假设 H_0 的拒绝域为 $[u_\alpha, +\infty)$ (见图 8.5).

对于统计假设

$$H_0: \mu \geqslant \mu_0, \quad H_1: \mu < \mu_0,$$

取检验统计量为

$$U = \frac{\overline{X} - \mu_0}{\sigma / \sqrt{n}}.$$

类似地, 有

$$P\left\{ \frac{\overline{X} - \mu_0}{\sigma / \sqrt{n}} \leqslant -u_\alpha \right\} \leqslant \alpha,$$

故 H_0 的拒绝域为 $(-\infty, -u_\alpha]$ (见图 8.6).

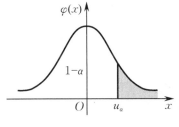

图 8.5

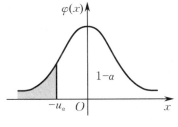

图 8.6

2. 方差 σ^2 未知

建立统计假设

$$H_0 : \mu \leqslant \mu_0, \quad H_1 : \mu > \mu_0.$$

取检验统计量为

$$T = \frac{\overline{X} - \mu_0}{S / \sqrt{n}},$$

则有

$$P\left\{ \frac{\overline{X} - \mu_0}{S / \sqrt{n}} \geqslant t_\alpha(n-1) \right\} \leqslant \alpha,$$

故 H_0 的拒绝域为 $[t_\alpha(n-1), +\infty)$（见图 8.7）.

对于统计假设

$$H_0 : \mu \geqslant \mu_0, \quad H_1 : \mu < \mu_0,$$

取检验统计量为

$$T = \frac{\overline{X} - \mu_0}{S / \sqrt{n}},$$

则有

$$P\left\{ \frac{\overline{X} - \mu_0}{S / \sqrt{n}} \leqslant - t_\alpha(n-1) \right\} \leqslant \alpha,$$

故 H_0 的拒绝域为 $(-\infty, -t_\alpha(n-1)]$（见图 8.8）.

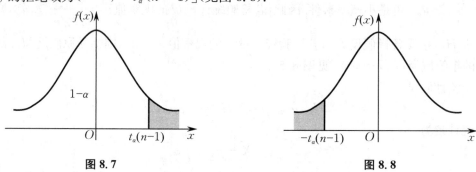

图 8.7   图 8.8

例 8.4.1 一化学制品设备运转一天生产的化学制品产量（单位：t）近似服从正态分布 $N(\mu, \sigma^2)$，当设备运转正常时一天产量的均值为 800 t. 现测得上周 5 天的日产量分别为

$$785, \ 805, \ 790, \ 790, \ 802.$$

问：是否可以认为日产量的均值显著小于 800 t（取显著性水平 $\alpha = 0.05$）？

解 由于总体方差 σ^2 未知，因此考虑用 t 检验. 建立统计假设

$$H_0 : \mu \geqslant 800, \quad H_1 : \mu < 800.$$

取检验统计量为

$$T = \frac{\overline{X} - \mu_0}{S / \sqrt{n}}.$$

例 8.4.1

由题意知，$\mu_0 = 800$，$n = 5$，由样本值计算得 $\overline{x} = 794.4$，$s \approx 8.620$，则检验统计量 T 的观察值为

$$t = \frac{\overline{x} - \mu_0}{s/\sqrt{n}} = \frac{794.4 - 800}{8.620/\sqrt{5}} \approx -1.453.$$

对于给定的显著性水平 $\alpha = 0.05$,查附表 4 得 $t_{0.05}(4) = 2.132$. 显然,$t > -2.132$,所以接受原假设 H_0,即认为日产量的均值显著不小于 800 t.

8.4.2 两个正态总体均值 μ_1, μ_2 的单侧假设检验

设总体 $X \sim N(\mu_1, \sigma_1^2), Y \sim N(\mu_2, \sigma_2^2)$,且 X 与 Y 相互独立,$X_1, X_2, \cdots, X_{n_1}$ 是来自总体 X 的一个样本,$\overline{X}$ 和 S_1^2 分别为它的样本均值与样本方差,$Y_1, Y_2, \cdots, Y_{n_2}$ 是来自总体 Y 的一个样本,$\overline{Y}$ 和 S_2^2 分别为它的样本均值与样本方差.

1. 方差 σ_1^2, σ_2^2 均已知

建立统计假设

$$H_0: \mu_1 \leqslant \mu_2, \quad H_1: \mu_1 > \mu_2.$$

取检验统计量为

$$U = \frac{\overline{X} - \overline{Y}}{\sqrt{\dfrac{\sigma_1^2}{n_1} + \dfrac{\sigma_2^2}{n_2}}},$$

则有

$$P\left\{ \frac{\overline{X} - \overline{Y}}{\sqrt{\dfrac{\sigma_1^2}{n_1} + \dfrac{\sigma_2^2}{n_2}}} \geqslant u_\alpha \right\} \leqslant \alpha,$$

故 H_0 的拒绝域为 $[u_\alpha, +\infty)$.

对于统计假设

$$H_0: \mu_1 \geqslant \mu_2, \quad H_1: \mu_1 < \mu_2,$$

取检验统计量为

$$U = \frac{\overline{X} - \overline{Y}}{\sqrt{\dfrac{\sigma_1^2}{n_1} + \dfrac{\sigma_2^2}{n_2}}},$$

则有

$$P\left\{ \frac{\overline{X} - \overline{Y}}{\sqrt{\dfrac{\sigma_1^2}{n_1} + \dfrac{\sigma_2^2}{n_2}}} \leqslant -u_\alpha \right\} \leqslant \alpha,$$

故 H_0 的拒绝域为 $(-\infty, -u_\alpha]$.

2. 方差 σ_1^2, σ_2^2 均未知,但 $\sigma_1^2 = \sigma_2^2 = \sigma^2$

建立统计假设

$$H_0: \mu_1 \leqslant \mu_2, \quad H_1: \mu_1 > \mu_2.$$

取检验统计量为

$$T = \frac{\overline{X} - \overline{Y}}{S_w \sqrt{\dfrac{1}{n_1} + \dfrac{1}{n_2}}},$$

其中 $S_w^2 = \dfrac{(n_1 - 1)S_1^2 + (n_2 - 1)S_2^2}{n_1 + n_2 - 2}$，则有

$$P\left\{ \frac{\overline{X} - \overline{Y}}{S_w \sqrt{\dfrac{1}{n_1} + \dfrac{1}{n_2}}} \geqslant t_\alpha(n_1 + n_2 - 2) \right\} \leqslant \alpha,$$

故 H_0 的拒绝域为 $[t_\alpha(n_1 + n_2 - 2), +\infty)$.

对于统计假设

$$H_0 : \mu_1 \geqslant \mu_2, \quad H_1 : \mu_1 < \mu_2,$$

取检验统计量为

$$T = \frac{\overline{X} - \overline{Y}}{S_w \sqrt{\dfrac{1}{n_1} + \dfrac{1}{n_2}}},$$

其中 $S_w^2 = \dfrac{(n_1 - 1)S_1^2 + (n_2 - 1)S_2^2}{n_1 + n_2 - 2}$，则有

$$P\left\{ \frac{\overline{X} - \overline{Y}}{S_w \sqrt{\dfrac{1}{n_1} + \dfrac{1}{n_2}}} \leqslant -t_\alpha(n_1 + n_2 - 2) \right\} \leqslant \alpha,$$

故 H_0 的拒绝域为 $(-\infty, -t_\alpha(n_1 + n_2 - 2)]$.

例 8.4.2 某工厂铸造车间为提高铸件的耐磨性而试制了一种镍合金铸件以取代铜合金铸件，从这两种铸件中各抽取一个样本容量为 8 和 9 的样本，测得其硬度(一种耐磨性指标，单位：HB) 为

镍合金：76.43，76.21，73.58，69.69，65.29，70.83，82.75，72.34，
铜合金：73.66，64.27，69.34，71.37，69.77，68.12，67.27，68.07，62.61.

根据专业经验，铸件的硬度服从正态分布，且方差保持不变，试在显著性水平 $\alpha = 0.05$ 下判断镍合金铸件的硬度较铜合金铸件是否有显著提高.

解 设 X 表示镍合金铸件的硬度，Y 表示铜合金铸件的硬度，则由已知条件有 $X \sim N(\mu_1, \sigma^2)$，$Y \sim N(\mu_2, \sigma^2)$. 由于两者方差未知但相等，因此采用 t 检验. 建立统计假设

$$H_0 : \mu_1 \leqslant \mu_2, \quad H_1 : \mu_1 > \mu_2.$$

取检验统计量为

$$T = \frac{\overline{X} - \overline{Y}}{S_w \sqrt{\dfrac{1}{n_1} + \dfrac{1}{n_2}}},$$

其中 $S_w^2 = \dfrac{(n_1 - 1)S_1^2 + (n_2 - 1)S_2^2}{n_1 + n_2 - 2}$. 由题设知，$n_1 = 8$，$n_2 = 9$，由样本值计算得 $\overline{x} = 73.39$，$s_1^2 \approx 29.40$，$\overline{y} \approx 68.28$，$s_2^2 \approx 11.39$，则

$$s_w = \sqrt{\frac{(n_1-1)s_1^2 + (n_2-1)s_2^2}{n_1+n_2-2}} = \sqrt{\frac{(8-1)\times 29.40 + (9-1)\times 11.39}{8+9-2}} \approx 4.45.$$

故检验统计量 T 的观察值为

$$t = \frac{\overline{x} - \overline{y}}{s_w \sqrt{\dfrac{1}{n_1} + \dfrac{1}{n_2}}} = \frac{73.39 - 68.28}{4.45 \times \sqrt{\dfrac{1}{8} + \dfrac{1}{9}}} \approx 2.363.$$

对于给定的显著性水平 $\alpha = 0.05$，查附表 4 得 $t_\alpha(n_1+n_2-2) = t_{0.05}(15) = 1.753$. 显然，$t > 1.753$，所以拒绝原假设 H_0，即认为镍合金铸件的硬度较铜合金铸件有显著提高.

下面给出正态总体均值的单侧假设检验的各种情形（见表 8.5）.

表 8.5

	条件	原假设	备择假设	检验统计量	拒绝域
单个正态总体	σ^2 已知	$\mu \leqslant \mu_0$	$\mu > \mu_0$	$U = \dfrac{\overline{X} - \mu_0}{\sigma/\sqrt{n}}$	$u \geqslant u_\alpha$
		$\mu \geqslant \mu_0$	$\mu < \mu_0$		$u \leqslant -u_\alpha$
	σ^2 未知	$\mu \leqslant \mu_0$	$\mu > \mu_0$	$T = \dfrac{\overline{X} - \mu_0}{S/\sqrt{n}}$	$t \geqslant t_\alpha(n-1)$
		$\mu \geqslant \mu_0$	$\mu < \mu_0$		$t \leqslant -t_\alpha(n-1)$
两个正态总体	σ_1^2, σ_2^2 均已知	$\mu_1 \leqslant \mu_2$	$\mu_1 > \mu_2$	$U = \dfrac{\overline{X} - \overline{Y}}{\sqrt{\dfrac{\sigma_1^2}{n_1} + \dfrac{\sigma_2^2}{n_2}}}$	$u \geqslant u_\alpha$
		$\mu_1 \geqslant \mu_2$	$\mu_1 < \mu_2$		$u \leqslant -u_\alpha$
	σ_1^2, σ_2^2 均未知 但 $\sigma_1^2 = \sigma_2^2$	$\mu_1 \leqslant \mu_2$	$\mu_1 > \mu_2$	$T = \dfrac{\overline{X} - \overline{Y}}{S_w \sqrt{\dfrac{1}{n_1} + \dfrac{1}{n_2}}}$	$t \geqslant t_\alpha(n_1+n_2-2)$
		$\mu_1 \geqslant \mu_2$	$\mu_1 < \mu_2$		$t \leqslant -t_\alpha(n_1+n_2-2)$

8.4.3　单个正态总体方差 σ^2 的单侧假设检验

设总体 $X \sim N(\mu, \sigma^2)$，$X_1, X_2, \cdots, X_n$ 是来自总体 X 的一个样本，样本均值为 $\overline{X}$，样本方差为 S^2.

1. 均值 μ 已知

建立统计假设

$$H_0: \sigma^2 \leqslant \sigma_0^2, \quad H_1: \sigma^2 > \sigma_0^2.$$

取检验统计量为

$$Q = \frac{\sum_{i=1}^{n}(X_i - \mu)^2}{\sigma_0^2},$$

则有

$$P\left\{ \frac{\sum_{i=1}^{n}(X_i - \mu)^2}{\sigma_0^2} \geqslant \chi_\alpha^2(n) \right\} \leqslant \alpha,$$

故 H_0 的拒绝域为 $[\chi_\alpha^2(n), +\infty)$（见图 8.9）.

对于统计假设

$$H_0: \sigma^2 \geqslant \sigma_0^2, \quad H_1: \sigma^2 < \sigma_0^2,$$

取检验统计量为

$$Q = \frac{\sum\limits_{i=1}^{n}(X_i - \mu)^2}{\sigma_0^2},$$

则有

$$P\left\{\frac{\sum\limits_{i=1}^{n}(X_i - \mu)^2}{\sigma_0^2} \leqslant \chi_{1-\alpha}^2(n)\right\} \leqslant \alpha,$$

故 H_0 的拒绝域为 $(0, \chi_{1-\alpha}^2(n)]$（见图 8.10）.

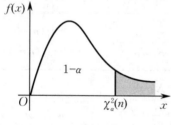

图 8.9

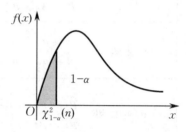

图 8.10

2. 均值 μ 未知

建立统计假设

$$H_0: \sigma^2 \leqslant \sigma_0^2, \quad H_1: \sigma^2 > \sigma_0^2.$$

取检验统计量为

$$Q = \frac{(n-1)S^2}{\sigma_0^2},$$

则有

$$P\left\{\frac{(n-1)S^2}{\sigma_0^2} \geqslant \chi_\alpha^2(n-1)\right\} \leqslant \alpha,$$

故 H_0 的拒绝域为 $[\chi_\alpha^2(n-1), +\infty)$.

对于统计假设

$$H_0: \sigma^2 \geqslant \sigma_0^2, \quad H_1: \sigma^2 < \sigma_0^2,$$

取检验统计量为

$$Q = \frac{(n-1)S^2}{\sigma_0^2},$$

则有

$$P\left\{\frac{(n-1)S^2}{\sigma_0^2} \leqslant \chi_{1-\alpha}^2(n-1)\right\} \leqslant \alpha,$$

故 H_0 的拒绝域为 $(0, \chi_{1-\alpha}^2(n-1)]$.

例 8.4.3 对冷水和热水的对流速度(单位:cm/s)做 5 次同样测定,测得数据如下:

$$5.84,\ 5.76,\ 6.03,\ 5.90,\ 5.87.$$

利用上述数据,是否有理由相信每次测量数据的方差小于 0.01(取显著性水平 $\alpha=0.05$)?

解 视对流速度服从正态分布 $N(\mu,\sigma^2)$,由于总体均值 μ 未知,因此考虑用 χ^2 检验.建立统计假设

$$H_0:\sigma^2\geqslant 0.01,\quad H_1:\sigma^2<0.01.$$

取检验统计量为

$$Q=\frac{(n-1)S^2}{\sigma_0^2}.$$

由题意知,$n=5,\sigma_0^2=0.01$,由样本值计算得 $\overline{x}=5.88,s^2\approx 0.009\,8$,故检验统计量的观察值为

$$q=\frac{(n-1)s^2}{\sigma_0^2}=\frac{4\times 0.009\,8}{0.01}=3.92.$$

对于给定的显著性水平 $\alpha=0.05$,查附表 3 得 $\chi_{1-\alpha}^2(n-1)=\chi_{0.95}^2(4)=0.71$. 显然,$q>0.71$,故接受原假设 H_0,即没有理由相信每次测量数据的方差小于 0.01.

8.4.4 两个正态总体方差 σ_1^2,σ_2^2 的单侧假设检验

设总体 $X\sim N(\mu_1,\sigma_1^2),Y\sim N(\mu_2,\sigma_2^2)$,且 X 与 Y 相互独立,$X_1,X_2,\cdots,X_{n_1}$ 是来自总体 X 的一个样本,$\overline{X}$ 和 S_1^2 分别为它的样本均值与样本方差,$Y_1,Y_2,\cdots,Y_{n_2}$ 是来自总体 Y 的一个样本,$\overline{Y}$ 和 S_2^2 分别为它的样本均值与样本方差.

建立统计假设

$$H_0:\sigma_1^2\leqslant\sigma_2^2,\quad H_1:\sigma_1^2>\sigma_2^2.$$

取检验统计量为

$$F=\frac{S_1^2}{S_2^2},$$

则有

$$P\left\{\frac{S_1^2}{S_2^2}\geqslant F_\alpha(n_1-1,n_2-1)\right\}\leqslant\alpha,$$

故 H_0 的拒绝域为 $[F_\alpha(n_1-1,n_2-1),+\infty)$(见图 8.11).

对于统计假设

$$H_0:\sigma_1^2\geqslant\sigma_2^2,\quad H_1:\sigma_1^2<\sigma_2^2,$$

取检验统计量为

$$F=\frac{S_1^2}{S_2^2},$$

则有

$$P\left\{\frac{S_1^2}{S_2^2}\leqslant F_{1-\alpha}(n_1-1,n_2-1)\right\}\leqslant\alpha,$$

故 H_0 的拒绝域为 $(0,F_{1-\alpha}(n_1-1,n_2-1)]$(见图 8.12).

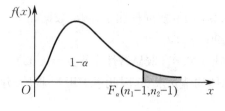

图 8.11

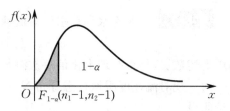

图 8.12

例 8.4.4 有两台机器生产金属部件,分别在两台机器所生产的金属部件中取样本容量为 $n_1=61,n_2=41$ 的样本,测得金属部件质量(单位:g)的样本方差分别为 $s_1^2=15.46,s_2^2=9.66$. 设两个样本相互独立,且两个样本分别服从正态总体 $N(\mu_1,\sigma_1^2)$ 和 $N(\mu_2,\sigma_2^2)$. 试在显著性水平 $\alpha=0.05$ 下,检验假设

$$H_0:\sigma_1^2\leqslant\sigma_2^2,\quad H_1:\sigma_1^2>\sigma_2^2.$$

解 由于两个总体均值未知,因此取检验统计量为

$$F=\frac{S_1^2}{S_2^2}.$$

已知 $s_1^2=15.46,s_2^2=9.66$,则检验统计量 F 的观察值为

$$f=\frac{s_1^2}{s_2^2}=\frac{15.46}{9.66}\approx1.60.$$

由题意知,$\alpha=0.05,n_1=61,n_2=41$,查附表 5 得 $F_\alpha(n_1-1,n_2-1)=F_{0.05}(60,40)=1.64$. 显然,$f<1.64$,故接受原假设 H_0,即认为 $\sigma_1^2\leqslant\sigma_2^2$.

下面给出正态总体方差的单侧假设检验的各种情形(见表 8.6).

表 8.6

	条件	原假设	备择假设	检验统计量	拒绝域
单个正态总体	μ 已知	$\sigma^2\leqslant\sigma_0^2$ $\sigma^2\geqslant\sigma_0^2$	$\sigma^2>\sigma_0^2$ $\sigma^2<\sigma_0^2$	$Q=\dfrac{\sum\limits_{i=1}^{n}(X_i-\mu)^2}{\sigma_0^2}$	$q\geqslant\chi_\alpha^2(n)$ $q\leqslant\chi_{1-\alpha}^2(n)$
	μ 未知	$\sigma^2\leqslant\sigma_0^2$ $\sigma^2\geqslant\sigma_0^2$	$\sigma^2>\sigma_0^2$ $\sigma^2<\sigma_0^2$	$Q=\dfrac{(n-1)S^2}{\sigma_0^2}$	$q\geqslant\chi_\alpha^2(n-1)$ $q\leqslant\chi_{1-\alpha}^2(n-1)$
两个正态总体	μ_1,μ_2 均已知	$\sigma_1^2\leqslant\sigma_2^2$ $\sigma_1^2\geqslant\sigma_2^2$	$\sigma_1^2>\sigma_2^2$ $\sigma_1^2<\sigma_2^2$	$F=\dfrac{n_2\sum\limits_{i=1}^{n_1}(X_i-\mu_1)^2}{n_1\sum\limits_{i=1}^{n_2}(Y_i-\mu_2)^2}$	$f\geqslant F_\alpha(n_1,n_2)$ $f\leqslant F_{1-\alpha}(n_1,n_2)$
	μ_1,μ_2 均未知	$\sigma_1^2\leqslant\sigma_2^2$ $\sigma_1^2\geqslant\sigma_2^2$	$\sigma_1^2>\sigma_2^2$ $\sigma_1^2<\sigma_2^2$	$F=\dfrac{S_1^2}{S_2^2}$	$f\geqslant F_\alpha(n_1-1,n_2-1)$ $f\leqslant F_{1-\alpha}(n_1-1,n_2-1)$

同步习题 8.4

1. 环境保护条例规定,在排放的工业废水中,某种有害物质的含量不得超过 0.5%. 设该种物质的含量

$X \sim N(\mu, \sigma^2)$,现抽取 5 份水样,测得这种有害物质的含量分别为

$$0.530\%,\ 0.542\%,\ 0.510\%,\ 0.495\%,\ 0.515\%.$$

问:抽样结果是否表明有害物质的含量超过了规定的界限(取显著性水平 $\alpha = 0.05$)?

2. 为了测量金属锰的熔点做了 4 次试验,测量结果分别为

$$1\,269\ ℃,\ 1\,271\ ℃,\ 1\,263\ ℃,\ 1\,265\ ℃.$$

设测量数据 $X \sim N(\mu, \sigma^2)$,问:能否认为测量数据的标准差小于 2 ℃(取显著性水平 $\alpha = 0.05$)?

3. 在平炉上进行一项试验,以确定改变操作方法的建议是否会增加钢的得率,试验是在同一只平炉上进行的. 每炼一炉钢时除操作方法外,其他条件都尽可能做到相同. 先用标准方法炼一炉,然后用建议的新方法炼一炉,以后交替进行,各炼了 10 炉,其得率(单位:%) 分别为

标准方法:78.1, 72.4, 76.2, 74.3, 77.4, 78.4, 76.0, 75.5, 76.7, 77.3,

新方法:79.1, 81.0, 77.3, 79.1, 80.0, 79.1, 79.1, 77.3, 80.2, 82.1.

设这两个样本相互独立,且分别来自正态总体 $X \sim N(\mu_1, 3.325)$,$Y \sim N(\mu_2, 2.225)$,其中 μ_1, μ_2 均未知. 问:建议的新方法能否提高钢的得率(取显著性水平 $\alpha = 0.05$)?

4. 为比较不同季节出生的新生女孩体重的方差,从某年 6 月及 12 月的新生女孩中分别抽取 10 名和 6 名,测得其体重(单位:g) 如下:

6 月:3 060, 3 220, 3 000, 2 920, 3 080, 3 740, 3 220, 3 760, 2 940, 3 060,

12 月:2 960, 3 260, 3 960, 2 560, 2 960, 3 520.

假定新生儿的体重服从正态分布,问:冬季出生的新生女孩体重的方差是否比夏季的小(取显著性水平 $\alpha = 0.005$)?

5. 对新、旧两个水稻品种进行对比试验,旧品种分种在 25 个小区,平均产量 $\bar{x} = 36.65\ \text{kg}$,样本标准差 $s_1 = 2.32\ \text{kg}$;新品种分种在 20 个小区,平均产量 $\bar{y} = 37.35\ \text{kg}$,样本标准差 $s_2 = 1.89\ \text{kg}$. 问:新品种是否优于旧品种(取显著性水平 $\alpha = 0.05$,并假定水稻产量服从正态分布)?

8.5 假设检验与区间估计之间的关系

本节要点:本节介绍假设检验与区间估计在本质上的联系,以及在结果解释上的区别.

假设检验和区间估计是两种重要的统计推断,初看起来,两者似乎完全不同,然而实际上两者之间存在着内在的本质联系,它们都是用于对总体参数进行推断的统计方法. 正因为如此,奈曼才可以将自己和皮尔逊的假设检验理论的基本思想推广到区间估计. 但是,两者在结果的解释上却是有区别的.

区间估计是通过样本观察值来估计总体参数置信区间的方法,其任务可以粗略地说成是依据样本观察值求出总体参数为多少,并以区间形式表示,它所使用的方法为"顺推法". 而假设检验仍以样本观察值为依据,但需以一定的显著性水平判断总体参数是否等于(大于或小于) 已知定值,它所使用的方法则是一种具有概率性质的"反推法". 尽管如此,两者所借助的统计量及其分布却是一样的,只是提法不同,但解决问题的途径是相通的.

我们以正态总体 $X \sim N(\mu, \sigma^2)$ 和方差 σ^2 未知的情形下,总体均值 μ 的双侧假设检验与区间估计为例加以说明.

设 $X_1, X_2, \cdots, X_n$ 为来自总体 X 的一个样本,$\bar{X}, S^2$ 分别为样本均值与样本方差.

为求正态总体均值 μ 的置信水平为 $1-\alpha$ 的置信区间,选取枢轴变量

$$T = \frac{\overline{X} - \mu}{S/\sqrt{n}} \sim t(n-1).$$

由

$$P\left\{ \left| \frac{\overline{X} - \mu}{S/\sqrt{n}} \right| < t_{\frac{\alpha}{2}}(n-1) \right\} = 1 - \alpha,$$

解得 μ 的置信水平为 $1-\alpha$ 的置信区间为

$$\left(\overline{X} - t_{\frac{\alpha}{2}}(n-1)\frac{S}{\sqrt{n}}, \overline{X} + t_{\frac{\alpha}{2}}(n-1)\frac{S}{\sqrt{n}} \right).$$

而对假设

$$H_0: \mu = \mu_0, \quad H_1: \mu \neq \mu_0$$

进行检验时,选取检验统计量为

$$T = \frac{\overline{X} - \mu}{S/\sqrt{n}} \sim t(n-1).$$

显然,检验统计量与求置信区间的枢轴变量完全相同.

在原假设 H_0 成立的条件下,对于给定的显著性水平 α,确定一个小概率事件 $\left\{ \left| \frac{\overline{X} - \mu}{S/\sqrt{n}} \right| \geqslant t_{\frac{\alpha}{2}}(n-1) \right\}$,且有

$$P\left\{ \left| \frac{\overline{X} - \mu}{S/\sqrt{n}} \right| \geqslant t_{\frac{\alpha}{2}}(n-1) \right\} = \alpha,$$

从而得到 H_0 的拒绝域为 $\left(-\infty, -t_{\frac{\alpha}{2}}(n-1) \right] \cup \left[t_{\frac{\alpha}{2}}(n-1), +\infty \right)$,接受域为 $\left(-t_{\frac{\alpha}{2}}(n-1), t_{\frac{\alpha}{2}}(n-1) \right)$. 当检验统计量的观察值满足 $|t| = \left| \frac{\overline{x} - \mu_0}{s/\sqrt{n}} \right| < t_{\frac{\alpha}{2}}(n-1)$ 时,接受原假设 H_0,否则拒绝原假设 H_0.

由 $\left| \frac{\overline{x} - \mu_0}{s/\sqrt{n}} \right| < t_{\frac{\alpha}{2}}(n-1)$ 可得

$$\overline{x} - t_{\frac{\alpha}{2}}(n-1)\frac{s}{\sqrt{n}} < \mu_0 < \overline{x} + t_{\frac{\alpha}{2}}(n-1)\frac{s}{\sqrt{n}},$$

则假设 $H_0: \mu = \mu_0, H_1: \mu \neq \mu_0$ 的检验法则转化为:若 $\mu_0 \in \left(\overline{x} - t_{\frac{\alpha}{2}}(n-1)\frac{s}{\sqrt{n}}, \overline{x} + t_{\frac{\alpha}{2}}(n-1)\frac{s}{\sqrt{n}} \right)$, 则接受原假设 H_0,否则拒绝原假设 H_0. 这时的显著性水平为 α,且

$$P\left\{ \overline{x} - t_{\frac{\alpha}{2}}(n-1)\frac{s}{\sqrt{n}} < \mu_0 < \overline{x} + t_{\frac{\alpha}{2}}(n-1)\frac{s}{\sqrt{n}} \right\} = 1 - \alpha.$$

考虑到 μ_0 的任意性,则区间

$$\left(\overline{X} - t_{\frac{\alpha}{2}}(n-1)\frac{S}{\sqrt{n}}, \overline{X} + t_{\frac{\alpha}{2}}(n-1)\frac{S}{\sqrt{n}} \right)$$

为 μ 的置信水平为 $1-\alpha$ 的置信区间. 显然,这个结论与区间估计理论是一致的.

类似地,由单侧假设检验问题能得到相应参数的置信上限和置信下限.

反之,若能获得某参数的置信区间或置信上、下限,就可以获得该参数的双侧或单侧假设检验的接受域和拒绝域,这里就不再讨论了.

一般来说,正态总体参数的区间估计与其参数的假设检验是一一对应的,置信水平为 $1-\alpha$ 的置信区间对应一个显著性水平为 α 的检验法. 但是,这种对应关系在某些问题中是不成立的.

这里仍以假设 $H_0: \mu = \mu_0, H_1: \mu \neq \mu_0$ 为例,说明假设检验与区间估计在结果解释上的区别.

(1) 若接受原假设 H_0,当显著性水平 α 较小时,置信区间长度较大,就没有很大把握认为 $\mu = \mu_0$;

(2) 若接受原假设 H_0,当显著性水平 α 较大时,置信区间长度较小,就有较大把握认为 $\mu = \mu_0$;

(3) 若拒绝原假设 H_0,当显著性水平 α 较小时,置信区间长度较大,就有较大把握认为 $\mu \neq \mu_0$;

(4) 若拒绝原假设 H_0,当显著性水平 α 较大时,置信区间长度较小,虽然置信区间可能不包括 μ_0,但有可能就在 μ_0 附近,仍然可以认为 $\mu = \mu_0$.

例如,在给定显著性水平 α 下,检验假设 $H_0: \mu = 4, H_1: \mu \neq 4$. 对于不同的样本观察值,可能有以下几种情况出现:

(1) 接受原假设 H_0,置信区间为 $(3.9, 4.1)$;

(2) 接受原假设 H_0,置信区间为 $(0.6, 8.6)$;

(3) 拒绝原假设 H_0,置信区间为 $(6, 12)$;

(4) 拒绝原假设 H_0,置信区间为 $(4.1, 4.2)$.

对于情况(1),置信区间包含 4,且置信区间长度较小,就有较大把握认为 $\mu = 4$;对于情况(2),虽然置信区间包含 4,但是置信区间长度较大,就没有很大把握认为 $\mu = 4$;对于情况(3),置信区间不包含 4,且置信区间长度较大,就有较大把握认为 $\mu \neq 4$;对于情况(4),虽然置信区间不包含 4,但是置信上、下限与 4 相差不远,实际上就可以认为 $\mu = 4$.

下面通过一个例题来进一步说明假设检验与区间估计的联系.

例 8.5.1 某批矿砂的 5 个样品中镍含量(单位:%)的测定值为
$$3.25,\ 3.27,\ 3.24,\ 3.26,\ 3.24.$$
设测定值总体服从正态分布 $N(\mu, \sigma^2)$,问:在显著性水平 $\alpha = 0.01$ 下,能否接受假设:这批矿砂的镍含量的均值为 3.25%?

解 由题意知,此假设检验属于总体方差 σ^2 未知时,对总体均值 μ 的检验. 建立统计假设
$$H_0: \mu = \mu_0 = 3.25, \quad H_1: \mu \neq \mu_0 = 3.25.$$
取检验统计量为

例 8.5.1

$$T = \frac{\overline{X} - \mu_0}{S / \sqrt{n}},$$

在原假设 H_0 成立的条件下,有 $T \sim t(n-1)$.

由题意知,$n = 5$,由样本值计算得 $\overline{x} = 3.252, s \approx 0.013$. 对于给定的显著性水平 $\alpha = 0.01$,查附表 4 得 $t_{\frac{\alpha}{2}}(n-1) = t_{0.005}(4) = 4.604$,检验统计量 T 的观察值为
$$t = \frac{\overline{x} - \mu_0}{s / \sqrt{n}} = \frac{3.252 - 3.25}{0.013 / \sqrt{5}} \approx 0.344,$$

显然 $|t| < 4.604$，故接受原假设 H_0，即认为这批矿砂的镍含量的均值为 3.25%.

在总体方差 σ^2 未知的条件下，总体均值 μ 的置信水平为 $1-\alpha = 0.99$ 的置信区间为

$$\left(\overline{x} - t_{\frac{\alpha}{2}}(n-1)\frac{s}{\sqrt{n}}, \overline{x} + t_{\frac{\alpha}{2}}(n-1)\frac{s}{\sqrt{n}}\right) \approx (3.225, 3.279),$$

而 $\mu_0 = 3.25 \in (3.225, 3.279)$，故接受原假设 H_0.

由例 8.5.1 易看出，对正态总体均值的假设检验问题与对均值的区间估计问题，形式上虽然不同，但其统计思想是一致的.

参数的区间估计和假设检验从不同的角度回答了同一问题，它们的统计处理思想是相通的，但是它们之间又有区别，体现为以下三点：

（1）区间估计解决的是多少（或范围）问题，假设检验则判断结论是否成立. 前者解决的是定量问题，后者解决的是定性问题.

（2）两者的要求各不相同. 区间估计确定在一定概率保证程度下给出未知参数的范围，而假设检验确定在一定的显著性水平下未知参数能否接受已给定的值.

（3）两者对问题的了解程度各不相同. 进行区间估计之前不了解未知参数的有关信息，而假设检验对未知参数的信息有所了解，但做出某种判断无确切把握.

在实际应用中，究竟选择哪种方法进行统计推断，需要根据实际问题的具体情况确定相应的处理方法. 处理方法选择不当，将会产生不同的结论，做出错误的统计推断.

课 程 思 政

贝叶斯(见图 8.13)，英国神学家、数学家和哲学家.

图 8.13

复习题八

第一部分　基础题

一、单项选择题

1. 在假设检验中，分别用 α，β 表示犯第一类错误和第二类错误的概率，则当样本容量 n 一定时，下列说法中正确的是（　　）.

A. α 减小时, β 也减小

B. α 增大时, β 也增大

C. α,β 不能同时减小, 其中一个减小时, 另一个就会增大

D. A 和 B 同时成立

2. 假设检验的显著性水平是( ).

   A. 犯第一类错误的概率   B. 犯第一类错误的概率的上界

   C. 犯第二类错误的概率   D. 犯第二类错误的概率的下界

3. 甲、乙二人同时使用 t 检验检验同一个假设 $H_0: \mu = \mu_0$. 甲的检验结果是拒绝 H_0, 乙的检验结果是接受 H_0, 则以下叙述中错误的是( ).

   A. 上面结果可能出现, 这可能是由于各自选取的显著性水平 α 不同, 导致拒绝域不同造成的

   B. 上面结果可能出现, 这可能是由于抽样不同而造成统计量的观察值不同

   C. 在检验中, 甲有可能犯了第一类错误

   D. 在检验中, 乙有可能犯了第一类错误

二、填空题

1. 假设检验的基本思想是 _____.

2. 假设检验的第一类错误是指 _____, 第二类错误是指 _____.

3. 某种产品以往的废品率为 5%, 采取某种技术革新措施后, 对产品的样品进行检验: 这种产品的废品率是否有所降低. 设产品的废品率服从正态分布 $N(\mu, \sigma^2)$, 取显著性水平 $\alpha = 0.05$, 则此问题的原假设为 _____, 备择假设为 _____, 犯第一类错误的概率为 _____.

4. 若显著性水平 α 增大, 则易 _____ 原假设, 犯第 _____ 类错误的概率增大.

5. 某厂用打包机打包棉花, 每包的质量 (单位: kg) 服从正态分布 $N(\mu, \sigma^2)$, 设每包的标准质量为 100 kg. 某日开工后, 从中抽取 9 包测量质量, 要检验该日打包机是否正常工作, 应取原假设为 _____, 选取检验统计量为 _____.

三、计算题

1. 已知某厂生产一批某种型号的汽车蓄电池, 由以往经验知其寿命 X (单位: 年) 近似服从正态分布, 标准差为 $\sigma = 0.80$. 现从中任意抽取 13 个蓄电池, 计算得样本标准差 $s = 0.92$, 取显著性水平 $\alpha = 0.10$, 问: 该批蓄电池寿命的方差是否有明显改变?

2. 在两种工艺下各纺得细纱, 其断裂强力 (单位: N) 分别为 X, Y, 设 $X \sim N(\mu_1, 28^2)$, $Y \sim N(\mu_2, 28^2)$, 且 X 与 Y 相互独立. 现各抽取样本容量为 100 的样本, 得到样本均值分别为 $\bar{x} = 280, \bar{y} = 286$, 问: 在这两种工艺条件下细纱的平均断裂强力有无显著性差异 (取显著性水平 $\alpha = 0.05$)?

第二部分 拓展题

1. 设总体 $X \sim N(\mu_1, \sigma_1^2)$, $Y \sim N(\mu_2, \sigma_2^2)$, 为了检验假设 $H_0: \sigma_1^2 = \sigma_2^2$, $H_1: \sigma_1^2 \neq \sigma_2^2$, 取显著性

水平 $\alpha = 0.10$，从 X 中抽取样本容量为 $n_1 = 12$ 的样本，从 Y 中抽取样本容量为 $n_2 = 10$ 的样本，计算得样本方差分别为 $s_1^2 = 118.4, s_2^2 = 31.93$．正确的检验方法与结论是（ ）．

A.用 t 检验，临界值 $t_{0.05}(20) = 1.725$，拒绝 H_0

B.用 F 检验，临界值 $F_{0.05}(11,9) = 3.10, F_{0.95}(11,9) = 0.34$，拒绝 H_0

C.用 F 检验，临界值 $F_{0.05}(11,9) = 3.10, F_{0.95}(11,9) = 0.34$，接受 H_0

D.用 F 检验，临界值 $F_{0.10}(11,9) = 2.40, F_{0.90}(11,9) = 0.44$，接受 H_0

2. 设 $X_1, X_2, \cdots, X_n$ 是来自正态总体 $N(\mu, \sigma^2)$ 的一个样本，按给定的显著性水平 α 检验假设 $H_0 : \mu = \mu_0, H_1 : \mu \neq \mu_0$，判断是否接受 H_0 与（ ）有关．

A.样本值、显著性水平 α B.样本值、样本容量 n

C.样本容量 n、显著性水平 α D.样本值、样本容量 n、显著性水平 α

3. 设总体 $X \sim N(\mu, \sigma^2)$，$X_1, X_2, \cdots, X_n$ 是来自总体 X 的一个样本．把总体均值 μ 与 μ_0 做比较（取显著性水平 α，且 σ^2 已知），若拒绝域为 $(-\infty, t_{\alpha/2}(n-1)] \cup [t_{\alpha/2}(n-1), +\infty)$，则备择假设为_____；若拒绝域为 $[t_\alpha(n-1), +\infty)$，则备择假设为_____．

4. 设总体 $X \sim N(\mu, \sigma^2)$，$X_1, X_2, \cdots, X_n$ 是来自总体 X 的一个样本，记 $\overline{X} = \dfrac{1}{n}\sum\limits_{i=1}^{n} X_i, Q^2 = \sum\limits_{i=1}^{n}(X_i - \overline{X})^2$．当 μ 和 σ^2 均未知时，检验假设 $H_0 : \mu = \mu_0$ 所用的统计量是_____，检验假设 $H_0 : \sigma^2 = \sigma_0^2$ 所用的统计量是_____．

5. 若总体方差 σ^2 未知，则检验假设 $H_0 : \mu \geqslant \mu_0, H_1 : \mu < \mu_0$ 应取检验统计量为_____，拒绝域为_____．

6. 若总体均值 μ 未知，则检验假设 $H_0 : \sigma^2 \leqslant \sigma_0^2, H_1 : \sigma^2 > \sigma_0^2$ 应取检验统计量为_____，拒绝域为_____．

7. 设 $X_1, X_2, \cdots, X_n$ 是来自正态总体 $X \sim N(\mu, 9)$ 的一个样本，其中 μ 为未知参数，样本均值为 $\overline{x}$．取显著性水平 $\alpha = 0.05$，检验假设 $H_0 : \mu = \mu_0, H_1 : \mu \neq \mu_0$．当 $n = 25$ 时，若检验拒绝域 $C = \{(x_1, x_2, \cdots, x_{25}) \mid |\overline{x} - \mu_0| \geqslant c\}$，则 $c =$_____；若检验拒绝域为 $C = \{(x_1, x_2, \cdots, x_{25}) \mid |\overline{x} - \mu_0| \geqslant 1.96\}$，则样本容量 $n =$_____．

8. 某种羊毛在处理前后各抽取样品，测量含脂率（单位：%）如下：

处理前：19，18，21，30，66，42，8，12，30，27，

处理后：15，13，7，24，19，4，8，20．

假定羊毛含脂率服从正态分布，问：处理前后含脂率的标准差有无显著性变化（取显著性水平 $\alpha = 0.05$）？

9. 为提高某种糖果的销售量，某厂计划投资 1 万元广告费，一位厂经理认为此项计划可使每周平均销售量达到 225 kg．实施此计划一个月后，调查了 17 家商店，计算得每家商店每周的平均销售量为 209 kg，样本标准差为 42 kg．问：在显著性水平 $\alpha = 0.05$ 下，可否认为此项计划达到了该厂经理的预计效果（设销售量服从正态分布）？

10. 在 20 世纪 70 年代后期,人们发现在酿造啤酒时,麦芽干燥过程中将形成致癌物质.到了 80 年代初期开发了一种新的麦芽干燥过程.下面给出分别在新旧两种过程中形成的致癌物质含量(以 10 亿份中的份数计):

旧过程:6, 4, 5, 5, 6, 5, 5, 6, 4, 6, 7, 4,

新过程:2, 1, 2, 2, 1, 0, 3, 2, 1, 0, 1, 3.

设两样本分别来自正态总体,且两总体方差相同,两样本相互独立.分别以 μ_1, μ_2 记对应于旧、新过程的总体均值,试检验假设(取显著性水平 $\alpha = 0.05$)

$$H_0: \mu_1 - \mu_2 \leqslant 2, \quad H_1: \mu_1 - \mu_2 > 2.$$

11. 两家实验室用同一种方法对某种不锈钢制品的 8 份试样各做含碳量分析,得到数据(单位:%)如下:

实验室甲:0.18, 0.12, 0.08, 0.19, 0.13, 0.32, 0.27, 0.22,

实验室乙:0.11, 0.28, 0.24, 0.31, 0.46, 0.14, 0.34, 0.30.

在显著性水平 $\alpha = 0.10$ 下检验:

(1) 两家实验室分析结果的含碳量标准差是否相同;

(2) 两家实验室分析结果的含碳量均值是否相同.

第三部分　考研真题

1. (2018 年,数学一) 给定总体 $X \sim N(\mu, \sigma^2)$,其中 σ^2 已知,$X_1, X_2, \cdots, X_n$ 是来自总体 X 的一个样本,对总体均值 μ 进行检验,令 $H_0: \mu = \mu_0$,$H_1: \mu \neq \mu_0$,则(　　).

A. 若在显著性水平 $\alpha = 0.05$ 下拒绝 H_0,则在 $\alpha = 0.01$ 下也拒绝 H_0

B. 若在显著性水平 $\alpha = 0.05$ 下接受 H_0,则在 $\alpha = 0.01$ 下拒绝 H_0

C. 若在显著性水平 $\alpha = 0.05$ 下拒绝 H_0,则在 $\alpha = 0.01$ 下接受 H_0

D. 若在显著性水平 $\alpha = 0.05$ 下接受 H_0,则在 $\alpha = 0.01$ 下也接受 H_0

*第9章

概率统计方法的应用

一、本章要点

本章从回归分析、质量管理的统计方法、统计决策等三个方面，重点介绍概率统计方法的一些应用.

二、本章知识结构图

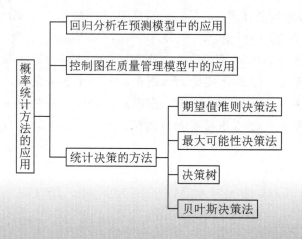

9.1 回归分析

本节要点: 回归分析是研究变量间相关关系的有效方法.本节通过实例介绍简单的回归模型和回归方程,即只包括一个自变量和一个响应变量的情形.

无论是在自然科学、工程技术,还是在经济管理等领域,常常要研究变量与变量之间的关系.它们之间的关系通常可分为两种类型.一种是我们熟知的函数关系.例如,圆的面积 S 与其半径 r 之间存在着关系式 $S=\pi r^2$,给定 r 的值,就能算出圆面积 S 的精确值.这种变量之间的关系是一种完全确定的关系.另一种是变量之间虽然有一定的依赖关系,但当一个变量的值确定以后,另一个变量的值不能完全确定.例如人的身高与体重,一般而言,一个人越高,体重也越大,但身高与体重之间并不存在严格的函数关系.我们称这种变量与变量之间的关系为相关关系.回归分析是研究变量间相关关系的有效方法.

在回归分析中,通常将其中一个变量称为响应变量(或因变量),用 y 表示,它往往是较晚发生或受其他变量影响的量.另一部分变量称为自变量(或解释变量、预测变量),用 $x_1, x_2, \cdots, x_n$ 表示,它们往往比 y 早发生或者是主动影响 y 的量.在本节中,主要讨论最简单的回归分析,即只包括一个自变量和一个响应变量的情形.

9.1.1 回归模型和回归方程

我们先看一个简单的例子.某家食品连锁店坐落在不同的城市,其最佳位置是在大学校园附近.管理人员确信,这些连锁店的年销售收入(用 y 表示)与学生人数(用 x 表示)是正相关的.也就是说,在学生较多的校园附近的连锁店比在学生较少的校园附近的连锁店,有获得较大年销售收入的倾向.利用回归分析,我们能求出一个说明响应变量 y 是如何依赖自变量 x 的方程.

首先,这家食品连锁店采集了 10 个店面的有关数据(见表 9.1).我们看到,对于第一家连锁店,学生人数为 2 000 人,表示这家连锁店位于有 2 000 名学生的校园附近,它的年销售收入为 58 000 元.

表 9.1

连锁店	1	2	3	4	5	6	7	8	9	10
学生人数／千人	2	6	8	8	12	16	20	20	22	26
年销售收入／千元	58	105	88	118	117	137	157	169	149	202

为了更加直观地反映年销售收入和学生人数之间的关系,我们先给出散点图,横轴(x 轴)表示学生人数,纵轴(y 轴)表示年销售收入,如图 9.1 所示.

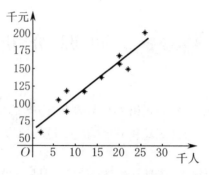

图 9.1

从图 9.1 中我们发现,随着学生人数 x 的增加,连锁店年销售收入 y 也逐渐增加,且这些点 $(x_i, y_i)(i=1,2,\cdots,10)$ 近似地在一条直线附近,但又不完全在这条直线上.引起这些点与直线偏离的原因有两个,其一是学生人数和年销售收入本身存在的内在关系,其二是在学生人数 x_i 下观察年销售收入 y_i 存在着一些不可控制的因素.

这样就可以把观察结果 y 看成是由两部分叠加而成的,其中一部分是由 x 的线性函数引起的,记为 $\beta_0 + \beta_1 x$,β_0,β_1 还需要估计;另一部分是由随机因素引起的,记为 ε.故

$$y = \beta_0 + \beta_1 x + \varepsilon. \tag{9.1.1}$$

由于把 ε 看成是随机误差,因此由中心极限定理知,假定 ε 服从正态分布 $N(0, \sigma^2)$ 是合理的,从而有

$$y \sim N(\beta_0 + \beta_1 x, \sigma^2).$$

在式(9.1.1)中,x 是一般变量,它可以精确测量或加以控制,y 是可观察其值的随机变量,β_0,β_1 是未知参数,ε 是不可观测的随机变量,且假定 ε 服从正态分布 $N(0, \sigma^2)$.

综上所述,我们可得到一般的数学模型.若通过观测获得了 n 组相互独立的观测数据 $(x_i, y_i)(i=1,2,\cdots,n)$,则一元线性回归模型为

$$y_i = \beta_0 + \beta_1 x_i + \varepsilon_i \quad (i=1,2,\cdots,n), \tag{9.1.2}$$

其中 β_0,β_1 未知,$\varepsilon_1, \varepsilon_2, \cdots, \varepsilon_n$ 相互独立,且均服从正态分布 $N(0, \sigma^2)$.

由观察值获得未知参数 β_0,β_1 的估计 $\hat{\beta}_0$,$\hat{\beta}_1$ 后,得到的方程

$$\hat{y} = \hat{\beta}_0 + \hat{\beta}_1 x \tag{9.1.3}$$

称为 y 关于 x 的**一元线性回归方程**,简称**回归方程**.

9.1.2 参数 β_0,β_1 的最小二乘估计

我们想找的回归方程 $\hat{y} = \hat{\beta}_0 + \hat{\beta}_1 x$,是要使观察值 $(x_i, y_i)(i=1,2,\cdots,n)$ 从整体上比较靠近它,用数学的语言来说就是要求观察值 y_i 与其拟合值 $\hat{y}_i = \hat{\beta}_0 + \hat{\beta}_1 x_i$ 之间的偏差平方和 $\sum_{i=1}^{n}(y_i - \hat{y}_i)^2$ 达到最小.使上述偏差平方和达到最小值的 $\hat{\beta}_0$ 和 $\hat{\beta}_1$,将其分别作为 β_0 和 β_1 的估计,称为**最小二乘估计**.

根据微积分的理论,可以求出

$$\hat{\beta}_1 = \frac{\sum\limits_{i=1}^{n}(x_i - \overline{x})(y_i - \overline{y})}{\sum\limits_{i=1}^{n}(x_i - \overline{x})^2}, \tag{9.1.4}$$

$$\hat{\beta}_0 = \overline{y} - \hat{\beta}_1 \overline{x}, \tag{9.1.5}$$

其中 $\overline{x} = \dfrac{1}{n}\sum\limits_{i=1}^{n}x_i, \overline{y} = \dfrac{1}{n}\sum\limits_{i=1}^{n}y_i.$ 因此,可得到回归方程为

$$\hat{y} = \hat{\beta}_0 + \hat{\beta}_1 x = \overline{y} + \hat{\beta}_1(x - \overline{x}). \tag{9.1.6}$$

例 9.1.1 利用表 9.1 中的数据,根据最小二乘法计算回归方程.

解 根据表 9.1 中的数据,可以求出 $\overline{x} = 14, \overline{y} = 130$,代入式(9.1.4) 和式(9.1.5) 得

$$\hat{\beta}_1 = 5, \quad \hat{\beta}_0 = \overline{y} - \hat{\beta}_1 \overline{x} = 130 - 5 \times 14 = 60,$$

所以回归方程为

$$\hat{y} = 60 + 5x.$$

回归方程的斜率 $\hat{\beta}_1 = 5$ 是正的,说明随着学生人数的增加,这家食品连锁店的年销售收入也将增加. 实际上,我们可以做出这样的推断,学生人数每增加 1 000 人,这家食品连锁店的年销售收入将期望增加 5 000 元,即每增加 1 名学生,期望增加年销售收入 5 元.

9.1.3 预测问题

在回归分析中,若回归方程经检验效果显著,这时回归值与实际值就拟合较好,因而可以利用它对响应变量 y 的新观察值 y_0 进行预测.

对于给定的 x_0,由回归方程可得到回归值

$$\hat{y}_0 = \hat{\beta}_0 + \hat{\beta}_1 x_0,$$

称 $\hat{y}_0$ 为 y 在点 x_0 处的预测值. 在实际问题中,预测的真正意义就是在一定的显著性水平 α 下,寻找一个正数 δ,使得实际观察值 y_0 以置信水平 $1-\alpha$ 落在区间 $(\hat{y}_0 - \delta, \hat{y}_0 + \delta)$ 内,即

$$P\{|y_0 - \hat{y}_0| < \delta\} = 1 - \alpha. \tag{9.1.7}$$

经计算可以得出

$$\delta = t_{\frac{\alpha}{2}}(n-2)\sqrt{\frac{SS_E}{n-2}}\sqrt{1 + \frac{1}{n} + \frac{(x_0 - \overline{x})^2}{l_{xx}}}, \tag{9.1.8}$$

其中

$$SS_E = \sum_{i=1}^{n}(y_i - \hat{y}_i)^2, \quad l_{xx} = \sum_{i=1}^{n}(x_i - \overline{x})^2.$$

如果分别作出函数 $y = \hat{y} - \delta$ 和 $y = \hat{y} + \delta$ 的图形,那么它们把回归直线夹在中间,两头都呈喇叭形(见图 9.2).

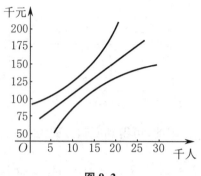

图 9.2

例 9.1.2　在例 9.1.1 中,若该食品连锁店欲在一个拥有 10 000 名学生的大学附近新建一个店面,问:它的预期年销售收入是多少?

解　我们可以利用例 9.1.1 中得出的回归方程 $\hat{y} = 60 + 5x$ 给出新店面预期年销售收入的点估计值为

$$\hat{y}_0 = 60 + 5 \times 10 = 110,$$

即预期年销售收入为 11 万元.

也可以根据式(9.1.7)建立预测区间.对于置信水平 0.95 来说,把表 9.1 中的数据代入式(9.1.8)得

$$\delta = t_{0.025}(8) \times 14.69 \approx 33.875,$$

于是置信水平为 0.95 的区间估计为

$$110 \pm 33.875,$$

即年销售收入在 76 125 元到 143 875 元之间.

9.2 质量管理的统计方法

本节要点:本节介绍统计技术在质量管理中的重要作用,并通过标准差已知和未知来研究控制图.

质量是产品或服务的所有性质和特征,这些性质和特征使得该产品或服务能够满足特定的需要.质量可以测量产品或服务满足顾客需要的程度,很多企业意识到在全球经济竞争激烈的今天,必须追求高水平的质量.为了达到和维持质量,企业必须制订一些合理的政策、步骤和准则的整套系统,称之为质量保证.它包含两个重要组成部分:质量工程和质量管理.质量工程的目标包括产品设计和生产过程设计中的质量,还包括在生产之前识别潜在的质量问题.质量管理包括进行的一系列检验和测量以确定是否满足质量标准.如果没有满足质量标准,则可以通过修正或预防活动来达到和维持质量的一致性.本节将简单介绍统计技术在质量管理中的重要作用.

9.2.1　统计过程管理

在制造和生产经营过程中,如果所生产的产品在质量上的差异来源于可指出因素,如工具的磨损、错误的机器安装或操作人员的失误等,则应该立即调整或纠正生产过程.如果差异来源于一般因素,如在温度和湿度等方面随机出现的误差,生产者可能无法控制,生产过程也不需要调整.统计过程管理的主要目标就在于确定生产产品的质量差异是来源于可指出因素还是一般因素.

过程管理的统计程序依据的方法是假设检验方法.原假设 H_0 表示生产过程处于控制状态,备择假设 H_1 表示生产过程处于脱控状态.同其他假设检验程序一样,第一类错误和第二类错误都有可能发生,如表 9.2 所示.

表 9.2

	生产过程的状态	
	H_0 正确 生产过程处于控制状态	H_1 正确 生产过程处于脱控状态
继续生产过程	正确结论	第二类错误(允许一个脱控状态的生产过程继续)
调整生产过程	第一类错误(调整一个处于控制状态的生产过程)	正确结论

9.2.2　控制图

控制图对确定产品中的质量差异是来源于一般因素还是可指出因素提供了一个做出决策的保证.

若根据所包含的数据类型进行分类,控制图可分为 $\bar{x}$ 控制图、R 控制图、p 控制图和 np 控制图等.如果根据一个变量的均值来测量产品质量,那么可以使用 $\bar{x}$ 控制图.图 9.3 显示了 $\bar{x}$ 控制图的一般结构.控制图的中心线表示处于控制状态的过程均值,垂直线表示要研究变量的测量尺度.每次从生产过程中抽取一个样本,计算出样本均值 $\bar{x}$,然后将表示 $\bar{x}$ 值的点标在控制图上.上、下两条线 UCL 和 LCL,分别称为控制上限和控制下限.当过程处于控制状态时,$\bar{x}$ 的值位于控制上、下限之间的概率很大.位于控制上、下限之外的数值可以给出明显的统计证据,表明过程处于脱控状态,应该采取纠正措施.

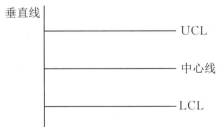

图 9.3

1. $\overline{x}$ 控制图:标准差已知

如果过程处于控制状态,可以通过 $\overline{X}$ 求出控制上限和控制下限. 在前面我们已经知道,若总体 $X \sim N(\mu, \sigma^2)$, $X_1, X_2, \cdots, X_n$ 是来自总体 X 的一个样本,则样本均值 $\overline{X} \sim N\left(\mu, \dfrac{\sigma^2}{n}\right)$. 又因为 $\overline{X}$ 近似 99.7% 的数值位于区间 $\left(\mu - 3\dfrac{\sigma}{\sqrt{n}}, \mu + 3\dfrac{\sigma}{\sqrt{n}}\right)$ 中,所以若 $\overline{X}$ 的观察值位于 $\left(\mu - 3\dfrac{\sigma}{\sqrt{n}}, \mu + 3\dfrac{\sigma}{\sqrt{n}}\right)$ 中,则可以假设过程处于控制状态.因此,$\overline{x}$ 控制图的控制上、下限分别为

$$\text{UCL} = \mu + 3\frac{\sigma}{\sqrt{n}}, \quad \text{LCL} = \mu - 3\frac{\sigma}{\sqrt{n}}. \tag{9.2.1}$$

下面来看一个具体例子.

例 9.2.1 某公司为了检验一种产品的生产过程是否正常,管理检察员定期抽取 6 个产品作为样本,并用产品质量的平均值来确定生产过程是否处于控制状态. 假设该种产品的平均质量为 $16.06\,\text{g}$,标准差 $\sigma = 0.10\,\text{g}$,那么根据式(9.2.1),得到控制上、下限分别为

$$\text{UCL} = 16.06 + 3 \times \frac{0.10}{\sqrt{6}} \approx 16.18, \quad \text{LCL} = 16.06 - 3 \times \frac{0.10}{\sqrt{6}} \approx 15.94.$$

如图 9.4 所示是抽取了 10 个样本得到的 $\overline{x}$ 控制图.

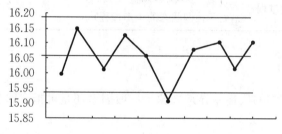

图 9.4

在图 9.4 中,第 6 个样本的数据表明过程处于脱控状态. 换句话说,第 6 个样本的数据在 LCL 下方,表明存在产品变异的可能性比较大,因此在这个点上应该采取纠正措施,以使过程重新回到控制状态.

2. $\overline{x}$ 控制图:标准差未知

在大多数情况下,总体的标准差是未知的,因此在实践中,一般用极差代替标准差来检测过程的状态.

对于一组样本容量均为 n 的 k 个样本,每个样本都有样本均值 $\overline{x}_i$ 和极差 $R_i (i = 1, 2, \cdots, k)$. 由这些样本均值可以算出全面样本均值 $\overline{\overline{x}}$,用这个数值作为 $\overline{x}$ 控制图的中心线,用平均极差 $\overline{R}$ 构造控制上、下限,其中

$$\overline{\overline{x}} = \frac{\overline{x}_1 + \overline{x}_2 + \cdots + \overline{x}_k}{k}, \quad \overline{R} = \frac{R_1 + R_2 + \cdots + R_k}{k}. \tag{9.2.2}$$

可以证明,过程标准差 σ 的一个估计量为平均极差除以 d_2(d_2 是一个仅依赖于样本容量 n 的常数),即

$$\hat{\sigma} = \frac{\overline{R}}{d_2}, \tag{9.2.3}$$

则 $\overline{x}$ 控制图的控制上、下限可以写为

$$\overline{\overline{x}} \pm 3\frac{\overline{R}/d_2}{\sqrt{n}} = \overline{\overline{x}} \pm \frac{3}{d_2\sqrt{n}}\overline{R} = \overline{\overline{x}} \pm A_2\overline{R}. \tag{9.2.4}$$

注 $A_2 = \dfrac{3}{d_2\sqrt{n}}$ 是一个仅依赖于样本容量 n 的常数. 我们列出一个表, 给出几个数值(见表 9.3).

表 9.3

样本容量 n	d_2	A_2	样本容量 n	d_2	A_2
2	1.128	1.881	10	3.078	0.308
3	1.693	1.023	15	3.472	0.223
4	2.059	0.729	20	3.735	0.180
5	2.326	0.577	25	3.931	0.153

例 9.2.2 某公司为控制最终产品的灌装质量(单位:g), 每小时随机取 5 个样本来测定其质量, 共得 25 组数据. 根据式(9.2.2)求得全面样本均值 $\overline{\overline{x}} = 60.15$, 平均极差 $\overline{R} = 5.08$. 由题意知, $n = 5$, 查表 9.3 得 $A_2 = 0.577$, 根据式(9.2.4)可计算出 $\overline{x}$ 控制图的控制上、下限为

$$60.15 \pm 0.577 \times 5.08 \approx 60.15 \pm 2.93.$$

因此 UCL $=63.08$, LCL $=57.22$. 图 9.5 显示了 25 组样本的样本均值的散布情况, 由于 25 组样本的样本均值都在控制上、下限之内, 因此说明灌装生产过程处于控制状态.

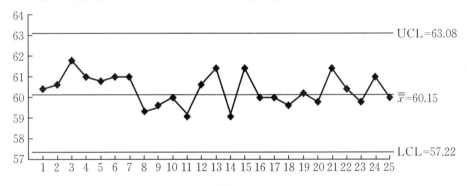

图 9.5

9.3 统计决策简介

本节要点:本节给出统计决策的概述, 主要介绍期望值准则决策法、最大可能性决策法、决策树、贝叶斯决策法四种常用的风险型决策方法.

9.3.1 统计决策概述

决策,就是为了实现特定的目标,根据客观的可能性和已有的信息,借助一定的工具、技巧和方法,对影响目标实现的各因素进行计算和比较选择,最终确定未来的行动方案.简而言之,决策就是对实现特定目标的行动方案进行比较选择的过程,其最显著的特点是运用概率进行判断和抉择.在这个过程中,常用到决策、收益(损失)和风险等几个重要的基本概念.决策是对方案的选择,不同的方案带来的收益或损失不同,最佳方案是能够使平均风险达到最小的方案.而要做出正确的决策,必须遵守可行性、最优化、合理性等原则.当问题比较复杂、涉及的决策变量较多时,要取得最优结果需要投入大量的人力、物力、财力,这不符合成本效益原则,或者很难取得最优结果,这时应该选择使人满意的方案.也就是说,在某些情况下,应该以令人满意的合理的准则代替经济上最优的准则.

一般来说,统计决策有广义的统计决策和狭义的统计决策之分.广义的统计决策是指应用统计方法进行的决策.狭义的统计决策是指不确定情况下的决策.在不确定情况下进行决策需要具备以下条件:(1)决策人要求达到一定的目标,如利润最大、损失最小、质量最高等.从不同的目标出发往往有不同的决策标准.(2)存在两个或两个以上可供选择的方案.(3)存在不以决策人主观意志为转移的客观状态,或称为自然状态,所有可能出现的自然状态构成状态空间.(4)在不同情况下采取不同方案所产生的结果是可以计量的.

决策者遇到的决策问题可以分为几类,如确定型问题、不确定型问题和对抗型问题等.相应地,在决策中,就有确定型决策、不确定型决策和对抗型决策等类型.无论哪种决策类型,都要经过确定决策目标、拟定决策方案、预测方案得失、选择最优方案和实施方案五个基本决策步骤.

确定型决策是指在有关条件完全确定的情况下进行的决策;不确定型决策是指在有关条件不能确定的条件下进行的决策.在不确定型决策中有一种重要的类型:风险型决策,它是指有关条件虽然未知,但各种状态发生的概率可以合理确定时所做的决策.当赋予各种状态一定的概率后,不确定型决策就可以转化为风险型决策,本节主要介绍几种常用的风险型决策方法.

9.3.2 期望值准则决策法

期望值准则是风险型决策最常用的准则,它是以一个方案损益的期望值大小为依据选择最优的方案.期望值准则进行决策的基本方法是:首先确定各种可能方案、各种状态的损益,然后计算各种行动方案的损益期望值,最后比较选择期望收益最大(或损失最小)的方案为最优方案.各个方案的期望收益值可由下面的公式计算得到:

$$E(A_i) = \sum_{j=1}^{n} X_{ij} P_j, \tag{9.3.1}$$

其中 $E(A_i)$ 为第 i 个方案的损益期望值,X_{ij} 为第 i 个方案在第 j 种状态下的损益值,P_j 为第 j 种状态发生的概率,n 为可能发生的状态总数.

例 9.3.1 某企业对是否买入某种产品进行加工研发做出决策,如果买入该产品,按照目前的设备生产开发能力,经济状况良好时可获利 100 万元,经济状况不好时,因后期衍生产品滞销而损失 30 万元;如果不买入该产品,继续保持原有状态,经济状况良好时损失 6 万元,经济状况不好时损失9万元.根据预测表明,未来经济状况良好的概率是0.8,经济状况不好的概率是0.2.按照期望值准则决策法对以上方案进行决策.

解 根据已有资料,确定每种方案、每种状态的损益(见表9.4).

表 **9.4**

	经济状况良好	经济状况不好
概率	0.8	0.2
买入	100	-30
不买入	-6	-9

记 A_1 表示买入该产品可获得的利润, A_2 表示不买入该产品可获得的利润,计算得到两种方案的期望值如下:

$$E(A_1) = 100 \times 0.8 + (-30) \times 0.2 = 74 \text{(万元)},$$
$$E(A_2) = (-6) \times 0.8 + (-9) \times 0.2 = -6.6 \text{(万元)}.$$

按照期望值准则,应选择期望值较大的方案,所以应选择买入该产品的方案.

例 9.3.2 某公司欲决定是否对一批整箱出售的产品进行检验,每箱内装有产品1000件,检验一件产品需花费0.1元,而每件不合格产品的退货损失为1.25元.根据历史记录,一批产品中各种不合格率情况发生的概率资料如表9.5所示.试用期望值准则决策法对整箱检验还是不检验进行决策.

表 **9.5**

不合格率	5%	10%	15%
概率	0.65	0.25	0.1
整箱检验	100	100	100
整箱不检验	62.5	125	187.5

解 根据表9.5提供的数据,设 B_1 为整箱检验的支付费用, B_2 为整箱不检验的支付费用,计算得到两种方案的期望支付费用分别为

$$E(B_1) = 100 \times 0.65 + 100 \times 0.25 + 100 \times 0.1 = 100 \text{(元)},$$
$$E(B_2) = 62.5 \times 0.65 + 125 \times 0.25 + 187.5 \times 0.1 = 90.625 \text{(元)}.$$

根据期望值准则,应选择期望支付费用最小的方案,所以应选择整箱不检验的方案.

9.3.3 最大可能性决策法

最大可能性决策法,是以最可能状态作为选择方案时考虑的前提条件,并以最可能状态下收益达到最大(或损失达到最小)的方案为最优方案.当各种自然状态出现的概率相差较大,且有一种自然状态出现的概率明显高于其他自然状态出现的概率时,则可以只考虑概率最大的那个自然状态下各个行动方案的损益值,并从中择优选取最佳方案.这就是以最大可能性为准则的决策方法.

例 9.3.3 某企业生产的某一产品,每销售一件盈利6元,但如果生产太多销售不掉,则每积压一件损失4元.预测出的产品在不同市场销售量(单位:件)、概率值、不同方案的生产

量(单位:件)及在不同销售情况下的收益值(单位:元)如表 9.6 所示.

表 9.6

不同方案的生产量	市场销售量及其概率			
	1 000	1 500	2 000	2 500
	0.2	0.3	0.4	0.1
1 000	6 000	6 000	6 000	6 000
1 500	4 000	9 000	9 000	9 000
2 000	2 000	7 000	12 000	12 000
2 500	0	5 000	10 000	15 000

问:应选择哪一个生产方案,才能使企业收益最大?

解 根据最大可能性决策法,概率最大的自然状态是产品市场销售量为 2 000 件,而在这一自然状态下收益最大的应是生产量为 2 000 件的生产方案,所以应选择第三个方案作为决策方案.

9.3.4 决策树

决策树是求解风险型决策问题的重要工具之一,它是一种将风险型决策问题转化为树状图形的形象化决策方法.决策树把各种备选方案、可能出现的各种状态及其概率以及各种状态的损益值列示在树状图上,便于决策者一览全局,了解决策过程.

决策树是指由决策点(以符号"□"表示)、方案枝、状态点(以符号"○"表示)、概率枝、结果点等构成的一种类似树木的决策图.决策点表示必须对各种方案做出选择的结点.从决策点引出若干条直线,表示各种备选方案,称为方案枝.各方案枝的末端为状态点,由状态点引申出若干条直线,表示各种可能的自然状态,称为概率枝.概率枝的末端连接结果点,表示各种可能状态的收益.决策树示意图如图 9.6 所示.

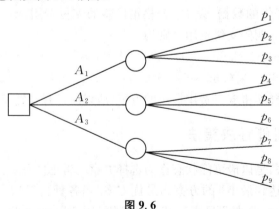

图 9.6

例 9.3.4 某公司为生产某种新产品而设计了两种基本方案,方案 1 是购进新的生产线,方案 2 是对原有的生产线进行投资改造.购进新的生产线需要投资 200 万元,对原有生产线进行改造需要投资 50 万元.假定两种方案生产线的使用年限均为 10 年,估计在使用年限内每年产品销路好坏的概率及两种方案的收益(单位:万元)如表 9.7 所示,试用决策树进行决策.

表 9.7

	销路好	销路坏
概率	0.7	0.3
购进新生产线的收益	90	10
改造原生产线的收益	40	25

解 首先根据已有资料画出决策图(见图 9.7).

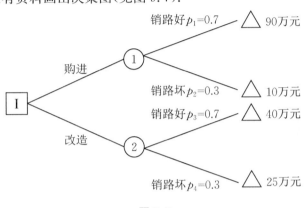

图 9.7

然后计算各状态点的收益期望值.

状态点 1: $E_1 = (90 \times 0.7 + 10 \times 0.3) \times 10 - 200 = 460$ (万元),

状态点 2: $E_2 = (40 \times 0.7 + 25 \times 0.3) \times 10 - 50 = 305$ (万元).

状态点 1 的期望收益大于状态点 2 的期望收益,因此考虑购进新的生产线.

9.3.5 贝叶斯决策法

风险型决策方法依据概率进行决策,具有一定的风险性.前面介绍的决策方法,通常假定各种状态的概率为已知,但是在实际应用中,各种状态的概率常常很难准确地加以确定.因而在初步确定概率的基础上,需要进一步进行试验或调查,收集补充信息,对原来估计的概率进行修正,从而求得更准确的概率.决策分析中将未来状态的概率分为先验概率和后验概率.通常将根据历史资料或主观判断所确定的概率称为先验概率,由于其并未经试验证实,因此依此进行决策的风险必然很大.为了减少这种风险,就要通过科学试验、调查、统计分析等方法获得较为准确的信息,对其进行修正,而由此得到的概率称为后验概率.贝叶斯决策法就是以新的信息修正先验概率,并按后验概率计算各个方案的损益期望值以确定方案取舍的决策方法.

在已具备先验概率的情况下,一个完整的贝叶斯决策过程包括以下几个步骤:

(1) 进行预后验分析,决定是否值得搜集补充资料,以及从补充资料可能得到的结果如何决定最优决策;

(2) 搜集补充资料,取得条件概率,包括历史概率和逻辑概率,对历史概率加以检验,辨明它是否适合计算后验概率;

(3) 用概率乘法定理计算联合概率,用概率加法定理计算边缘概率,用贝叶斯公式计算后验概率;

（4）用后验概率进行决策分析.

在贝叶斯决策中，先验分析是进行更深入分析的必要条件. 决策者常常考虑是否需要搜集和分析追加的信息，并权衡所需增加的费用及其对决策者的价值，对比这些信息的费用与根据预后验分析做出决策的风险和可能结果. 预后验分析主要涉及两个问题：一是要不要追加信息，或者说追加信息对决策者有多大的价值；二是如果追加信息，应采取什么样的策略和行动. 所谓预后验分析，实际上是后验概率决策分析的一种特殊形式，也即用一套概率对多种行动策略组合，并从中选择最优方案.

课 程 思 政

图 9.8

费希尔(见图9.8)，英国统计学家、生物进化学家、数学家、遗传学家和优生学家，现代统计科学的奠基人之一.

附　表

附表 1　泊松分布表

$$F(c) = \sum_{k=0}^{c} \frac{\lambda^k}{k!} e^{-\lambda}$$

c	λ									
	0.1	0.2	0.3	0.4	0.5	0.6	0.7	0.8	0.9	1.0
0	0.904 8	0.818 7	0.740 8	0.670 3	0.606 5	0.548 8	0.496 6	0.449 3	0.406 6	0.367 9
1	0.995 3	0.982 4	0.963 1	0.938 4	0.909 8	0.878 1	0.844 2	0.808 8	0.772 5	0.735 8
2	0.999 8	0.998 8	0.996 4	0.992 0	0.985 6	0.976 9	0.965 8	0.952 6	0.937 2	0.919 7
3	1	0.999 9	0.999 7	0.999 2	0.998 2	0.996 7	0.994 2	0.990 9	0.986 6	0.981 0
4		1	1	0.999 9	0.999 8	0.999 7	0.999 2	0.998 6	0.997 7	0.996 3
5				1	1	1	0.999 9	0.999 8	0.999 7	0.999 4
6							1	1	1	0.999 9
7										1

c	λ									
	1.5	2.0	2.5	3.0	3.5	4.0	4.5	5.0	6.0	7.0
0	0.223 1	0.135 3	0.082 1	0.049 8	0.030 2	0.018 3	0.011 1	0.006 7	0.002 5	0.000 9
1	0.557 8	0.406 0	0.287 3	0.199 2	0.135 9	0.091 6	0.061 1	0.040 4	0.017 4	0.007 3
2	0.808 8	0.676 7	0.543 8	0.423 2	0.320 9	0.238 1	0.173 6	0.124 6	0.062 0	0.029 6
3	0.934 3	0.857 2	0.757 6	0.647 2	0.536 7	0.433 5	0.342 3	0.265 0	0.151 2	0.081 7
4	0.981 4	0.947 4	0.891 2	0.815 3	0.725 5	0.628 9	0.532 1	0.440 5	0.285 1	0.172 9
5	0.995 5	0.983 5	0.958 0	0.916 1	0.857 7	0.785 2	0.702 9	0.616 0	0.445 7	0.300 6
6	0.999 0	0.995 5	0.985 8	0.966 5	0.934 8	0.889 4	0.831 0	0.762 2	0.606 3	0.449 6
7	0.999 8	0.998 9	0.995 7	0.988 1	0.973 3	0.948 9	0.913 4	0.866 6	0.744 0	0.598 6
8	1	0.999 8	0.998 8	0.996 2	0.990 2	0.978 7	0.050 7	0.931 9	0.847 3	0.729 0
9		1	0.999 7	0.998 9	0.996 7	0.991 9	0.982 9	0.968 2	0.916 1	0.830 4
10			0.999 9	0.999 7	0.999 0	0.997 2	0.993 3	0.986 3	0.957 4	0.901 4
11			1	0.999 9	0.999 7	0.999 1	0.997 6	0.994 5	0.979 9	0.946 6
12				1	0.999 9	0.999 7	0.999 1	0.997 9	0.991 2	0.973 0
13					1	0.999 9	0.999 7	0.999 2	0.996 4	0.987 2
14						1	0.999 9	0.999 7	0.998 7	0.994 3
15							1	0.999 9	0.999 6	0.997 6
16								1	0.999 9	0.999 1
17									1	0.999 7
18										0.999 9
19										1

附表 2　标准正态分布表

$$\varPhi(x) = \frac{1}{\sqrt{2\pi}} \int_{-\infty}^{x} e^{-\frac{t^2}{2}} dt$$

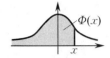

x	0	0.01	0.02	0.03	0.04	0.05	0.06	0.07	0.08	0.09
0.0	0.500 0	0.504 0	0.508 0	0.512 0	0.516 0	0.519 9	0.523 9	0.527 9	0.531 9	0.535 9
0.1	0.539 8	0.543 8	0.547 8	0.551 7	0.555 7	0.559 6	0.563 6	0.567 5	0.571 4	0.575 3
0.2	0.579 3	0.583 2	0.587 1	0.591 0	0.594 8	0.598 7	0.602 6	0.606 4	0.610 3	0.614 1
0.3	0.617 9	0.621 7	0.625 5	0.629 3	0.633 1	0.636 8	0.640 6	0.644 3	0.648 0	0.651 7
0.4	0.655 4	0.659 1	0.662 8	0.666 4	0.670 0	0.673 6	0.677 2	0.680 8	0.684 4	0.687 9
0.5	0.691 5	0.695 0	0.698 5	0.701 9	0.705 4	0.708 8	0.712 3	0.715 7	0.719 0	0.722 4
0.6	0.725 7	0.729 1	0.732 4	0.735 7	0.738 9	0.742 2	0.745 4	0.748 6	0.751 7	0.754 9
0.7	0.758 0	0.761 1	0.764 2	0.767 3	0.770 3	0.773 4	0.776 4	0.779 4	0.782 3	0.785 2
0.8	0.788 1	0.791 0	0.793 9	0.796 7	0.799 5	0.802 3	0.805 1	0.807 8	0.810 6	0.813 3
0.9	0.815 9	0.818 6	0.821 2	0.823 8	0.826 4	0.828 9	0.831 5	0.834 0	0.836 5	0.838 9
1.0	0.841 3	0.843 8	0.846 1	0.848 5	0.850 8	0.853 1	0.855 4	0.857 7	0.859 9	0.862 1
1.1	0.864 3	0.866 5	0.868 6	0.870 8	0.872 9	0.874 9	0.877 0	0.879 0	0.881 0	0.883 0
1.2	0.884 9	0.886 9	0.888 8	0.890 7	0.892 5	0.894 4	0.896 2	0.898 0	0.899 7	0.901 5
1.3	0.903 2	0.904 9	0.906 6	0.908 2	0.909 9	0.911 5	0.913 1	0.914 7	0.916 2	0.917 7
1.4	0.919 2	0.920 7	0.922 2	0.923 6	0.925 1	0.926 5	0.927 8	0.929 2	0.930 6	0.931 9
1.5	0.933 2	0.934 5	0.935 7	0.937 0	0.938 2	0.939 4	0.940 6	0.941 8	0.943 0	0.944 1
1.6	0.945 2	0.946 3	0.947 4	0.948 4	0.949 5	0.950 5	0.951 5	0.952 5	0.953 5	0.954 5
1.7	0.955 4	0.956 4	0.957 3	0.958 2	0.959 1	0.959 9	0.960 8	0.961 6	0.962 5	0.963 3
1.8	0.964 1	0.964 8	0.965 6	0.966 4	0.967 1	0.967 8	0.968 6	0.969 3	0.970 0	0.970 6
1.9	0.971 3	0.971 9	0.972 6	0.973 2	0.973 8	0.974 4	0.975 0	0.975 6	0.976 2	0.976 7
2.0	0.977 2	0.977 8	0.978 3	0.978 8	0.979 3	0.979 8	0.980 3	0.980 8	0.981 2	0.981 7
2.1	0.982 1	0.982 6	0.983 0	0.983 4	0.983 8	0.984 2	0.984 6	0.985 0	0.985 4	0.985 7
2.2	0.986 1	0.986 4	0.986 8	0.987 1	0.987 4	0.987 8	0.988 1	0.988 4	0.988 7	0.989 0
2.3	0.989 3	0.989 6	0.989 8	0.990 1	0.990 4	0.990 6	0.990 9	0.991 1	0.991 3	0.991 6
2.4	0.991 8	0.992 0	0.992 2	0.992 5	0.992 7	0.992 9	0.993 1	0.993 2	0.993 4	0.993 6
2.5	0.993 8	0.994 0	0.994 1	0.994 3	0.994 5	0.994 6	0.994 8	0.994 9	0.995 1	0.995 2
2.6	0.995 3	0.995 5	0.995 6	0.995 7	0.995 9	0.996 0	0.996 1	0.996 2	0.996 3	0.996 4
2.7	0.996 5	0.996 6	0.996 7	0.996 8	0.996 9	0.997 0	0.997 1	0.997 2	0.997 3	0.997 4
2.8	0.997 4	0.997 5	0.997 6	0.997 7	0.997 7	0.997 8	0.997 9	0.997 9	0.998 0	0.998 1
2.9	0.998 1	0.998 2	0.998 2	0.998 3	0.998 4	0.998 4	0.998 5	0.998 5	0.998 6	0.998 6
3.0	0.998 7	0.999 0	0.999 3	0.999 5	0.999 7	0.999 8	0.999 8	0.999 9	0.999 9	1.000 0

附表3 χ^2 分 布 表

$$P\{\chi^2(n) > \chi^2_\alpha(n)\} = \alpha$$

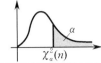

n	α					
	0.995	0.99	0.975	0.95	0.90	0.75
1	—	—	—	—	0.02	0.10
2	0.01	0.02	0.02	0.10	0.21	0.58
3	0.07	0.11	0.22	0.35	0.58	1.21
4	0.21	0.30	0.48	0.71	1.06	1.92
5	0.41	0.55	0.83	1.15	1.61	2.67
6	0.68	0.87	1.24	1.64	2.20	3.45
7	0.99	1.24	1.69	2.17	2.83	4.25
8	1.34	1.65	2.18	2.73	3.40	5.07
9	1.73	2.09	2.70	3.33	4.17	5.90
10	2.16	2.56	3.25	3.94	4.87	6.74
11	2.60	3.05	3.82	4.57	5.58	7.58
12	3.07	3.57	4.40	5.23	6.30	8.44
13	3.57	4.11	5.01	5.89	7.04	9.30
14	4.07	4.66	5.63	6.57	7.79	10.17
15	4.60	5.23	6.27	7.26	8.55	11.04
16	5.14	5.81	6.91	7.96	9.31	11.91
17	5.70	6.41	7.56	8.67	10.09	12.79
18	6.26	7.01	8.23	9.39	10.86	13.68
19	6.84	7.63	8.91	10.12	11.65	14.56
20	7.43	8.26	9.59	10.85	12.44	15.45
21	8.03	8.90	10.28	11.59	13.24	16.34
22	8.64	9.54	10.98	12.34	14.04	17.24
23	9.26	10.20	11.69	13.09	14.85	18.14
24	9.89	10.86	12.40	13.85	15.66	19.04
25	10.52	11.52	13.12	14.61	16.47	19.94
26	11.16	12.20	13.84	15.38	17.29	20.84
27	11.81	12.88	14.57	16.15	18.11	21.75
28	12.46	13.56	15.31	16.93	18.94	22.66
29	13.12	14.26	16.05	17.71	19.77	23.57
30	13.79	14.95	16.79	18.49	20.60	24.48
40	20.71	22.16	24.43	26.51	29.05	33.66
50	27.99	29.71	32.36	34.76	37.69	42.94

n	α						
	0.50	0.25	0.10	0.05	0.025	0.01	0.005
1	0.45	1.32	2.71	3.84	5.02	6.63	7.88
2	1.39	2.77	4.61	5.99	7.38	9.21	10.60
3	2.37	4.11	6.25	7.81	9.35	11.34	12.84
4	3.36	5.39	7.78	9.49	11.14	13.28	14.86
5	4.35	6.63	9.24	11.07	12.83	15.09	16.75
6	5.35	7.84	10.64	12.59	14.45	16.81	18.55
7	6.35	9.04	12.02	14.07	16.01	18.48	20.28
8	7.34	10.22	13.36	15.51	17.53	20.09	21.96
9	8.34	11.39	14.68	16.92	19.02	21.67	23.59
10	9.34	12.55	15.99	18.31	20.48	23.21	25.19
11	10.34	13.70	17.28	19.68	21.92	24.72	26.76
12	11.34	14.85	18.55	21.03	23.34	26.22	28.30
13	12.34	15.98	19.81	22.36	24.74	27.69	29.82
14	13.34	17.12	21.06	23.68	26.12	29.14	31.32
15	14.34	18.25	22.31	25.00	27.49	30.58	32.80
16	15.34	19.37	23.54	26.30	28.85	32.00	34.27
17	16.34	20.49	24.77	27.59	30.19	33.41	35.72
18	17.34	21.60	25.99	28.87	31.53	34.81	37.16
19	18.34	22.72	27.20	30.14	32.85	36.19	38.58
20	19.34	23.83	28.41	31.41	34.17	37.57	40.00
21	20.34	24.93	29.62	32.67	35.48	38.93	41.40
22	21.34	26.04	30.81	33.92	36.78	40.29	42.80
23	22.34	27.14	32.01	35.17	38.08	41.64	44.18
24	23.34	28.24	33.20	36.42	39.36	42.98	45.56
25	24.34	29.34	34.38	37.65	40.65	44.31	46.93
26	25.34	30.43	35.56	38.89	41.92	45.64	48.29
27	26.34	31.53	36.74	40.11	43.19	46.96	49.64
28	27.34	32.62	37.92	41.34	44.46	48.28	50.99
29	28.34	33.71	39.09	42.56	45.72	49.59	52.34
30	29.34	34.80	40.26	43.77	46.98	50.89	53.67
40	39.34	45.62	51.80	55.76	59.34	63.69	66.77
50	49.33	56.33	63.17	67.50	71.42	76.15	79.49
60	59.33	66.98	74.40	79.08	83.30	88.38	91.95
70	69.33	77.58	85.53	90.53	95.02	100.42	104.22
80	79.33	88.13	96.58	101.88	106.63	112.33	116.32

附表4　t 分 布 表

$$P\{t(n) > t_\alpha(n)\} = \alpha$$

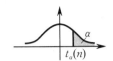

n	α					
	0.25	0.10	0.05	0.025	0.01	0.005
1	1.000	3.078	6.314	12.706	31.821	63.657
2	0.816	1.886	2.920	4.303	6.965	9.925
3	0.765	1.638	2.353	3.182	4.541	5.841
4	0.741	1.533	2.132	2.776	3.747	4.604
5	0.727	1.476	2.015	2.571	3.365	4.032
6	0.718	1.440	1.943	2.447	3.143	3.707
7	0.711	1.415	1.895	2.365	2.998	3.499
8	0.706	1.397	1.860	2.306	2.896	3.355
9	0.703	1.383	1.833	2.262	2.821	3.250
10	0.700	1.372	1.812	2.228	2.764	3.169
11	0.697	1.363	1.796	2.201	2.718	3.106
12	0.695	1.356	1.782	2.179	2.681	3.055
13	0.694	1.350	1.771	2.160	2.650	3.012
14	0.692	1.345	1.761	2.145	2.624	2.977
15	0.691	1.341	1.753	2.131	2.602	2.947
16	0.690	1.337	1.746	2.120	2.583	2.921
17	0.689	1.333	1.740	2.110	2.567	2.898
18	0.688	1.330	1.734	2.101	2.552	2.878
19	0.688	1.328	1.729	2.093	2.539	2.861
20	0.687	1.325	1.725	2.086	2.528	2.845
21	0.686	1.323	1.721	2.080	2.518	2.831
22	0.686	1.321	1.717	2.074	2.508	2.819
23	0.685	1.319	1.714	2.069	2.500	2.807
24	0.685	1.318	1.711	2.064	2.492	2.797
25	0.684	1.316	1.708	2.060	2.485	2.787
26	0.684	1.315	1.706	2.056	2.479	2.779
27	0.684	1.314	1.703	2.052	2.473	2.771
28	0.683	1.313	1.701	2.048	2.467	2.763
29	0.683	1.311	1.699	2.045	2.462	2.756
30	0.683	1.310	1.697	2.042	2.457	2.750
40	0.681	1.303	1.684	2.021	2.423	2.704
50	0.679	1.299	1.676	2.009	2.403	2.678

附表 5 F 分布表

$$P\{F(m,n) > F_\alpha(m,n)\} = \alpha$$

$$\alpha = 0.10$$

n	1	2	3	4	5	6	7	8	9	10	12	15	20	24	30	40	60	120	∞
1	39.86	49.50	53.59	55.83	57.24	58.20	58.91	59.44	59.86	60.19	60.71	61.22	61.74	62.00	62.26	62.53	62.79	63.06	63.33
2	8.53	9.00	9.16	9.24	9.29	9.33	9.35	9.37	9.38	9.39	9.41	9.42	9.44	9.45	9.46	9.47	9.47	9.48	9.49
3	5.54	5.46	5.39	5.34	5.31	5.28	5.27	5.25	5.24	5.23	5.22	5.20	5.18	5.18	5.17	5.16	5.15	5.14	5.13
4	4.54	4.32	4.19	4.11	4.05	4.01	3.98	3.95	3.94	3.92	3.90	3.87	3.84	3.83	3.82	3.80	3.79	3.78	3.76
5	4.06	3.78	3.62	3.52	3.45	3.40	3.37	3.34	3.32	3.30	3.27	3.24	3.21	3.19	3.17	3.16	3.14	3.12	3.10
6	3.78	3.46	3.29	3.18	3.11	3.05	3.01	2.98	2.96	2.94	2.90	2.87	2.84	2.82	2.80	2.78	2.76	2.74	2.72
7	3.59	3.26	3.07	2.96	2.88	2.83	2.78	2.75	2.72	2.70	2.67	2.63	2.59	2.58	2.56	2.54	2.51	2.49	2.47
8	3.46	3.11	2.92	2.81	2.73	2.67	2.62	2.59	2.56	2.54	2.50	2.46	2.42	2.40	2.38	2.36	2.34	2.32	2.29
9	3.36	3.01	2.81	2.69	2.61	2.55	2.51	2.47	2.44	2.42	2.38	2.34	2.30	2.28	2.25	2.23	2.21	2.18	2.16
10	3.29	2.92	2.73	2.61	2.52	2.46	2.41	2.38	2.35	2.32	2.28	2.24	2.20	2.18	2.16	2.13	2.11	2.08	2.06
11	3.23	2.86	2.66	2.54	2.45	2.39	2.34	2.30	2.27	2.25	2.21	2.17	2.12	2.10	2.08	2.05	2.03	2.00	1.97
12	3.18	2.81	2.61	2.48	2.39	2.33	2.28	2.24	2.21	2.19	2.15	2.10	2.06	2.04	2.01	1.99	1.96	1.93	1.90
13	3.14	2.76	2.56	2.43	2.35	2.28	2.23	2.20	2.16	2.14	2.10	2.05	2.01	1.98	1.96	1.93	1.90	1.88	1.85
14	3.10	2.73	2.52	2.39	2.31	2.24	2.19	2.15	2.12	2.10	2.05	2.01	1.96	1.94	1.91	1.89	1.86	1.83	1.80
15	3.07	2.70	2.49	2.36	2.27	2.21	2.16	2.12	2.09	2.06	2.02	1.97	1.92	1.90	1.87	1.85	1.82	1.79	1.76
16	3.05	2.67	2.46	2.33	2.24	2.18	2.13	2.09	2.06	2.03	1.99	1.94	1.89	1.87	1.84	1.81	1.78	1.75	1.72
17	3.03	2.64	2.44	2.31	2.22	2.15	2.10	2.06	2.03	2.00	1.96	1.91	1.86	1.84	1.81	1.78	1.75	1.72	1.69
18	3.01	2.62	2.42	2.29	2.20	2.13	2.08	2.04	2.00	1.98	1.93	1.89	1.84	1.81	1.78	1.75	1.72	1.69	1.66
19	2.99	2.61	2.40	2.27	2.18	2.11	2.06	2.02	1.98	1.96	1.91	1.86	1.81	1.79	1.76	1.73	1.70	1.67	1.63

n	1	2	3	4	5	6	7	8	9	10	12	15	20	24	30	40	60	120	∞
20	2.97	2.59	2.38	2.25	2.16	2.09	2.04	2.00	1.96	1.94	1.89	1.84	1.79	1.77	1.74	1.71	1.68	1.64	1.61
21	2.96	2.57	2.36	2.23	2.14	2.08	2.02	1.98	1.95	1.92	1.87	1.83	1.78	1.75	1.72	1.69	1.66	1.62	1.59
22	2.95	2.56	2.35	2.22	2.13	2.06	2.01	1.97	1.93	1.90	1.86	1.81	1.76	1.73	1.70	1.67	1.64	1.60	1.57
23	2.94	2.55	2.34	2.21	2.11	2.05	1.99	1.95	1.92	1.89	1.84	1.80	1.74	1.72	1.69	1.66	1.62	1.59	1.55
24	2.93	2.54	2.33	2.19	2.10	2.04	1.98	1.94	1.91	1.88	1.83	1.78	1.73	1.70	1.67	1.64	1.61	1.57	1.53
25	2.92	2.53	2.32	2.18	2.09	2.02	1.97	1.93	1.89	1.87	1.82	1.77	1.72	1.69	1.66	1.63	1.59	1.56	1.52
26	2.91	2.52	2.31	2.17	2.08	2.01	1.96	1.92	1.88	1.86	1.81	1.76	1.71	1.68	1.65	1.61	1.58	1.54	1.50
27	2.90	2.51	2.30	2.17	2.07	2.00	1.95	1.91	1.87	1.85	1.80	1.75	1.70	1.67	1.64	1.60	1.57	1.53	1.49
28	2.89	2.50	2.29	2.16	2.06	2.00	1.94	1.90	1.87	1.84	1.79	1.74	1.69	1.66	1.63	1.59	1.56	1.52	1.48
29	2.89	2.50	2.28	2.15	2.06	1.99	1.93	1.89	1.86	1.83	1.78	1.73	1.68	1.65	1.62	1.58	1.55	1.51	1.47
30	2.88	2.49	2.28	2.14	2.05	1.98	1.93	1.88	1.85	1.82	1.77	1.72	1.67	1.64	1.61	1.57	1.54	1.50	1.46
40	2.84	2.44	2.23	2.09	2.00	1.93	1.87	1.83	1.79	1.76	1.71	1.66	1.61	1.57	1.54	1.51	1.47	1.42	1.38
60	2.79	2.39	2.18	2.04	1.95	1.87	1.82	1.77	1.74	1.71	1.66	1.60	1.54	1.51	1.48	1.44	1.40	1.35	1.29
120	2.75	2.35	2.13	1.99	1.90	1.82	1.77	1.72	1.68	1.65	1.60	1.55	1.48	1.45	1.41	1.37	1.32	1.26	1.19
∞	2.71	2.30	2.08	1.94	1.85	1.77	1.72	1.67	1.63	1.60	1.55	1.49	1.42	1.38	1.34	1.30	1.24	1.17	1.00

续表

$\alpha = 0.05$

n \ m	1	2	3	4	5	6	7	8	9	10	12	15	20	24	30	40	60	120	∞
1	161.4	199.5	215.7	224.6	230.2	234.0	236.8	238.9	240.5	241.9	243.9	245.9	248.0	249.1	250.1	251.1	252.2	253.3	254.3
2	18.51	19.00	19.16	19.25	19.30	19.33	19.35	19.37	19.38	19.40	19.41	19.43	19.45	19.45	19.46	19.47	19.48	19.49	19.50
3	10.13	9.55	9.28	9.12	9.01	8.94	8.89	8.85	8.81	8.79	8.74	8.70	8.66	8.64	8.62	8.59	8.57	8.55	8.53
4	7.71	6.94	6.59	6.39	6.26	6.16	6.09	6.04	6.00	5.96	5.91	5.86	5.80	5.77	5.75	5.72	5.69	5.66	5.63
5	6.61	5.79	5.41	5.19	5.05	4.95	4.88	4.82	4.77	4.74	4.68	4.62	4.56	4.53	4.50	4.46	4.43	4.40	4.36
6	5.99	5.14	4.76	4.53	4.39	4.28	4.21	4.15	4.10	4.06	4.00	3.94	3.87	3.84	3.81	3.77	3.74	3.70	3.67
7	5.59	4.74	4.35	4.12	3.97	3.87	3.79	3.73	3.68	3.64	3.57	3.51	3.44	3.41	3.38	3.34	3.30	3.27	3.23
8	5.32	4.46	4.07	3.84	3.69	3.58	3.50	3.44	3.39	3.35	3.28	3.22	3.15	3.12	3.08	3.04	3.01	2.97	2.93
9	5.12	4.26	3.86	3.63	3.48	3.37	3.29	3.23	3.18	3.14	3.07	3.01	2.94	2.90	2.86	2.83	2.79	2.75	2.71
10	4.96	4.10	3.71	3.48	3.33	3.22	3.14	3.07	3.02	2.98	2.91	2.85	2.77	2.74	2.70	2.66	2.62	2.58	2.54
11	4.84	3.98	3.59	3.36	3.20	3.09	3.01	2.95	2.90	2.85	2.79	2.72	2.65	2.61	2.57	2.53	2.49	2.45	2.40
12	4.75	3.89	3.49	3.26	3.11	3.00	2.91	2.85	2.80	2.75	2.69	2.62	2.54	2.51	2.47	2.43	2.38	2.34	2.30
13	4.67	3.81	3.41	3.18	3.03	2.92	2.83	2.77	2.71	2.67	2.60	2.53	2.46	2.42	2.38	2.34	2.30	2.25	2.21
14	4.60	3.74	3.34	3.11	2.96	2.85	2.76	2.70	2.65	2.60	2.53	2.46	2.39	2.35	2.31	2.27	2.22	2.18	2.13
15	4.54	3.68	3.29	3.06	2.90	2.79	2.71	2.64	2.59	2.54	2.48	2.40	2.33	2.29	2.25	2.20	2.16	2.11	2.07
16	4.49	3.63	3.24	3.01	2.85	2.74	2.66	2.59	2.54	2.49	2.42	2.35	2.28	2.24	2.19	2.15	2.11	2.06	2.01
17	4.45	3.59	3.20	2.96	2.81	2.70	2.61	2.55	2.49	2.45	2.38	2.31	2.23	2.19	2.15	2.10	2.06	2.01	1.96
18	4.41	3.55	3.16	2.93	2.77	2.66	2.58	2.51	2.46	2.41	2.34	2.27	2.19	2.15	2.11	2.06	2.02	1.97	1.92
19	4.38	3.52	3.13	2.90	2.74	2.63	2.54	2.48	2.42	2.38	2.31	2.23	2.16	2.11	2.07	2.03	1.98	1.93	1.88
20	4.35	3.49	3.10	2.87	2.71	2.60	2.51	2.45	2.39	2.35	2.28	2.20	2.12	2.08	2.04	1.99	1.95	1.90	1.84
21	4.32	3.47	3.07	2.84	2.68	2.57	2.49	2.42	2.37	2.32	2.25	2.18	2.10	2.05	2.01	1.96	1.92	1.87	1.81
22	4.30	3.44	3.05	2.82	2.66	2.55	2.46	2.40	2.34	2.30	2.23	2.15	2.07	2.03	1.98	1.94	1.89	1.84	1.78
23	4.28	3.42	3.03	2.80	2.64	2.53	2.44	2.37	2.32	2.27	2.20	2.13	2.05	2.01	1.96	1.91	1.86	1.81	1.76
24	4.26	3.40	3.01	2.78	2.62	2.51	2.42	2.36	2.30	2.25	2.18	2.11	2.03	1.98	1.94	1.89	1.84	1.79	1.73

m

n	1	2	3	4	5	6	7	8	9	10	12	15	20	24	30	40	60	120	∞
25	4.24	3.39	2.99	2.76	2.60	2.49	2.40	2.34	2.28	2.24	2.16	2.09	2.01	1.96	1.92	1.87	1.82	1.77	1.71
26	4.23	3.37	2.98	2.74	2.59	2.47	2.39	2.32	2.27	2.22	2.15	2.07	1.99	1.95	1.90	1.85	1.80	1.75	1.69
27	4.21	3.35	2.96	2.73	2.57	2.46	2.37	2.31	2.25	2.20	2.13	2.06	1.97	1.93	1.88	1.84	1.79	1.73	1.67
28	4.20	3.34	2.95	2.71	2.56	2.45	2.36	2.29	2.24	2.19	2.12	2.04	1.96	1.91	1.87	1.82	1.77	1.71	1.65
29	4.18	3.33	2.93	2.70	2.55	2.43	2.35	2.28	2.22	2.18	2.10	2.03	1.94	1.90	1.85	1.81	1.75	1.70	1.64
30	4.17	3.32	2.92	2.69	2.53	2.42	2.33	2.27	2.21	2.16	2.09	2.01	1.93	1.89	1.84	1.79	1.74	1.68	1.62
40	4.08	3.23	2.84	2.61	2.45	2.34	2.25	2.18	2.12	2.08	2.00	1.92	1.84	1.79	1.74	1.69	1.64	1.58	1.51
60	4.00	3.15	2.76	2.53	2.37	2.25	2.17	2.10	2.04	1.99	1.92	1.84	1.75	1.70	1.65	1.59	1.53	1.47	1.39
120	3.92	3.07	2.68	2.45	2.29	2.17	2.09	2.02	1.96	1.91	1.83	1.75	1.66	1.61	1.55	1.50	1.43	1.35	1.25
∞	3.84	3.00	2.60	2.37	2.21	2.10	2.01	1.94	1.88	1.83	1.75	1.67	1.57	1.52	1.46	1.39	1.32	1.22	1.00

续表

$\alpha = 0.025$

n	m																		
	1	2	3	4	5	6	7	8	9	10	12	15	20	24	30	40	60	120	∞
1	647.8	799.5	864.2	899.6	921.8	937.1	948.2	956.7	963.3	368.6	976.7	984.9	993.1	997.2	1 001	1 006	1 010	1 014	1 018
2	38.51	39.00	39.17	39.25	39.30	39.33	39.36	39.37	39.39	39.40	39.41	39.43	39.45	39.46	39.46	39.47	39.48	39.49	39.50
3	17.44	16.04	15.44	15.10	14.88	14.73	14.62	14.54	14.47	14.42	14.34	14.25	14.17	14.12	14.08	14.04	13.99	13.95	13.90
4	12.22	10.65	9.98	9.60	9.36	9.20	9.07	8.98	8.90	8.84	8.75	8.66	8.56	8.51	8.46	8.41	8.36	8.31	8.26
5	10.01	8.43	7.76	7.39	7.15	6.98	6.85	6.76	6.68	6.62	6.52	6.43	6.33	6.28	6.23	6.18	6.12	6.07	6.02
6	8.81	7.26	6.60	6.23	5.99	5.82	5.70	5.60	5.52	5.46	5.37	5.27	5.17	5.12	5.07	5.01	4.96	4.90	4.85
7	8.07	6.54	5.89	5.52	5.29	5.12	4.99	4.90	4.82	4.76	4.67	4.57	4.47	4.42	4.36	4.31	4.25	4.20	4.14
8	7.57	6.06	5.42	5.05	4.82	4.65	4.53	4.43	4.36	4.30	4.20	4.10	4.00	3.95	3.89	3.84	3.78	3.73	3.67
9	7.21	5.71	5.08	4.72	4.48	4.32	4.20	4.10	4.03	3.96	3.87	3.77	3.67	3.61	3.56	3.51	3.45	3.39	3.33
10	6.94	5.46	4.83	4.47	4.24	4.07	3.95	3.85	3.78	3.72	3.62	3.52	3.42	3.37	3.31	3.26	3.20	3.14	3.08
11	6.72	5.26	4.63	4.28	4.04	3.88	3.76	3.66	3.59	3.53	3.43	3.33	3.23	3.17	3.12	3.06	3.00	2.94	2.88
12	6.55	5.10	4.47	4.12	3.89	3.73	3.61	3.51	3.44	3.37	3.28	3.18	3.07	3.02	2.96	2.91	2.85	2.79	2.72
13	6.41	4.97	4.35	4.00	3.77	3.60	3.48	3.39	3.31	3.25	3.15	3.05	2.95	2.89	2.84	2.78	2.72	2.66	2.60
14	6.30	4.86	4.24	3.89	3.66	3.50	3.38	3.29	3.21	3.15	3.05	2.95	2.84	2.79	2.73	2.67	2.61	2.55	2.49
15	6.20	4.77	4.15	3.80	3.58	3.41	3.29	3.20	3.12	3.06	2.96	2.86	2.76	2.70	2.64	2.59	2.52	2.46	2.40
16	6.12	4.69	4.08	3.73	3.50	3.34	3.22	3.12	3.05	2.99	2.89	2.79	2.68	2.63	2.57	2.51	2.45	2.38	2.32
17	6.04	4.62	4.01	3.66	3.44	3.28	3.16	3.06	2.98	2.92	2.82	2.72	2.62	2.56	2.50	2.44	2.38	2.32	2.25
18	5.98	4.56	3.95	3.61	3.38	3.22	3.10	3.01	2.93	2.87	2.77	2.67	2.56	2.50	2.44	2.38	2.32	2.26	2.19
19	5.92	4.51	3.90	3.56	3.33	3.17	3.05	2.96	2.88	2.82	2.72	2.62	2.51	2.45	2.39	2.33	2.27	2.20	2.13
20	5.87	4.46	3.86	3.51	3.29	3.13	3.01	2.91	2.84	2.77	2.68	2.57	2.46	2.41	2.35	2.29	2.22	2.16	2.09
21	5.83	4.42	3.82	3.48	3.25	3.09	2.97	2.87	2.80	2.73	2.64	2.53	2.42	2.37	2.31	2.25	2.18	2.11	2.04
22	5.79	4.38	3.78	3.44	3.22	3.05	2.93	2.84	2.76	2.70	2.60	2.50	2.39	2.33	2.27	2.21	2.14	2.08	2.00
23	5.75	4.35	3.75	3.41	3.18	3.02	2.90	2.81	2.73	2.67	2.57	2.47	2.36	2.30	2.24	2.18	2.11	2.04	1.97
24	5.72	4.32	3.72	3.38	3.15	2.99	2.87	2.78	2.70	2.64	2.54	2.44	2.33	2.27	2.21	2.15	2.08	2.01	1.94

续表

n	m																		
	1	2	3	4	5	6	7	8	9	10	12	15	20	24	30	40	60	120	∞
25	5.69	4.29	3.69	3.35	3.13	2.97	2.85	2.75	2.68	2.61	2.51	2.41	2.30	2.24	2.18	2.12	2.05	1.98	1.91
26	5.66	4.27	3.67	3.33	3.10	2.94	2.82	2.73	2.65	2.59	2.49	2.39	2.28	2.22	2.16	2.09	2.03	1.95	1.88
27	5.63	4.24	3.65	3.31	3.08	2.92	2.80	2.71	2.63	2.57	2.47	2.36	2.25	2.19	2.13	2.07	2.00	1.93	1.85
28	5.61	4.22	3.63	3.29	3.06	2.90	2.78	2.69	2.61	2.55	2.45	2.34	2.23	2.17	2.11	2.05	1.98	1.91	1.83
29	5.59	4.20	3.61	3.27	3.04	2.88	2.76	2.67	2.59	2.53	2.43	2.32	2.21	2.15	2.09	2.03	1.96	1.89	1.81
30	5.57	4.18	3.59	3.25	3.03	2.87	2.75	2.65	2.57	2.51	2.41	2.31	2.20	2.14	2.07	2.01	1.94	1.87	1.79
40	5.42	4.05	3.46	3.13	2.90	2.74	2.62	2.53	2.45	2.39	2.29	2.18	2.07	2.01	1.94	1.88	1.80	1.72	1.64
60	5.29	3.93	3.34	3.01	2.79	2.63	2.51	2.41	2.33	2.27	2.17	2.06	1.94	1.88	1.82	1.74	1.67	1.58	1.48
120	5.15	3.80	3.23	2.89	2.67	2.52	2.39	2.30	2.22	2.16	2.05	1.94	1.82	1.76	1.69	1.61	1.53	1.43	1.31
∞	5.02	3.69	3.12	2.79	2.57	2.41	2.29	2.19	2.11	2.05	1.94	1.83	1.71	1.64	1.57	1.48	1.39	1.27	1.00

续表

$\alpha = 0.01$

n	m=1	2	3	4	5	6	7	8	9	10	12	15	20	24	30	40	60	120	∞
1	4 052	4 999.5	5 403	5 625	5 764	5 859	5 928	5 982	6 022	6 056	6 106	6 157	6 209	6 235	6 261	6 287	6 313	6 339	6 366
2	98.50	99.00	99.17	99.25	99.30	99.33	99.36	99.37	99.39	99.40	99.42	99.43	99.45	99.46	99.47	99.47	99.48	99.49	99.50
3	34.12	30.82	29.46	28.71	28.24	27.91	27.67	27.49	27.35	27.23	27.05	26.87	26.69	26.60	26.50	26.41	26.32	26.22	26.13
4	21.20	18.00	16.69	15.98	15.52	15.21	14.98	14.80	14.66	14.55	14.37	14.20	14.02	13.93	13.84	13.75	13.65	13.56	13.46
5	16.26	13.27	12.06	11.39	10.97	10.67	10.46	10.29	10.16	10.05	9.89	9.72	9.55	9.47	9.38	9.29	9.20	9.11	9.02
6	13.75	10.92	9.78	9.15	8.75	8.47	8.26	8.10	7.98	7.87	7.72	7.56	7.40	7.31	7.23	7.14	7.06	6.97	6.88
7	12.25	9.55	8.45	7.85	7.46	7.19	6.99	6.84	6.72	6.62	6.47	6.31	6.16	6.07	5.99	5.91	5.82	5.74	5.65
8	11.26	8.65	7.59	7.01	6.63	6.37	6.18	6.03	5.91	5.81	5.67	5.52	5.36	5.28	5.20	5.12	5.03	4.95	4.86
9	10.56	8.02	6.99	6.42	6.06	5.80	5.61	5.47	5.35	5.26	5.11	4.96	4.81	4.73	4.65	4.57	4.48	4.40	4.31
10	10.04	7.56	6.55	5.99	5.64	5.39	5.20	5.06	4.94	4.85	4.71	4.56	4.41	4.33	4.25	4.17	4.08	4.00	3.91
11	9.65	7.21	6.22	5.67	5.32	5.07	4.89	4.74	4.63	4.54	4.40	4.25	4.10	4.02	3.94	3.86	3.78	3.69	3.60
12	9.33	6.93	5.95	5.41	5.06	4.82	4.64	4.50	4.39	4.30	4.16	4.01	3.86	3.78	3.70	3.62	3.54	3.45	3.36
13	9.07	6.70	5.74	5.21	4.86	4.62	4.44	4.30	4.19	4.10	3.96	3.82	3.66	3.59	3.51	3.43	3.34	3.25	3.17
14	8.86	6.51	5.56	5.04	4.69	4.46	4.28	4.14	4.03	3.94	3.80	3.66	3.51	3.43	3.35	3.27	3.18	3.09	3.00
15	8.68	6.36	5.42	4.89	4.56	4.32	4.14	4.00	3.89	3.80	3.67	3.52	3.37	3.29	3.21	3.13	3.05	2.96	2.87
16	8.53	6.23	5.29	4.77	4.44	4.20	4.03	3.89	3.78	3.69	3.55	3.41	3.26	3.18	3.10	3.02	2.93	2.84	2.75
17	8.40	6.11	5.18	4.67	4.34	4.10	3.93	3.79	3.68	3.59	3.46	3.31	3.16	3.08	3.00	2.92	2.83	2.75	2.65
18	8.29	6.01	5.09	4.58	4.25	4.01	3.84	3.71	3.60	3.51	3.37	3.23	3.08	3.00	2.92	2.84	2.75	2.66	2.57
19	8.18	5.93	5.01	4.50	4.17	3.94	3.77	3.63	3.52	3.43	3.30	3.15	3.00	2.92	2.84	2.76	2.67	2.58	2.49
20	8.10	5.85	4.94	4.43	4.10	3.87	3.70	3.56	3.46	3.37	3.23	3.09	2.94	2.86	2.78	2.69	2.61	2.52	2.42
21	8.02	5.78	4.87	4.37	4.04	3.81	3.64	3.51	3.40	3.31	3.17	3.03	2.88	2.80	2.72	2.64	2.55	2.46	2.36
22	7.95	5.72	4.82	4.31	3.99	3.76	3.59	3.45	3.35	3.26	3.12	2.98	2.83	2.75	2.67	2.58	2.50	2.40	2.31
23	7.88	5.66	4.76	4.26	3.94	3.71	3.54	3.41	3.30	3.21	3.07	2.93	2.78	2.70	2.62	2.54	2.45	2.35	2.26
24	7.82	5.61	4.72	4.22	3.90	3.67	3.50	3.36	3.26	3.17	3.03	2.89	2.74	2.66	2.58	2.49	2.40	2.31	2.21

续表

n	m																		
	1	2	3	4	5	6	7	8	9	10	12	15	20	24	30	40	60	120	∞
25	7.77	5.57	4.68	4.18	3.85	3.63	3.46	3.32	3.22	3.13	2.99	2.85	2.70	2.62	2.54	2.45	2.36	2.27	2.17
26	7.72	5.53	4.64	4.14	3.82	3.59	3.42	3.29	3.18	3.09	2.96	2.81	2.66	2.58	2.50	2.42	2.33	2.23	2.13
27	7.68	5.49	4.60	4.11	3.78	3.56	3.39	3.26	3.15	3.06	2.93	2.78	2.63	2.55	2.47	2.38	2.29	2.20	2.10
28	7.64	5.45	4.57	4.07	3.75	3.53	3.36	3.23	3.12	3.03	2.90	2.75	2.60	2.52	2.44	2.35	2.26	2.17	2.06
29	7.60	5.42	4.54	4.04	3.73	3.50	3.33	3.20	3.09	3.00	2.87	2.73	2.57	2.49	2.41	2.33	2.23	2.14	2.03
30	7.56	5.39	4.51	4.02	3.70	3.47	3.30	3.17	3.07	2.89	2.84	2.70	2.55	2.47	2.39	2.30	2.21	2.11	2.01
40	7.31	5.18	4.31	3.83	3.51	3.29	3.12	2.99	2.89	2.80	2.66	2.52	2.37	2.29	3.20	2.11	2.02	1.92	1.80
60	7.08	4.98	4.13	3.65	3.34	3.12	2.95	2.82	2.72	2.63	2.50	2.35	2.20	2.12	2.03	1.94	1.84	1.73	1.60
120	6.85	4.79	3.95	3.48	3.17	2.96	2.79	2.66	2.56	2.47	2.34	2.19	2.03	1.95	1.86	1.76	1.66	1.53	1.38
∞	6.63	4.61	3.78	3.32	3.02	2.80	2.64	2.51	2.41	2.32	2.18	2.04	1.88	1.79	1.70	1.59	1.47	1.32	1.00

续表

$\alpha = 0.005$

n	m 1	2	3	4	5	6	7	8	9	10	12	15	20	24	30	40	60	120	∞
1	16 211	20 000	21 615	22 500	23 056	23 437	23 715	23 925	24 091	24 224	24 426	24 630	24 836	24 940	25 044	25 148	25 253	25 359	25 465
2	198.5	199.0	199.2	199.2	199.3	199.3	199.4	199.4	199.4	199.4	199.4	199.4	199.4	199.5	199.5	199.5	199.5	199.5	199.5
3	55.55	49.80	47.47	46.19	45.39	44.84	44.43	44.13	43.88	43.69	43.39	43.08	42.78	42.62	42.47	42.31	42.15	41.99	41.83
4	31.33	26.28	24.26	23.15	22.46	21.97	21.62	21.35	21.14	20.97	20.70	20.44	20.17	20.03	19.89	19.75	19.61	19.47	19.32
5	22.78	18.31	16.53	15.56	14.94	14.51	14.20	13.96	13.77	13.62	13.38	13.15	12.90	12.78	12.66	12.53	12.40	12.27	12.14
6	18.63	14.54	12.92	12.03	11.46	11.07	10.79	10.57	10.39	10.25	10.03	9.81	9.59	9.47	9.36	9.24	9.12	9.00	8.88
7	16.24	12.40	10.88	10.05	9.52	9.16	8.89	8.68	8.51	8.38	8.18	7.97	7.75	7.64	7.53	7.42	7.31	7.19	7.08
8	14.69	11.04	9.60	8.81	8.30	7.95	7.69	7.50	7.34	7.21	7.01	6.81	6.61	6.50	6.40	6.29	6.18	6.06	5.95
9	13.61	10.11	8.72	7.96	7.47	7.13	6.88	6.69	6.54	6.42	6.23	6.03	5.83	5.73	5.62	5.52	5.41	5.30	5.19
10	12.83	9.43	8.08	7.34	6.87	6.54	6.30	6.12	5.97	5.85	5.66	5.47	5.27	5.17	5.07	4.97	4.86	4.75	4.64
11	12.23	8.91	7.60	6.88	6.42	6.10	5.86	5.68	5.54	5.42	5.24	5.05	4.86	4.76	4.65	4.55	4.44	4.34	4.23
12	11.75	8.51	7.23	6.52	6.07	5.76	5.52	5.35	5.20	5.09	4.91	4.72	4.53	4.43	4.33	4.23	4.12	4.01	3.90
13	11.37	8.19	6.93	6.23	5.79	5.48	5.25	5.08	4.94	4.82	4.64	4.46	4.27	4.17	4.07	3.97	3.87	3.76	3.65
14	11.06	7.92	6.68	6.00	5.56	5.26	5.03	4.86	4.72	4.60	4.43	4.25	4.06	3.96	3.86	3.76	3.66	3.55	3.44
15	10.80	7.70	6.48	5.80	5.37	5.07	4.85	4.67	4.54	4.42	4.25	4.07	3.88	3.79	3.69	3.58	3.48	3.37	3.26
16	10.58	7.51	6.30	5.64	5.21	4.91	4.69	4.52	4.38	4.27	4.10	3.92	3.73	3.64	3.54	3.44	3.33	3.22	3.11
17	10.38	7.35	6.16	5.50	5.07	4.78	4.56	4.39	4.25	4.14	3.97	3.79	3.61	3.51	3.41	3.31	3.21	3.10	2.98
18	10.22	7.21	6.03	5.37	4.96	4.66	4.44	4.28	4.14	4.03	3.86	3.68	3.50	3.40	3.30	3.20	3.10	2.99	2.87
19	10.07	7.09	5.92	5.27	4.85	4.56	4.34	4.18	4.04	3.93	3.76	3.59	3.40	3.31	3.21	3.11	3.00	2.89	2.78
20	9.94	6.99	5.82	5.17	4.76	4.47	4.26	4.09	3.96	3.85	3.68	3.50	3.32	3.22	3.12	3.02	2.92	2.81	2.69
21	9.83	6.89	5.73	5.09	4.68	4.39	4.18	4.01	3.88	3.77	3.60	3.43	3.24	3.15	3.05	2.95	2.84	2.73	2.61
22	9.73	6.81	5.65	5.02	4.61	4.32	4.11	3.94	3.81	3.70	3.54	3.36	3.18	3.08	2.98	2.88	2.77	2.66	2.55
23	9.63	6.73	5.58	4.95	4.54	4.26	4.05	3.88	3.75	3.64	3.47	3.30	3.12	3.02	2.92	2.82	2.71	2.60	2.48
24	9.55	6.66	5.52	4.89	4.49	4.20	3.99	3.83	3.69	3.59	3.42	3.25	3.06	2.97	2.87	2.77	2.66	2.55	2.43

续表

n	m																		
	1	2	3	4	5	6	7	8	9	10	12	15	20	24	30	40	60	120	∞
25	9.48	6.60	5.46	4.84	4.43	4.15	3.94	3.78	3.64	3.54	3.37	3.20	3.01	2.92	2.82	2.72	2.61	2.50	2.38
26	9.41	6.54	5.41	4.79	4.38	4.10	3.89	3.73	3.60	3.49	3.33	3.15	2.97	2.87	2.77	2.67	2.56	2.45	2.33
27	9.34	6.49	5.36	4.74	4.34	4.06	3.85	3.69	3.56	3.45	3.28	3.11	2.93	2.83	2.73	2.63	2.52	2.41	2.29
28	9.28	6.44	5.32	4.70	4.30	4.02	3.81	3.65	3.52	3.41	3.25	3.07	2.89	2.79	2.69	2.59	2.48	2.37	2.25
29	9.23	6.40	5.28	4.66	4.26	3.98	3.77	3.61	3.48	3.38	3.21	3.04	2.86	2.76	2.66	2.56	2.45	2.33	2.21
30	9.18	6.35	5.24	4.62	4.23	3.95	3.74	3.58	3.45	3.34	3.18	3.01	2.82	2.73	2.63	2.52	2.42	2.30	2.18
40	8.83	6.07	4.98	4.37	3.99	3.71	3.51	3.35	3.22	3.12	2.95	2.78	2.60	2.50	2.40	2.30	2.18	2.06	1.93
60	8.49	5.79	4.73	4.14	3.76	3.49	3.29	3.13	3.01	2.90	2.74	2.57	2.39	2.29	2.19	2.08	1.96	1.83	1.69
120	8.18	5.54	4.50	3.92	3.55	3.28	3.09	2.93	2.81	2.71	2.54	2.37	2.19	2.09	1.98	1.87	1.75	1.61	1.43
∞	7.88	5.30	4.28	3.72	3.35	3.09	2.90	2.74	2.62	2.52	2.36	2.19	2.00	1.90	1.79	1.67	1.53	1.36	1.00

续表

$\alpha = 0.001$

n	1	2	3	4	5	6	7	8	9	10	12	15	20	24	30	40	60	120	∞
										m									
1	4 053†	5 000†	5 404†	5 625†	5 764†	5 859†	5 929†	5 981†	6 023†	6 056†	6 107†	6 158†	6 209†	6 235†	6 261†	6 287†	6 313†	6 340†	6 366†
2	998.5	999.0	999.2	999.2	999.3	999.3	999.4	999.4	999.4	999.4	999.4	999.4	999.4	999.5	999.5	999.5	999.5	999.5	999.5
3	167.0	148.5	141.1	137.1	134.6	132.8	131.6	130.6	129.9	129.2	128.3	127.4	126.4	125.9	125.4	125.0	124.5	124.0	123.5
4	74.14	61.25	56.18	53.44	51.71	50.53	49.66	49.00	48.47	48.05	47.41	46.76	46.10	45.77	45.43	45.09	44.75	44.40	44.05
5	47.18	37.12	33.20	31.09	29.75	28.84	28.16	27.64	27.24	26.92	26.42	25.91	25.39	25.14	24.87	24.60	24.33	24.06	23.79
6	35.51	27.00	23.70	21.92	20.81	20.03	19.46	19.03	18.69	18.41	17.99	17.56	17.12	16.89	16.67	16.44	16.21	15.99	15.75
7	29.25	21.69	18.77	17.19	16.21	15.52	15.02	14.63	14.33	14.08	13.71	13.32	12.93	12.73	12.53	12.33	12.12	11.91	11.70
8	25.42	18.49	15.83	14.39	13.49	12.86	12.40	12.04	11.77	11.54	11.19	10.84	10.48	10.30	10.11	9.92	9.73	9.53	9.33
9	22.86	16.39	13.90	12.56	11.7	11.13	10.70	10.37	10.11	9.89	9.57	9.24	8.90	8.72	8.55	8.37	8.19	8.00	7.81
10	21.04	14.91	12.55	11.28	10.48	9.92	9.52	9.20	8.96	8.75	8.45	8.13	7.80	7.64	7.47	7.30	7.12	6.94	6.76
11	19.69	13.81	11.56	10.35	9.58	9.05	8.66	8.35	8.12	7.92	7.63	7.32	7.01	6.85	6.68	6.52	6.35	6.17	6.00
12	18.64	12.97	10.80	9.63	8.89	8.38	8.00	7.71	7.48	7.29	7.00	6.71	6.40	6.25	6.09	5.93	5.76	5.59	5.42
13	17.81	12.31	10.21	9.07	8.35	7.86	7.49	7.21	6.98	6.80	6.52	6.23	5.93	5.78	5.63	5.47	5.30	5.14	4.97
14	17.14	11.78	9.73	8.62	7.92	7.43	7.08	6.80	6.58	6.40	6.13	5.85	5.56	5.41	5.25	5.10	4.94	4.77	4.60
15	16.59	11.34	9.34	8.25	7.57	7.09	6.74	6.47	6.26	6.08	5.81	5.54	5.25	5.10	4.95	4.80	4.64	4.47	4.31
16	16.12	10.97	9.00	7.94	7.27	6.81	6.46	6.19	5.98	5.81	5.55	5.27	4.99	4.85	4.70	4.54	4.39	4.23	4.06
17	15.72	10.66	8.73	7.68	7.02	6.56	6.22	5.96	5.75	5.58	5.32	5.05	4.78	4.63	4.48	4.33	4.18	4.02	3.85
18	15.38	10.39	8.49	7.46	6.81	6.35	6.02	5.76	5.56	5.39	5.13	4.87	4.59	4.45	4.30	4.15	4.00	3.84	3.67
19	15.08	10.16	8.28	7.26	6.62	6.18	5.85	5.59	5.39	5.22	4.97	4.70	4.43	4.29	4.14	3.99	3.84	3.68	3.51
20	14.82	9.95	8.10	7.10	6.46	6.02	5.69	5.44	5.24	5.08	4.82	4.56	4.29	4.15	4.00	3.86	3.70	3.54	3.38
21	14.59	9.77	7.94	6.95	6.32	5.88	5.56	5.31	5.11	4.95	4.70	4.44	4.17	4.03	3.88	3.74	3.58	3.42	3.26
22	14.38	9.61	7.80	6.81	6.19	5.76	5.44	5.19	4.99	4.83	4.58	4.33	4.06	3.92	3.78	3.63	3.48	3.32	3.15
23	14.19	9.47	7.67	6.69	6.08	5.65	5.33	5.09	4.89	4.73	4.48	4.23	3.96	3.82	3.68	3.53	3.38	3.22	3.05
24	14.03	9.34	7.55	6.59	5.98	5.55	5.23	4.99	4.80	4.64	4.39	4.14	3.87	3.74	3.59	3.45	3.29	3.14	2.97

注：†表示要将所列数乘以100。

续表

n										m									
	1	2	3	4	5	6	7	8	9	10	12	15	20	24	30	40	60	120	∞
25	13.88	9.22	7.45	6.49	5.88	5.46	5.15	4.91	4.71	4.56	4.31	4.06	3.79	3.66	3.52	3.37	3.22	3.06	2.89
26	13.74	9.12	7.36	6.41	5.80	5.38	5.07	4.83	4.64	4.48	4.24	3.99	3.72	3.59	3.44	3.30	3.15	2.99	2.82
27	13.61	9.02	7.27	6.33	5.73	5.31	5.00	4.76	4.57	4.41	4.17	3.92	3.66	3.52	3.38	3.23	3.08	2.92	2.75
28	13.50	8.93	7.19	6.25	5.66	5.24	4.93	4.69	4.50	4.35	4.11	3.86	3.60	3.46	3.32	3.18	3.02	2.86	2.69
29	13.39	8.85	7.12	6.19	5.59	5.18	4.87	4.64	4.45	4.29	4.05	3.80	3.54	3.41	3.27	3.12	2.97	2.81	2.64
30	13.29	8.77	7.05	6.12	5.53	5.12	4.82	4.58	4.39	4.24	4.00	3.75	3.49	3.36	3.22	3.07	2.92	2.76	2.59
40	12.61	8.25	6.60	5.70	5.13	4.73	4.44	4.21	4.02	3.87	3.64	3.40	3.15	3.01	2.87	2.73	2.57	2.41	2.23
60	11.97	7.76	6.17	5.31	4.76	4.37	4.09	3.87	3.69	3.54	3.31	3.08	2.83	2.69	2.55	2.41	2.25	2.08	1.89
120	11.38	7.32	5.79	4.95	4.42	4.04	3.77	3.55	3.38	3.24	3.02	2.78	2.53	2.40	2.26	2.11	1.95	1.76	1.54
∞	10.83	6.91	5.42	4.62	4.10	3.74	3.47	3.27	3.10	2.96	2.74	2.51	2.27	2.13	1.99	1.84	1.66	1.45	1.00

参 考 答 案

第 1 章

同步习题 1.1

1. (1) 不是；　　(2) 是；　　(3) 是；　　(4) 不是.

2. (1) 是；　　(2) 不是；　　(3) 是.

3. $\Omega = \{(a,b_1),(a,b_2),(a,b_3),(a,b_4),(b_1,b_2),(b_1,b_3),(b_1,b_4),(b_2,b_3),(b_2,b_4),(b_3,b_4)\}$.

4. $\Omega = \{0,1,2,3,4,5,6,7,8,9,10\}, A = \{2,3\}, B = \{1,2,3\}, C = \{0,1,2,3\}, D = \{3,4,5,6,7,8,9,10\}$.

5. (1) $\{0,1,2,3,4\}$；　　(2) $\{0,1,2,\cdots\}$；

  (3) ①$\{(1,2),(1,3),(2,1),(2,3),(3,1),(3,2)\}$,

    ②$\{(1,1),(1,2),(1,3),(2,1),(2,2),(2,3),(3,1),(3,2),(3,3)\}$,

    ③$\{(1,2),(1,3),(2,3)\}$.

6. (1) $\left\{\dfrac{0}{30},\dfrac{1}{30},\dfrac{2}{30},\cdots,\dfrac{30\times100}{30}\right\}$；　　(2) $\{10,11,12,\cdots\}$.

7. (1) $A = \{123,132,213,231,312,321\}$；

  (2) $A = \{5$ 个正品,4 个正品 1 个次品,3 个正品 2 个次品$\}, B = \varnothing$.

同步习题 1.2

1. (1) 正确；　　(2) 正确；　　(3) 不正确；　　(4) 正确；

  (5) 正确；　　(6) 不正确；　　(7) 正确；　　(8) 不正确.

2. (1) $A\bar{B}\bar{C}$；　　(2) $A\bar{B}\bar{C}\cup\bar{A}B\bar{C}\cup\bar{A}\bar{B}C$；　　(3) $A\cup B\cup C$；

  (4) $AB\cup BC\cup AC$ 或 $ABC\cup AB\bar{C}\cup A\bar{B}C\cup\bar{A}BC$；　　(5) $\overline{ABC}$.

3. (1) 互斥不对立；　　(2) 互斥且对立；　　(3) $A\subset B$.

4. $A\cup B = B = \left\{x\left|\dfrac{1}{4}\leqslant x\leqslant\dfrac{3}{2}\right.\right\}$,　　$AB = A = \left\{x\left|\dfrac{1}{2}\leqslant x\leqslant 1\right.\right\}$,

  $B-A = \left\{x\left|\dfrac{1}{4}\leqslant x<\dfrac{1}{2}\right.\right\}\cup\left\{x\left|1<x\leqslant\dfrac{3}{2}\right.\right\}$,

  $\overline{AB} = B-A = \left\{x\left|\dfrac{1}{4}\leqslant x<\dfrac{1}{2}\right.\right\}\cup\left\{x\left|1<x\leqslant\dfrac{3}{2}\right.\right\}$,　　$\bar{A}\cup B = \Omega = \{x|0\leqslant x\leqslant 2\}$.

同步习题 1.3

1. 0.6.

2. $r-q$.

3. $\dfrac{3}{4}$.

4. $\dfrac{1}{60}$.

5. (1) $\dfrac{C_8^2 C_{22}^8}{C_{30}^{10}}$；　　(2) $\dfrac{C_{22}^{10}+C_8^1 C_{22}^9+C_8^2 C_{22}^8}{C_{30}^{10}}$；　　(3) $1-\dfrac{C_{22}^{10}+C_8^1 C_{22}^9}{C_{30}^{10}}$.

6. (1) 0.75；　　(2) $\dfrac{7}{24}$.

7. 0.453 6.

8. $\dfrac{365!}{(365-k)!\,365^k}$.

9. (1) $\dfrac{n!}{m^n}$;　　(2) $\dfrac{A_m^n}{m^n}$;　　(3) $\dfrac{C_n^k(m-1)^{n-k}}{m^n}$.

10. 0.02.

11. (1) $\dfrac{2}{91}$;　　(2) $\dfrac{67}{91}$.

12. 0.04,0.27.

同步习题 1.4

1. 0.9.

2. 0.03,0.02,0.97,0.98.

3. $\dfrac{2}{3}$.

4. 0.5.

5. 0.33.

同步习题 1.5

1. (1) 0.035;　　(2) $\dfrac{18}{35}$.

2. (1) 0.026 25;　　(2) $\dfrac{20}{21}$.

3. (1) $\dfrac{61}{420}$;　　(2) $\dfrac{5}{61}$.

4. 0.027.

同步习题 1.6

1. 相互独立.
2. 两两独立但不相互独立.
3. (1) $\alpha+\beta-\alpha\beta$;　　(2) $1-\beta+\alpha\beta$;　　(3) $1-\alpha\beta$.
4. (1) 0.56;　　(2) 0.94;　　(3) 0.38.
5. (1) 0.096;　　(2) 0.104.

复习题一

第一部分　基础题

一、单项选择题

1. ～10.　DDBCA　BDCBC.

二、填空题

1. 0.42.　　　　　　2. 0.5.

3. $\dfrac{9}{20}$.　　　　　　4. 0.98.

5. $\dfrac{24}{625}$.

三、计算题

1. 0. 4.

2. $P(A) = P(B) = \dfrac{1}{2}$.

3. (1) $\dfrac{3}{8}$;　　(2) $\dfrac{3}{4}$.

4. $\dfrac{3}{4}$.

5. 0. 988.

第二部分　拓展题

1. (1) $A_1 A_2 A_3 A_4$;　　　　　　　　　　　　　(2) $A_1 \bigcup A_2 \bigcup A_3 \bigcup A_4$;

(3) $A_1 \overline{A_2} \overline{A_3} \overline{A_4} \bigcup \overline{A_1} A_2 \overline{A_3} \overline{A_4} \bigcup \overline{A_1} \overline{A_2} A_3 \overline{A_4} \bigcup \overline{A_1} \overline{A_2} \overline{A_3} A_4$;　　(4) $\overline{A_1 A_2 A_3 A_4}$.

2. (1) $\dfrac{25}{36}, \dfrac{5}{36}$;　　(2) $\dfrac{15}{22}, \dfrac{5}{33}$.

3. $\dfrac{1}{5}$.

4. 0. 6.

5. 0. 339 8.

6. $\dfrac{3}{7}$.

第三部分　考研真题

1. C.

2. D.

3. D.

4. $\dfrac{5}{8}$.

第　2　章

同步习题 2. 1

1. 0, 1, 2.

2. $\{X > 1\,000\}$.

同步习题 2. 2

1. (1) 是;　　(2) 不是;　　(3) 是.

2.

X	3	4	5
P	$\dfrac{1}{10}$	$\dfrac{3}{10}$	$\dfrac{6}{10}$

3. $P\{X = n\} = p(1-p)^{n-1} (n = 1, 2, \cdots)$.

4. $C = \dfrac{1}{2}$.

5. (1) 0. 072 9;　　(2) 0. 008 56;　　(3) 0. 999 54;　　(4) 0. 409 51.

6. (1) 0. 033 4;　　(2) 0. 259 2.

7. 0. 558, 0. 424, 0. 018.

同步习题 2. 3

1. $A = 1, P\{1 < X \leqslant 3\} = \mathrm{e}^{-1} - \mathrm{e}^{-3}$.

2.

X	-3	1	2
P	$\dfrac{1}{3}$	$\dfrac{1}{2}$	$\dfrac{1}{6}$

$$F(x) = \begin{cases} 0, & x < -3, \\ \dfrac{1}{3}, & -3 \leqslant x < 1, \\ \dfrac{5}{6}, & 1 \leqslant x < 2, \\ 1, & x \geqslant 2. \end{cases}$$

3.

X	-1	1	3
P	0.4	0.4	0.2

同步习题 2.4

1. (1) 2;　　(2) 0.25;　　(3) 0.937 5.

2. (1) 3;　　(2) 0.740 8;　　(3) $F(x) = \begin{cases} 1 - \mathrm{e}^{-3x}, & x > 0, \\ 0, & x \leqslant 0. \end{cases}$

3. (1) $\ln 2, 1, \ln \dfrac{5}{4}$;　　(2) $f(x) = \begin{cases} \dfrac{1}{x}, & 1 \leqslant x < \mathrm{e}, \\ 0, & 其他. \end{cases}$

4. $\dfrac{4}{5}$.

5. 0.607.

6. (1) 0.532 8, 0.999 6, 0.697 7, 0.5;　　(2) 3;　　(3) 0.436.

7. 184 cm.

同步习题 2.5

1. (1)

Y	-5	-2	1	4	7
P	0.1	0.2	0.3	0.3	0.1

(2)

Z	0	2	8
P	0.3	0.5	0.2

2. $f_Y(y) = \begin{cases} \dfrac{1}{6} y^{-\frac{2}{3}}, & 0 \leqslant y \leqslant 8, \\ 0, & 其他. \end{cases}$

3. $f_Y(y) = \begin{cases} \dfrac{1}{2\sqrt{\pi(y-1)}} \mathrm{e}^{-\frac{(y-1)}{4}}, & y > 1, \\ 0, & 其他. \end{cases}$

复习题二

第一部分　基础题

一、单项选择题

1. ~ 5.　ADCBC.

二、填空题

1. $\{X \leqslant x\}$.

2. $0.5, 0.8$.

3. 0.3.

4. $-\ln 0.95$.

5. $\dfrac{8}{27}, \dfrac{1}{27}$.

6. $N(-9, 200)$.

三、计算题

1. $k = 2, b = 1$.

2. $0.290\ 2$.

3. $f(y) = \begin{cases} 2y^{-3}, & y \geqslant 1, \\ 0, & \text{其他.} \end{cases}$

4. (1) 0.5;　　(2) $F(x) = \begin{cases} \dfrac{1}{2}\mathrm{e}^x, & x \leqslant 0, \\ 1 - \dfrac{1}{2}\mathrm{e}^{-x}, & x > 0; \end{cases}$　　(3) $1 - \mathrm{e}^{-1}$.

第二部分　　拓展题

1. $0.987\ 6$.

2. 4.

3. $P\{Y = k\} = C_5^k \mathrm{e}^{-2k}(1 - \mathrm{e}^{-2})^{5-k} \ (k = 0, 1, 2, 3, 4, 5), 1 - \mathrm{e}^{-10}$.

第三部分　　考研真题

1. B.

2. A.

3. $P\{Y = n\} = (n-1)\left(\dfrac{1}{8}\right)^2\left(\dfrac{7}{8}\right)^{n-2} \ (n = 2, 3, \cdots)$.

4. $f(x) = \begin{cases} 1, & 0 \leqslant x \leqslant 1, \\ 0, & \text{其他.} \end{cases}$

5. (1) $F_X(x) = 1 - \dfrac{1}{1 + \mathrm{e}^x} \ (-\infty < x < +\infty)$;　　(2) $f_Y(y) = \begin{cases} 0, & y \leqslant 0, \\ \dfrac{1}{(1+y)^2}, & y > 0. \end{cases}$

第 3 章

同步习题 3.1

1. 否.

2. (1) $\dfrac{3}{128}$;　　(2) $F_X(x) = \begin{cases} 1 - 2^{-x}, & x > 0, \\ 0, & \text{其他,} \end{cases} F_Y(y) = \begin{cases} 1 - 2^{-y}, & y > 0, \\ 0, & \text{其他.} \end{cases}$

同步习题 3.2

1. (1) $a = \dfrac{1}{3}$;　　(2) $\dfrac{1}{2}$;　　(3) $\dfrac{5}{12}$.

2.

X	Y		$p_{i \cdot}$
	0	1	
0	$\dfrac{16}{81}$	$\dfrac{20}{81}$	$\dfrac{4}{9}$
1	$\dfrac{20}{81}$	$\dfrac{25}{81}$	$\dfrac{5}{9}$

续表

X	Y		$p_i.$
	0	1	
$p._j$	$\dfrac{4}{9}$	$\dfrac{5}{9}$	1

3. (1)

X	Y		$p_i.$
	0	1	
-1	$\dfrac{1}{4}$	0	$\dfrac{1}{4}$
0	0	$\dfrac{1}{2}$	$\dfrac{1}{2}$
1	$\dfrac{1}{4}$	0	$\dfrac{1}{4}$
$p._j$	$\dfrac{1}{2}$	$\dfrac{1}{2}$	1

(2) 0.

同步习题 3.3

1. (1) $A = 2$;　(2) $1 - 2\mathrm{e}^{-1}, \dfrac{1}{3}$.

2. $f_X(x) = \begin{cases} \dfrac{1}{2}, & -1 < x < 1, \\ 0, & \text{其他}, \end{cases}$　$f_Y(y) = \begin{cases} \dfrac{1}{2}, & -1 < y < 1, \\ 0, & \text{其他}. \end{cases}$

3. (1) $f(x,y) = \begin{cases} \dfrac{1}{6}, & 0 \leqslant x \leqslant 3, 0 \leqslant y \leqslant 2, \\ 0, & \text{其他}; \end{cases}$

(2) $f_X(x) = \begin{cases} \dfrac{1}{3}, & 0 \leqslant x \leqslant 3, \\ 0, & \text{其他}, \end{cases}$　$f_Y(y) = \begin{cases} \dfrac{1}{2}, & 0 \leqslant y \leqslant 2, \\ 0, & \text{其他}. \end{cases}$

4. 略.

5. (1) 正确;　(2) 错误;　(3) 错误;　(4) 错误.

同步习题 3.4

1. $P\{X = 0 \mid Y = 1\} = 0.3, P\{X = 1 \mid Y = 1\} = 0.7$.

2. 当 $0 < x < 1$ 时, $f_{Y|X}(y \mid x) = \begin{cases} \dfrac{1}{x}, & 0 < y < x, \\ 0, & \text{其他}, \end{cases}$

当 $0 < y < 1$ 时, $f_{X|Y}(x \mid y) = \begin{cases} \dfrac{2x}{1 - y^2}, & y < x < 1, \\ 0, & \text{其他}. \end{cases}$

3. $\dfrac{47}{64}$.

4. A.

同步习题 3.5

1. (1)

X	Y			$p_i.$
	1	2	3	
0	0.08	0.02	0.10	0.2
1	0.12	0.03	0.15	0.3
2	0.20	0.05	0.25	0.5
$p._j$	0.4	0.1	0.5	1

(2) 0.17.

2. $\alpha = \dfrac{2}{9}, \beta = \dfrac{1}{9}$.

3. 不相互独立.

4. $\dfrac{1}{3}$.

同步习题 3.6

1. (1)

$Z_1 = X - Y$	−3	−2	0	1	3
P	0.1	0.1	0.2	0.5	0.1

(2)

$Z_2 = XY$	−1	−2	1	2
P	0.1	0.2	0.2	0.5

(3)

$Z_3 = \min\{X, Y\}$	−1	1
P	0.5	0.5

2. $f_Z(z) = \begin{cases} \dfrac{3}{2}(1 - z^2), & 0 \leqslant z < 1, \\ 0, & 其他. \end{cases}$

3. $1 - [1 - F_X(z)][1 - F_Y(z)]$, $F_X(z)F_Y(z)$.

4. $\dfrac{5}{7}, \dfrac{4}{7}$.

复习题三

第一部分 基础题

一、单项选择题

1. ～ 5. BDABB.

二、填空题

1. $a = 0.4, b = 0.1$.

2. $\dfrac{1}{4}$.

3. $P\{X=m\mid Y=k\}=\dfrac{1}{9}(k\neq m)$.　　　4. $\dfrac{1}{6}$.

5. $\dfrac{1}{4}$.

三、计算题

1. (1) $C=\dfrac{1}{3}$;　　　(2) $\dfrac{65}{72}$;

(3) $f_X(x)=\begin{cases}2x^2+\dfrac{2}{3}x, & 0\leqslant x\leqslant 1, \\ 0, & 其他,\end{cases}$ $f_Y(y)=\begin{cases}\dfrac{1}{6}y+\dfrac{1}{3}, & 0\leqslant y\leqslant 2, \\ 0, & 其他.\end{cases}$

2. (1) $f(x,y)=\begin{cases}6, & 0<x<1,x^2<y<x, \\ 0, & 其他;\end{cases}$

(2) $f_X(x)=\begin{cases}6(x-x^2), & 0<x<1, \\ 0, & 其他,\end{cases}$ $f_Y(y)=\begin{cases}6(\sqrt{y}-y), & 0<y<1, \\ 0, & 其他;\end{cases}$

(3) 不相互独立.

3. $\dfrac{1}{2}$.　　　4. $f_Z(z)=\begin{cases}0, & z<0, \\ 1-\mathrm{e}^{-z}, & 0\leqslant z<1, \\ \mathrm{e}^{-z}(\mathrm{e}-1), & z\geqslant 1.\end{cases}$

第二部分　拓展题

1. (1)

X	Y	
	0	1
0	$\dfrac{1}{15}$	$\dfrac{4}{15}$
1	$\dfrac{4}{15}$	$\dfrac{2}{5}$

(2) $\dfrac{1}{3}$.

2. (1) $f(x,y)=\begin{cases}25\mathrm{e}^{-5y}, & 0\leqslant x\leqslant 0.2,y>0, \\ 0, & 其他;\end{cases}$　　　(2) e^{-1}.

3. (1) $f(x,y)=\begin{cases}\dfrac{1}{2}\mathrm{e}^{-\frac{y}{2}}, & 0\leqslant x\leqslant 1,y>0, \\ 0, & 其他;\end{cases}$　　　(2) 0.144 8.

4.

X	Y	
	0	1
0	$\dfrac{2}{3}$	$\dfrac{1}{12}$
1	$\dfrac{1}{6}$	$\dfrac{1}{12}$

5.

X	Y				$p_{i\cdot}$
	0	1	2	3	
0	$\frac{1}{56}$	$\frac{9}{56}$	$\frac{9}{56}$	$\frac{1}{56}$	$\frac{5}{14}$
1	$\frac{3}{28}$	$\frac{9}{28}$	$\frac{3}{28}$	0	$\frac{15}{28}$
2	$\frac{3}{56}$	$\frac{3}{56}$	0	0	$\frac{3}{28}$
$p_{\cdot j}$	$\frac{5}{28}$	$\frac{15}{28}$	$\frac{15}{56}$	$\frac{1}{56}$	1

6. (1)

X	Y		$p_{i\cdot}$
	0	1	
0	$\frac{4}{25}$	$\frac{6}{25}$	$\frac{2}{5}$
1	$\frac{6}{25}$	$\frac{9}{25}$	$\frac{3}{5}$
$p_{\cdot j}$	$\frac{2}{5}$	$\frac{3}{5}$	1

(2) 相互独立.

第三部分　考研真题

1. C.　　　　　　　　　　　　　　2. $\frac{1}{2}$.

3. $\frac{1}{3}$.

4. (1) $f(x,y) = \begin{cases} 3, & (x,y) \in D, \\ 0, & 其他; \end{cases}$　　(2) 不相互独立,理由略;

(3) $F_Z(z) = \begin{cases} 0, & z < 0, \\ \frac{3}{2}z^2 - z^3, & 0 \leqslant z < 1, \\ \frac{1}{2} + 2(z-1)^{\frac{3}{2}} - \frac{3}{2}(z-1)^2 & 1 \leqslant z < 2, \\ 1, & z \geqslant 2. \end{cases}$

5. (1) $F(x,y) = \begin{cases} \frac{1}{2}\Phi(x)\Phi(y) + \frac{1}{2}\Phi(x), & x \leqslant y, \\ \frac{1}{2}\Phi(x)\Phi(y) + \frac{1}{2}\Phi(y), & x > y; \end{cases}$　　(2) 略.

6.

U	V	
	0	1
0	$\frac{1}{4}$	0
1	$\frac{1}{2}$	$\frac{1}{4}$

第 4 章

同步习题 4.1

1. $0,0$.

2. $2,1,\dfrac{1}{4}e^4-\dfrac{1}{2}e^2+\dfrac{1}{4}$.

3. $1.5,0.4,3.4,0.7$.

4. $k=2,\dfrac{1}{4}$.

同步习题 4.2

1. 0.56.

2. $\dfrac{1}{6}$.

3. $\dfrac{2}{9}$.

同步习题 4.3

1. 6.

2. 1.

3. $N(-14,5)$.

4. 18.4.

同步习题 4.4

1. -0.08.

2. (1) 0;　　(2) 0.

3. (1) $\dfrac{1}{3},3$;　　(2) 0;　　(3) 相互独立. 理由略.

4. 0,不相互独立.

复习题四

第一部分　基础题

一、单项选择题

1. ~ 5.　CABCD.

二、填空题

1. 16.

2. $-\dfrac{8}{5},\dfrac{29}{25}$.

3. $10,0.2$.

4. $\dfrac{1}{2e}$.

5. e^{-1}.

6. $\dfrac{1}{2}$.

7. 0. 9.

三、计算题

1. 0. 6, 0. 46.

2. 1, $\dfrac{1}{6}$.

3. $\dfrac{4}{3}$.

4. $\dfrac{1}{8}$.

5. $\dfrac{1}{36}$.

第二部分　拓展题

1. C.

2. $\dfrac{1}{2}n$.

3. (1) 1. 111 1；　(2) 3. 888 9.

4. 11. 67 min.

5. 1, $\dfrac{1}{2}$.

6. (1)

U	V	
	0	1
0	$\dfrac{1}{4}$	0
1	$\dfrac{1}{4}$	$\dfrac{1}{2}$

(2) $\dfrac{\sqrt{3}}{3}$.

第三部分　考研真题

1. B.

2. D.

3. D.

4. C.

5. 2.

6. 2.

7. $\dfrac{2}{3}$.

8. 0. 2.

9. (1) $P\{Y=n\}=(n-1)\left(\dfrac{1}{8}\right)^2\left(\dfrac{7}{8}\right)^{n-2}, n=2,3,\cdots$；　(2) 16.

10. (1) λ；　(2) $P\{Z=k\}=\begin{cases} e^{-\lambda}, & k=0, \\ \dfrac{\lambda^k}{2\cdot k!}e^{-\lambda}, & k>0, \\ \dfrac{\lambda^{-k}}{2\cdot(-k)!}e^{-\lambda}, & k<0 \end{cases}$ （k 取整数）.

11. (1) $f_Z(z)=\begin{cases} pe^z, & z<0, \\ 0, & z=0, \\ (1-p)e^{-z}, & z>0; \end{cases}$　(2) $p=0.5$；　(3) 不相互独立.

12. (1) $f_X(x)=\begin{cases} 1, & 0<x<1, \\ 0, & 其他; \end{cases}$　(2) $f_Z(z)=\begin{cases} \dfrac{2}{(z+1)^2}, & z>1, \\ 0, & z\leqslant 1; \end{cases}$　(3) $2\ln 2-1$.

第 5 章

同步习题 5.1

1. $\dfrac{8}{9}$.

2. 10.

3. 0.875.

4. 2.

5. 略.

同步习题 5.2

1. 830 个.

2. 0.901 5.

3. 0.022 8.

4. 0.954 4.

5. 0.952 5.

6. 0.682 6.

复习题五

第一部分　基础题

一、单项选择题

1. ～ 5.　ADCCD.

二、填空题

1. $\dfrac{3}{4}$.

2. 1.

3. 3.

4. $N(n\mu, n\sigma^2)$.

5. 0.022 8.

三、计算题

1. $\dfrac{1}{12}$.

2. 0.180 2.

3. 16 条.

4. 232 973 元.

第二部分　拓展题

1. A.

2. 1.

3. ～ 5. 略.

第三部分　考研真题

1. B.

2. C.

3. B.

4. 98 箱.

第 6 章

同步习题 6.2

1. $f(x_1, x_2, \cdots, x_6) = \begin{cases} \theta^{-6}, & 0 < x_i < \theta(i = 1, 2, \cdots, 6), \\ 0, & \text{其他}. \end{cases}$

2. $P\{X_1 = x_1, X_2 = x_2, X_3 = x_3, X_4 = x_4\} = 2\theta^5(1-\theta)^3$.

3. $P\{X_1 = x_1, X_2 = x_2, \cdots, X_n = x_n\} = p^n(1-p)^{\sum\limits_{i=1}^{n} x_i - n}$.

4. $P\{X_1 = x_1, X_2 = x_2, \cdots, X_n = x_n\} = \left(\prod\limits_{i=1}^{n} C_{10}^{x_i}\right) p^{\sum\limits_{i=1}^{n} x_i}(1-p)^{\sum\limits_{i=1}^{n}(10-x_i)}$.

5. $f(x_1, x_2, x_3) = \dfrac{1}{(\sqrt{2\pi}\sigma)^3} \exp\left\{-\dfrac{1}{2\sigma^2}\sum\limits_{i=1}^{3}(x_i - \mu)^2\right\}$ $(-\infty < x_1, x_2, x_3 < +\infty)$.

同步习题 6.3

1. (1) $X_1^2 + 3X_2 - X_3, X_2 + \mu, \dfrac{\overline{X} - \mu}{2}$;   (2) $\dfrac{2}{3}, \dfrac{1}{3}$.

2. (1) $\dfrac{X_1 + X_3 + X_5}{3}, \max\{X_1, X_2, \cdots, X_n\}$;   (2) $0.8, 0.0433, 0.2082$.

3. (1) $1, \dfrac{1}{3n}, \dfrac{1}{3}$;   (2) $p, \dfrac{1}{n}p(1-p), p(1-p)$;   (3) $\dfrac{1}{\lambda}, \dfrac{1}{n\lambda^2}, \dfrac{1}{\lambda^2}$.

同步习题 6.4

1. D.

2. $\chi^2(25), 10, 30$.

3. $1.28, 1.96, -1.65, -2.33$.

4. $3.940, 18.307, 0.554, 15.086$.

5. $2.353, 3.365, -1.330, -2.228$.

6. $8.45, 4.53, \dfrac{1}{6.16}, \dfrac{1}{27.67}$.

7. $c = \dfrac{1}{3}, n = 2$.

8. ~ 10. 略.

同步习题 6.5

1. A.

2. B.

3. A.

4. $\sigma^2, \dfrac{2\sigma^4}{n-1}$.

5. 0.2923.

6. 0.1336.

7. 14.

8. μ.

复习题六

第一部分　基础题

一、单项选择题

1. ～ 4.　DCAB.

二、填空题

1. $\dfrac{1}{n}$, $N\left(0,\dfrac{1}{n}\right)$, $\chi^2(n)$.

2. λ, $\dfrac{\lambda}{n}$, λ.

3. $N(10,10)$.

4. $F(1,6)$.

5. $F(10,5)$.

6. $\dfrac{2}{15}$.

三、计算题

1. 0, $\dfrac{1}{3n}$, $\dfrac{1}{3}$.

2. 0.025.

3. 69.

4. 0.95.

5. $0.674\,4$.

6. (1) 0.99;　(2) $\dfrac{2\sigma^4}{15}$.

第二部分　拓展题

1. C.

2. (1) $Y_1 \sim \chi^2(2)$;　(2) $Y_2 \sim t(3)$;　(3) $Y_3 \sim F(2,2)$.

3. 0.95.

第三部分　考研真题

1. C.

2. C.

3. D.

4. B.

第 7 章

同步习题 7.1

1. D.

2. 1.69.

3. λ 的矩估计值为 2, 极大似然估计值为 2.

4. (1) p 的矩估计量为 $\hat{p}=\overline{X}$, 极大似然估计量为 $\hat{p}=\overline{X}$;

  (2) N 的矩估计量为 $2\overline{X}$, 极大似然估计量为 $X_{(n)}$;

  (3) λ 的矩估计量为 $\hat{\lambda}=\dfrac{1}{\overline{X}}$, 极大似然估计量为 $\hat{\lambda}=\dfrac{1}{\overline{X}}$;

  (4) θ 的矩估计量为 $\dfrac{\overline{X}}{1-\overline{X}}$, 极大似然估计量为 $-\dfrac{n}{\sum\limits_{i=1}^{n}\ln X_i}$.

5. (1) λ 的矩估计量为 $\hat{\lambda}=\dfrac{2}{\overline{X}}$;　(2) λ 的极大似然估计量为 $\hat{\lambda}=\dfrac{2}{\overline{X}}$.

6. θ_1,θ_2 的矩估计量分别为 $\hat{\theta}_1=\overline{X}-\sqrt{3}\,S_n,\hat{\theta}_2=\overline{X}+\sqrt{3}\,S_n$；$\theta_1,\theta_2$ 的极大似然估计量分别为 $X_{(1)},X_{(n)}$.

7. (1) θ 的矩估计量为 $\hat{\theta}=\dfrac{3-\overline{X}}{4}$；   (2) θ 的矩估计值为 $\dfrac{1}{4}$，极大似然估计值为 $\dfrac{7-\sqrt{13}}{12}$.

8. $\dfrac{2}{15}$.

9. 0.007 5.

10. (1) $\hat{\beta}=\dfrac{\overline{X}}{\overline{X}-1}$；   (2) $\hat{\beta}=\dfrac{n}{\sum\limits_{i=1}^{n}\ln X_i}$；   (3) $X_{(1)}$.

同步习题 7.2

1. B.

2. 5.76.

3. ~ 4. 略.

5. $\dfrac{1}{2(n-1)}$.

6. $K_1=\dfrac{1}{3},K_2=\dfrac{2}{3}$.

7. S_1^2 是 σ^2 的无偏估计量，S_2^2,S_3^2 都是 σ^2 的渐近无偏估计量.

同步习题 7.3

1. D.

2. C.

3. A.

4. (39.51,40.49).

同步习题 7.4

1. $1-2\alpha$.

2. C.

3. (1) 457.50；   (2) (432.30,482.70)；   (3) (438.91,476.09).

4. $(-0.354,0.754)$,39 天.

5. $(-0.63,3.43)$.

6. (9.236,50.773).

7. (1) $\mathrm{e}^{\mu+\frac{1}{2}}$；   (2) $(-0.98,0.98)$；   (3) $(\mathrm{e}^{-0.48},\mathrm{e}^{1.48})$.

同步习题 7.5

1. (0.022 4,0.096 2).

2. (0.048 4,0.129 2).

3. $(-0.082,1.242),(0.766,3.554)$.

4. (0.222,3.601).

5. (1) (0.277,0.317)；   (2) (0.062,1.008).

同步习题 7.6

1. 40 526.6.

2. (1) 6.33;   (2) 6.518.

3. -0.0011.

4. 2.84.

5. (1) 略;   (2) $\left(\dfrac{\chi^2_{1-\alpha/2}(2n)}{2n\overline{X}}, \dfrac{\chi^2_{\alpha/2}(2n)}{2n\overline{X}}\right)$;   (3) $\dfrac{\chi^2_{1-\alpha}(2n)}{2n\overline{X}}$.

复习题七

第一部分   基础题

一、单项选择题

1. $\sim$ 4.   CDCD.

二、填空题

1. 8.85.

2. $\dfrac{1}{2}, \dfrac{1}{4}$.

3. 3.6, 0.16.

4. $2\overline{X} - 1$.

5. $\overline{X}$.

6. $\dfrac{1}{n}\sigma^2, \sigma^2$.

7. $N(0,1), t(n-1)$.

8. $\chi^2_{\frac{\alpha}{2}}(n-1), \chi^2_{1-\frac{\alpha}{2}}(n-1)$.

9. $2t_{\frac{\alpha}{2}}(n-1)\dfrac{S}{\sqrt{n}}$.

10. (4.804, 5.196).

三、计算题

1. (1) $\dfrac{1}{n}\sum\limits_{i=1}^{n} X_i^2 - 4$;   (2) $\dfrac{1}{n}\sum\limits_{i=1}^{n}(X_i - 2)^2$.

2. (1) $\overline{x}$;   (2) 15.

3. θ 的矩估计量为 $\dfrac{3}{2}\overline{X}$, 极大似然估计量为 $X_{(n)}$.

4. (1) 略;   (2) $a = \dfrac{n_1}{n_1 + n_2}, b = \dfrac{n_2}{n_1 + n_2}$.

5. (62.42, 354.19).   6. $(-6.04, -5.96)$.

第二部分   拓展题

1. $\hat{a} = X_{(1)}, \hat{b} = X_{(n)}$.

2. 矩估计量为 $\hat{\theta} = \overline{X}$, 极大似然估计量为满足 $X_{(n)} - \dfrac{1}{2} \leqslant \hat{\theta} \leqslant X_{(1)} + \dfrac{1}{2}$ 的任意统计量.

3. $\hat{\theta} = \dfrac{1}{2n}\sum\limits_{i=1}^{n} X_i^2$, 是无偏估计量.

4. $k = \dfrac{1}{2(n-1)}$.   5. $a = 2, b = 1 + \dfrac{1}{n}, \hat{\theta}_2$ 比 $\hat{\theta}_1$ 有效.

第三部分   考研真题

1. (1) $2\overline{X} - \dfrac{1}{2}$;   (2) 不是.   2. $a_1 = 0, a_2 = \dfrac{1}{n}, a_3 = \dfrac{1}{n}, D(T) = \dfrac{1}{n}\theta(1-\theta)$.

3. (1) $\overline{X}$;   (2) $\dfrac{2n}{\sum\limits_{i=1}^{n} \dfrac{1}{X_i}}$.   4. $\dfrac{2}{5n}$.

5. (1) $2\overline{X}-1$;   (2) $\min\{X_1,X_2,\cdots,X_n\}$.   6. (1) $\dfrac{1}{n}\sum\limits_{i=1}^{n}|X_i|$;   (2) $E(\hat{\sigma})=\sigma,D(\hat{\sigma})=\dfrac{\sigma^2}{n}$.

7. (1) $\sqrt{\dfrac{2}{\pi}}$;   (2) $\dfrac{1}{n}\sum\limits_{i=1}^{n}(X_i-\mu)^2$.   8. (1) $e^{-\left(\frac{t}{\theta}\right)^m},e^{-\left(\frac{s+t}{\theta}\right)^m}+\left(\frac{s}{\theta}\right)^m$;   (2) $\sqrt[m]{\dfrac{1}{n}\sum\limits_{i=1}^{n}t_i^m}$.

9. $\dfrac{n\overline{X}+\dfrac{m}{2}\overline{Y}}{n+m},\dfrac{\theta^2}{n+m}$.

第 8 章

同步习题 8.1

1. α, β, β, α, 增加样本容量.

2. C.

3. $H_0:\mu\leqslant 1.9,H_1:\mu>1.9$.

4. 小.

5. B.

6. A.

同步习题 8.2

1. 认为今年的日均销售额与去年相比有显著性变化.

2. 认为病人血液中这两种药的浓度无显著性差异.

3. 认为这两种测定方法无显著性差异.

4. 给定显著性水平 α, 则 H_0 的拒绝域为 $|t|\geqslant t_{\frac{\alpha}{2}}(n+m-2)$.

同步习题 8.3

1. 认为这批电池使用寿命的波动性较以往有显著性变化.

2. 认为这两台车床生产的滚珠直径的方差无显著性差异.

3. 认为这两台车床加工零件口径的方差无显著性差异.

4. (1) 相等;   (2) 不相等.

同步习题 8.4

1. 抽样结果表明这种有害物质的含量超过了规定的界限.

2. 不能认为测量数据的标准差大于 $2\,℃$.

3. 认为建议的新操作方法提高了钢的得率.

4. 认为冬季出生的新生女孩的体重的方差不比夏季的小.

5. 认为新品种优于旧品种.

复习题八

第一部分　基础题

一、单项选择题

1. ～ 3.   CBD.

二、填空题

1. 小概率原理.

2. 原假设正确时拒绝原假设的概率, 原假设错误时接受原假设的概率.

3. $\mu \geqslant 0.05, \mu < 0.05, 0.05$.

4. 拒绝,一.

5. $\mu = 100, \dfrac{\overline{X} - \mu_0}{S/\sqrt{n}}$.

三、计算题

1. 认为该批蓄电池寿命的方差没有明显改变.

2. 认为在这两种工艺条件下细纱的平均断裂强力无显著性差异.

第二部分 拓展题

1. B.

2. D.

3. $\mu \neq \mu_0, \mu > \mu_0$.

4. $T = \dfrac{\overline{X} - \mu_0}{Q/\sqrt{n(n-1)}}, \chi^2 = \dfrac{Q^2}{\sigma_0^2}$.

5. $\dfrac{\overline{X} - \mu_0}{S/\sqrt{n}}, (-\infty, -t_\alpha(n-1)]$.

6. $\dfrac{(n-1)S^2}{\sigma_0^2}, [\chi_\alpha^2(n-1), +\infty)$.

7. $1.176, 9$.

8. 认为处理前后含脂率的标准差有显著性变化.

9. 可以认为此项计划在显著性水平 $\alpha = 0.05$ 下达到了该厂经理的预计效果.

10. 认为旧、新两种过程中形成的致癌物质含量之差大于 2.

11. (1) 认为两家实验室分析结果的含碳量标准差相同;

    (2) 认为两家实验室分析结果的含碳量均值相同.

第三部分 考研真题

1. D.

参 考 文 献

[1] 罗敏娜,吴志丹,王涛. 概率论与数理统计[M]. 2 版. 北京:科学出版社,2019.

[2] 罗敏娜. 概率论与数理统计[M]. 北京:科学出版社,2008.

[3] 陈文灯,杜之韩. 概率论与数理统计[M]. 北京:高等教育出版社,2006.

[4] 王松桂,张忠占,程维虎,等. 概率论与数理统计[M]. 2 版. 北京:科学出版社,2004.